아이들 식탁의 위기

아이들을 학교부근에서 놀게 하지 말라

송재철 · 신완철

UUP

아이들 식탁의 위기

- 아이들을 학교부근에서 놀게 하지 말라

2008년 8월 27일 초판 인쇄
2008년 9월 3일 초판 발행

지은이 | 송재철, 신완철
발행인 | 정정길
발행처 | UUP(울산대학교출판부)

출판등록 | 제 370-1996-000001호(1996.3.13)
홈페이지 | http://uup.ulsan.ac.kr
주소 | 680-749 울산광역시 남구 대학로 102(무거동) 울산대학교
전화 | (052) 259-2488
팩스 | (052) 277-3011
편집·표지 디자인 | 지미정·김수연

값 16,500원

ISBN 978-89-7868-080-6 93570

이 책은 2005학년도 울산대학교 저서연구비를 지원 받아 출판되었습니다.

이 도서의 국립중앙도서관 출판시도서목록(CIP)은 e-CIP 홈페이지(http://www.nl.go.kr/ecip)에서 이용하실 수 있습니다. (CIP제어번호: CIP2008002611)

책을 펴내면서...

"아이들을 학교부근에서 놀게 하지 말라"라는 책을 펴내면서 이 책은 그야말로 한 친구가 어떤 것을 사면 아무런 생각없이 나도 사고 싶어하는 아이들의 단순한 군것질 행동이 얼마나 어른들의 오만과 무책임하에 방치되어 있는가를 다시 한번 일깨워 주는 것이다. 아이들은 학교 주위에서 대부분 군것질을 한다. 이 습관은 오랜 역사(?)를 자랑하는 대물림 습관이다. 특히 모양이나 색깔, 냄새가 좋은 것에 유혹당하고 자기가 좋아하는 음식에 맹목적으로 달려드는 아이들의 입버릇은 어느 누구도 고칠 수 없을 정도로 고착되어 있는 느낌이다.

아이들의 학교 앞은 각종 불량식품들로 아이들의 정서를 해치고 있다. 불량식품은 불량한 아이들을 만들 수 있을 것이다. 곧 불량식품에 익숙한 아이들은 건강이 불량해 질 가능성이 높고 특히 아이들이 성인이 된 후에도 불량한 건강을 가질 가능성이 많을 지도 모른다. 그 때는 이미 때가 늦은 것이다. 아이들은 순진하고 때묻지 않은 심신을 가지고 있다. 물감이 흰종이를 적시듯 아이들의 건강이 불량식품으로 물들게 되면 그 아이들은 겉만 번지르한 아이들로 변하게 된다. 그것이 아이들에게는 비극의 시작이 되는 셈이다.

따라서 이 책은 아이들을 똑 바로 키우기 위해서는 환경적 요인이 중요하다는 점을 강조하고 있다. 아무런 생각없이 매일 습관적으로 먹어 버리는 불량식품에는 무서운 가공식품들이 끼어있다. 이 가공식품에는 너무나 많은 식품첨가물이 들어 있으며 아이들이 잘 먹는 불량식품에는 더욱 이들 식품첨가물이 많이 들어가 있다는 점이다. 따라서 아이들의 심신은 식품첨가물에 의해서 서서히 황폐화되어 가고 있는 셈이다. 그 황폐화는 결국 아이 자신은 물론 학교, 사회를 병들게 만들어 버린다.

이 책은 학교로 부터 먼곳으로 이사하는 용단이 필요하다고 언급하였지만 어떻든 아이들을 이들 불량식품으로부터 보호할 필요가 있기 때문에 학교주변에서 판매, 유통되고 있는 대표적인 식품을 수거, 식품첨가물의 폐해 가능성을 해설해 보았다. 특별하게 아이들 식품이라고 단정할 수는 없지만 하여튼 아이들이 선호하고 좋아하는 가공식품들을 대상으로 한 만큼 우리 주위의 모든 사람들은 한번쯤 관심을 가지고 있었으면 하는 바이다. 부족한 것은 많지만 무엇보다도 아이들을 불량식품으로부터 보호해야 한다는 생각으로 저술한 만큼 많은 격려를 부탁드리는 바이다. 끝으로 이 저술에 관한 자료의 일부를 제공한 울산대 식품영양학과 재학생과 졸업생들에게 이 자리를 빌어 감사하다는 말을 전하는 바이다. 그리고 이 책의 출판을 허락해 주신 울산대학교 관계분들에게도 감사를 드리는 바이다.

2008년 7월

차례

1 아이들도, 세상도 바뀌고 있다.

오늘을 살아가는 사람들의 바램은 무엇일까? 그것은 분명 건강과 돈, 그리고 가족의 행복함일 것이다. 물론 행복한 생활은 정신적, 육체적 건강과 경제적인 윤택한 생활에 자기가 좋아하는 일, 자기가 좋아하는 사람, 자기가 좋아하는 먹거리를 함께 가지면서 더불어 열심히 살아가는 것일지도 모른다. 아이가 있는 가정이라면 아이들이 건강하고 공부 잘 하고 친구와 잘 어울려 놀며 자기의 능력과 소질을 개발하여 좋은 상급학교에 진학하는데 있을지도 모른다. 특히 욕심 많은 부모들은 자기 아이들만이라도 건강하고 좋은 성적을 얻어 좋은 상급학교에 진학하여 남들보다 뛰어난 재주와 능력으로 어른이 되어 주기를, 남부럽지 않는 아이로 잘 자라주기를 기대하고 있을 것이다. 그래서 모두 자기 나름대로의 삶의 목표를 향해 바쁘게 일하면서 하루하루를 건강하게 살아가기를 바랄 것이다. 그리고 그것이 진정한 의미에서의 행복이라고 느낄 수 있도록 말이다.

그런데 오늘의 현실은 그렇지 못하다. 아이들의 일만 보더라도 연일 신문이나 방송에서 어린아이들이 즐겨 먹는 과자류에 까지도 유해한 색소와 향료 등이 어린이들의 건강을 망치고 있다고 성토하고 있으며 부모들 또한 이러한 비도덕적 어른들의 처사가 아이들을 대상으로 삼고 있다는데 분개하고 있다. 이에 시민단체들도 과자제조업자들의 비양심적 도덕성에 한 목소리로 사회의 전반적인 도덕 불감증을 개탄하고 있다. 사회에서나 가정에서의 아이들이란 바로 내일의 희망이며 아이들 때문에 어른들은 오늘도 힘들어도 열심히 자기 맡은바 일에 최선을 다하고 있다.

건강이란 정신적, 육체적인 건강을 의미하며 이를 통해 나름대로 아이들이 열심히 공부하기를 바라고 있다. 물론 건강 다음은 공부를 잘 해 주기를 바란다. 이 점에 대해서는 부모의 경쟁적 의식과 함께 이기적인 요소가 함께 작용한다. 어떻든 남들보다 더 좋은 점수를 받아오기를 원하고 또 상급학교에 진학하는 것도 보다 유명하고 훌륭한 학교에 들어가기를 원할 것이다. 그래서 투자를 아끼지 않고 아이들을 억지로 공부하도록 온갖 묘안을 동원하게 되는 것이다. 자기의 능력을 효율적으로 개발한다는 것은 매우 중요한 일이다. 우선 아이들이 가지고 있는 잠재력을 찾아내고 이를 잘 다듬고 제대로 능력을 발휘할 수 있는 기술적, 교육적, 환경적 훈련과 교육이 필요하다. 이것 또한 어른들의 몫이지만 그렇게 쉬워 보이지 만은 않다. 또 어른들은 아이들이 부모의 말에 순종하기를 바라고 있다. 순종하지 않는다는 것은 옳지 못하다고 생각하고 이를 불안하게 생각하고 있다. 부모 말에 잘 따르는 것은 곧 착한 아이, 공부 잘 하는 아이, 좋은 아이로 생각하고 있다.

이와 같이 어른들은 아이들이 잘 자라고 건강하고 말 잘 듣고, 공부 잘하며 나쁜 짓(?)을 하지 않기를 바라는 마음 간절하다. 그러나 현실은 그렇지 못하다. 건강하지 못하고 항상 아픈 아이, 거짓말을 자주 하는 아이, 공부를 싫어하고 놀기에 정신이 없는 아이, 부모 말에 잘 따르지 않는 아이, 일상이 싫어 모험을 즐기기 위해 엉뚱한 일을 만드는 아이 등 별의 별 아이들이 다 있게 마련이다. 그래서 자식 키우기가 매우 힘들다고 이구동성으로 말하는 것은 결코 우연만은 아니다. 이러한 아이들의 문제가 가장 중요하게 취급되고 있는 이유에 대해서는 한번쯤은 심각하게 생각해 볼 필요가 있다. 우선 산만하고 건강하지 못하고 지적능력과 행동발달에 문제가 있는 이유가 무엇이며 집중력이 없고 이기적이고 친구들과 잘 융화하지 못하는 근본적인 이유가 무엇인지를 밝혀내는 것은 매우 중요한 일이다. 그 이유는 우선 과잉경쟁에 있을 수 있다. 현대사회는 경쟁사회이며 이런 경쟁적 분위기에 매우 익숙해진 부모들의 경쟁심 유발이 원인이 될 수 있다. 은근히 경쟁적 분위기를 강요하고 경쟁에서만이 살아남을 수 있다는 논리를 암암리에 자식들에게 심어주는 어른들의 경쟁심리가 막무가내식 자식 키우기 방법이다. 일반적으로 도를 넘어선 과잉의 사랑이 자식들의 자기 스스로의 능력개발에 저해 요인이 되고 아이들을 수동적으로 만들게 된다. 부모의 과잉보호로 인한 자식들의 습관은 자식들의 생활패턴으로 이어지고 결국 스스로의 해결능력을 상실하게 되는 것이므로 이것으로 인한 폐해는 이만저만이 아니다. 과잉보호는 낯선 일들에 대한 도전능력을 저하시키고 정신적, 신체적 나약함이 고착될 수 밖에 없는 것이다.

또 다른 아이들의 공통된 문제점은 운동부족을 들 수 있다. 현재 아이들은 공부에 너무 빠져있고 공부하는데 많은 시간을 허비하고 있다. 학교공부는 물론 특별과외 등 이루 말할 수 없을 정도의 학습부담에 시달리고 있다. 이것 또한 성적 중심적 부모들의 욕심 때문으로 생각된다. 따라서 아이들이 마음놓고 밖에서 놀 수 있는 시간적 여유가 없을 뿐 더러 아이들 스스로 그만한 마음의 여유를 가지지 못하고 있는 실정이다. 운동을 통해 건강한 신체를 유지하고 운동을 통해 학습능력을 고취시킨다는 생각은 거의 불가능하며 운동이 오히려 공부하는 효과를 저해하거나 공부하는 시간을 빼앗는 결과를 가져온다고 생각하는 부모들이 적지 않는 것도 사실이다. 또 운동이 아이들에게는 중요하다고 말하지만 실제 아이들이 밖에서 놀면 그 시간이 아깝다는 듯한 의도로 아이들을 몰아붙이는 것들이 현재 부모들의 행동이다. 어떻든 운동부족으로 인한 육체적 나약함이 아이들에게 여러 가지 복합적이 문제를 야기하도록 하고 있다. 그 다음 아이들에게 문제를 일으키는 것은 사회적 환경이다. 이 사회는 경쟁사회이며 능력과 자기 개발을 통한 다양한 잠재력을 강요하고 금전적 위세나 권력을 가진 자들에게만 사회의 출세를 인정케 하는 금전만능시대를 추구하고 있다. 따라서 사회환경은 이들을 중심으로 모든 제도와 시스템으로 고착되어 있으며 이들로 인한 출세를 도모하고 있다. 즉 사회적 이기주의와 사회적 자기중심적 생활패턴이 아이들의 성장과 사회적응에 많은 영향을 미치고 있다.

아이들의 문제를 생각할 때 상기와 같은 것들이 직간접적으로 영향을 미쳤다고 생각할 수 있다. 그러면 그러한 영향을 미치게 한 또 다른 요인은 무엇인지를 생각할 필요가 있다. 이 문제에 대해서는 간단하게 이야기 할 수는 없지만 대략적으로 가정과 부모교육, 가치관의 차이, 사회적 분위기 등으로 생각할 수 있다. 시카고대학 경제학자 제임스 헤크먼은 인간 성장에 아주 중요한 시기를 '15세까지'로 잡는데 타고난 생물학적 조건을 배제했을 때, 한 인간의 지적, 정서적 능력이 거의 결정되는 나이가 15세 선이라는 것이다. 그는 15세 이후에는 교육 등의 외적 개입이 개체의 기본적 능력 형성에 끼칠 수 있는 영향이 극히 미미하다고 하며 15세 이후의 교육은 한 인간의 기술적 능력 개발은 돕지만 그의 근본적인 능력에는 아무런 영향도 주지 못한다고 주장하고 있다. 결국 아이들의 교육은 그만큼 사회환경의 영향을 많이 받지 않을 수 없는 것이다. 또 헤크먼은 15세까지의 연령대 중에서도 가장 중요한 시기가 '8세까지'라고 주장한다. 생물학적 요인 아닌 외적 요인이 아이들의 지능발달에 결정적 영향을 주는 것이 대개 8세까지이기 때문이라는 것이다. 그는 특히 '취학이전'의 시기가 아주 중요하다고 하는데 취학 이전의 시기에는 아이들에게 부모들은 무엇을 어떻게 해주어야 하는가? 가 중요하다고 하였다. 그런데도 부모들은 아이들에게 좀 더 빠르게, 좀더 열심히, 좀더 남보다 앞서게, 좀더 남보다 잘하게 하는데 익숙해져 있는 것이다 즉 속도와 효율, 겉치레에 포로가 된 어른들은 자기 관점에서 아이들에게 빗나간, 어설픈, 불완전한 교육을 강요하는 것이다. 아이들은 하루 24시간 꽉 짜여진 '과잉조직'의 삶 속으로 내몰리고 있다. 그래서 그들은 숨통이 막혀 질식이라도 할 것 같은 환경에 살고 있다. 무지하고 철딱서니 없는 어른들은 이런 양육법이 아이들을 망치는 가장 확실한 길이라는 사실을 한 번도 생각해 보는 일이 없다. 그들은 가장 반교육적인 것을 교육이라 부르고 정신의 기형적 위축을 성장이라 부르고 있다.

필자는 현재 아이들의 문제가 사회전체에 미치는 영향이 크고 이를 잘 해결하려는 방법들이 각계에서 제기되고 있지만 가장 중심적인 사항은 바로 아이들의 먹거리 패턴의 변화로 보고 있다. 혹자는 먹거리가 무엇이 그렇게 중요하냐고 이야기할지는 모르지만 먹거리에 담긴 많은 의미를 되집어 볼 때 먹거리의 영향이 직간접으로 아이들의 제반 문제와 관련해서 큰 영향을 미치고 있다는 생각을 버릴 수가 없다. 실례로 "세 살배기들에게 "네가 알아서 먹어"라고 음식 선택을 맡기면 아이들은 달콤한 아이스크림만 먹다가 결국 병원 신세를 지고 말 것이다.

우선 먹거리는 신체적, 정신적 양식이 될 뿐 만 아니라 정서적인 측면에서도 아이들에게 많은 영향을 미칠 수 있는 것들이다. 영양적 가치는 그렇다고 해도 각종 식품첨가물, 농약, 유전자재조합식품, 각종 병든 가축이나 부패된 식재료를 원료로 만든 조리가공식품 등에 의한 인체의 정신적, 육체적 오염은 성장기에 있는 아이들에게 충격적인 영향을 미칠 수 있다. 이와 같이 먹거리는 많이 변하고 있으며 먹거리 또한 아이들에게 많은 영향을 미치고 있다. 그 아이들 또한 많이 변해 가고 있다. 오늘날 사회는 많이 변하고 있으며 또 변화를 추구하고 있다. 어떠한 것도 변화를 외면할 수는 없다. 그 변화 속에는 아이들도 어른들도 예외가 될 수 없으며 사회환경과 시스템의 변화에는 사람들의 정신적, 신체적 변화도 포함된다.

아이들도, 세상도 바뀌고 있는 것은 틀림없어 보인다. 그 속에 사회 환경도, 의식도, 식생활도, 건강도, 질병의 스타일도 변하고 있다. 그 변화의 가운데에 아이들은 몰라보게 변하고 있으며 그들이 일상 먹는 먹거리 또한 변하고 있다. 이 책은 오늘날 "식탁의 위기"를 아이들의 수준에서 바라보는 것이다. 아이들의 눈높이에 맞춰 어른들의 눈에 비치는 아이들의 식탁은 무엇이 문제이며 아이들이 왜 그렇게 변해 가는가를 식탁을 통해 솔직하게 바라보자는 것이다. 아이들의 식탁은 많이 변해 있다. 옛날 아버지들이, 어머니들이 가졌던 식탁과는 거리가 멀어 보인다. 아이들의 식탁에 아버지가 앉을 수 없고 어른들의 식탁에 아이들이 앉을 수가 없도록 변하였다. 그리고 더 중요한 것은 그 식탁이 어느 누구를 위해서도 건강하게 보이지 않는다는 것이다. 식탁의 위기는 곧 식탁의 붕괴를 초래하고 그 식탁의 붕괴는 가족과 사회를 병들게 하는 무서운 질병으로 다가오고 있는 것이다.

저자는 이제 먹거리가 그냥 아이들을 내 버려 둘 수 없기 때문에 아이들 식탁의 변화의 중심에 서서 그 변화가 아이들에게 어떤 변화를 가져다 주는지를 먹거리를 통해 솔직하고 거리낌 없이 털어 놓고자 한다. 그런 의미에서 저자는 더욱 "아이들을 학교부근에서 키우지 말라"고 단언하는 것은 나름대로 의의가 있을 것으로 생각하고 있다. 학교부근은 아이들의 심신을 망치는 곳이기 때문이다.

1-1. 사회환경의 변화

사회환경이란 인간의 행동이나 산업 및 소비생활에 직접·간접으로 영향을 주는 사회 조건을 말하는데 아이들의 성장과 교육에 영향을 미치는 사회환경에는 외부환경과 내부환경이 있다. 외부환경은 자연환경이고, 내부환경은 사회환경을 생각할 수 있다. 사회환경에 대한 개념은 그 사회의 대다수 구성원이 가지는 성격의 특성(국민성, 사회적 성격)이며 그들의 상호행위를 오랜 기간동안 안정하게 지속시키기 위한 공통적인 구조를 말한다. 이러한 것은 보통 사회생활 또는 전통으로 이어지게 된다. 따라서 사회생활은 인위적인 것이 아니고 자연스럽게 형성된 것이며 일방적으로 규정된 것도 아니다. 다만 계획적인 교육이나 훈련을 통해서 이루어질 수도 있는 것이다.

지금의 사회는 많은 변화를 가져 왔다. 그 변화에는 인위적인 변화와 자연적인 변화가 있다. 인위적인 변화는 과학의 발달로 인한 전반에 관한 변화이다. 효율적, 생산적, 현대적, 상업적, 관능적 가치가 있는 것으로 꾸준히 발달되어 왔는데 이 발달의 영향은 실생활에 유용하게 작용하였으며 생활을 보다 윤택하고 편리하게 만드는데 크게 기여하였다. 특히 노동력의 절감과 효율성은 과학의 발달에 가장 큰 산물이며 이를 통해 삶의 질이 개선되었다. 자연적인 환경의 변화는 의식의 변화를 말한다. 즉 정신적인 성숙과 도덕적인 측면에서의 변화를 의미한다. 그 변화는 긍정적인 면과 부정적인 면이 공유하지만 어떻든 의식과 생각, 사고, 도덕의 변화는 과거와는 완전히 다른 모습으로 나타나고 있다.

이러한 변화의 가운데 아이들의 변화도 눈에 보이지 않게 많이 변해 버렸다. 보다 더 많이 사회에 눈을 뜨게 되고 경제적, 사회적인 측면을 중요시 하게 되었으며 개성과 지식, 공동적인 사회생활 등에 관한 근본적인 의식이 생겨나게 되었다. 따라서 아이들에게 가끔 극적이거나 극단적인 변화를 요구하게 되거나 사회적 변동기에 수단과 방법을 가리지 않고 잘 적응하는 힘을 기르도록 요구하거나 혼란을 유발하면서까지 자신이 직면한 문제의 해결을 강요하거나 어떤 결과를 자기 자신에게 유리하도록 조작하게 하는 비정상적인 해결 능력을 은연 중에 주입시키게 될 가능성도 많이 있게 마련이다. 실제 이런 느낌은 많은 분야에서 나타나고 어른들 세계에서도 흔히 볼 수 있는 광경이다. 아이들이 생활하는 환경은 비교적 단순하다. 그에 반해서 어른들의 생활은 매우 복잡한 편이다. 하지만, 어른들이 항상 아이들의 환경의 변화나 사고의 변화를 선도하고 있다. 그래서 아이들은 어른들의 사고에 매달려 있는 셈이다. 따라서 아이들은 새롭고 복잡한 환경을 경험할 수 없고 새로운 것에 대한 도전적 사고가 생겨나지 않게 되는 것이다.

어른들은 새로운 환경에 아이들이 노출되는 것을 대부분 원하지 않는다. 외부적으로는 새로운 환경을 경험시키고자 하지만 일상 습관화된 어른들의 사고로서는 큰 모험이라고 생각하고 이들에게 그런 기회를 잘 주지 않게 된다. 실제 외부적 새로운 환경에 적응하기 위한 시간과 적응에 따른 부작용, 적응해 나가는데 따른 위험부담을 경험하고 싶지 않기 때문이다. 오직 외부적으로만 그렇게 말할 뿐이다. 즉 아이들이 일상생활이나 반복된 생활을 통해서 최선의 효과를 얻으려고 할 뿐이다. 따라서 새로운 변화를 요구하면서도 손쉽고 안전하게 그 변화를 경험하고 성과를 이루려고 하는 것이 오늘날의 부모들이다.

아이들은 새로운 상황에 대처하는 내부적인 노력을 해야 함에도 불구하고 새로운 상황이 생겨나면 단지 외적인 순응만을 흉내 내고 결국 그 일을 경험하지 못하거나 일을 잘 처리하지 못하게 된다. 이런 현상이 나타나는 한 가지 이유는 내면적인 적응이 외부적 변화보다 더 많은 시간이 걸리기 때문이다. 따라서 아이들은 단순한 환경에서 훨씬 더 복잡하고 다양하게 조직된 사회로 경험할 필요가 있으며 매일 즉각적인 외부 변화에 대처하는 시간과 슬기에 관한 교육이 필요할지 모른다.

급작스런 사회변화는 아이들과 어른들에게 모두 부담으로 다가오고 있다. 실제 빠르게 변화하는 사회환경에 잘 대처할 수 있는 능력도 없으면서 변화를 수용해야 하는 아이들과 부모들의 당황스러움은 매우 심각하다.

변화하는 사회에 적응하고 이를 극복할 수 있는 방안으로 어른들은 우선, 기본이 바로 선 사람이 될 것을 주문하고 있다. 바르다는 것은 정의로워야 된다는 것이다. 아무리 실력이 있는 사람일지라도 인간됨이 좋지 않으면 성공할 수 없다는 것을 주지시키는 것이다. 물론 그것은 배우는 과정에 있는 아이들에게는 무엇보다도 중요한 일이다. 이러한 것은 요즈음 부모들이 너무 아이들에게 과잉으로 사랑해 주다 보니까 자기 중심적이 되어 다른 사람들과 쉽게 어울리기 어렵고 자기와 의견과 다르면 쉽게 사이가 나빠지는 경우를 많이 보아왔기 때문에 이런 것은 원하지 않고 있다. 또 아이들이 정보화시대에 대비해야 한다고 주문한다. 인터넷이 발달함에 따라 인터넷에 의한 정치, 경제, 사회 전반에 관한 정보를 알고 있어야 시대에 뒤지지 않는다고 말한다. 여기에는 미래를 대비하기 위한 모든 것이 포함된다. 그리고 예술이나 문화생활을 즐길 수 있는 능력과 여유도 함께 주문한다. 이러한 것은 매우 이율배반적인 것으로 아이들은 집과 학교에서만 생활하고 밖에 거의 나가지 않기 때문에 문화적 소양을 쌓을 수가 없다. 즉 다른 아이들과의 교류가 없는 셈이다. 또 아이들은 과학기술에 대한 지식과 관심을 가져야 한다. 21세기에 들어와서는 과학기술의 발달 속도가 빠르고 미래에 다양한 과학기술이 발전될 것인지에 대해 미리 대비해야 한다. 이러한 과학기술은 지식기반사회로서 지식의 창출 및 활용이 개인의 경쟁력은 물론 국가경쟁력의 핵심이 되기 때문이다. 결국 아이들은 사회환경의 변화에 대응하기 위해서는 지식

교육은 물론이고 내실화를 위한 실질적인 교육과 자질 함양교육이 보다 필요한 것으로 생각된다. 특히 서로 다른 개성과 능력을 지닌 아이들의 특기를 개발하고 변화를 선도하면서 변화에 대한 이해와 적응을 할 수 있고 개개인이 능력과 소질을 능동적으로 발휘할 수 있는 그런 교육이 필요한 것이다.

21세기는 산업사회에서 지식정보화 사회로의 패러다임 전환이 가속화되는 시기이며 개개인의 수평적 결합을 지향하는 네트워크형 조직으로 급변하고 있다. 무한경쟁시대에 끊임없는 개혁과 혁신, 새로운 아이디어의 창출을 위해서라도 창조적인 문제해결 능력 중심의 교육이 요구된다. 또 사회생활을 하는데 필요한 최소한의 기본 생활습관 교육과 실천 위주의 인성교육을 통한 변화대처 능력을 함양하는데 모든 노력을 경주하여야 한다.

오늘날 사회는 사회환경의 변화에 따른 많은 분야의 변화가 이루어졌다. 특히 학교의 경우에는 학교폭력, 따돌림, 이상한 행동을 하는 아이들, 비행청소년, 정신질환을 앓고 있는 아이들, 육체적 허약함에 시달리는 아이들, 인내하고 참지 못하는 아이들, 자기만을 생각하는 아이들, 심신이 불균형한 아이들, 범죄나 비행에 노출된 위험한 아이들, 가난에 찌든 아이들, 빈부의 격차를 실감하는 반사회적 반감을 가진 아이들 등 이루 말할 수 없는 유형의 아이들이 학교를 오가고 있다. 이와 같은 아이들의 문제는 모두 사회환경의 변화의 결과이며 그 결과에 대한 원인의 한 부분이 음식이나 가공식품의 남용과 오용에 있다는 점이다.

1-2. 의식의 변화

현대를 살아가는 우리들은 많은 생각을 하면서 생활한다. 가정에서는 부모를 비롯하여 모든 가족들이 그들 나름대로의 생각을 가지고 생활하고 있다. 의식은 인위적인 것도 있지만 자연스럽게 얻어지는 것이 더 자연스러운 편이다. 심리학에서는 개인이 체험하고 그 마음속으로 느끼고 있는 것을 의식이라고 하는데 의식이 태도와 같은 뜻으로 사용되는 경우도 있다. 또 알고 있는 내용을 의미하거나, 또는 알거나 깨닫는 과정도 의식의 일종으로 간주한다. 따라서 의식은 주관적이다. 사람은 경험이나 행동을 모두 의식하는 것은 아니다. 이러한 의식은 유동적이며 자기 자신을 관찰하게 하거나 행동하도록 한다. 따라서 인간의 행동은 의식변화를 토대로 하여 이루어지며 자기의 관리로 나아간다. 이러한 의식은 모든 행동이 일어나는 근원인 것으로 근원을 바로 잡으면 행동이 바르게 변화한다. 이러한 의미에서 부모의 의식은 하나의 틀 속으로 밀어 넣고자 하는 깊은 의도와 관련이 있다. 이 의도는 아이들을 변화시킬 수 없으며 어떤 상황에도 대처하지 못하며 충실하게 되지도 못한다. 스스로 문제를 해결할 수 있는 능력이 부족하거나 정신적으로 스스로 성장해 나갈 수가 없다. 이러한 관점에서 부모들은 아이들에게 의식변화를 가르쳐 주어야 하며 따라서 스스로 느끼게 하고, 스스로 변화가 이루어지도록 하여야 한다. 그러기 위해서는 부모들은 알고 있는 많은 관념의 틀 즉 한정된 인식에서 벗어나야 한다.

의식의 변화를 필자는 크게 두 가지로 구분하고자 한다. 하나는 일반적인 의식변화이며 다른 하나는 식품이나 식생활에 관한 의식변화이다. 물론 의식변화는 여러 관점에서 볼 수 있지만 본서에서는 주로 아이들의 식품과 음식, 그리고 성장과 교육, 행동에 관한 내용을 주로 다루고자 한다. 일반적인 의식변화는 공통적인 관점에서 개인적이고 주관적인 관점으로 변화한다. 이러한 의식의 변화에 식생활과 식품, 음식에 대한 의식의 변화가 존재한다. 과거와는 전혀 다른 식품에 대한 의식의 변화가 있어 왔는데 이러한 변화에는 긍정적인 측면과 부정적인 측면이 있지만 일반적으로 자기중심적인 분위기로, 경제중심적인 분위기로, 황금만능주의적인 분위기로 그리고 모든 생각과 사고의 인스턴트화 즉 즉석화로의 변화 등으로 나아간다. 이것은 객관적인 관점에서 주관적인 관점으로 변화함을 의미한다. 이러한 일상적인 의식의 변화는 다른 분야에도 많은 영향을 미쳤는데 그 영향의 한가운데 아이들의 건강과 교육 등이 있다. 특히 인스턴화된 사고방식의 변화는 많은 분야에 영향을 미치지만 특히 식생활에 미치는 영향은 매우 크고 또 이 식생활을 통해 아이들의 정신적 육체적 관점에서의 변화는 크게 일어나고 있다.

아이들에 있어서 나타나는 의식의 변화는 편리하고 쉽고 자기의 마음에 드는 것에 대한 선호로 나타나며 어렵고, 생각하고, 귀찮게 생각되는 것, 멋이 없는 일, 자기 입에 맞지 않는 일, 깊이 생각해야 하는 일 등은 멀리 기피하는 경향으로 나타나며 따라서 부모들은 이를 잘 고려하여 효율적인 의식의 변화를 자연스럽게 유도하도록 노력하여야 한다. 예전에는 품성이 바르지 못하거나 문제를 일으키는 아이들 대부분이 주로 결손가정에서 부모의 사랑이 결핍되거나 정서적으로 불안정된 환경에서 자란 경우가 대부분이었지만 요즘은 다양한 경로에 통해 아이들의 의식이 변화하고 있다. 물론 아이들의 의식의 변화에는 육류와 가공식품, 인스턴트, 청량음료 등의 과다한 섭취가 영향을 미치기도 하며 그 결과 참을성이 부족하고 이기적이며, 이해타산적이고, 자기 본위로만 행동하는 성격으로 만들어 버리게 되었다.

흥미로운 것은 요즘 아이들의 의식의 변화에 정상분만이 아닌 제왕절개에 의한 분만의 영향을 받는다고도 하는데 그것은 출산할 때 분만 촉진제와 칼, 흡입기, 약 등을 투입한 상태에서 아이를 낳아 출생 순간부터 아이들이 정서적으로 불안하게 된다는 것이다. 거기에 모유대신 우유를 먹이는 것도 아이들의 후천적 인성과 의식변화에 영향을 미친다고 역설하는 사람도 있다.

유아기를 지나 아동기에 접어들면서 아이들은 라면, 햄, 소시지, 과자, 빵 등 가공식을 주로 먹고 자라게 되는데 음식은 단순히 영양만을 섭취한 것이 아니라 어머니의 정성을 먹고, 그를 통해 사랑을 배우고, 참을성, 예의 등을 배우는데 아이들이 자라면서 계속 가공식 육류위주의 식생활로 이어지면서 이미 인성은 굳어 버리고 잠재의식도 조금씩 변하게 된다. 자연계의 경우에도 육식동물은 성질이 포악하고 급한 반면에 채식동물은 유순하고 차분한 편이며 육식을 위주로 하는 서양사람들의 정서가 동적, 공격적인 성향인 반면 동양은 정적, 순응적인 것도 의식과 성향의 변화에 식생활의 영향이 많이 나타남을 증명하는 것이다. 의식의 변화는 정신건강에 큰 영향을 미친다. 특히 음식이나 가공식품이 의식의 변화에 미친 영향은 매우 클 것으로 생각되는데 그것은 음식이 정신건강에도 깊이 관여하기 때문이다. 청소년의 비행과 고질적인 폭력의 유발 원인은 바로 아이들의 의식변화에 기인하며 그 의식변화의 근본적인 원인은 식품의 유해요소와 영양적 불균형, 가공식품에의 지나친 의존적 사고 등으로 생각할 수 있다. 지금 아이들은 거의 90%이상을 가공식품에 의존하고 있다. 그리고 일상생활에서 가공식품을 먹지 못하게 하면 아이들은 정신적, 육체적 공황에 빠지게 된다. 즉 정상적인 일상생활을 할 수 없을 지경에 이르게 된다. 각종 인스턴트식품, 청량음료, 정크푸드(junk food), 냉동식품 등이 아이들의 정신적 폐해를 부추기고 아이들을 인간성 결핍으로 몰고 가는 것이다. 아이들의 가공식품에 대한 신뢰는 너무나 절대적이다. 그렇지만 가공식품에 대한 신중한 생각은 한번도 하지 않는다. 가공식품을 먹어서 아이들이 악질적, 흉악화, 그리고 파괴적 본성을 가졌다고는 생각하지 않는다. 집단따돌림을 당하거나 행하는 아이들, 집단으로 폭력적인 행동을 보이는 아이들과 그 피해자, 금품을 강탈하거나 당하는 아이들과 난폭하게 잘 싸우려는 아이들, 아이들을 괴롭히기를 좋아하는 아이들은 그것이 결코 가공식품 때문이라고 믿지를 않는다.

의식의 변화는 많은 것들을 변하게 만들었다. 그 변화가 긍정적이든 부정적이든 아이들이 현재와 미래에 많은 영향을 미치고 있음은 틀림없다. 그 의식의 변화를 아이들 스스로 인식하고 있는지는 아무도 알 수가 없다.

1-3. 식생활의 변화

과거와 현재를 비교하는 일은 과거를 이해하고 미래를 준비하는 관점에서 매우 중요하다. 특히 식생활의 변화는 과거를 이해하지 않고 현재를 말할 수 없기 때문이다. 식생활의 변화는 특히 그러하다. 식생활의 변화는 많은 의미를 가지고 있다. 우선 비교가 될 수 있는 것은 재료의 변화, 조리형식의 변화, 가공형태의 변화, 섭취하는 방법과 분위기의 변화, 건강에 영향을 미치는 식생활 등이다. 특히 식생활에 대한 인식에 많은 변화를 가져오게 되었다. 특히 아이들에게는 식생활이 무엇보다도 중요하고 또 식생활을 통해 정신적, 육체적 건강을 유지하므로 이것을 중요시 하지 않을 수 없다. 현재 아이들은 부모와 어른들과의 식생활 패턴이 다르고 또 식생활을 하는 방법과 분위기, 섭취내용 등도 매우 이질적이다. 현재 가장 일반적으로 느낄 수 있는 식생활의 변화는 외식의 증가, 동물성 식품의 소비 증가, 쌀 소비의 감소, 인스턴트식품의 소비 증가, 채식의 감소, 간편식사의 선호, 맛있는 음식 선호 등 매우 많다. 그 중 주요 내용들을 정리해 보면 다음과 같다.

1. 관능적인 변화

우선 아이들은 관능적으로 좋은 식품이나 조리를 선택한다. 관능성이란 색깔, 냄새, 모양, 크기, 무게, 포장상태 등을 말한다. 오히려 내용물보다 외적요소에 더 관심이 많으며 실리적인 것 보다 현실적, 관능적인 것에 더 신경을 쓰고 있다. 가능하면 아름답거나 튀는 색깔 또는 자기 나름대로의 의미를 부여할 수 있는 색깔을 원하고 신선하고 사랑스럽고 화려한 향기를 선택한다. 또 취급하기 쉽고 먹기 편한 상태의 크기와 모양, 포장 등을 원하고 있으며 겉보기나 모양에 많은 신경을 쓴다. 이러한 관능성의 변화는 아이들이 가지고 있는 공통적인 변화이며 현대적 감각과 관능적인 관점에서 보면 당연한 것이다. 실제 실질적인 면보다 겉치레적인 관능성을 더 선호하는 것은 아이들의 사회적응면에서 많은 생각을 하게 한다. 요즈음 아이들은 무조건 맛있는 음식위주로 식사를 하고 있다. 무조건 맛있는 음식을 먹다보면 각종 문제가 야기되는데 그 첫째가 비만이다. 일부에서는 비만에 대한 우려 때문에 다이어트식사를 하려고 한다. 실제 다이어트식품이란 저열량식품을 말하는데 이것만으로는 아이들의 충분한 성장을 보장할 수 없다. 아무런 사전 지식 없이 다이어트를 한다면 반드시 영양상 문제 또는 건강상 문제가 야기된다. 요즈음 아이들은 과거에 비해서 아이들이 원하는 방향으로 식사를 하게 되는 경향이 있는데 이것이 문제가 될 수 있다. 부모들이 음식을 선택하기보다는 아이들의 선호음식을 그대로 수용하여 식단을 차리므로 건강상의 문제가 되고 있다. 아이들이 원하는 것은 대부분 관능성이 좋고 철저하게 자기 입맛에 맞는 것들이다. 그러다 보니 자연적으로 건강과 거리를 두게 되고 가공식품 중 인스턴트식품을 선호하게 되는데 특히 여자아이들은 다이어트 식품에 대한 선호도가 높은 편이다. 따라서 요즈음 아이들의 음식경향은 건강을 위하는 경우보다 철저하게 관능위주로 식품을 선택하게 된다.

2. 간편 인스턴트화(化)로의 변화

실제 아이들은 자연적이거나 친환경적인 것을 싫어하는 경향이 있다. 인위적이고 즉흥적이며 쉽게 접할 수 있는 것을 요구한다. 물론 다양하고 현실감이 있는 것이면 더욱 좋겠지만 시간이 많이 걸리거나 그 과정이 복잡한 것은 싫어하는 경향을 나타낸다. 이러한 경향은 쉽게 접하고 자유자제로 자의대로 변화할 수 있는 것들을 선호하는 편리함과 편의성에서 나타난다. 요즈음 아이들은 비교적 능동적이면서 남에게 의지하려는 경향이 강하다. 의지한다는 자체에 익숙되어 자라왔기 때문에 누가 도와주지 않으면 불안해하거나 일을 잘하지 못하는 경향이 있다. 이러한 의존적 경향은 스스로 일을 할 수없도록 만들어 버렸으며 어른들 또한 어떻게 하든지 아이들의 일을 도와주려는 생각만을 가지게 된다. 그래서 일이 쉽게 간단하게 처리되기를 바라고 또 그렇게 처리하곤 한다. 복잡한 것은 생각을 요하는 것이므로 아이들은 물론 어른들조차 번거롭게 생각하고 싫어하게 된다. 생각을 하지 않는 일은 간단한 일이다. 곧 즉석에서도 얼마든지 해결할 수 있는 일이다.

우선 아이들의 행동과 생활속에서 인스턴트화로의 변화를 관찰해 보면 학습의 경우에도 복잡하고 사고를 요하는 과목은 싫어하고, 재미있고 즉흥적이고 쉬우면서 자기 취향이 맞는 학습과목은 좋아하게 된다. 이러한 경향은 놀이에서도 예외는 아니다. 놀이에서도 잔꾀를 부리거나 단순한 재미가 있는 것을 좋아하고 또 그 놀이에 익숙하려고 한다. 놀이의 성격도 유희목적이 대부분이고 학습용으로 생각되는 것은 가능하면 피하려고 한다. 놀이에서도 항상 자기가 중심이 되어야 좋아하고 어울리며 서로 협동하는 것은 싫어한다. 그래서 성격이 자기중심적이고 직설적이며 인내심이 없어 주위 친구들과도 잘 다투거나 싸우게 된다. 양보하는 경우가 적고 양보할 줄을 모른다. 재미가 없거나 자기 마음에 들지 않는 경우에는 언제든지 그 놀이로부터 빠져 나와 놀이의 질서를 파괴해 버린다. 그래서 친구들과의 사귐도 일방적이다. 자기가 불리하면 언제든지 친구와도 헤어질 수 있는 성격을 가지게 된다. 친구의 말을 잘 듣지 않고 자기 주장만을 관철시키려고 한다. 친구를 이해하려거나 친구의 사정을 헤아려 주지 않는다. 이상과 같은 아이들의 성격은 대부분 인스턴트식 사고나 행동의 결과로 생긴 것이다. 물론 식사에서도 이러한 경향은 강하게 나타난다. 아이들의 식사는 간단할수록 아이들이 좋아한다. 그리고 자기가 좋아하는 음식만 있으면 아무런 불평이 없다. 다른 음식에는 관심조차 없다. 자기가 좋아하는 음식이 있으면 싱글벙글이고 그렇지 못하면 분위기는 곧 나빠진다. 예절을 갖추고 식사하는 것에 익숙치 않고 자유롭게 식사하는 버릇에 젖어 자기 멋대로 식사하고 싶어한다. 구속이나 잔소리 등은 아예 싫어한다. 식사 자체도 간단하고 맛만 있으면 그만이다. 복잡하게 취급하는 식사는 싫다. 그리고 맘에 들지 않는 맛이나 냄새가 나는 것은 아예 뒤돌아보지도 않는다. 그리고 빨리 식사 자리를 피하고 싶어한다. 식사자리에서 하는 이야기 중 자기와 정서가 맞지 않으면 모두 잔소리로 들린다. 그래서 식사시간을 자기가 정하고 자기 형편에 맞게 하려고 한다. 같이 있는 주위의 사람들에게는 별로 신경을 쓰지 않는다. 음식은 맛이 좋고 먹기 쉬우며 보기가 좋고 바로 먹을 수 있어야 한다. 손이 많이 가는 것은 싫어한다. 이와 같이 현대 물질문명의 발달로 인한 일련의 식생활의 변화는 아이들에게 인스턴트화를 주입시키고 인스턴트화가 아이들에게 최상의 것으로 인식시켜 주고 있다. 물론 여기에는 어른들이 책임 또한 피할 수 없다. 따라서 아이들이 이러한 인스턴트화로 변할 수 밖에 없는지에 대해서 진지하게 생각해 볼 필요가 있는 것이다.

3. 다이어트화(化)로의 변화

간혹 여자아이들은 어릴 때부터 다이어트에 대해서 민감해지고 이를 실천하기 위해 음식을 골라서 먹는 경우가 많아진다. 물론 지나친 비만은 건강에 해롭기 때문에 어느 정도의 다이어트로 건강과 몸매를 날씬하게 유지하려는 것은 좋은 일이다. 그러나 성장기에 있는 여자아이들이 극도로 다이어트를 위한 식사를 한다면 그것은 곧 영양불균형으로 이어져 문제가 발생하게 된다. 그렇지만 아이들은 앞으로도 이러한 추세를 유지하려고 하며 또 그렇게 생각하고 식사를 하게 된다. 다이어트는 전문가의 도움을 받아서 행하여야 하지만 실제는 그렇지 못한 실정이다. 식사의 기준은 식단이 중심이지만 다이어트를 위한 식사를 고집하는 것은 아무래도 문제가 있어 보인다.

4. 외식 의존(外食 依存)으로의 변화

아이들은 주로 외식을 선호한다. 외식은 가정내에서 만든 음식보다 맛과 겉보기에 치중하는 경향이 많고 각종 조미료와 식품첨가물을 첨가하여 음식을 만드는 경우가 많다. 따라서 극도로 맛위주가 되고 있다. 이러한 외식중심 식사는 아이들에게 맛감각을 잊게 할 뿐만 아니라 식사형태도 자연스럽게 가정중심에서 벗어나게 되는 것이다. 가정에서는 맛보다는 보지만 정성과 각종 건강 지향적인 친환경적인 식사를 하게 되고 식사를 하면서 화목과 가족적인 분위기를 느낄 수 있는데 반해 외식은 철저하게 상업성 위주이므로 진정한 식사의 의미가 퇴색할 수 밖에 없다.

물론 외식은 맛 감각을 중요시 한 상술에 의존하므로 영구적인 식사방법은 아니다. 물론 친구랑 함께 식사를 하거나 자기 또래 아이들과 대화를 나누면서 식사할 수 있는 장점도 있지만 자칫 잘못하면 외식의 습성에 빠져버리게 될지도 모른다. 외식은 철저하게 상품성(Quality), 서비스(Service), 분위기(Concept) 등을 중심으로 하고 있다. 그러므로 이러한 상업적 식사와 가정에서의 식사를 비교할 수 없지만 아이들은 그렇게 생각하지 않을 수도 있을 것이다. 특히 외식의 경우 안전성과 위생적인 면을 보장할 수 없고 이를 직접 눈으로 확인할 수도 없다. 따라서 외식에 의존하여 식사하는 버릇은 자칫 건강을 해치고 식사습관을 오도할 가능성이 많기 때문에 항상 아이들의 외식에 대해서는 부모들이 신경을 써야 한다.

외식의존에 따른 문제점은 매우 다양하고 많다. 우선 외식에 사용되는 재료의 경우 될 수 있는 대로 싼 것을 사용하려고 한다는 점이다. 대량소비가 원칙이므로 많은 양의 재료를 공급하고 이익을 극대화하기 위해서는 가능한 한 재료의 단가가 낮은 것을 선택하는 것이 제조업자들에게는 무엇보다도 중요하다. 그리고 둘째는 이렇게 싼 재료를 맛 좋게 하기 위해 조미료 및 기타 첨가물을 많이 사용할 가능성이 많다는 점이다. 물론 재료의 신선도와 가치여부에 따라 다르긴 하지만 어떻든 좋은 가공식품을 만들기 위해 재료의 결점을 가능한 한 은폐할 필요는 있는 것이다. 셋째는 위생적인 문제를 우려하지 않을 수 없나. 위생적인 문제는 소비자가 직접 확인할 수 없기 때문에 양부를 단정할 수는 없지만 위생적인 문제가 발생할 가능성은 매우 높은 것으로 추측하고 있다.

실제 햄버거 원료나 피자 원료를 비롯하여 회전초밥, 우동, 만두, 어묵 그리고 국밥이나 설렁탕 등에 이르기까지 다양한 패스트푸드가 레토르트로 포장된 채 들어와 그대로 데워주기만 하면 먹을 수 있는 시스템으로 되어 있다. 이런 경우 값싼 재료일 경우 농약이나 화학비료 등은 물론 재료를 신선하게 하기 위한 식품첨가물 등이 잔류할 수도 있고 경우에 따라서는 유전자조작식품을 재료로 사용할 수도 있다. 피자 치즈의 경우에도 쫄깃한 맛을 더하기 위해 첨가물로 재가공한 치즈푸드 등을 사용하는가 하면 햄버거를 만드는 쇠고기는 주로 수입 쇠고기이며 유전자조작으로 만든 콩을 식품재료로 사용되는 경우도 많다. 이것은 모두 제조 단가를 낮추기 위한 것인데 실제 좋은 재료와 비교해서 맛과 조직감이 좋을 수가 없다. 따라서 이러한 결점을 보완하기 위해 조미료, 향신료, 발색제, 연육제, 안정제 등의 첨가물을 사용하게 된다. 패스트푸드점의 단골 메뉴 중의 하나인 후라이드 감자의 원료는 가공되어 냉동상태로 들어오는데 이것이 유전자조작 감자 가공식품(후렌치후라이, 매쉬드 포테이토, 통감자 버터구이, 감자 전분 등)의 원료로 사용되고 있다. 문제는 국제적인 규모로 유통되는 패스트푸드 체인인 경우 재료 자체가 다 가공되어 현지에서는 조리만 하는 경우가 대부분이어서, 어떤 재료를 어떻게 썼는지 확인할 방법이 없고 유통기한이 길므로 즉석에서 원재료인 자연물로 조리하는 경우보다 훨씬 더 건강에 대한 위험성이 클 수 밖에 없다. 미국산 옥수수 중에 '스타 링크'라고 해서, 유전자조작으로 개발된 옥수수가 있는데 이것은 사람에게 알레르기를 유발할 가능성이 있다고 한다. 이 옥수수로 식품을 만들면 아무리 상온에서 방치해 놓아도 부패하지 않으며 대장균도 검출되지 않는다고 한다. 이런 것들이 우리나라에 수입되고 있다. 이와 같이 외식으로의 변화는 식생활의 일대 변화를 가져 왔으며 이 변화는 곧 식생활의 전반적인 변화로 이어지므로 각종 문제가 발생하게 되었다.

1-4. 질병의 변화

질병의 역사는 인류의 역사와 함께 시작된다. 그것은 질병의 원인이 되는 미생물이 인간이 존재하기 훨씬 이전부터 지구상에 존재하여 왔기 때문이다. 역사가 시작되고 인류가 살아가는 시대는 항상 질병이 존재하였으며 그 질병은 시대가 변함과 동시에 점점 진화, 변형되어 인류의 생명을 위협하게 되었다. 14세기 중세 유럽에서는 흑사병으로 유럽 인구를 절반으로 줄게 할 정도로 맹위를 떨쳤으며 19세기 후반 중국과 홍콩에서 다시 이 질병이 집단으로 발생하였고 20세기 초에는 인도에서 1,000만명 이상의 환자를 만들기도 하였다. 질병은 인류가 탄생한 이래, 특히 문명을 이룬 뒤부터 인간들을 괴롭혀왔다. 그러다가 19세기 후반 파스퇴르와 코흐 등에 의해 많은 전염병이 박테리아에 의해 생긴다는 것이 확인되고, 20세기 들어서는 박테리아 외에 바이러스와 곰팡이 따위도 전염병의 원인이라는 사실이 밝혀졌다.

인류를 오랫동안 괴롭혀 온 전염병 가운데 곰보, 실명, 지체부자유 등 무서운 후유증을 남기거니와 사망률이 높은 두창이 유럽인 침략자들에 의해서 1518년부터 1531년까지 창궐하였다. 그 다음 홍역과 인플루엔자 바이러스, 발진티푸스균 등이 유행하여 많은 사망자를 내게 되었다. 1980년대초 뉴욕과 캘리포니아에서 몇몇 동성애 남성들이 희귀한 병인 피부암 일종인 카포지 육종과 폐렴, 뇌 감염증인 톡소플라스마증, 에이즈(AIDS · 후천성면역결핍증)를 앓고 있었다. 그 이후 세균성 질병보다 인플루엔자, 에이즈와 같은 바이러스성 질환에 의한 경우가 많아지게 되었으며 1970년대이래 살인독감·조류독감·광우병, 에볼라출혈열, 사스(SARS : 중증급성호흡기증후군) 등 30여종의 치료 불가능한 신종 전염병이 새로 등장하게 되었다.

20세기를 접어들면서 질병에 대한 개념과 의식이 변하게 되었다. 생명을 직접 위협하는 질병을 중심으로부터 점차 질병을 유발할 가능성이 많은 잠재적 조건에 대한 관심이 높아지면서 잠재적 질병에 관한 새로운 인식이 생기게 되었다. 즉 성인병을 비롯한 각종 잠재적 발병 가능성을 가진 것들이 질병으로서의 새로운 공포의 대상이 되었으며 그 이후에 공통적으로 나타난 비만에 이르기까지 질병의 정의와 인식이 달라지게 되었다. 실제 법정 전염병의 발병률이 저하한 대신 성인병을 유발할 가능성이 많은 인자들이 더 심각한 질병을 유발하게 되었으며 결국 이러한 성인병들이 합병증으로 진행되면서 전염병과 같은 두려운 존재로 군림하게 되었다. 실제 비만은 질병보다도 더 심각한 질병을 가져다 주고 있다. 예를 들면 고혈압, 당뇨, 고지혈증, 심장병(관상동맥질환), 뇌졸증, 관절염 등을 일으키며 피로, 호흡곤란 등의 증상을 보이거나 남성의 경우 대장암, 전립선암을, 여성의 경우 자궁암, 난소암, 담낭암, 유방암 등의 원인이 된다. 또 담석증. 지방간 위험을 주며 퇴행성 관절염, 수면 무호흡 증후군, 정신적 스트레스와 정신질환을 일으키는 원인이 된다. 따라서 질병의 변화는 시대의 변화와 더불어 그 종류 및 유형, 발생, 기작, 미치는 영향 등이 다르며 향후 새로운 유형의 질병이 다시 생길 수 있는 가능성이 많아 보인다. 이러한 질병의 유형의 변화는 그 원인이 매우 다양하고 복합적인 것으로 생각되지만 주요한 것은 환경적 변화, 식생활의 변화 등을 거론하지 않을 수 없다. 특히 식생활의 변화는 잠재적 질병을 유발하는 요소로 새롭게 관심의 대상이 되고 있다.

2 아이들을 망치게 하는 것들

2-1. 운동부족

요즈음 아이들은 운동부적으로 건강도 좋지 않고 각종 질환에 시달릴 만큼 약해지는 것을 볼 수 있다. 특히 신체운동을 하지 않고 책상이나 집안에서 많은 시간을 보내는 아이들에겐 더욱 그러하다. 운동이 부족하면 우선 균형잡힌 신체활동을 할 수 없을 뿐만 아니라 신체기능도 퇴화하게 된다. 우선 운동이 부족하면 '운동 부족증'에 걸린다. 이 질환은 주로 성인들에게 잘 걸리는 것이지만 운동을 하지 않는 아이에게도 예외는 아니다. 그렇지 않아도 아이들도 각종 스트레스를 안고 있는데 여기에 불균형적인 식생활과 운동부족이 더해지면 건강은 매우 악화될 수도 있다. 신체의 모든 기관들이 건강한 기능을 유지하려면 운동을 통해 적절한 자극을 받아야 한다. 운동은 근육을 구성하는 근섬유의 반복적인 수축으로 힘(근력)이 발휘될 뿐만 아니라 정신건강에도 도움을 준다. 운동을 좋아하고 운동을 하는 아이들은 운동을 한 후 상쾌하고, 긴장감이 해소되는 경험으로 미루어 보아 운동이 정신건강에 효과가 있음을 알 수 있다. 운동을 하면 뇌조직으로 가는 혈류량이 증가하여 뇌에 산소 공급을 증가시켜 주기 때문에 평안함을 느낄 수 있으며, 스트레스 해소에도 도움이 된다. 스트레스 해소를 위한 운동의 직접적인 효과는 신체활동을 통해 에너지를 발산시킴으로써 인간의 기본적 욕구인 활동 욕구를 충족시킬 수 있으며, 심신의 정화를 경험할 수 있다. 또한 운동시에는 자신의 움직임과 환경의 변화에 주의를 집중하게 되기 때문에 어떤 문제를 해결할 수 있는 능력도 좋아지게 된다.

그렇다고 무리하게 운동을 하면 어떤 운동이든 스트레스를 유발시키고 무리한 인체의 부담으로 신체 부위가 고장나게 된다. 일반적인 아이들은 기록을 목표로 할 필요도 없고 운동의 목표를 달성하고자 노력하지 않아도 된다. 다만 적당한 양을 스스로 책정하여 조금씩 자주 하면 된다. 만약 스트레스 해소를 위한 운동을 할 경우에는 너무 많은 것을 요구하지 않도록 한다. 따라서 신체의 부담을 극소화시키도록 계획하여 행하면 된다.

운동부족은 아이들의 변비를 유발하거나 패스트푸드를 좋아하게 하는 식습관에도 어떤 형태로든 영향을 미치게 되고 비만으로 연결될 수도 있다. 어떻든 운동을 하면 소모되는 에너지 때문에 비만은 막을 수 있는데 주위에 운동을 좋아하는 아이들치고는 비만한 아이를 볼 수가 없다. 운동을 하거나 움직일 때 에너지가 소모되는 것은 당연한 일이지만 움직이지 않고 가만히 있는 아이들은 운동이 부족하여 기초대사량이 낮아지므로 비만을 유발하게 된다. 우리 몸에는 지방을 합성하는 효소와 분해하는 효소가 있다. 그런데 운동은 이들 효소의 작용에 영향을 미치게 된다. 즉 운동이 부족하면 포도당이나 아미노산을 지방으로 바꿀 때 필요한 지방합성효소의 작용은 활발해지는 반면 지방을 분해하는 효소의 작용은 저하되어 축적된 지방이 분해되지 않게 된다. 또 운동은 우리 몸에 적당한 자극이 되어 뼈를 강하고 튼튼하게 하여 근육을 굵고 강하게 변화시켜 주는 역할을 하며 운동을 하면 키가 크는데 그것은 운동하면 성장호르몬 분비량이 많아지기 때문이다. 또 성장에 도움을 주는 운동 즉 팔다리는 물론 온몸을 쭉쭉 뻗는 운동은 뼈가 자라는 골 관절 부위의 성장판에 적당한 자극을 주어 키 크기에 도움이 된다. 그렇다고 무리한 운동은 오히려 몸에 무리를 주게 되므로 적당한 운동을 하는 것이 중요하다. 일반적으로 50%정도 이상이 되어야 운동의 효과가 있으며, 약 70%정도 이하의 운동의 강도가 가장 적당하다. 이것은 조금 숨이 차고 땀이 흐르는 정도이다.

운동은 꾸준히 하여야 한다. 가벼운 맨손체조, 무용, 축구, 수영, 배구, 과격하지 않은 농구, 테니스, 줄넘기, 단거리 달리기 등은 키 크는데 효과적인 운동이고 너무 멀지 않은 거리는 걷는 습관과 체조도 좋은 운동이다. 다리 쪽에 무리가 가는 운동은 근육 긴장을 초래하여 성장판에 혈류공급을 방해하여 성장에 장애를 주게 되는데 예를 들면 마라톤, 기계체조, 헬스, 보디빌딩, 씨름, 유도 등의 운동은 성장에 좋지 않다. 그리고 요즘 학생들은 어려서부터 무거운 가방을 들고 다니는데, 어려서부터 무거운 가방을 들고 다니는 경우 척추에 무리를 주어 키가 자라는 것을 방해받게 되는데 가방을 메고 다닐 때는 한쪽으로만 계속 메지 말고 수시로 양쪽을 번갈아 가며 균형있게 메는 것이 좋다. 운동할 때는 무리한 욕심을 버리고 매일 꼭 해야 한다는 집착도 하지 말고 타인을 의식하지 말며 짧게 반복운동을 하는 것이 좋다.

아이들이 운동을 하면 이것은 어른들과 달라 많은 에너지의 소비 효율이 나타난다. 특히 탄수화물의 경우 매우 중요한 아이들의 건강 요소인데 탄수화물은 생명을 유지하고 활동을 위한 가장 기본적인 영양소로 가장 산화하기 쉬운 것이며 이것을 충분히 공급하지 않으면 아이들은 지속적으로 근육활동을 하는 지구력 운동을 할 수 없다. 특히 순발력을 요하는 운동에는 특히 탄수화물이 요구되는데, 이것은 빠른 활동은 하는 속근(速筋)이 지방산보다는 포도당을 주 연료로 사용하기 때문이다. 또 아이들의 운동을 위해서는 지방질도 필요한데 지나치게 많은 양을 섭취할 필요는 없다. 지방질은 에너지원으로서의 이용효율이 탄수화물보다 10~20% 낮고 경우에 따라서는 지방산이 연소될 때 간에서 아세토아세트산 등의 케톤체를 만들어 혈액을 산성화시키기 때문에 아이들이 쉬 피로를 느끼게 된다.

이미 설명한 바와 같이 아이들은 적당한 운동으로 신체의 균형적 성장을 이루고 정신력과 인내심 등을 키워야 학습능력도 진작되고 성인으로서의 준비를 하게 되는데 현재 아이들은 오로지 학습에만 몰두하고 운동에는 거의 신경을 쓰지 않고 있다. 실제 운동을 적당히 하면서 학습을 할 경우 최고의 효율이 발생하며 이 효율은 결코 학습하는 아이들의 학습능력은 물론 건강한 신체를 얻는데도 결정적인 역할을 하게 된다. 어떻게 공부를 시킬 것인가를 생각하지 말고 어떻게 하면 운동을 시킬 수 있을까 하고 생각하면 아이들은 아무 문제없이 잘 성장하게 된다. 운동시 에너지원은 주로 탄수화물과 지방으로부터 공급되지만 운동시에 단백질의 대사가 항진된다는 보고도 많으며 특히 단백질은 근육이나 혈액의 구성 성분으로서 그리고 신체조직의 유지성분으로서 중요한 의의가 있다. 성장기에는 특히 근육의 발달을 촉진시키기 위해서 단백질을 충분히 섭취할 필요가 있다. 운동기관의 발달과 신체운동에 의해 소모되는 양을 충족시키기 위하여 단백질 일정량을 매일 섭취하여야 한다. 단백질의 섭취가 부족할 때에는 혈장단백질의 양이 저하되고 적혈구의 생산이나 헤모글로빈의 합성이 감소하여 빈혈증세를 일으키므로 단백질의 섭취량을 증대시켜야 한다. 과격한 운동을 계속하면 스트레스에 의해 적혈구가 파괴되고 헤모글로빈의 농도가 낮아져 빈혈의 증세가 나타나는데, 이것을 운동성 빈혈(Sport anemia)이라고 한다. 혈액의 비중과 혈장의 비중도 감소하는데, 섭취 단백질 양이 많을수록 그 저하도는 낮아지므로 과격한 운동시에는 체중 1kg당 1일 2g 이상의 단백질을 섭취하여야 한다.

2-2. 부모의 과잉보호

아이들의 현재와 장래를 망하게 하는 것 중 가장 심각한 문제가 되고 있는 것은 바로 아이들에 대한 부모들의 과잉보호이다. 과잉보호라는 것은 지나침을 말하는 것이다. 이것은 정도가 지나쳐 독립심이나 자립심 형성에 부정적인 영향을 미치는 보호방법이다. 부모와 자식간의 관계는 다양하지만 그 중 하나는 부모와 자식의 우위관계(優位關係)를 결정하는 기준으로서 지배-복종을, 애정관계의 기준으로서 수용-거부를 든다. 이 두 차원을 조합하면 지배적－수용적, 지배적－거부적, 복종적－수용적, 복종적－거부적이라는 4개의 유형이 생긴다. 제 1이 흔히 말하는 과잉보호형, 제 2가 전제(專制 ; 잔혹)형, 제 3이 익애(溺愛)형, 제 4가 방임(放任 ; 무관심)형에 해당된다. 과잉보호형은 자식이 의존적－복종적이지만 자발성이나 적극성이 부족하고, 익애형에서는 공격적－반항적인 반면, 지나친 적극성이나 자신감의 과잉현상이 나타나는 것이다. 이들 모두 분명한 것은 그 밑바탕에는 부모의 수용과 관심이 지나치게 높다는 점이다. 즉 부모의 보호가 없으면 자율성의 유지가 어렵다는 뜻이다. 이런 과잉보호형은 성인이 된 뒤의 인격에도 영향을 미치며 맹목적으로 아이들이 요구하면 그게 옳든 그르든 관계없이 무조건 들어 주는 것은 각종 성장발달에 장애를 주게 된다. 과잉보호의 또 다른 특징은 행동을 제멋대로 해서 남에게 피해를 주든지 말든지 상관하지 않는 것이며 오히려 남과 싸우면 어떻게 해서라도 이기도록 부추기거나 상대와의 관계에서 항상 이기적인 행동으로 일관하는 것이다. 이런 아이들은 부모가 마냥 떠받들어 키웠기 때문에 혹시 남이 자기 행동을 조금이라도 고깝게 보거나 좀 제재하려고 하면 이를 참아내지 못하고 분노하며 야단법석을 떤다. 하나밖에 없는 자식, 행여 다칠세라 조심스런 마음은 이해하지만 스스로 서지 못 하는 아이들은 그 어떤 사회에서도 바로 설 수가 없다. 일부에서는 과잉보호의 울타리에서 자란 아이는 어느새 '캥거루족'으로 변하고 부모를 좌지우지하는 작은 폭군이 된다고 한다. 서구의 젊은이들은 18세이후에 부모에 얹혀 사는 것을 수치로 여길 만큼, 부모로부터의 분리와 독립은 당연하고 자연스러운 과정으로 받아들이고 있다. 자녀에 대한 본능적 애착을 자제하고 자녀를 독립시키는 사회화 관습을 키운 서구사회에서는 자율적 인간 형성을 강조해 왔다. 자립훈련은 일찍, 작은 것부터 시작하는 것이 좋다.

부모 뜻대로 행동하는 것이 아이에게도 좋은 일은 아니다. 아이가 잘 되려면 관리를 철저히 해야 한다고 믿는 '과잉보호형', 부모는 자신의 아이들에 대한 모든 것이 아이들에게 어떤 영향을 미치는지를 스스로 생각해 보아야 한다. 과잉보호시 아이들이 부모 말을 잘 듣지 않는다고 하여 감정적으로 받아들이지 말고 아이의 행동은 무엇을 말하려는 걸까?'하고 생각하면서 아이들에게 자신의 방식과 생각을 지나치게 강요하지 않도록 하여야 한다. 아이들은 부모 말에 100% 순응하지는 않으며 또 그렇다고 아이의 이야기를 100% 다 들어주는 부모도 되지 말아야 한다. 따라서 과잉보호라기보다 아이들과 함께 현실적이고 솔직하고 유연성 있고 인간미 있는 보호를 하는 것이 더 좋을 것이다. 부모의 과잉보호는 아이들의 자율성을 침해하여 스스로 능동적으로 일을 할 수 없게 만드는데 이러한 성향을 가진 아이들은 욕구불만을 가지게 된다. 부모의 과잉은 아이들의 신체에도 영향을 미치는데 주로 운동부족을 겸한 심신허약을 초래하거나 면역력이 결핍한 나약한 아이들로 만들기 쉽다.

또 학습부진을 가져올 수도 있는데 이것은 스스로 공부하는 능력이 부족하기 때문이다. 또 공부에 흥미를 잃는 경향을 보이며 성적의 하락도 급격하게 일어나 나중에는 수습이 불가능하게 될 가능성도 배제할 수 없다.

2-3. 식생활의 무질서

현재 아이들의 생각, 행동, 공부, 운동, 건강 등이 많이 변했다고 한다. 그러한 변화는 사회와 국가에 큰 영향을 미치게 되며 그 변화를 대처할 수 있는 일단의 대책도 필요한 것이다. 이러한 변화의 요인은 다양할 것으로 생각된다. 그런데 혹자는 우선적 요인으로 아이들의 식생활 패턴의 변화를 거론하기도 한다. 즉 식탁의 변화를 통해서 아이들의 의식과 행동에 많은 변화를 가져 왔다고 한다. 지금 아이들은 엄마가 싸준 도시락으로 점심을 먹지 않는다. 학교에서 단체급식을 하거나 거의 대부분 인스턴트식품으로 만든 간이 도시락을 지참하고 있다. 간혹 컵라면이나 간편한 먹거리로 점심을 대용하거나 아이스크림, 어묵 등과 같은 간식으로 점심을 가볍게 생각하는 아이들도 많이 있을 것이다. 특히 아이들에 대한 부모들의 과잉 생각으로 식탁도 모두 아이들 중심으로 바뀌는데 문제는 거의 대부분 아이들의 입맛에 익숙해 있는 메뉴로 식탁은 짜여 있을 것이다. 이렇게 되는 경우 아이들의 영양 불균형이 식습관으로부터 생겨나고 불규칙한 식사와 결식 등은 더욱 이를 심각하게 만들게 될 것이다. 실제 아이들은 필요한 영양요구량이 증가하는 시기에 있으므로 정규 식사 외에 간식이 필요한 것은 사실이다. 그러나 대부분의 아이들은 빈번한 간식으로 하루 영양소 섭취량의 약 1/4을 간식에서 얻고 있다고 한다. 이런 문제는 요즘 패스트푸드를 많이 이용하고 있는 아이들에게는 더욱 심각하게 나타나고 있다. 혹 다이어트를 위해 지나치게 결식이나 불규칙한 식사를 하면 문제는 더욱 심각하게 변할 것이다.

최근 우리의 식생활은 경제수준의 향상으로 매우 다양하고 풍성해져 이제는 지나칠 정도로 변하였는데 '포식, 편식시대', '식생활의 패션화', '식도락' 등 매우 외형을 추구하는 방향으로 진행되고 있다. 이러한 경향은 특히 아이들의 영양불균형을 초래함은 물론 식욕부진, 소식, 고식(孤食, 어린이 혼자 먹는 것), 속식(速食) 등으로 이어지고 경우에 따라서는 올바른 식사예절 없이 식사태도의 불량으로 발전한다. 아이들이 성장, 발달하고 생명을 유지하는데 먹는 일이 중요하다. 곧 식사(食事)를 통하여 마음을 키우고 사회성을 배우며 나아가 인간으로서의 존엄성을 배우게 된다. 그래서 식사는 인류의 건강을 뒷받침하는 기본일 뿐 아니라 심신의 질병을 예방하고 치료하는 대책으로서 생각할 수 있다. 요즘 사회문제의 하나로 지적되고 있는 청소년의 비행이나 폭력 등의 경우 가족과 함께 식사하지 않고 혼자 식사하면서 자란 청소년이 많은데 이것 또한 식생활의 무질서가 가지고 온 폐해 중의 하나이다. 가족의 사랑을 서로 확인하고 이해하며 배려하는 장의 하나가 식사시간과 공간이다. 가족이 모여 식사를 하면서 즐거웠던 일을 이야기하며 서로 격려하기도 하고, 어려운 일을 이야기하면서 서로 지혜를 나누기도 하고, 음식을 만들고 식사를 마련한 가족에게 감사하는 식사의 장은 좋은 인격을 가지도록 해 준다. 아이들의 올바른 성장과 발달을 위해 어떤 음식으로 어떤 식사를 만들어 줄 것인지 그리고 부모는 어떤 역할을 해야 하는지 생각해 보는 것은 매우 중요하다.

아이들의 식사 무질서는 일반적으로 식사예절의 결핍과 부모들의 무관심에서 오는 경우가 많다. 어떤 사람은 예의 시초는 음식에서 비롯된다고 하였는데 요즈음 아이들은 이런 예의를 무시하고 있다. 보통 엄마의 식사에 대한 감사함을 모르는 아이들은 예를 갖추면서 식사를 한다는 개념자체가 결핍되어 있다. 젓가락으로 반찬을 뒤적거리거나 맛있는 반찬만 고르거나 입안의 음식이 보이게 씹어 먹거나 밥 먹는 시간을 잘 지키지 않는 혐오감이나 불쾌감을 주는 식사패턴이다. 오늘의 식생활 모습을 보면 맞벌이 부부가 늘어나 주부가 주방을 지키지 못하는 경우도 문제가 되지만 실제 아이들에게 식사의 예절이나 식사의 의미를 제대로 가르치지 못하는 엄마들의 일방적인 편애가 식생활의 무질서를 더 재촉하게 된다. 거리에는 햄버거, 후라이드치킨, 피자, 도넛전문점들이 아이들을 유혹하고 있는 시점에서 아이들의 식생활을 고수하거나 지키는 것은 매우 어려운 일이다. 그러나 이러한 인스턴트의 음식에 대한 지식과 식사의 본연의 의미를 아이들에게 꾸준히 교육시킨다면 훨씬 좋은 식생활을 할 수 있을 뿐만 아니라 더 좋은 환경에서 아이들을 키울 수 있을 것이다. 무분별한 외식과 매식은 어린이의 건전한 성장을 막고 요란하게 장식되는 편의식품과 즉석식품들이 아이들의 식습관을 잘못 이끌게 된다. 아이들이 잘 먹는다고 식단을 분별없이 마련해 주거나 아이들의 요구를 그대로 받아주는 식사를 한다면 분명 문제는 있게 마련이다. 따라서 부모들은 아이들에게 우리 고유 음식에 대한 바른 식생활을 하도록 하고 편식과 과식을 피하고 규칙적인 식사와 균형식을 취하도록 교육하여야 한다. 온 가족이 함께 음식을 나누어 먹는데서 자기중심의 이기주의를 극복하고 더불어 사는 지혜를 가지게 하며 검소하고 규칙적인 식생활 습관을 통해 비싼 음식이나 외식 등 무질서한 식생활을 경계하게 되며 건강한 생활을 하게 된다. 식사를 할 때는 부드러운 대화와 즐거운 식사 분위기를 만들고 화목하게 하도록 하며 식사의 소중함을 알고 감사하는 마음을 가지며 다른 사람에게 불쾌감을 주는 행동을 하지 않도록 한다. 편식하지 않고 음식을 골고루 먹으며, 천천히 먹고 과식하지 말고 불량식품이나 가공식품의 섭취를 가능한 한 줄이고 자연식품은 충분하게 먹도록 하는 것도 중요하다. 낭비 없는 식생활을 하기 위해 매식과 외식을 줄이고 덜어서 먹는 습관을 가지도록 일러 주어야 한다.

최근 아침식사 결식이 아이들 사이에 많이 늘고 있다. 한 통계에 의하면 대상 아이들 중 약 46.4%가 아침식사를 거르거나 불규칙하게 먹고 있는 것으로 나타났는데 실제 아침식사를 먹는 학생의 언어구사력과 수리능력이 아침식사를 거르는 학생보다 더 뛰어나며 신체 활동량과 신체능력도 뛰어나는 것을 고려하면 아이들의 아침 식사의 결식은 매우 심각한 식생활의 무질서를 의미하고 있다. 아침식사를 거르면 신체적, 정신적 발달이 늦어지고 혈당치가 떨어져서 뇌신경이 둔해지고 힘이 없어지면서 무기력, 두통, 짜증, 피로 등 여러 가지 증상을 유발할 가능성이 많다. 이와 같은 결식행위도 아이들에게는 식생활의 무질서가 곧 아이들의 정서와 행동의 무질서로 이어질 가능성이 많다는 것은 염두에 두어야 한다.

식생활의 무질서는 많은 요인에 의해서 일어나지만 특히 청량음료나 인스턴트식품에 의해서 야기된다. 청량음료를 많이 먹는 아이들이 성격이 사납고 도전적이고 인내심이나 양보심이 없다는 것은 이미 알려진 사실인데 이는 청량음료의 상용으로 인한 칼슘의 부족현상 때문이다. 칼슘이 부족하면 정신이 불안정하여 난폭해지고 만성피로, 영양불균형, 흥미감퇴, 주의 집중저하 뿐만 아니라 이상한 행동을 하려는 경향을 보인다. 보통 청량음료나 인스턴트식품을 좋아하는 아이들은 채소나 과일의 섭취를 싫어하는 경향을 보인다. 이러한 경우 더욱 영양불균형이 심화되어 변덕스러운 행동이나 불안 징후를 보이는 등 제멋대로 행동하는 버릇을 가지게 된다. 이러한 아이들은 맛에 익숙해져 아이스크림, 케이크, 사탕, 초콜릿 등 단것을 즐겨먹는 등 설탕 과잉섭취, 인산염 과잉섭취, 식이섬유 섭취의 감소, 비타민, 무기질 섭취의 부족 등으로 질환 발생 가능성이 높아지게 된다. 아침밥을 먹지 않는 아이들이 좋아하는 식품은 햄, 소시지, 고기, 라면, 빵, 과자, 주스, 콜라, 탄산음료 등이며 이런 것들을 좋아하는 아이들은 알레르기, 근력저하, 피로, 근시, 비만 등을 가질 가능성이 많고 정신적으로는 비행청소년이 될 가능성이 많다. 그것은 이런 식습관을 가지면 설탕과잉섭취, 칼슘소비증가 등으로 저혈당, 중추신경계 기능 영향 등이 일어나 민감해지고 쉽게 화를 내며 자기 감정을 조절하는 능력이 저하되어 항상 초조하고 집중력이 없으며 인내심이 부족하게 된다. 불안한 생활을 하게 되고 항상 긴장하거나 화를 잘 내며 자기가 열등하다는 생각을 갖게 된다. 이런 것이 쌓이면 비행청소년으로 변하게 되는 것이다.

또 아이들이 좋아하는 각종 식품에는 식품첨가물이 많이 들어 있어 아이들의 심신에도 영향을 미치는데 보통 과잉행동장애를 일으킨다는 것이다. 이것은 인산염의 과잉섭취(육류, 가공치즈, 콜라 등 청량음료, 인스턴트식품, 푸딩, 조미료 등에 다량 함유)로 인해서 야기되는 것으로 알려져 있는데 주의가 산만한 아이들에게 해당되는 것이다. 거짓말을 하거나 얼버무려 버리는 성격을 가진 아이, 침착하지 못한 아이, 잘 싸우는 아이, 반항적인 아이, 난폭하게 행동하는 아이 등에게 많이 나타나는 현상이다.

2-4. 사고방식의 인스턴트화

아이들의 요즈음 사고방식은 그야말로 인스턴트화되었다. 생활방식도 그렇거니와 행동 또한 예전과 다르게 많은 문제점을 가지고 있다. 이런 것들이 아이들의 성장과 미래를 망치게 한다. 우선 아이들의 망치게 하는 것은 아이들의 생각이 즉흥적이라는 사실이다. 즉흥적이라는 것은 그 자리에서 기분나는 대로 하는, 또는 앞뒤생각하지 않고 하는 행동이나 사고를 의미한다. 즉 즉흥성이라는 것은 항상 변화 가능함을 의미할 수도 있고 번복 가능한 것일 수도 있다. 보통 즉흥적인 상황에서 즉흥적인 행동이나 말을 하게 되므로 신뢰가 부족하게 된다. 즉 부주의를 의미하기도 한다.

아이들의 이러한 즉흥적 사고와 행동은 대부분 자기중심적 생각이나 행동에서 나오는 것이며 남을 얕보는 경향도 포함될 수 있다. 미래지향적이거나 장기적인 안목이 아니라 일시적인 것으로 여기기 때문에 말이나 행동에 대해서 책임지거나 그것을 중요하게 생각하지 않는다. 함부로 말하거나 말에 생각이 없고 자기의 상황만을 의식한 것이므로 말과 행동에 깊이가 없게 된다. 이러한 사고의 인스턴트화는 말과 행동이 편협하고 과격하며 성급함이 있고 남의 이야기나 의견을 듣지 않는 편이며 자기 주장이 옳다고 우기는 경우가 많이 있으며 자기 행동이나 말에 대한 책임감도 없는 것으로 생각이 된다.

이러한 아이들의 성격장애와 같은 사고방식의 인스턴트화는 결국 아이들의 판단과 친구와의 원만한 관계를 무시하는 행동이나 말로 나타나며 원만한 성장을 하지 못하게 된다. 이러한 아이들의 사고의 문제점은 성인이 되어도 독단, 이기주의, 즉흥적 사고나 행동으로 나타나 신뢰를 떨어뜨리게 만든다.

2-5. 이기주의와 경쟁주의

아이들은 성장할 때 주위의 많은 친구들과 서로 대화를 통해 서로 이해하는 법을 배워 나가고 있다. 자기가 할 일이 무엇이며 내가 상대방에게 어떤 행동이나 말을 해야 옳은지를 스스로 판단하면서 친구들을 사귀게 된다. 그러나 여러가지 영향을 받아 살아가면서 자기 중심적 생각이나 행동을 하게 되거나 그런 방향으로 성장해 가는 경우도 흔히 발견할 수 있다. 이기주의란 자기중심이라는 뜻이다. 남과 의논하거나 타협하거나 남의 의견을 잘 듣지 않는 그런 행동이나 생각을 가지게 된다. 지나치면 친구와 대화를 거부하거나 독단적으로 일을 행하는 경우도 있고 과격해져 자기 주장이 항상 옳다고 믿는 경우도 생길지도 모른다. 곧 이기주의란 개인주의에서 비롯한 것이다. 개인주의란 한 국가, 사회 등의 조직의 권익보다 개인의 권익이 먼저라고 생각하는 생각이다. 그 특징은 남에게 피해를 주기도 하고 최소한의 용납이 가능한 한도내에서의 개인의 권익을 주장하기도 한다. 즉 이기주의는 개인주의적 사고 발상이며 남에게 피해를 주면서까지 개인의 권익을 우선시하는 경우에 해당한다. 이기주의는 일부에서는 윤리와 배치된다고 하기도 하는데 개인의 선(善)이라는 목적을 행동의 의무, 올바름의 유일한 기준으로 삼고 있다. 이기주의는 자기의 이익만을 추구하는 심리이며 이타적 경향을 완전히 부정하는 일종의 독단이다.

현재 주위의 이기주의는 심각한 수준이다. 서양의 개인주의와는 달리 남에 대해 배려하지 않고 자신의 이익만을 추구하는 것이 문제점이다. 아이들은 자신이 속한 것에는 충실하지만 자기와 다른 것에는 배타적인 이기주의를 보이는 경우가 많다. 이러한 아이들의 이기적 사고는 부모들도 책임이 있다. 즉 경제적 가지에만 관심을 집중함으로써 모든 것에 물질 만능 현상으로 나타나고 이런 부모들의 영향으로 아이들은 경쟁이 서로의 발전을 위한 선의의 경쟁이 아니라 자신의 이익만을 위한 경쟁으로 생각하는 이기적 사고를 하게 되는 것이다.

이러한 이기주의적 사고방식의 결과가 지나친 경쟁주위로 치닫게 된다. 경쟁은 선의의 경쟁만을 의미한다. 그러나 일방적이고 편협되거나 왜곡된 경쟁은 상대를 무시하고 상대의 의견이나 행동을 부정해 버리는 결과를 낳게 된다. 경쟁의 원칙은 선의이며 경쟁 후에는 승복하거나 상대의 모든 것은 인정해 주는 관용이 뒤따라야 한다. 곧 경쟁은 자기 자신의 능력을 평가할 수 있는 계기가 되기도 하고 자기의 잠재능력을 남에게 과시하는 계기도 되는 만큼 진정한 의미에서의 경쟁심을 일구어 진취적인 생각이나 연구하고 배우고 스스로 부족함을 메우는 슬기를 갖도록 하여야 한다. 이러한 좋은 의미에서의 경쟁심은 아이들의 미래지향적 요인이 되며 이를 통해서 능력을 개발할 수 있게 된다.

이기주의가 사라지기 위해서는 아이들은 상대인 친구의 의견을 존중하고 자기의 이익만을 고집하지 않아야 한다. 즉 상대방의 입장을 생각하지 않는 행동은 하지 말아야 한다. 함부로 행동하는 것은 타당하고 자기의 말과 행동은 책임지지 않아도 된다고 생각하면 그것은 곧 이기적 개인주의인 것이다. 따라서 이런 경우에는 스스로의 옳지 못한 행동을 정당화하려 하려는 것에 다른 아이들의 반발이나 비난이 따르게 마련이다.

또 다른 아이들의 순수성과 성장을 저해하는 요소로 절대적인 경쟁주의의 팽배이다. 이 경쟁주의는 선의의 경쟁을 의미하는 것이 아니고 일방적이고 맹목적인 경쟁심리로 아이들의 정상적인 경쟁심을 저해하는 요소가 된다. 경쟁은 일방적인 목적이 아니라, 자발적으로 형성되어야 하며 불법이거나 속임수를 쓰는 위장경쟁은 선의의 경쟁을 오도하는 것이므로 아이들의 경쟁심은 서로 협력적 관계로부터 나와야 한다. 결국 공정성이 있는 경쟁을 아이들에게 가르쳐야 한다. 그러나 부모들은 일방적이고 불공정한 경쟁을 아이들에게 은연중에 강요하므로서 아이들로 하여금 빗나간 가치관을 갖게 만든다. 물론 자유로는 경쟁은 '이기심(self-interest)'과도 관련이 있다. 경쟁의 밑바탕에는 자신의 이익이 깔려 있으며 자연스럽지 않게 유도한다. 물론 공정하고 자유로운 경쟁은 보다 나아지려는 동기유발에 매우 중요한 원동력이지만 그렇지 못할 경우에는 얻는 것보다 잃은 것이 더 많을 지도 모른다. 그렇다고 경쟁을 배제하라는 것은 아니다. 이른바 '평등주의'는 하향을 의미한다고 단정지울 수는 없지만 어떻든 자유경쟁을 통해서 질을 향상시키고자 하는 의도는 바람직하다. 그러나 올바르지 못한 경쟁은 서로 불신을 초래하고 신뢰를 무너뜨리며 올바른 사귐을 파괴할 수도 있다. 또 갈등을 더욱 심화하거나 경쟁의 부담으로 결정적인 문제를 야기할 수도 있다. 스스로 잘 할 수 있는 분위기를 조성하려는 노력은 않고 막무가내식 경쟁심 유발로 아이들의 정신적 스트레스가 쌓이면 아이들의 건강은 물론 정신적 빈곤과 황폐를 가져오게 하는 지름길이므로 부모들의 아이들에 대한 관심 또한 지대해야 할 것으로 생각된다.

3 아이들의 식생활과 행동

3-1. 상상을 초월하는 아이들의 식성(食性)

아이들의 식생활은 아이들의 정신적, 육체적 성장에 영향을 미치는데 식생활이 아이들에게 긍정적인 결과를 가져오는 경우도 있지만 부정적인 결과를 가져와 아이들을 비행청소년으로 만들어 버리는 경우도 생각해 볼 수 있다. 현재 사회는 공해가 많은 세상이다. 그 공해는 식품공해라고 말 할 정도로 식품과 아이들의 식생활은 중요시되고 있다. 아이들의 잘못은 가정과 학교뿐만 아니라 사회적 책임도 있지만 식생활을 잘못 가르친 모든 원인 제공자들에게도 책임이 있을 수 밖에 없다. 흰쌀, 흰 밀가루에 흰 설탕을 넣어 가공, 조리한 식사를 계속해서 먹으면 섬유질이 부족해서 당의 소화, 흡수가 급속도로 이루어지기 때문에 갑자기 혈당이 높아지는데 이러한 식생활이 계속되면 아예 인슐린이 미리 나와서 대기하는 고인슐린증이 되어 혈당은 곧 저혈당증으로 변하게 된다. 저혈당증이 되면 신경과민 반응을 보여 정서가 불안해지고 집중력이 떨어지며 이성적 판단이 둔화되어 충동적인 행동, 과격한 행동, 폭행적인 성격을 보이게 된다. 습관적으로 폭행과 범죄를 일삼으며, 반사회적인 행동을 하는 사람들이 그렇지 않은 사람들에 비해서 혈당치가 현저히 낮은 증상을 보이며 저혈당 때문에 두뇌작용에 필요한 에너지가 충분히 공급되지 못하므로 공격적인 반응을 보이게 된다. 이러한 영양적 결핍이 심화되면 칼슘과 비타민 B 등 부족현상이 일어나고 이것은 곧 아이들의 정서불안, 우울증, 충동적 성격, 불면증, 건망증, 두통, 신경쇠약, 경련증, 집중력 저하, 환각증상, 공포증 등의 증상을 불러 일으키게 된다. 이러한 비이지적이고 침착하지 못한 사고와 행동은 충동적, 우발적인 행동으로 이어지고 이것은 곧 폭언, 폭행 등으로 나타날 수 있다. 어느 통계 보고에 의하면, 현재 미국인의 15%가 정신치료를 받아야 할 처지라고 하는데 이것은 비타민과 무기질이 부족한 정제, 가공식품들 때문이라고 한다. 또 일상적으로 반복해서 마시는 청량음료나 커피, 초콜릿으로 만든 가공식품을 습관적으로 많이 먹게 되면 일시적으로 기분이 상쾌하며, 힘이 나고, 졸음이 오지 않고 뇌를 흥분시켜 생각을 재빠르게 하지만 이것은 곧 절제심을 약화시키고 즉흥적인 행동을 하도록 유도하게 만든다. 또 어떤 학자들은 아이들이 단백질과 지방을 과잉섭취하면 성호르몬을 과다 생산하게 만들어 성범죄를 유발시키는 간접적인 원인이 된다고도 한다. 따라서 아이들의 행동과 성장을 잘 유도하기 위해서는 식생활의 개선과 중요성을 인식할 필요가 있으며 이를 통해서 정신적, 육체적 건강을 증진시켜야 한다.

이와 같이 아이들의 식생활 패턴은 여러 가지가 있는데 주로 식생활의 잘못으로 인한 것들이다. 주로 과식, 폭식, 편식을 비롯하여 단맛, 자극성 식품의 선호, 인스턴트식품의 지나친 섭취와 육식위주 또는 지방질식품의 과다 섭취로 많은 정신적, 육체적 문제를 야기하고 있다. 본 절에서는 이러한 내용을 중심으로 아이들의 식생활과 행동이 어떤 관련을 가지고 있는지를 검토해 보기로 한다.

3-2. 과식과 폭식 그리고 행동

아이들은 어른과 다르게 매우 즉흥적이고 직설적이고 생각을 많이 하지 않고 일을 결정하거나 시작하는 특성을 가지고 있다. 물론 신중한 아이들도 있지만 식사습관은 빠르고 많이, 그리고 자기 입맛에 맞는 것만 먹게 되는 공통점을 가지고 있다. 이러한 식습관은 매우 수동적이며 자기 자신을 조절하기가 쉽지 않다. 따라서 아이들의 식생활을 잘 하도록 유도하고 교육하는 것은 어쩌면 어른들의 책임이기도 하다. 이러한 식사는 편식에서도 잘 나타나며 인스턴트식품을 잘 먹는 것에도 충분히 짐작할 수 있다. 아이들에게 흔히 볼 수 있는 식생활의 유형으로부터 공통적인 것을 보면 그것은 바로 과식과 폭식이다.

과식이란 식욕이 보통 이상으로 높아진 경우 일반적인 적당량을 초과하여 음식을 섭취하는 경우이다. 보통 과식은 상습적이지 않고 가끔있는 것이므로 중요하게 생각하지 않을 수도 있지만 과식을 경험한 아이들은 자기가 좋아하는 음식이 있을 경우 아무런 거부감 없이 음식을 많이 먹게 되며 이런 경우가 자주 반복되면 자연스럽게 습관화되어 버리게 된다. 음식물은 일정량까지는 체내에서 조절이 가능하지만 과도하면 소화흡수율이 저하하여 위장장애를 일으키게 된다. 물론 과식으로 인한 비만은 필연적으로 따르게 마련이다.

과식은 이와 같이 생리적 요구량보다 많이 먹는 것으로 자신의 의지와 상관없는 '섭취장애'인데 식욕이 보통과 다르게 높아진 경우에 발생한다. 일시적인 과식의 결과는 위의 팽만감, 중압감, 메슥거림, 구토, 복통, 설사 등의 급성위장염을 일으키지만 장기간 과식이 계속되면 비만이나 지방간을 초래하여, 고혈압, 심장병, 당뇨병, 동맥경화 등의 질병에 걸리게 된다. 보통 엄청난 양의 음식을 짧은 시간에 먹어 치우며 그만 두려고 해도 음식에 자꾸 손이 가는 경우이다. 이와 같은 섭취장애는 신체의 장애뿐만 아니라 정신장애로도 볼 수 있다.

과식의 원인은 여러 경우를 생각할 수 있는데 우선 아이들의 경우 자기 입맛에 맞는 음식이 있을 경우, 심리적인 상태가 불안정하여 이를 해소하기 위하여 인위적으로 과식하는 경우, 야식(夜食)이나 간식(間食)을 특별식으로 먹는 경우 등 다양한데 많이 먹고 잘 소비를 하면 다행이지만 많이 먹거나 조금 먹더라도 소비가 적어지면 이것은 틀림없는 과식이 되어 버린다. 특히 과식하는 아이들은 음식을 빨리 먹는 습관을 가지고 있으며 과식을 하다보면 빨리 먹는 식습관으로 고착하게 된다. 아이들이 주위로부터 스트레스를 받게 되면 스트레스 호르몬이 증가하여 과식이나 폭식을 하게 되는데 이러한 습관이 반복하게 되면 스트레스만 받으면 음식을 찾게 되고 과식과 폭식을 하게 된다. 물론 포만감을 느끼는 것을 즐겁게 생각하는 아이들도 있지만 그 즐거움은 일시적이며 그 즐거움이 반복되면 과식은 일시적 즐거움을 넘어 질병을 유발하는 원인이 되기도 한다. 과식·폭식을 하는 아이들은 보통 정서적으로 불안한 경우가 많으며 생활패턴이 매우 불규칙적인 경우가 많다. 아이들이 스트레스를 받으면 식욕을 잃어 평소보다 적게 먹는 경우도 있지만 어떤 아이들은 스트레스를 먹는 것으로 해소하는 습관이 있어 오히려 평소보다 더 많이 먹는 경우도 생긴다. 어떤 사람은 아이들의 비만원인이 아이들의 과식 때문으로 지적하기도 한다. 운동부족보다 과식이 더 심각한 원인이라는 것이다.

일반적으로 과식을 하는 아이들은 이미 언급한 바와 같이 정서적으로 불안한 편이며 생활하는 패턴이 매우 자극적이거나 불안한 경우이다. 또 자기 능력보다 많은 일을 감당하거나 능력과 관계없이 너무 많은 일을 저지르는 경우가 많으며 행동 또한 과격적이다. 항상 자기 주장이 많고 자기 중심적이며 과시하거나 남을 의식하는 겉보기에 치중하고 남을 잘 속이거나 말이 많고 참을성이 없는 경우가 많다.

비만하여 외모에 자신이 없지만 불평이 많고 난폭하며 건강이 좋지 않는 아이들로 변하게 된다. 과식하는 아이들의 식사습관은 주로 육식중심이거나 자기가 선호하는 극도의 편식위주이며 영양적 불균형을 초래하는 인스턴트형 식품이 주로 섭취대상이 된다. 과식의 결과 비만은 물론 전해질이나 호르몬의 이상을 유발하거나 성인병을 유발하며 심장이나 간장의 기능을 저하시킨다.

과식은 비만의 원인 중 가장 큰 원인이다. 지나치게 많이 먹으면 섭취 칼로리가 소비 칼로리보다 많음으로써 남는 칼로리가 몸에 저장이 되게 된다. 이것이 지방세포에 중성 지방이 축적되는 것이며 따라서 살이 찌는 것이다. 과식의 경우 대뇌 시상하부에 포만중추와 섭식중추가 있어 배가 부르면 포만중추가 스톱명령을 내리고 배가 고프면 섭식중추가 무엇인가 먹으라는 명령을 내리는데 이 명령을 무시하고 과식을 계속하면 이 대사 기능에 문제를 일으키게 된다. 음식을 먹으면 혈액중의 포도당 농도인 혈당치가 상승하여 만복중추를 자극하게 되므로 배가 부르다고 느끼게 되고 또 혈당치가 내려가면 지방이 분해되어 유리지방산과 글리세롤로 되는데, 핏속의 유리지방산이 증가하면 섭식중추를 자극하여 배고픔을 느끼게 되는데 이 작용은 과식을 초래하는 것이다.

이와 비슷한 유형으로 폭식이라는 것이 있다. 폭식이란 짧은 시간에 많은 음식을 한꺼번에 먹는 경우인데 원인으로는 심리적, 생물학적 측면에서 여러 가지 설들이 주장되고 있으나 확실한 이유는 알 수가 없다. 그것은 폭식의 유형과 방법, 음식의 종류 등이 다 다르기 때문이다. 보통 아이들의 경우 강박관념 등이 원인이라고 한다. 폭식은 자기 파괴적이고 충동적이며 심리적으로 매우 불안할 때 일어난다. 보통 폭식의 대상이 되는 음식으로는 팝콘, 아이스크림, 도넛, 사탕, 과자, 케이크 등이 있으며 이것들은 대부분 빨리 먹을 수 있는 고열량 탄수화물 음식이다. 어떤 경우는 다른 사람 앞에서는 먹지 않거나 조금 먹으면서 나중에 혼자 숨어서 음식을 폭식하는 아이들도 생기게 마련이다. 체중은 물론 조절이 불가능하고 일정한 체중을 유지할 수 없으며 생리대사도 매우 불균형하여 각종 질환의 원인이 되기도 한다. 심할 경우 폭식으로 인한 식도 등 소화기 장애를 유발하기도 한다. 또 어떤 사람은 과식이나 폭식이 발성이나 발음에도 문제를 일으킨다고 한다.

3-3. 편식과 행동

아이들의 식생활 중 가장 문제가 되고 있는 것은 바로 편식이다. 요즈음 아이들은 자기 입맛에 맞지 않으면 잘 먹지 않는 경향을 보이는데 이것은 성장발육에도 악영향을 줄 뿐만 아니라 아이들의 정서적 안정에도 많은 영향을 미치게 한다. 편식이란 음식에 대한 기호가 강하여 한정된 음식만을 먹는 경향을 말하는데 쉽게 표현하면 한쪽으로 치우쳐서 자기가 좋아하는 음식만 섭취하는 행위를 말한다. 아이들이 갖는 편식은 하루아침에 생기는 것은 아니다. 보통 편식은 이유(離乳) 단계에서 조짐을 보여 주로 4~5세에 확실한 경향을 나타내는데 성장기의 가정교육, 아이들의 음식 선호도, 생활환경 등에 따라 자율적 편식과 타율적 편식으로 구분한다. 자율적 편식은 자기 스스로 입맛에 맞는 음식을 먹을 때 아무도 이를 고쳐주거나 편식의 잘못을 지적해 주지 않으면 자연스럽게 습관화되는 것으로 여기에는 부모들의 잘못도 편식의 한 몫을 하게 된다. 타율적 편식은 알레르기가 있는 아이들의 경우 일부러 어떤 특정음식을 피하게 하면서 자연스럽게 이 음식이 인체 생리에 부적합하게 되는 경우이다. 따라서 편식의 대부분은 자율적 편식으로 보면 된다. 또 편식이 습관화되는 경우에는 아이들이 특정 음식을 먹고 아팠을 경우 아이들은 자연스럽게 특정음식을 멀리하게 된다. 또 가정내에서의 식사환경으로 인한 편식의 발생인데 이것은 어려서부터 다양한 음식을 먹어보지 못해 초등학생이 되어도 새로운 음식에 대한 두려움 때문에 자연스럽게 편식이 되는 경우도 있다. 또 기호에 치우친 식사, 음식의 모양이나 맛에 이상한 경험이 있을 때, 부모를 비롯한 가족들의 편식이 그대로 전해질 때, 알레르기나 충치 같은 신체이상이 있을 때, 이유식 시기가 지나치게 늦었을 때, 이유기에 다양한 음식을 먹어 보지 못했을 때, 아이의 기호에 맞는 음식만을 주었을 때, 인스턴트음식을 자주 주었을 때, 자주 불규칙한 시간에 간식을 주었을 때, 지나치게 단 것을 간식으로 주었을 때, 식욕이 없는 경우, 부모가 편식을 하는 경우, 동생에 대한 질투, 애정 결핍 같은 심리적 불안이 있을 때, 신경질적이거나 욕구불만 그리고 병적인 편식 등이 있을 수 있다. 따라서 편식은 다양한 원인에 의해서 일어나므로 일괄되게 설명할 수는 없지만 어떻든 편식의 원인은 식사생활을 하는 가정에서부터 시작하는 것이므로 부모들의 책임이 크다고 말할 수 있다.

편식이 장기화되면 체력·지력의 저하는 물론 저항력이 떨어지고 면역력이 약해져 허약체질로 변하여 건강을 해치는 결과를 초래하여 이에 따른 각종 질병에 걸리게 된다. 특히 어린이의 편식은 발육상으로도 큰 문제가 된다. 올바른 성격형성이 안되고 올바른 성장도 이루어지지 않는다. 더불어 소아비만에 걸리기 쉽고 충치가 생기기 쉬우며 빈혈이 생길 수 있다. 영양소의 균형이 깨어져 건강을 이어가기가 어렵고 피로도 빨리 오게 된다.

이러한 편식을 고치는 것은 아이들의 장래를 위해서도 매우 중요한 일인데 우선 어른들은 아이들의 편식을 고치려고 강제로 음식을 먹이게 하거나 화를 내면서 강압적인 섭취를 요구하면 아이들은 더욱 더 식욕이 저하되어 아무것도 먹을 수 없는 지경에 이르게 된다. 따라서 무엇이든 자연스럽게 조금씩 고쳐나가도록 하여야 한다. 우선 조리법을 다양하게 할 필요가 있다. 좋아하는 음식에 싫어하는 음식을 적절하게 배합하여 요리를 하거나 안 먹는 음식을 만두 속이나, 국 속에 넣어 은폐하는 방법 등을 통해 직접 좋아하지 않는 음식과 부딪치지 않도록 하는 것도 하나의 방법이다. 또 보기 좋게 요리해 시선을 자극하는 것도 효과적인데 그것은 아이들이 음식을 맛보다 모양, 색깔, 크기, 냄새 등에 더 관심을 가지므로 이를 이용하여 조금씩 편식에 대한 습관을 고쳐나가야 한다. 또 아이들과 함께 요리하는 방법도 하나의 해결방법이다. 아이가 싫어하는 재료를 직접 만져보게 하거나 썰어보게 하는 등 직접 특정음식에 대한 관심을 갖도록 하는 방법도 좋은 일이다. 이럴 경우 부모님이나 가족들의 태도가 중요하다. 아이가 싫어하는 음식이라도 가족이 맛있게 먹는 모습을 보고 아이들도 먹고 싶다는 생각을 가질 수 있기 때문이다. 또 또래 친구들이나 다른 사람과 어울려 먹게 하는 것도 효과적인 방법이다. 또 음식을 지나치게 권하지 말고 아이가 음식투정을 해도 무관심하게 대하며, 식사가 끝나면 바로 상을 치워버리는 것도 한 가지 방법이다. 싫어하는 음식의 조리방법을 바꾸거나 싫어하는 음식을 시장할 때 먹이는 방법, 간식을 적게 먹게 하는 방법을 이용하며 어떻든 강제적으로 고치려 하면 오히려 역효과를 초래할 수 있으므로 주의해야 한다. 싫어하는 음식을 무조건 강요하지 말고 양을 조절하면서 싫어하는 음식을 조금씩 적게 먹이면서 그 양을 늘리면 된다.

실제 편식은 과잉보호에 의해서 잘 생기는 것 중의 하나인데 어른들은 이것을 잘 지각하고 과잉보호로부터 아이들을 진정으로 보호할 수 있도록 하는 것도 중요하다. 간식을 줄 경우에도 간식의 양과 시간을 잘 조절하여 규칙적인 식사가 되도록 하고 주식을 안 먹는 아이는 대부분 간식을 많이 먹는 편이므로 이를 바로 고치지 않으면 편식 자체를 고칠 수 없으므로 아무 것이라도 먹어달라는 심정으로 부모님이 아이들의 간식을 아이들이 요구하는 대로 허용해서는 안 된다. 이런 경우 편식을 하면 건강도 나빠지고 공부도 잘 못하며 친구들과도 경쟁할 수 없으며 나약한 아이가 된다는 것을 이론적 배경을 가지고 잘 설득하여야 한다. 일본 일본교육의학회에서 발표한 '자폐증 아동과 편식의 관계'에 의하면 자폐증을 보이는 아동들의 모발 안에 있는 무기질을 분석한 결과, 나트륨과 마그네슘, 칼슘, 칼륨 등 무기질이 일반 아동보다도 훨씬 모자라며, 또한 망간, 크롬, 아연의 수치도 낮아 저혈당 증상을 나타내었는데 그 무기질 중 유해한 알루미늄과 수은이 일반아이들보다 상당히 많이 검출되었다고 한다. 이는 자폐아동들이 야채와 과일을 극단적으로 싫어하고 아이스크림과 과자, 주스, 어묵, 햄 등을 매우 즐겨하기 때문으로 해석하고 있다. 이들 식품들에 포함되는 합성착색료에 알루미늄이 많이 들어 있기 때문인데 매일 이런 음식물을 먹으면 몸 안에 알루미늄이 점점 축적되어 뇌와 폐에 축적되고 다량으로 섭취한 경우에는 신경세포 안의 축색안에 있는 미소관이라고 하는, 영양을 보내는 관안에 알루미늄이 쌓여서 중요한 뇌세포에 영양이 퍼지지 못하도록 방해한다. 또한 수은이 다량으로 뇌세포에 부착되면 수은은 뇌세포와 결합하기 때문에 뇌세포의 원활한 작용이 방해받게 되는데 이러한 자폐증 아동의 모발검사 결과는 비행 아동과 가정내 폭력아의 모발분석에서 밝혀진 것과 매우 유사하며, 극단적인 편식의 영향으로 보고 있다.

예를 들면 어떤 아이는 몇 가지 음식만을 먹겠다고 고집하는 경우 즉 매 식사시간이나 간식시간에 같은 음식만을 달라고 요구하는 경우이다. 이러한 경우 좋아하는 음식이 영양적으로 균형이 잡히고 일시적으로 식사 내용이 단조로운 것은 크게 문제되지 않지만 이것이 습관화되면 문제가 발생하게 된다. 가끔 주위에 보면 아이들의 행동이 불규칙하여 예기치 않은 행동을 하거나 쉽게 흥분하기도 하고 부주의하는 경우를 보게 되는데 이것이 주의산만-과행동 증상으로 진전되면 심각하게 만성적인 충동성, 부주의, 불안 등이 뒤따르게 되어 정서적 문제를 일으키게 된다. 이 현상은 주로 편식하는 아이에게 많이 일어난다고 한다. 특히 정제 설탕, 여러 가지 식품첨가물, 인공향료, 색소 등이 많이 들어 있는 음식은 아이들의 이런 증상을 악화시킨다고 한다.

편식은 음식을 좋아하고 싫어하는 감정이 너무 강해서 식사로부터 영양섭취가 항상 불균형이고 결과적으로 건강하지 못하고 성장 발육이 상당히 뒤떨어지는 경우인데 아이들은 보통 4세 전후해서 자아의식이 발달하면서 식품에 대한 기호가 나타나기 시작하는데 사춘기를 지날 때까지 교정해 주지 않으면 그대로 고정되어 버리는 경우가 많다. 4-5세가 되면 대부분의 어린이들은 좋아하는 식품과 싫어하는 식품을 가지게 되는데 어떤 종류의 식품이 어떻게 주어졌는지 그리고 부모와 가족들, 친구들이 그 음식에 대하여 어떻게 생각하고 행동하였는가에 따라 많이 달라진다. 어린이들은 어떤 음식이 맛이 없기 때문만 아니라 보기 싫다거나 냄새가 싫다거나 어쩌면 위험할지도 모른다는 두려움 때문에 거부하기도 한다. 일반적으로 어린이들은 밥, 빵, 크래커와 같이 탄수화물이 풍부한 식품, 우유나 요구르트, 과일 등을 좋아하고 채소를 가장 싫어한다. 어린이들의 식욕은 예측하기 힘들고 식품에 대한 좋고 싫음이 자주 바뀐다. 강제적으로 편식을 고치려고 하면 오히려 역효과가 날 수도 있다.

편식을 고치는 경우에는 식사와 간식을 예정된 시간에 주어서 규칙적이고 합리적인 식사스케줄을 유지하도록 하고 강요하지 않으며 스스로 먹도록 유도한다. 새로운 음식을 제공하고자 할 때는 몹시 배고픈 시간에 새로운 음식을 먹게 하도록 한다. 어린이들은 음식의 색에 예민하므로 식욕을 촉진시키는 색(빨간색, 오렌지색, 노란색 등)을 많이 선택하고 황록색과 보라색은 식욕을 떨어뜨리므로 그 양을 적게 한다. 그리고 어린이는 순색을 좋아하므로 중간색과의 조화로 순색을 부각시킨 식사 환경을 만들어 주어 식욕을 촉진시켜 편식에 대한 편견을 버리도록 한다. 각 식품의 특징을 살린 모양으로 적당한 크기로 잘라 색다른 모양의 그릇에 담아서 식품과 음식에 대한 호감을 가질 수 있도록 하고 맛 뿐 아니라 질감, 냄새, 온도 등도 조화되도록 알맞은 조절해 주도록 한다. 어린이들은 너무 뜨겁거나 차가운 음식보다 실온의 음식을 좋아하고 바삭바삭한 질감의 음식을 먹는 것을 재미있어 한다. 이와 같이 편식을 고치기 위해서는 편식의 나쁜 점이나 식사의 중요성을 깨닫게 하는 것도 중요한데 유형별 편식을 고치는 방법은 특정식품을 싫어하는 아이의 경우 그 음식을 먹어야 하는 이유를 꾸준히 인내심을 가지고 설명하고 좋아하는 반찬만 먹는 아이의 경우에는 아이가 덜 좋아하는 반찬을 먼저 먹고 좋아하는 반찬은 나중에 먹도록 유도한다. 또 음식에 아예 흥미가 없는 아이는 먹지 않으려는 원인이 무엇인지 우선 살펴보는 것이 중요하다. 갑자기 편식하는 아이는 부모의 사랑을 충분히 느낄 수 있도록 평소에 자주 대화를 나누면 편식의 기미가 점점 사라지게 된다.

3-4. 단맛지상주의와 행동

단맛과 행동에 관한 설명에 앞서 당의 정체를 이해할 필요가 있다. 단맛을 내는 가장 일반적인 감미료는 설탕이지만 점차 설탕에 대한 거부로 감미 목적만을 위한 인공감미료가 개발되었다. 그러나 이 감미료는 안전성 문제로 현재 그 일부만이 사용되고 있는 실정이다. 단맛 자체는 안온하고 부드럽고 정서적인 맛으로 다른 맛보다 미각에 중요한 위치를 차지하고 있다. 단맛을 내는 물질은 종류도 많고 또 단맛을 내는 정도가 다르지만 크게 영양성분을 가지고 있는 영양적 감미료(nutritive sweetener)와 영양성분이 없고 감미 목적만으로 사용되는 비영양적 감미료(nonnutritive sweetener)로 구분한다. 영양적 감미료는 천연감미료라고 부르는데 감미기능과 영양적 가치를 동시에 가지고 있는 당류를 말한다. 단맛을 가지고 있는 대부분의 당류는 수산기를 가지고 있으며 이 수산기 때문에 단맛이 나게 된다. 설탕은 단맛의 기준이 된다. 비영양적 감미료는 인공감미료 또는 합성감미료라 부르는데 구조적으로 수산기보다는 니트로화합물이 많고 일부 아미노산종류도 있다. 그러나 수산기를 가지고 있는 당알코올도 현재 많이 사용되고 있는데 대표적인 것으로는 솔비톨이다. 당알코올류를 제외한 대부분의 인공감미료는 설탕에 비하여 단맛이 강하고 매우 소량 사용할 수 있으며 값이 싸며 영양성분이 거의 없고 가공공정 중 화학반응에 관여하지 않으며 미생물에 의해서도 거의 이용되지 않기 때문에 식품공업에서 많이 이용되고 있다. 그러나 인공감미료는 보습성이 없고 기능적 장점을 기대할 수 없으며 다소 쓴맛을 가지는 등 결점도 가지고 있으므로 당류 또는 당알코올을 혼합하여 사용하는 경우가 많다.

단맛은 인간이 느낄 수 있는 가장 온화한 맛이며 따뜻한 맛이다. 따라서 단맛의 말은 '맛있다'는 말과 같은 의미로 사용된다. 단맛 이외의 맛은 보통 어떤 한계를 넘으면 불쾌하고 거부적인 맛을 나타내지만 단맛은 그 농도가 아무리 지나쳐도 본래의 단맛은 없어지지 않는다. 즉 단맛만이 농도에 관계없이 쾌적한 맛을 나타내며 오히려 쾌적함을 느끼는 맛으로 알려져 있다.

단맛은 맛 자체에 유혹적인 감각을 가지고 있다. 한번 단맛에 빠지면 중독성이 있는 것처럼 허우적거리면서 헤어나지 못하는 경우가 많다. 그만큼 단맛은 인간의 맛감각을 중독화시키는 강한 맛의 질(質)을 가지고 있다. 실제 단맛이 얼마나 강하며 얼마나 먹어야 하며 어느 정도의 중독성이 있는지, 안 먹고는 버틸 수가 없는지 등은 모두 정확하게 결론지울 수 없지만 일단 단맛에 익숙되면 이 맛을 거부할 수는 없다. 즉 한번 단맛에 중독되면 계속 먹고 싶기 때문에 자기의 의지와는 관계없이 단맛을 접하게 되는 것이다. 요즘은 단맛이 세상을 지배하고 있다. 맛도 달게, 쓴맛도 달콤하게, 신맛도 새콤달콤하게, 매운맛도 매콤달콤하게 만드는 것이 일반적인 추세이며 김치까지 달아야 잘 팔린다고 할 정도로 단맛이 우리 일상생활 깊숙이 침투해 와 있다. 음식 뿐만 아니라, 치약, 커피, 모든 음료수, 심지어 담배까지도 단맛이 첨가되며 사람들을 더욱 단맛에 익숙되도록 하고 있다. 또 과일의 경우에도 당도가 높을수록 상품가치가 좋은 것으로 생각할 정도이다. 이와 같이 앞으로는 단맛없이는 아무런 맛을 낼 수 없을 정도가 된 것이다.

생물학적으로 단맛은 가장 선호도가 높은 맛이다. 지금은 건강을 위협하는, 위험스런 맛으로 변했지만 그래도 단맛은 모든 맛을 이길 수 있는 힘을 가지고 있다. 음식을 먹을 때 단맛을 먼저 먹으면 미각이 상실되어 다른 맛을 잘 느낄 수 없다. 단맛은 기운이 강해, 신장, 방광의 기능을 약화시키고, 당뇨병, 골다공증, 신경 정신병 등에 악영향을 미친다고 한다.

단맛을 좋아하는 아이들은 보통 정서적으로 안정되어 있다고 한다, 수동적이고 정이 많으며 정서가 풍부하여 감성적이라는 것이다. 일에 대해 긍정적인 생각을 가지며 남과 잘 지내는 것도 모두 단맛 덕분이라고 한다. 그러나 단맛이 부족하거나 단맛을 싫어하는 아이들은 그 반대의 기질과 행동을 보인다는 것이다. 우선 정서가 부족하여 남과 잘 싸우려고 하고 남을 비방하거나 신뢰하지 않으며 거짓말을 자주하거나 일시적인 충동성이 높다는 것이다. 또 단맛이 부족한 아이들은 부모에게 도전적이며 쉽게 화를 내거나 토라지는가 하면 지적 수준이 저하되는 경우를 많이 보게 된다. 이러한 것은 맛이 아이들의 행동과 사고에 영향을 미치며 특히 정서적인 면에 큰 영향을 미치고 있다는 것을 의미한다. 달콤하고 편한 것, 쾌락만을 추구하는 요즘 세대들이 단맛에 익숙해 져 있는 것도 간과할 수 없는 단맛의 폐해이다. 일부에서는 단맛이 너무 치명적인 유혹을 야기하는 맛을 가졌다고 이야기하기도 한다. 그것은 단맛에 익숙해지기는 쉽지만 단맛을 멀리하기는 매우 힘들다는 것을 의미한다. 특히 단맛은 아이들에게 건강상 문제를 일으킨다. 우선 비만에 대한 우려이다. 아동을 상대로 단맛이 나는 음료 섭취와 체중과의 관계를 조사한 한 결과를 보면 하루 한두 번 단맛이 나는 음료를 마시면 1년 후 심각한 과체중이 될 확률이 높다는 것이다. 그것은 단맛이 나는 음료가 칼로리가 높고 섬유소 함량이 적으므로 음식은 빨리 소화되고 포만감을 덜 줘 과식의 위험성이 있다는 것이다. 그 외 충치의 발생, 혈액의 중성지방 증가 등 건강상 문제가 일어나게 된다. 단것을 지나치게 섭취하면 위액의 분비가 지나치게 일어나 위를 팽창시키고 위경련을 유발시키며 혈당을 급속하게 높이는데 이를 정상치로 끌어내리기 위해 많은 양의 인슐린이 빠르게 분비되면서 저혈당 상태를 만든다. 이 때문에 설탕을 먹은지 2~5시간 뒤면 오히려 먹기 전보다 더한 허기와 공허감을 느끼게 만들고 결과적으로 체중증가의 원인이 된다. 게다가 배가 고프다고 흡수가 빠른 설탕이 많이 든 음식을 계속 먹을 경우 혈당치가 급속하게 오르내리기 때문에 세포의 에너지 부족현상이 나타나 쉽게 피곤해지고 집중력도 떨어진다. 또 자제력이 없어져 작은 일에도 벌컥 화를 내기 쉬운 상태로 변한다. 유독 설탕을 자주 찾거나 설탕 성분을 먹은 뒤 몰라보게 기분이 좋아진다면 설탕량을 줄여야 할 정도의 위험한 상태라고 전문의들은 말하고 있다. 특히 합성감미료에 의한 단맛은 건강에 많은 문제점을 주고 있는데 사카린의 경우에는 방광암을 일으키는 등 일단 단맛을 이중적 성격을 가진 물질로 생각하면 된다.

어떤 연구자들은 당이 과잉행동(hyperactivity), 우울증, 정신착란, 기억상실, 과민성, 정신분열증 등 행동을 포함하여 해로운 영향을 미친다는 하였는데 당을 과잉 섭취할 경우 가장 일반적인 현상으로는 과잉행동과 주의력 결핍이라고 한다. 부족해도 문제지만 과잉으로 섭취할 경우에도 문제가 되는 셈인데 심할 경우 산만함, 자주 화냄, 충동성, 집중력 부족 등과 관련된 주의결핍성과잉행동장애(Attention deficit hyperactivity disorder : ADHD)를 일으킬 가능성이 많다는 것이다. 주의력 결핍과잉운동장애는 과잉운동 반응, 과잉운동을 동반한 주의력 결핍장애로부터 변화된 것인데 대개 학령기 아이들에게 나타난다. 이것은 주의가 산만하여 학습에도 문제가 생길 수 있고, 부정적인 정서 및 행동 문제를 야기하는 것인데 당이 간접적인 영향을 미친다. 이와는 반대로 일부에서는 저혈당증인 아이들도 정서적인 문제와 관련하여 자주 화를 내거나 충동적 행동을 할 가능성이 많다고 지적한다. 치매환자들 사이에서는 어릴 때부터 단것을 즐겨 먹은 이들이 많다고 한다. 치매 환자의 머리카락에는 유독 크롬성분이 낮다는 연구결과도 있다. 크롬은 인슐린 기능을 돕는 성분으로 혈당치를 이상적으로 조절해서 뇌기능의 손상을 막아주는 역할을 한다.

3-5. 자극성 식품 기호와 행동

요즈음 아이들은 평범한 것을 좋아하지 않는다. 뭔가 자극적인 것을 찾게 되고 또 이를 즐기려고 한다. 일반적인 자극성 식품은 일단 몸에 들어가서 강한 반응을 나타내는 것들인데 주로 커피나 홍차처럼 카페인이 든 것, 고춧가루, 후춧가루 같은 자극성 있는 향신료, 기름진 음식, 산도가 높은 청량음료 등을 비롯하여 술, 담배, 꿀, 엿, 사탕 등도 여기에 해당된다. 자극성 식품은 기분을 크게 좌우하는 특징을 가지고 있기 때문에 섭취하고 난 후 땀이 나거나 기분이 좋아지거나 스트레스가 해소되는 등 식품이외의 효과를 가질 수 있는 것들이다. 그러나 이러한 자극이 계속되면 인체에 유익할 수 없으며 이것으로 인해 인체의 생리 리듬이 깨어져 건강을 해칠 수도 있게 된다.

자극적인 식품의 유형은 일반적으로 매운 음식, 짠 음식, 단 음식, 신 음식, 생음식, 찬 음식 산도가 높은 음료 등을 말하는데 이들 대부분은 인체에 직간접으로 영향을 미치게 된다. 우선 신체적으로 위장장애를 일으킬 가능성이 많고 음식의 소화흡수를 저해하거나 위경련, 위를 헐게 하여 결과적으로 건강을 나쁘게 한다. 또 신장의 기능을 저해하여 신장질환을 유발하거나 고혈압, 당뇨병 등 성인병의 원인이 되기도 한다. 정신적으로는 자극적인 음식을 먹게 되면 정서적 불안, 신경질적인 기질, 과격한 행동 유발 가능성, 인내심 부족, 도전적인 행동 유발, 자기 중심적 사고를 가지게 되는 등 아이들에게는 특히 영향을 미칠 수 있는 것들이다.

아이들은 호기심이 많고 무엇이든 해 보고 싶어 한다. 그리고 인단 마음에 들면 이것을 계속하려고 하는 중독성을 가지고 있다. 옳고 그른 것을 판단하지 않고 오직 자기의 생각대로만 행동하려고 하는 특성을 가지고 있다. 자기가 옳다고 생각하면 그것이 최선의 방법으로 생각하고 있기 때문에 특히 아이들의 자극적 음식에 대한 영향은 클 수밖에 없다.

지금 시중에 팔고 있는 대부분의 식품들은 거의가 자극적인 성향을 가지고 있다. 자극정도도 매우 높아 아이들이 자극적이라는 사실조차 모르고 지내고 있는 실정이다. 이러한 자극적 강도는 점점 더 강해지기 때문에 자기도 모르는 사이 중독 또는 과잉 익숙함에 이르게 된다. 자극적 식품과 기호식품의 남용은 결국 아이들을 나쁜 것으로 인도하게 된다. 한 연구자의 이야기를 빌리면 매운 음식을 선호하는 아이들은 급한 성격을 가지고 있으며 모험심이 매우 강하고 자신이 원하는 것을 이루어내는 악착같은 기질을 가지고 있으나 자기가 불리하면 책임을 회피하거나 그 위기를 모면하려고 거짓말을 하는 등 임기응변이 강한 경향을 보인다고 한다. 또 사행심이 많고 욕심이 많아 자기가 원하는 일에 빨리 열중하기 쉬우며 특히 정신산만, 정서불안, 욕구불만 등에 잘 빠질 가능성도 높은 편이다. 여자아이들의 경우에는 신경질이 많고 감정의 변화가 심하며, 성격상 반대를 허용하지 않기 때문에 자기 뜻대로 매사를 처리하여 상대의 마음을 불편하게 하는 스타일이다.

3-6. 인스턴트 식품과 행동

인스턴트(instant)라는 의미는 즉흥적이라는 의미를 가지고 있다. 즉흥적이므로 간단하고 쉽고 용이하며 복잡하지 않는 것을 의미하며 쉽게 아무나 할 수 있는 내용도 포함되어 있다. 인스턴트라는 용어는 각 분야에서 현재 많이 사용하고 있지만 가장 일반적인 사용은 식품에 붙인 말인 인스턴트식품이다. 인스턴트식품은 간단하면서도 짧은 시간 안에 조리할 수 있는 보존성 식품의 총칭으로 끓는 물을 붓고 짧은 시간에 익히거나 단순한 방법으로 요리를 만드는 것으로 싸고 쉽게 빠르게 요리할 수 있는 식품을 대상으로 한 말이다. 갈수록 보다 편리한 것을 찾는 생활습관과 독신자와 맞벌이 부부의 증가, 핵가족화, 여성의 사회 참여 등이 인스턴트식품을 범람하게 만든 원인으로 꼽힌다.

우리나라의 인스턴트식품 역사는 그렇게 긴 편은 아니다. 라면이 등장하면서 시작되었고 라면과 함께 간편음식인 인스턴트식품이 급속히 발전하게 되었다. 이러한 인스턴트식품의 등장은 많은 가공식품의 생산을 가져왔는데 보다 간편하고 쉽게 조리하여 먹을 수 있는 개념의 식품이 속속 등장하게 되었다.

특히 식탁에서 간단한 조리과정만 거치면 즉시 이용할 수 있고 저장성과 수송성도 높은 가공식품의 일종인 편리식품은 병·통조림식품, 냉동식품, 조리냉동식품, 건조식품 등을 비롯하여 인스턴트라면, 레토르트파우치식품, 합성분말청량음료, 라면·인스턴트죽·스프·즉석국과 찌개류, 인스턴트수프를 비롯하여 햄버거, 피자, 핫도그, 치킨, 샌드위치, 자장면, 떡볶이, 튀김류, 샌드위치, 빵류, 국수류, 과자류, 초콜릿, 햄, 소시지 등이 있다. 이와 같은 인스턴트식품의 특성을 열거하면 ① 조리하는데 필요한 일손을 덜기 위해 만들어진 가공식품으로, 조리적 수단을 전혀 필요로 하지 않는 식품을 뜻하지는 않는다. ② 언제 어디서나 간단한 조리과정만을 거쳐도 먹을 수 있다. ③ 전처리가 진보된 식품가공의 공정을 통하여 제조된다. ④ 수시로 이용할 수 있도록 보존성이 있으며 수송·휴대하기가 편리하다. ⑤ 기호성이 높고 가격도 비교적 저렴해서 대중성을 가지고 있다

현재 인스턴트식품에 대한 찬반은 계속되고 있지만 확실하게 좋고 나쁨을 단정할 수만은 없다. 우선 아이들에게는 인스턴트식품이 영향을 미칠 수 있다고 하는데 첫째는 아이들이 인스턴트식품을 습관적으로 사용할 경우 성격이 변할 수도 있다는 점이다. 성격은 선천적으로 타고 나기도 하지만, 먹는 음식에 의해 후천적으로 많이 바뀐다고들 하는데 인스턴트식품을 좋아하는 아이들은 일반적으로 문제를 쉽게 해결하려는 안이한 생각을 가지게 된다. 그리고 점차 성격을 일회용 또는 성급하게 무슨 일을 하도록 하는 일시적인 해결 선호 사고를 갖도록 만들어 준다. 즉 오래 기다리는 참을성과 인내심이 부족하게 된다. 인스턴트

음식을 좋아하는 아이들은 대부분 음식점에 가서 음식을 재촉하거나 음식을 빨리 먹는 습관도 가지고 있다. 이와 같이 인스턴트식품에 길들여지면 그 맛은 어른까지 계속되기 때문에 인스턴트식품의 중독성은 쉽게 생각해서는 안된다.

인스턴트식품이 나쁘다고 하는 이유는 바로 영양의 불균형과 유해물질의 섭취 때문이다 일반적으로 인스턴트식품은 자극적인 편이고 염분, 동물성 단백질과 지방이 많은 반면 비타민이나 무기질은 부족해서 영양 불균형을 가져오는 경우가 많다. 고른 영양 섭취를 못할 경우, 인체의 영양 균형이 깨어지는데 예를 들면 인스턴트식품에 들어 있는 인은 과다 섭취할 경우, 칼슘 부족 현상이 일어나 임산부와 태아, 어린이들의 뼈나 치아 생성에 문제를 일으킬 수 있다. 이와 같이 인스턴트식품에는 가공과정에서 비타민과 무기질의 부족이 일어나는데 그것은 대부분의 인스턴트식품이 굽거나 튀겨져 있어 비타민과 무기질의 불균형을 비롯하여 파괴가 심하게 일어나 있다. 이러한 것들이 인체내에서 계속되면 질병이 유발되거나 극도의 비만이 진행하게 되는 것이다. 이처럼 입맛에 맞는 인스턴트음식을 계속 먹게 되면 잠재성의 영양소 결핍상태라는 새로운 영양장애가 생기게 되는데, 이것은 기호의 편중(편식)에서 오는 영양소 섭취의 불균형에서 비롯되는 것이다. 영양불균형은 인체의 면역력을 저하시켜 각종 질병을 유발시킨다. 감자칩, 마가린, 초콜릿, 과자, 케이크, 파이, 피넛버터 등 단불포화, 다불포화지방과 리놀레산이 많이 들어있는 인스턴트식품이 55세기 넘은 사람들이 시력을 해치거나 시력을 상실하는 황반변성 발병위험도 높여 준다. 특히 산모에게는 치명적일 수 있다. 즉 인스턴트식품에 들어 있는 인을 임산부가 과다 섭취하면 칼슘 부족 현상이 일어나 임산부와 태아 모두에게 칼슘 부족이 일어나 뼈나 치아의 생성에 문제를 일으킬 뿐 아니라 임산부에게 초조감을 느끼게 만들게 된다. 또 인스턴트식품에 많이 들어 있는 염분도 임산부에게 문제를 일으키며 인스턴트식품에 의한 빈혈로 조산할 가능성도 있으므로 주의해야 한다. 특히 인스턴트식품에 함유된 나트륨 함량은 건강에 매우 위협적인 유해로 나타나는데 음식을 짜게 먹는 사람이라면 각별히 주의가 요망된다. 특히 라면, 우동, 즉석국 등에는 나트륨의 함량이 높은 편이다. 우리나라 나트륨 1일 섭취 제한량 3,450㎎(미국의 경우 2,400mg(소금으로 환산시 6g), 영국은 1,600mg(소금 4g), 일본은 3,930mg(소금 10g)으로 성인의 1일 나트륨 섭취량을 제한하고 있음), 우리나라 성인은 무려 8,000㎎(이를 소금으로 환산하면 15-20g 정도)이나 섭취한다고 한다. 실제 우유와 같은 천연식품에도 나트륨이 광범위하게 들어 있으나 그 양은 미미한 편이다. 많은 양의 나트륨을 섭취하게 되면 부종과 혈압증가를 유발하게 되고 유아에게는 신장이 성숙되지 않아 배설 기능이 저하되 사망할 수도 있다. 특히 만성적으로 나트륨을 과잉 섭취하게 되면 각종 성인병에 걸리기 쉽다.

라면의 제품별 나트륨 함량

업체명		제품명	총 나트륨 (Na mg/개)
봉지면	농심	신라면	2,113.2
	농심	안성탕면	2.283.7
	농심	CVD라면	1,717.5
	빙그레	뉴면	2,051.3
	삼양식품	삼양라면	2,278.0
	오뚜기	열라면	1,932.8
	한국야쿠르트	팔도맵시면	2,483.6
용기면	농심	육개장(얼큰한 맛)	2,005.2
	빙그레	캡틴 매운탕	2,144.2
	삼양식품	육개장(얼큰한 맛)	2,068.4
	오뚜기	육개장	2,161.1
	한국야쿠르트	야쿠르트 왕뚜껑	2,479.5

[우동] 즉석국의 제품별 나트륨 함량

구분	업체명	제품명	총 나트륨 (Na mg/개)
우동	농심	생생우동	2,464.1
	삼립식품	생우동 하이면	2,059.3
	오뚜기	오뚜기우동	2,017.0
	풀무원	생우동	2,397.2
즉석국	대상	청정원 북어국거리	1,209.1
	오뚜기	북어국	1,144.0
	제일제당	다시다 즉석북어국	1,046.9
	대상	청정원 육개장거리	900.2
	오뚜기	육개장	792.0
	제일제당	다시다 즉석육개장	1,108.2

나트륨은 소금의 구성원소로 염소와 화합하여 짠맛을 제공해 주는데 체액과 혈액량을 일정하게 조절하여 우리 몸의 적절한 수분 균형을 유지시켜 준다. 혈압 및 신경의 흥분을 조절하여 근육의 수축작용과 영양소의 이동 등 중요한 생리적 기능을 수행한다. 나트륨을 많이 섭취하면 고혈압, 위축성 위염과 위암, 동맥손상, 칼슘 배설 증가로 인한 골격계 질환을 일으킨다.

대부분의 인스턴트식품에는 식품첨가물을 많이 사용하게 된다. 그러나 식품 첨가물 사용의 일상화로 사람들의 의식은 무감각해 졌는데 예를 들면 라면 등과 같은 면발 강화를 위해 인산나트륨, 햄과 소시지에 발색제로 쓰이는 질산나트륨, 아질산나트륨, 청량음료에 사용하는 안식향산, 안식향산나트륨, 어묵이나 맛살 등의 소르빈산염 등 이루 헤아릴 수 없을 정도의 식품첨가물이 인스턴트가공식품에 들어 있어 건강을 해치게 된다. 이와 같이 인스턴트식품은 아이들에게 육체적, 정신적 영향을 미치게 된다.

햄버거, 감자튀김과 같은 패스트푸드, 냉동식품, 스낵류를 보통 인스턴트형 식품이라고 한다. 이와 같이 스낵식품을 어떤 사람들은 인스턴트의 본질을 가진 식품 또는 정크푸드(Junk Food)의 일종이라고 말하는 사람도 있는데 정크(junk)라는 말은 쓰레기, 넝마란 뜻이다. 정크푸드란 쓰레기 같은 식품을 뜻한다. 즉, 사람 몸에 필요한 비타민, 섬유질, 미네랄 등은 거의 없고 열량만 지나치게 높아 비만의 주범으로 꼽히고 식품을 말한다. 이러한 견해는 이 식품에 함유된 지방과 인공첨가물이 성인병을 유발하고, 철분 흡수 방해로 빈혈을 일으키며, 흥분제 역할을 하는 등 정서에도 악영향을 미치고 중독성이 강하기 때문이다. 패스트푸드에는 칼슘과 칼륨의 체내 저장을 방해하는 나트륨을 포함해 안정제, 유화제, 보존료, 살균제, 산화방지제, 착색제, 발색제, 탈색제, 감미료, 팽창제 등 각종 첨가물과 화학조미료가 들어 있다. 칼슘과 마그네슘, 무기질이 부족하면 신경이 예민해지고 성질이 급해진다. 또 식품첨가물은 장과 간에 부담을 주고 발암의 위험을 주고 이밖에 뇌의 장애, 성장 장애, 비만, 기억력 쇠퇴, 노화, 골다공증 등을 유발할 수 있다. 인스턴트식품과 냉동식품의 경우 비타민과 미네랄의 부족을 초래해 뇌의 정상적인 대사를 방해해 두뇌발달의 저하, 기억력과 집중력 감퇴 등을 가져오고, 뇌세포를 파괴시킨다. 또한 섬유질의 부족을 초래해 장내 독소와 노폐물의 원활한 배설을 방해함과 동시에 활성산소의 양을 증가시켜 뇌에 산소공급이 원활하지 못하게 된다. 이러한 유해성 때문에 전 세계적으로 정크푸드 추방운동이 활발하게 벌어지고 있는데, 우리나라의 경우 지난 2004년 4월 2일, 아이들의 건강과 환경을 생각하는 엄마들의 모임인 '다음을 지키는 사람들'에서 '안티패스트푸드(cafe.daum.net/antifastfood)' 운동이 활발하게 전개되고 있다.

3-7. 지방질 식품과 행동

기름진 음식을 지나치게 먹는 것 즉 지나침은 모자람만 못하다. 인간의 몸은 활동하는데 필요한 칼로리 중 지방이 차지하는 비율이 20%를 넘어서는 안 되게 진화되어 왔다. 하지만 현대인들은 지방에서 총 칼로리의 40%를 얻고 있다. 우리가 흔히 서구의 병, 풍요의

병, 문명의 병이라고 부르는 것도 결국 이러한 잘못된 식생활이 원인이 되는 식원병인 것이며, 그 바탕에는 지방의 과잉 섭취와 관련이 있다. 지방은 중요한 에너지원이며 인체의 각 기관을 형성하는데 있어 절대적으로 필요한 영양소이다. 그럼에도 불구하고 문제가 되는 것은 지방 자체 보다는 필수지방산 간의 균형 때문이다. 인류는 수렵/채취시대에는 오메가-3과 오메가-6의 섭취 비율이 약 1 : 1~4이었다고 한다. 농경 이후 오메가-3의 섭취가 감소하여 지금에 와서는 1 : 25~30의 비율이 될 정도로 오메가-6 지방산의 섭취가 많아졌다. 그것은 상업용 식용유 때문이다. 즉 식물성 기름을 지나치게 많이 먹게 되면 필수지방산 중에 하나인 리놀렌산(오메가-3)이 부족해져 지방 영양의 불균형으로 인해 각종 퇴행성 질환을 일으킨다는 것이다. 인류가 식용유를 먹은 역사는 기껏 150년밖에 되지 않으며, 한국인이 식용유를 먹기 시작한 것은 겨우 30년 정도에 지나지 않는다. 식용류를 가열하여 먹게 되면, 면역 기능이 저하되고 트랜스 지방산의 과도한 섭취로 필수지방산이 결핍되어 인체 내의 모든 생리적 현상이 무질서 상태에 빠진다. 따라서 심지어는 오래 살고 싶지 않으면 식용유로 튀기고 볶으라고 할 정도로 지방질 식품의 건강상 위해를 지적하고 있다. 결론적으로 식용유를 먹어서는 안 되는 이유는 변질된 기름 과잉 섭취, 오메가-6의 과잉, 지방산의 불균형, empty(빈) 칼로리의 섭취 때문이다. 더군다나 오메가-3이 상대적 결핍이 보태어져, 인류는 면역 장애, 알레르기 질환, 각종 염증질환, 순환기 질환에 시달리며, 두뇌 발달과 뇌기능이 저하된다. 식용유를 튀김에 사용할 경우 건강에 아주 나쁜 트랜스형 지방이 생기게 된다. 변질된 기름 중, 가장 나쁘면서 많이 들어오는 형태가 트랜스형이다. 인체는 시스형태만을 필요로 하는데 반해 트랜스형은 시스형에 반대로 작용한다. 또 식용유는 empty(빈) 칼로리다. 식용유를 먹게 되면 이것을 대사시키기 위해, 몸속에 저장된 비타민/미네랄을 과잉으로 소모해 버린다. 식용유를 많이 먹는 사람은 항상 비타민/미네랄의 잠재적 결핍증에 시달린다.

이와 같은 지방질 식품이나 육식 선호는 인간의 행동에 어떤 형태로든 영향을 미칠 것으로 생각된다. 성인의 경우 지방질 식품, 소위 육식을 즐기는 사람의 경우 도전적, 외향적, 즉흥적, 정력적, 활동적인 것을 감안하면 아이들에게도 이런 음식류를 좋아하거나 좋아했다면 아무래도 성격이나 행동에 변화가 있을 것으로 생각된다. 따라서 보통 육식을 많이 하게 되면 육체적으로나 정신적으로나 득보다는 실이 많다고 한다. 이미 설명한 바와 같이 육식을 좋아하는 사람은 대체로 성격이 억세고 강하여 호전적이고 도전적으로 되기가 쉽다. 영양학적으로 육식과 같은 단백질을 많이 섭취하면 체열이 많이 발생하기 때문에 이로 인해 성격이 억세진다는 것이다. 또 분별력이 부족하고 즉흥적이고 어떤 일에 쉽게 좌절하거나 단번에 그 일을 처리하려고 하며 만약 그 일이 잘 처리되지 않으면 오히려 불안하고 초조해지는 경우를 많이 보게 된다. 어떤 사람들은 육식을 주로 하는 사람이 대개 인정이 없고 포악스럽고 투쟁적이고 몹시 모질며, 겉보기에는 천연한 척하면서도 속으로는 음흉맞고 사나우며 행동하는 짓이나 태도는 방정맞고 신경이 무디며 심지어는 정력이 약하며 무엇이든지 즐기려는 욕심이 강하다고 한다. 지방질 식품이나 육식을 좋아하는 사람은 또 일생에 걸쳐 성공과 몰락을 모두 경험하는 유형이며, 충동적인 사람이 많은 유형이라고 한다. 성공을 향해 끊임없이 달려가지만 때로는 연속으로 실패를 거듭하기도 하는 형이며 다재다능하나 변덕스러워서 실패를 하는 경우가 많고 어떤 일에 꾸준히 집착하기만 한다면 성과가 높은 타입이기도 한다. 이 유형의 남자는 자기가 하고 싶은 것을 망설임 없이 실천에 옮기지만 열기가 쉽게 식는 편이며 취미가 다양하고 손재주 또한 풍부한 편이다. 특히 여성에 대해서는 바람기가 있으며 의지력이 부족하며 기분파가 많고 사교성이 있어 여러 사람과 친해지지만 사소한 일로 다투는 일이 흔하다. 그러나 악의는 없는 타입이다. 또 기름진 음식을 좋아하는 유형은 활기차고 바쁘게 생활하는 사람들이 대부분이며 또 자신의 파트너를 즐겁게 해주는 재능도 갖고 있다.

지방질 식품이나 육식에 익숙해 있으면 그 맛을 버릴 수가 없으므로 계속해서 그런 종류의 음식을 찾을 수밖에 없다. 즉 습관성 섭취를 하지 않을 수 없다. 그러다 보면 지나친 육식위주로 식생활을 하게 되고 다양한 질병, 특히 위장이나 혈관 등에 관련된 질병에 걸릴 위험이 높다. 실제 육식이나 지방질 식품을 선호하는 경우에는 건강상 문제가 발생하는데 그 첫번째가 비만에 관한 염려이다. 비만은 혈액순환에 관계되는 모든 기관에 이상이 생겨 점점 고혈압, 협심증, 당뇨병 등 소위 성인병을 유발하게 된다. 이러한 병들은 한 번 걸리게 되면 완치가 거의 불가능하며, 이로 인한 여러 가지 합병증이 뒤따르게 된다. 또 육식 위주의 식사를 하면 혈액을 탁하게 하고 혈액 순환을 어렵게 만들어 노폐물의 제거와 신진대사가 제대로 진행되지 못하여 병에 대한 저항력과 병에 대한 회복 능력이 현저하게 저하된다. 이렇게 되면 인체를 구성하는 체세포들이 빨리 노화되어 결국엔 빨리 늙게 된다. 그 외 체질의 산성화로 병약하게 된다. 체질이 산성화되면 병에 대한 저항력이 약해질 뿐만 아니라 쉽게 피로하게 된다. 산성화된 체질이 계속되면 늘 피곤함을 느끼게 되어 매사가 짜증스럽고 일상적인 업무조차 권태롭다. 따라서 일에 대한 의욕과 능률이 전혀 올라가질 않는다. 미국 하버드대학 공중보건연구소에서 발표한 바에 따르면 고기를 먹는 여성은 혈장암에 걸릴 확률이 두 배가 높으며 코넬대학에서의 연구결과를 보면 중국인을 대상으로 연구 결과, 과다 섭취할 경우 심장질환이나 암을 유발시킨다고 한다. 이와 같이 육식은 건강에 문제를 가져다 주는데 특히 문제가 되는 것은 발암에 대한 우려이다. 첫째, 고기는 단백질과 지방의 함유량이 높기 때문에 암세포가 증식하기에 가장 좋은 조건을 갖고 있다.

인간의 몸속에 만들어진 암세포가 발육하는데는 여러 가지의 영양소가 필요한데, 영양이 풍부한 고기가 가장 좋다. 둘째, 고기에는 여러 가지 발암물질이 생기기 쉽다. 1kg의 쇠고기를 불에 구우면 담배 600개피에 해당하는 벤조피렌(발암물질)이 생성된다. 또 고기의 지방이 열을 받게 되면 메틸코란토렌이라고 하는 발암물질이 만들어지는 것도 문제이다. 인간의 장의 길이는 무려 8.5m나 되는데, 육류의 단백질은 농도가 높고 섬유질이 적어 소화하는데 오랜 시간이 걸리기 때문에 육식을 할 경우 음식이 장시간 장에서 머무르게 된다. 그 결과 고기가 부패할 때 만들어진 독소가 체내에 흡수되어 건강을 해치게 되며, 간에도 부담을 준다. 따라서 인간의 신체구조가 육식에는 부적합하다는 것이다.

지방질 식품을 이야기할 때 어떤 사람은 감자칩이나 프렌치후라이를 이야기한다. 예전의 간식거리는 감자를 굽거나 찌거나 해서 본디 감자의 영양소를 그대로 지닌 영양 간식이었지만 요즈음 칩이나 튀김으로 변신한 감자는 전분질식품에서 지방질식품으로 바뀌었다. 특히 튀길 때 사용하는 기름은 순수한 식물성 기름이지만 정제과정에서 비타민 E, 레시틴, 셀레늄 같은 항산화물질이 거의 없어지고 대신 합성항산화제를 사용한다. 만약 식물성 기름에 항산화제가 없으면 기름은 곧 부패하여 해로운 과산화지질을 만들게 된다. 이 때문에 오래된 기름으로 튀겼거나, 이미 조리해 둔 튀김류를 먹으면 문제가 되는 것은 바로 이 때문이다. 이와 같은 감자칩이나 감자튀김을 좋아하는 대상은 바로 아이들이다. 아이들은 지방질 식품을 좋아하는 경향이 높다. 그것은 지방질 식품이 우선 먹기가 좋고 맛이 다른 종류에 비해서 월등히 좋기 때문이다. 지방질은 원래 식품의 맛을 내는 주 성분이다. 지방질이 많이 들어 있는 식품일수록 맛이 좋으며 그 맛은 아이들에게 습관성으로 다가와서 그 맛을 떼 버릴 수 없을 정도로 만들게 된다. 그 맛의 정체는 바로 지방산이다. 지방산은 여러 종류가 있는데 특히 고기 등에 많이 포함된 포화지방산이 많이 들어 있을수록 맛이 좋아진다. 이렇게 지방질 식품에 익숙해진 아이들은 과격하고 도전적이면서 정서적으로 문제를 가지고 있는 경우가 많고 학습능력과 인내심 부족으로 친구들과 잘 싸우거나 양보하지 않는 독불장군식 행동을 보여 친구가 멀어지는 경우를 많이 보게 된다. 물론 지방질 식품을 먹이지 않을 수는 없다. 특히 성장하는 아이들의 경우에는 지방질 식품이 절대적으로 필요하지만 이것만을 편식하는 경우는 아무래도 문제가 될 수 있음을 명심해야 한다.

4 아이들의 식생활과 질환

4-1. 아이들의 머리는 그대로, 허약한 신체만 커져

아이들에게는 건강이 우선이다. 건강하지 않는 아이들은 아무것도 할 수 없으며 성인이 되어도 결코 성공할 수 없는 나약한 사람이 되어 버린다. 따라서 건강한 아이들로 키우기 위해서는 무엇보다도 먹는 것이 중요하지 않을 수 없다. 그러므로 아이들에게 가장 우선되는 것은 바로 식생활이고 식생활을 어떻게 하여야 건강한 아이로 만들 수 있는지가 중요하다. 요즈음의 식생활은 과학기술과 식품공업의 발전, 교통의 발달과 더불어 외식시설, 가공식품의 증가 등으로 인하여 고유의 식생활에 많은 변화를 가져왔다. 그리고 현대사회에서 핵가족화가 이루어지면서 불규칙한 식사와 과식 등이 늘고 있으며 하루 세끼 식사의 규칙적인 식사 패턴이 급격하게 변하여 식사의 횟수, 장소, 시간, 식사내용 등이 많이 달라졌다. 따라서 일률적으로 아이들의 일상 식생활을 단정 짓는 것은 어려운 일이다. 과거에는 매 끼니마다 당질군, 단백질군, 지방군, 칼슘군, 무기질 및 비타민군 등 다섯가지 기초식품군을 골고루 섭취해야 우리 몸에 필요한 40여종의 영양소를 공급할 수 있다고 하였는데 이 경향은 지금 거의 지켜지지 않고 있는 실정이다. 특히 식사내용의 변화는 많은 아이들로 하여금 무질서한 식사를 하도록 만들었으며 육류제일주의의 식사 패턴으로 아이들의 신체적 균형 또한 무너지고 있음을 감안할 때 우리들의 현재 식사내용은 많은 문제점을 가지고 있다고 볼 수 있다.

아이들은 우선 신체적으로 몸이 자라고 있는 시기에 있으므로 이에 적절한 영양공급은 물론 적당한 운동, 적당한 기분전환으로 심신이 건강한 아이들로 만들어 주어야 한다. 그러나 실제는 동물성 위주나 인스턴트 중심 식사를 제공하므로서 동식물성 식품의 균형이 파괴되고 편식이나 과식, 탐식 등의 비정상적인 식사습관에 익숙되어 전반적으로 아이들의 성장에 문제가 되고 있다. 또 아이들의 생활환경과 식생활 등은 건강과 밀접한 관계가 있는데 일부 영양소는 아직 권장량에 모자라지만 일부 영양성분은 과잉으로 비만과 생활습관병의 원인이 되고 여기에 아이들의 공부에 대한 지나친 스트레스 등이 한데 어울려 아이들의 생활을 극도로 긴장시키고 있다.

그렇지 않아도 오늘날 인스턴트식품, 냉동식품, 패스트푸드 등 새로운 형태의 식품 범람으로 아이들의 식생활 선호가 변하고 있으며 이에 편승한 제조업자들은 아이들의 식생활에 편식이나 과식을 부추기는 아이템을 개발, 아이들의 심신을 혼란시키고 있다. 또 외식산업의 성장으로 아이들의 영양과잉과 영양불균형을 유도하고 눈에 보이지 않도록 과다 사용하도록 만든 소금과 조미료 등의 섭취와 각종 식품첨가물 등이 또 다른 문제를 야기하고 있다. 서구화된 어린이의 입맛을 이용하는 가공식품의 선호도 비타민, 무기질이 다량 요구되는 성장기 어린이들에게 영양의 불균형을 유발시키며 도시생활에 따른 운동부족과 불규칙한 식생활 즉 결식, 편식, 과식 등으로 인해 어린이 비만이 증가하고 있으며 비만 어린이에게 고지혈증, 고혈압, 지방간, 당뇨병 등의 성인병이 발생하여 점차 심각한 사회문제로 대두되고 있다.

아이들은 신진대사가 왕성하기 때문에 영양섭취의 질과 양이 가장 중요하여 좋은 영양소를 골고루 섭취하여야 하며 영양소 부족시 그 영향은 심각하게 나타난다. 따라서 이 시기에 좋은 식사습관이 형성될 수 있으므로 식사와 식품에 대한 올바른 지도가 필요하다. 질병은 어느 날 갑자기 생기는 것이 아니고 자기에게 맞지 않는 잘못된 식생활을 오랫동안 계속하면 신체에 이상이 생기고, 그에 따라 병이 발생하는 것이다.

요즈음 아이들의 세계를 들여다 보고 있으면 매우 심각한 일들을 벌어지고 있음을 쉽게 알아차릴 수 있다. 예를 들면 집단 따돌림이나 정신적 나약함과 함께 일어나는 수동적 행동, 이기적이고 자기 중심적인 고집과 친구들과의 불화 등은 어제 오늘의 일이 아니며 심지어 자살의 충동까지 느끼는 아이들도 생기고 보면 심각하게 그 배경을 생각해 보지 않을 수 없다. 물론 그 이유는 다양하지만 그 중의 또 다른 원인은 바로 식생활의 변화 즉 먹거리에 대한 무질서함을 지적하는 사람도 적지 않다. 먹을거리가 지천인 요즈음, 아이들은 먹을거리가 넉넉하다고 생각하고 아무렇게나 닥치는 대로 자기 입맛에 맞는 것만 먹으면 그만이라는 생각을 가지고 있다. 물론 먹거리가 풍부해 진 것은 사실이지만 풍부함의 의미는 양적, 종류의 풍부함을 의미하는 것이지 '질'에 관해서 풍부하다고 말할 순 없다. 양과 질은 엄연히 구별되며 식품의 경우 더욱 양과 질은 구별되어져야 한다. 종류와 양이 많다고 해서 아이들의 건강이 더 좋아지고 심신이 더 건강하다는 것은 아니다. 즉 건강은 먹을 거리에 대한 질적인 문제에 달려 있다. 가령 풍부하게 진열된 과일의 경우 대부분이 수입되어진 것들이며 이것들은 모두 농약으로 처리된 것들이다. 재배할 때 뿐만 아니라 수확한 다음에도 농약을 뿌려 장기간 유통, 저장하게 된다. 그것은 보통 산지에서 농산물을 거둬들인 다음 수출할 나라에 보내지고 수입한 나라에서 통관절차를 거쳐 소비자의 장바구니에 들어오기까지 거의 한달이 걸리므로 이 기간까지 신선함을 유지하기 위해서는 어쩔 다른 방도가 없기 때문이다. 즉 싱싱하게 보이게 하려면 거둬 들인 후 농약을 뿌릴 수 밖에 없는데 문제는 이 농약의 대부분이 발암성이거나 돌연변이를 일으킬 수 있고 아이들 몸안에 들어와 만성독성을 일으킨다는 점이다. 그런데 아이들이나 어른들은 이 문제는 등한시하고 과일의 겉보기만 따지고 구매하고 있으니 자연스럽게 아이들의 심신에 이들로 인한 영향이 서서히 일어나게 되는 것이다. 그 반응은 육체적, 정신적인 것으로 나타나게 된다. 또 아이들이 즐겨먹는 주스류는 이런 과일들을 골라낸 후 상품성이 떨어지는 것들을 원료로 해서 만드는 경우가 많은데 특히 주스는 껍질째 즙을 짜서 만들기 때문에 그 안에 있는 농약잔류량의 위험성이 훨씬 더하다.

요즈음 아이들은 덩치만 크고 어쩐지 어설프게 보인다는게 일반적인 시각이다. 아이들이 믿음직스럽지 못하고 불안해 보이며 하는 행동에 어딘지 모르게 믿음을 주지 못한다면 이것은 아이들 자체의 문제라기보다 그 아이들을 교육하고 키운 사람 또는 환경이 문제일 것이다. 그래서 일부 어른들은 아이들을 향해 '덩치만 컸지....'라는 말을 거침없이 하곤 한다. 실제 우리 주위를 돌아보면 덩치만 큰 디지털시대 아이들이란 느낌이 살 만큼 신체는 크지만 하는 짓이나 정신적 연령은 매우 미흡해 보이는 아이들이 많다. 걸맞지 않는 키에 걸맞지 않는 행동을 보인다는 것은 심신의 불균형을 의미하며 그 불균형은 아이들의 정상적인 성장을 방해하게 된다. 수동적인 아이, 이기적인 아이, 인내하지 못하는 아이, 남의 이야기에 귀를 귀울이지 않는 아이, 도전적이거나 성질이 과도하게 난폭 또는 급한 아이, 잘 어울리지 못하는 아이, 나약하여 용기가 없는 아이, 외톨이로 지내기를 좋아하는 아이, 자기 일에 집중력이 없는 아이, 산만하여 일정한 장소에 잘 붙어 있지 못하는 아이, 잘 울고 잘 화내며 감정적인 아이 등 이루 말할 수 없는 유형의 아이들을 양산할 수 있는 가능성은 바로 아이들의 과도한 덩치에 걸맞지 않는 나약한 정신과 약한 체력을 가진 종합적인 허약함 때문이다.

체력이 약한 큰 덩치는 별로 쓸모가 없다. 요즈음 이러한 아이들의 현상을 모두 부모의 과잉보호로 보고 있다. 아이들의 기초체력을 측정하는 가장 기본적인 측정운동인 철봉 매달리기, 단거리 달리기 등을 시켜보면 아이들은 너무나 어려워하고 힘들어 하는 것을 어디에서나 쉽게 찾아 볼 수 있다. 이것은 '덩치만 큰 아이들'의 공통적인 현상이다. 우스운 이야기지만 체력장이 이루어지는 날은 수업이 없는 날이기도 하다. 그것은 체력장을 한 아이들이 수업을 할 수 없을 정도로 지쳐있기 때문이다. 충격적이고 허탈할 수 밖에 없는 사실이다.

운동능력 및 체력이 예전에 비해 점점 약화되고 있는 것은 어제 오늘의 일만은 아니다.

이미 언급한 바와 같이 덩치만 크고 체력이 약하고 정신적 의지가 약한 아이들, 즉 시대가 디지털화 될수록 그 속에서 성장하는 아이들은 매사에 끈기와 집중력이 떨어지고 자기가 하는 일도 끝까지 마무리 못하고 중도에 포기하는 사례가 빈번하다. 실제 아이들의 체력은 날로 서구화되어 가고 있지만 체력은 말이 아닐 정도로 떨어지는 것을 전문학자들은 아이들의 먹거리, 과도한 TV시청, 줄곧 이어지는 컴퓨터 사용, 지나치게 많은 학원공부, 인스턴화된 주위환경, 안이하게 생각하는 해이한 정신상태 등이 아이들을 앉아 있도록 유도하고 운동을 싫어하도록 만들어 버린다는 것이다. 실제 아이들의 교육현장을 보면 인성을 중요시하고 특성을 중요시한다고 말하면서 정작 아이들을 학원 교육으로 내몰고 친구들과 경쟁심을 촉발시켜 항상 긴장하게 생활해 나가도록 분위기를 만들어 버리는 어른들의 교육 이기주의 때문에 아이들은 친구들과 마음껏 뛰놀거나 운동할 시간이 없다. 아이들의 기초 체력은 학습능력과 직결되는 중요한 문제이다. 체력적으로 건강한 아이들이 올바른 생각을 하며 학습 능력 또한 좋아지며 더불어 생활하는 기본적인 사회활동 능력도 잘 배우게 되는 것이다.

한 아이가 덩치가 커지는 방법을 알려 달라고 하자 어른들은 "덩치만 크게 만들려면 그냥 고기 음식을 많이 먹고 운동을 하지 않으면 된다"라고 말한다. 그리고 특히 "서양음식을 많이 먹으라"라고 말한다. 이러한 짧은 이야기 속에는 매우 중요한 메시지가 담겨져 있다. 만약 아이가 어른의 이야기 그대로를 실천에 옮겼다면 아이는 곧 병들게 될 것이다. 그 병은 각종 질병의 근원이 되어 아이를 종국에는 죽게 만들지도 모른다. 곧 덩치만 크다는 것은 건강에 적신호를 의미하는 것이다.

머리는 그대로인데 덩치만 큰 아이들, 체력은 그대로인데 덩치만 큰 아이들을 구제하는 방법은 바로 음식과 운동이다. 음식은 신체와 정신을 튼튼하게 만들며 아이들의 정서 발달을 원만하고 정상적으로 만들어 준다. 균형과 영양적 형평을 갖춘 먹거리에 적절한 운동은 아이들을 건강하게 만들어 줄 수 있을 것이다. 엄마들의 극성스러움만 없어지면....

다가오는 미래 경쟁사회는 지금보다 더 많은 아이들이 건강해 지기를 바라고 있다. 따라서 아이들이 건강하게 자랄 수 있도록 가정과 학교에서 적절한 환경을 만들어 주어야 한다.

4-2. 민망스럽게 뚱뚱한 아이들

우리 주위에는 뚱뚱한 아이들을 쉽게 찾아볼 수 있다. 물론 유전학적으로 부모의 유전 형질을 받아서 어쩔 수 없는 선천적 비만도 있지만 주위에는 거의 대부분 후천적 비만을 가진 아이들이 많다. 이미 언급한 바와 같이 아이들의 비만은 아이들의 일상행동을 제한하고 자신감을 없애 주며 스스로 비만이라는 생각으로 인한 소극적, 은폐적 행동양상을 보이므로 성격장애를 나타내기도 한다. 물론 성인병의 원인이 되어 각종 질병에 시달릴 가능성도 매우 높아보인다.

이와 같이 최근에는 어디에서든 뚱보아이들을 쉽게 찾아 낼 수 있다. 물론 비만증에 걸린 아이도 있고 곧 비만증에 걸릴 가능성이 높은 아이들도 있지만 어떻든 아이들의 비만은 아이들 스스로를 위해서도 많은 부정적인 문제를 가져다 주므로 이를 해결할 필요가 있는 것이다. 물론 비만증에 관한 기준에 대해서는 아직 확실하게 정해진 것은 아니지만 대개 같은 연령과 성별 아동의 평균 체중보다 20%가 넘으면 비만이라고 말한다. 아이들마다 필요로 하는 열량이 다르고 운동량도 다르기 때문에 같은 식사를 해도 어떤 아이들은 비만이 되고 어떤 아이들은 정상일 수 있는데 일반적인 사항은 비만은 필요한 양보다 과잉섭취된 열량이 지방으로 축적되어 생기므로 아이들이 열량을 많이 섭취해도 운동을 하지 않으면 뚱보가 될 수 밖에 없다. 또한 신체적 비만은 곧 심리적인 요인으로 되어 비만을 더욱 부추기게 된다. 이런 경우는 아이들이 주위의 사랑이나 관심 결핍 또는 부족함을 느낄 때 더욱 심각하게 진행되며 이 과정에서 인위적으로 이를 극복하려고 하면 더욱 과식으로 인한 비만이 심해지게 된다. 한 보고에 의하면 과체중이었거나 비만성 소아였던 아이의 약 80%가 성인 비만증으로 이어지며 성인 비만증 환자의 30%가 소아 때 체중이 많이 나갔다는 사실을 고려하면 비만은 아이때 사라지는 것이 아니고 평생을 비만의 영향권에서 벗어나지 못하게 되는 것이다. 이미 잘 아는 바와 같이 일단 비만증이 생기면 단순히 미관적인 이유 뿐만 아니라 사회적 문제와 당뇨, 지방간, 심혈관계 등과 같은 합병증을 초래한다는 것은 거의 주지의 사실이 되어 버렸다.

비만 스트레스에 시달려 먹는 것을 거부하는 아이들은 비만이 외모에 중요한 영향을 미친다고 생각하고 있다. 그래서 비만한 어린이일수록 소심한 성격을 가지기 쉽고 또 쉽게 신체에 관한 이야기를 듣고 실망하거나 비관하는 경우도 빈번해 진다. 몸이나 외모에 대해 짓궂은 농담을 하더라도 무시해 버리지 못하고 그 이상의 생각을 가지게 된다. 이와 같이 외모에 비만이 중요한 요인으로 생각되는 것은 사실이다. 그러나 비만이 결코 절대적인 기준이 될 수는 없다. 요즈음은 유치원 아이들에게도 다이어트 바람이 분다고 한다. 간식조차 먹지 않으려 하고 저녁식사까지 하지 않으면서 일부러 다이어트에 대한 과도한 바람을 가지는 아이들도 많이 있다, 실제는 비만과 전혀 관계가 없는데도 정신적으로 자기가 비만이라고 생각하고 있는 아이들은 '뚱뚱하다'라는 말 자체에 대한 거부감을 가지고 있다. 혹 뚱뚱하다는 놀림이라도 받는다면 다이어트에 대한 강박관념에 사로 잡히게 된다.

선진국에서는 최근 여자 아이들의 지나친 다이어트 열풍이 심각한 사회문제로 부각되고 있다. 잘못된 다이어트는 거식증이나 포식증과 같은 정신질환을 초래하기도 하는데 거식증의 경우 다이어트를 하기 위해 음식을 지나치게 적게 먹거나 그나마 먹은 음식을 식사 후 바로 토해내고 식욕을 전혀 느끼지 못하게 된다. 이런 경우 극심한 체중감소와 영양결핍을 일으킬 수 있다. 이에 반해 다이어트 때문에 참았던 식욕을 채우기 위해 음식을 한껏 먹고는 살을 빼야 한다는 강박관념 때문에 습관적으로 음식을 토해 내는 폭식증이 되기도 하는데 이들 모두 정신적인 문제를 동반하게 된다.

항간에서는 비만한 아이들의 성기 성장에 문제가 생겨 나중 성인이 되어도 성생활에 문제가 될 것이라는 경고를 하는 경우를 보게 된다, 실제 극도의 비만 아이의 경우 성기가 평균보다 너무 작아 걱정을 하는 경우가 있는데 이것은 반드시 그런 결과를 가져온다고는 말할 수 없지만 그럴 가능성은 매우 높다고 보는 것이다. 비만의 경우 성호르몬의 분비 또는 불균형으로 성기의 정상적인 발육이 저해되는 경우가 있기 때문이다. 실제 몸무게가 80kg인 체격을 가지고 있는 아이가 음경이 작아 고민 끝에 부모가 성상담을 해 온 경우가 있는데 이와 같이 문제가 될 수 있다는 것을 보여 주는 단적인 예이다. 실제 음경의 성장과 그 크기는 정상인데도 그 음경이 살 속에 파묻힌 형태가 되는 경우도 있을 수 있지만 비만인 아이가 음경의 성장에 다소 장애를 입을 수도 있다는 사실을 간과해서는 안 된다.

아이들의 비만증은 자라면서 점차 정상으로 변하면서 없어진다고 하지만 그렇지 못하고 더욱 심각하게 되는 경우도 있으므로 비만에 관한 올바른 인식과 지도가 필요할 것이다. 비만은 에너지 즉 열량 영양소의 과다한 섭취로 인하여 에너지의 축적이 적정한도를 초과한 경우로 당질 또는 지질의 잉여분이 체지방으로 전환되어 축적되고 그 축적량이 체중의 25~30%에 이르는 경우를 말하는 것이므로 실제 비만에 대한 개념도 확실히 아이들에게 인식시키기 위한 교육이 필요할 것으로 생각된다.

4-3. 비만한 아이들의 병

최근에 어린이 비만이 늘고 있다. 어린이 비만증은 보통 유아기에서 사춘기까지의 비만을 말하는데 영양섭취가 과다한 반면 운동량은 적고 활동시간이 감소하여 섭취에너지가 소비에너지보다 많게 되어 이것이 지방조직에 무한정 축적되어 일어난다. 어린이에게 있어 비만이 문제가 되는 것은 이 시기의 비만의 80~85%가 성인 비만으로 이행되고 이것은 동맥경화, 당뇨병, 심근경색, 뇌출혈 등의 성인병과 성인병의 합병증을 유발하기도 한다. 물론 유전적으로 부모 중 어느 한쪽이라도 비만이 있는 아이들은 양친 모두 비만하지 않은 어린이와 비교해 볼 때 6-7배 높은 비율로 비만의 가능성이 있지만 반드시 그런 것은 아니다. 물론 비만 유전인자가 있으면서 과식을 하고 운동량이 적으면 비만은 더욱 잘 나타나며 유전인자가 없어도 과식하고 운동량이 부족해도 비만이 나타난다. 비만 스트레스에 시달려 먹는 것을 거부하는 어린이를 가진 부모님들은 항상 이런 점에 신경을 써야 한다.

비만은 이미 지적한대로 과다섭취로 인한 체중의 과잉증가를 말하는데 여러 가지 기준이 있으나 일반적으로 섭취열량이 소비열량보다 많아 이로 인해 체지방이 과잉으로 축적된 상태를 말하고 있다. 이 기준은 키와 체중을 중심으로 계산하거나 체지방률로 계산하는데 키와 체중에 의한 계산방법은 다음과 같이 한다.

표준체중 = (키cm - 100) × 0.9
비만도 = (현체중 - 표준체중) / 표준체중 × 100

판정은 ± 10% 이내는 적정체중, 10-20%는 과체중, 20% 이상은 비만, 10% 이하는 저체중이라 부른다.

체지방율의 경우에는 남여의 비만 정도를 다르게 판단하는데 그 기준은 남자의 경우 체지방률이 25%이상, 여자의 경우 30% 이상일 때 비만이라고 한다. 복부비만 여부를 기준으로 할 경우에는 윗배가 얼마나 나왔나 하는 것으로 허리, 둔부 둘레 비가 남성은 1.0 이상, 여성은 0.9 이상이면 복부비만으로 판정한다.

비만의 종류에는 소아형과 성인형으로 구분하거나 체형별로 구분한다. 소아형 비만은 어려서 발생하는데 지방세포수와 세포의 부피가 함께 증가하지만 성인형 비만은 성인 때 발생하고 지방세포의 부피만 증가한다. 남성형 비만(복부비만, 사과형 비만)은 남자에게 주로 발생하는데 복부가 비만해지는데 반해 부인형 비만(둔부비만, 여성형 비만, 하체형 비만, 서양배형 비만)은 여성에게 주로 발생하며 둔부와 다리에 비만 현상이 나타난다. 이런 형들은 아이들의 비만형태와는 별로 관계가 없다. 그러나 아이들의 비만은 특정 부위에만 나타나는 것이 아니고 신체 부위 전체에 걸쳐 일어나는 편이다. 일부에서는 아이들의 비만은 체형별 비만의 경향 즉 여분의 지방을 복부에 저장하려는 경향이 있는데 이런 경우 배부분에 주로 살이 붙는다고 한다.

비만의 원인은 매우 다양하다. 주 원인은 유전, 과식, 운동부족, 심리적 요소, 내분비 장애 등이 있으나 90% 이상이 과식과 운동부족에 의한 단순성 비만이다. 어떻든 살이 찌는 이유는 섭취량이 소모량보다 많기 때문인데 인종, 성, 경제 수준 같은 다른 요인들도 영향을 미친다. 일반적인 아이들의 비만은 탄수화물과 지방의 과잉섭취와 연관이 있다. 음식섭취는 많은 반면 운동량은 감소하게 되고 따라서 섭취된 열량이 쉽게 지방형태로 축적하게 된다. 또한 여기에 스트레스, 강박관념 등도 과식이나 폭식을 유도하므로 비만의 간접적인 원인이 되기도 하며 좋지 않은 식습관 및 생활습관도 비만과 관련이 있게 된다. 만성적인 스트레스는 식욕을 증가시키는데 그것은 스트레스를 많이 받으면 우리 몸에서 스트레스 호르몬이 장기간 과다분비 되면서 비만이 일어난다.

비만의 치료는 원인 질환이 되는 신체적 문제나 생활습관을 교정하는 것이다. 가장 기본적인 식사요법 및 운동요법, 행동수정요법, 물요법 또는 수술요법 등의 방법이 있으나 주로 식사나 운동요법으로 이 문제를 해결하고 있다. 행동수정요법의 경우는 비만과 관련된 상황을 스스로 피하는 방법인데 예를 들면 모든 음식물을 눈에 띄지 않도록 하거나 군것질에 이용되는 음식물을 가능한 한 집안에 두지 않도록 하며 텔레비전 시청, 독서, 라디오 청취, 신문을 보거나, 공부나 일하는 도중에는 음식물의 섭취를 금하며, 인스턴트식품이나 조리가 아주 간단한 음식물의 섭취는 가능한 한 피하도록 하면 된다. 또 먹은 음식물의 열량을 생각하는 습관을 가지도록 하며 가능한 한 몸을 움직이는 방향으로 생활하는 것이 중요하다. 주된 치료방법은 우선 먹는 양 자체를 줄이는 방법이다. 식사 시작과 동시에 물을 마시거나 밥공기를 작은 크기로 바꾸고 처음부터 양을 적게 담거나 먹는 속도를 느리게 해 음식섭취량을 줄이도록 하면 하루에 3회 식사는 반드시 지키고 적은 양이라도 영양을 골고루 섭취하면서 고칼로리 음식은 가급적 줄이는 방법이 도움이 된다. 그 다음의 방법은 운동요법이다. 운동은 아이들에게 적절하면서도 스트레스가 되지 않는 범위내에서 조금씩 자주 하도록 하고 적어도 일주일에 부모들이 함께 동참하는 것도 아이들의 운동요법의 효율적인 면에서 도움이 된다. 그 다음은 행동요법이다. 이 방법은 먹을 때와 먹지 않을 때, 먹는 장소와 먹지 않을 장소를 확실히 구분하게 하거나 식사는 정해진 시간에, 정해진 장소에서만 하게 하며 배고파 견딜 수 없을 때는 허기만 면하고 열량이 거의 없는 것을 먹이고 열량이 높은 음식을 가능한 한 열량이 적은 음식으로 바꾸어 먹게 한다. 또 음식물에서 설탕이나 지방성분을 줄여 먹이고 인스턴트식품을 섭취를 자제하면 도움이 된다. 그 외 스트레스 관리를 잘 하는 것도 중요하다. 아이들의 스트레스는 일상생활 즉, 학교, 가정, 친구사이, 학습, 운동 등 다양한 곳에서 쉽게 발생할 수 있으며 이러한 스트레스에 노출되면 아이들은 스스로 통제하지 못할 정도가 되어 그 스트레스 해소의 일환으로 과식을 할 수 있을 가능성은 매우 높아진다.

4-4. 패스트푸드만 찾는 아이들

아이들의 입맛은 많이 변해져 있다. 한 가족이 외식을 할 때에는 가족 전체의 입맛이 달라 외식 자체가 즐겁지 않는 경우를 보게 된다. 특히 아이들의 입맛은 십중팔구 패스트푸드나 인스턴트식품에 길들여져 있다. 패스트푸드의 정의를 할 때는 우선 맛있고 물리지 않으며 값이 싸고 쉽게 어디에서나 먹을 수 있으며 먹은 후 다시 찾고 싶은 맛의 유혹을 가진 식품으로 정의한다. 따라서 아이들은 한번 이 맛에 익숙해지면 다른 맛은 아예 관심이 없어지게 된다. 그만큼 패스트푸드는 일단 자극적인 맛을 가지고 있는 식품종류이다.

이러한 패스트푸드에 길들여진 아이들의 식생활 변화는 곧 아이들의 건강과 관련이 되고 그 건강문제에는 이미 언급한 바와 같이 비만을 비롯하여 각종 성인병에 걸릴 확률이 확실히 많다는 사실이다. 최근 들어 비만 아이들의 수가 급속도로 증가하고 있는데 이러한 비만은 아이들에게 성인병을 일으키거나 성인병 유사 증상을 유발시켜 건강을 해치게 만든다. 예를 들면 고혈압, 고지혈증, 당뇨병 등 여러 가지 성인병은 주로 성인들에게만 걸리는 것이었는데 이제는 이런 성인병 종류가 아이들에게도 흔하게 일어난다는 것이다. 비만은 비만자체의 문제외에 합병증을 유발하여 아이들 건강은 물론 사회적인 문제로까지 비약하게 된다.

일부 잘못된 아이들의 패스트푸드 식생활로 성인병 이외 알레르기, 암 등이 발생하는데 그것의 핵심적 성분은 당류, 소금, 지방성분 그리고 태운 음식, 높은 온도로 조리한 음식 등이다. 그런데 문제는 이런 것 이외 패스트푸드 속에 들어 있는 성분들이 서로 반응하여 새로운 발암물질을 만들어 낸다는 점이다. 이런 반응생성물은 이미 밝혀진 것도 있지만 거의 대부분 과학적으로 규명되지 않는 부분이 너무나 많기 때문에 단정적으로 발암 가능성에 관한 정도를 말할 수는 없다. 가령 패스트푸드와 관련된 발암성 물질의 생성에 관한 일례를 들면 패스트푸드 업체의 20개 식품군 327개 제품에 대해 사람에게 암을 일으킬 가능성이 있는 물질을 스크린한 결과 엉뚱하게도 고분자물질인 아크릴아마이드가 아이들이 가장 좋아하는 후렌치후라이와 포테이토칩에서 검출되었다. 물론 이 결과는 2002년 스웨덴에서 감자와 같은 전분을 고온에서 가열할 경우 이들 물질이 생성되는 것으로 보고되었지만 그 이후에는 소비자들의 관심을 끌지 못하였다. 그 후 2002년 4월 스웨덴 국립식품청과 스웨덴대학 마가렛타 박사에 의해 120℃ 이상의 고온에서 감자나 쌀, 아침식사용 탄수화물 식품을 튀길 때 무색투명한 화학물질인 아크릴라마이드가 검출된다는 것이 밝혀졌다. 이 물질은 동물에서 급성위종양을 일으키는 것으로 세계보건기구는 아크릴아마이드에 대한 암 유발 가능성을 경고하였다. 아이들이 즐겨먹는 튀긴 감자로 만든 식품 1봉지에 암 유발 물질인 아크릴아마이드 함유량이 세계보건기구가 정한 음용수를 기준하여 적게는 254ℓ, 많게는 580ℓ에 해당한다고 한다. 서울환경운동연합은 많이 팔리는 5개 패스트푸드업체의 후렌치후라이와 감자칩 5개 제품을 조사한 결과 후렌치후라이에는 아크릴아마이드 함량이 1620㎍/kg, 감자칩에는 14㎍/kg으로 나타났는데 특히 후렌치후라이의 아크릴아마이드 함량이 높게 나타났다. 조사에서 가장 높은 함유량을 보인 맥도널드 후렌치후라이(미디엄)의 경우 2540㎍/kg이나 되었다(WHO 음용수 지침은 물 1ℓ당 아크릴아마이드 함유량을 0.5㎍으로 허용하고 있고 EU는 법적 허용치가 이보다 작은 0.1㎍/ℓ다). 후렌치후라이 한봉지에 들어있는 발암가능물질 아크릴아마이드 함량은 화장품법 규정(100㎍/kg·세척하지 않는 바디화장품 기준)보다 16.2배 많은 것이다.*

미국인이 패스트푸드 구매에 들이는 돈은 일년에 약 1,100억 달러로 전체 고등학교의 교육예산을 넘는다고 한다. 미국에서 패스트푸드가 번성하기 시작한 것은 1950년대부터이다. 그 후 패스트푸드는 달고 기름진 독특한 맛과 편리함 때문에 소비자 특히 아이들의 입맛을 유혹하였다. 그 결과 현재 미국에서는 미국인 중 과체중인 사람은 전체의 64.5%, 특히 질병으로까지 구분되는 비만은 31%에 해당하고 우리나라도 비만율이 88년 이후 10년 사이에 3배 정도 증가하였는데 아이들의 비만은 더욱 급증하였다.

물론 패스트푸드만이 나쁘다고 말할 수는 없다. 다만 패스트푸드가 부피에 비해 칼로리가 높고 지방질 함량이 많아 운동량이 적은 현대인들에게는 안성맞춤의 비만을 가져오게 한다는 점이다. 예를 들어 더블버거세트를 점심으로 먹는다면 1,190kcal를 섭취하는 셈인데 이는 한식으로 따지자면 비빔밥 두 그릇을 먹었을 때와 같은 열량이다. 특히 패스트푸드들

---

* 후렌치후라이(미디엄 또는 레귤러 제품)의 경우 맥도널드(2540), 버거킹(2030), 롯데리아(1650), 파파이스(1220), KFC(660) 순으로 아크릴아마이드 함량이 많은 것으로 나타났다. 감자칩(오리지널 제품)은 롯데(1950), 오리온(910), 해태(840), P&G(680), 농심(640) 순으로 함량이 높은 것으로 나타났음.
감자칩 중에서는 롯데 제품(포테토칩 오리지널·1950)이 가장 높았으며 오리온(포카칩 오리지널·910), 해태(생생감자칩 오리지널·840), P&G(프링글스 오리지널·680) 순이었으며 농심(칩포테토 오리지널·640) 제품이 가장 낮게 나타남.

이 지방으로부터 얻는 칼로리의 비율이 40-50%에 해당하는데 먹는 양에 비해 얻게 되는 칼로리가 지나치게 높은 것이다. 즉 햄버거 하나에 포함된 지방 40%는 삼겹살의 지방 23%의 두 배 가까이 된다. 물론 지방이 많은 치즈를 사용하고, 듬뿍 들어가는 마요네즈 역시 고지방이다. 이것들에 햄버거 고기 두 장이 들어가고 때로는 베이컨이 추가되니 한꺼번에 엄청난 양의 포화지방을 섭취하는 꼴이 되는 것이다.

비단 햄버거에만 국한된 것은 아이다. 다른 기타 패스트푸드의 문제점도 마찬가지인데 비단 칼로리에 국한된 문제만은 아니다. 우선 인스턴트식품과 가공식품은 도정과 정제과정을 거치면서 당분대사를 조절하는 섬유질과 비타민, 미네랄 등이 거의 사라진다. 그러다 보면 소화시킨 단백질이나 지방 찌꺼기가 장 안에 오래 머물게 되면서 변비가 생기고 각종 식품첨가물, 예를 들면 부패를 막기 위한 합성보존료(방부제), 색깔과 향을 유지하기 위한 착색료와 발색제와 향료, 화학조미료 등 인체에 유해한 첨가물들이 인체를 위협하게 된다.

이제 일부에서는 햄버거의 과식을 경고하는 광고를 내거나 후렌치후라이용 기름을 바꾸거나 하는 대책을 마련하지만 아이들의 패스트푸드 입맛은 여전히 그 상태로 머물고 있다. 현대 사회의 중요한 문화코드가 된 패스트푸드에 대한 아이들의 위험은 항상 도사리고 있는 셈이다.

▶ 감자칩 제품별 아크릴아마이드 함량

No.	기업명	제품명	아크릴아마이드함량(㎍/㎏)
1	롯데	포테이토칩(오리지널)	1950
2	오리온	포카칩(오리지널)	910
3	해태	생생감자칩(오리지널)	840
4	P&G	프링글스(오리지널)	680
5	농심	칩포테토(오리지널)	640
평균			1004

▶ 감자튀김 제품별 아크릴아마이드 함량

No.	브랜드명	기업명	아크릴아마이드함량(㎍/㎏)
1	맥도널드	(주) 신맥	2540
2	버거킹	SRS 코리아	2030
3	롯데리아	롯데리아	1650
4	파파이스	(주) TS해마로	1220
5	KFC	SRS 코리아	660
평균			1620

▶ 식품 종류별 2002년과 2006년 분석결과 비교

식품 종류	2002년(식약청)	2006년(서울환경연합)
감자칩(평균)	985	1004(㎍/㎏)
감자튀금(평균)	980	1004(㎍/㎏)

5 아이들 식탁의 공포

5-1. 인스턴트식품의 공포

일전 과자의 착색료 문제로 아이들의 인스턴트식품에 대한 관심이 세상에 알려졌지만 아직도 인스턴트식품은 활개를 펼치고 있다. 아이들의 식탁공포는 우선 인스턴트식품이다. 요즈음 아이들은 인스턴트식품 천국에서 살고 있는 느낌이다. 인스턴트식품이 건강에 해롭다고 말하는데도 그 소비가 줄어들지 않고 자꾸만 증가하거나 새로운 유형의 인스턴트식품이 개발, 유통되는 걸 보면 이제는 인스턴드식품 자체의 제어 능력은 스스로 없어진 셈이다. 무방비한 상태로 그 수요와 종류, 그리고 인스턴트의 경향은 더욱 증가할 것이다.

물론 예전에도 끊임없이 인스턴트식품에 대한 문제점을 제기하곤 하였지만 지금도 여전히 논란의 한가운데 인스턴트식품이 있는 것은 사실이다. 이와 같이 인스턴트식품은 항상 말도 많고 탈도 많지만 그래도 더욱 위세를 떨치고 있는 것은 바로 쉽고 맛있고 싸고 편리하기 때문에 누구나 이것을 선호할 수 밖에 없다는 것이다. 일부에서는 인스턴트식품이 아이의 몸을 망칠 뿐 아니라, 주의력 결핍, 과잉행동장애, 청소년 범죄 등의 정신장애를 일으키고, 장애아 출산의 원인이 된다고 말하지만 또 일부에서는 그렇게 까지 인스턴트식품이 해가 되느냐고 반문하기도 한다.

아이들이 즐겨 먹는 라면은 식품업계가 낳은 20세기 최대의 걸작이지만 21세기에는 반드시 사라져야 할 식품이라고 할 정도로 현재 찬반이 엇갈리는 인스턴트식품의 대표적인 주자이다. 라면은 밀가루를 주 원료로 하고 스프를 조미용으로 조합한 가공식품인데 여기에 사용된 첨가물은 인공조미료, 향료, 색소, 유화제, 안정제, 산화방지제 등이다. 캔디에도 설탕과 정제물엿에 유화제, 산미료, 조미료, 착향료, 착색료 등의 첨가물이 들어 있는데 이 식품첨가물들이 인체에 해를 끼칠 가능성이 높다. 껌도 캔디와 비슷한 식품첨가물이 사용되고 있으며 아이스크림에도 유화제를 비롯하여, 향료와 색소, 안정제, 인공감미료 등 첨가물이 사용되고 있다.

햄버거, 감자튀김, 치킨 세트 등 패스트푸드에는 지나친 지방과 열량, 그리고 각종 첨가물이 들어가 있고 특히 해로운 것은 튀김과정에서 함유되는 트랜스지방산이다. 또 아이들이 즐겨 먹는 가공치즈의 경우에도 보통 이 치즈를 모방치즈, 가짜치즈라고 하는데 이것은 발효에 의해서 만들어 지는 것이 아니라 치즈 원료를 모두 섞어 녹이고 이를 기계로 찍어서 만든다. 따라서 자연치즈와 같이 만들기 위해서 많은 식품첨가물을 사용하지 않을 수 없다. 육류가공품에서 가장 위험한 것 중의 하나는 선홍색을 내기 위해 사용하는 아질산나트륨인데 이것 또한 발암물질을 만들어 낸다. 또 과자의 겉을 둘러싼 초콜릿은 초콜릿이 아니다. 수소첨가반응의 산물로 만든 모조 초콜릿인데 이 제조과정에서 몸에 해로운 트랜스지방산이 모조 초콜릿에 함유된다. 트랜스지방산은 심장병, 동맥경화증을 유발하고 간암, 위암, 대장암, 당뇨병과 관련이 있는 독성물질인데 수소첨가반응의 산물이다. 피로회복제로 쓰이는 드링크류의 경우 카페인 못지않게 간질성 경련을 일으키는 안식향산나트륨이 들어 있다. 이와 같이 인스턴트식품에는 다양한 식품첨가물이 들어 있어 유해논란을 불러 일으키고 있을 뿐만 아니라 대부분 아이들의 기호에 맞도록 단맛을 많이 첨가하였다. 그런데 문제는 인슐린이 과잉의 설탕 때문에 문제가 생기게 되어 당뇨병을 비롯한 각종 성인병을 유발한다는 것이다.

여름철에 아이들이 즐겨 먹는 빙과류와 청량음료 등에도 인공색소가 과다하게 사용되고 있다. 현재 유통되고 있는 49종의 빙과류와 청량음료를 대상으로 성분을 조사한 결과를 보면 모두 13종(26.5%)에서 황색 4호와 황색 5호, 적색 2호 등 안전성의 논란이 있는 인공색소가 포함된 것으로 나타나고 국내 대표적인 제과회사의 빙과류와 아이스크림 11종에서도 황색 4호가, H사의 혼합음료에서는 황색 4호 및 적색 2호가, 다른 H사의 탄산음료에서는 황색 4호 및 황색 5호가 함께 사용된 것으로 나타났다. 식용색소 중 타르색소계인 황색 4호와 황색 5호는 알레르기와 천식, 체중감소, 설사 등을 유발하는 것이고 적색 2호는 사용 자체를 금지하고 있다. 그러나 우리나라의 경우 가장 많이 사용되는 황색 4호와 5호에 대한 주의나 권고의 규정이 전혀 없고 적색 2호도 아무런 규제를 받고 있지 않는다. 이미 언급한 바와 같이 후렌치후라이와 감자칩 등에서의 발암가능물질인 아크릴아마이드의 검출 등은 다시 한번 인스턴트식품의 위험성을 아이들에게 경고하고 있다.

5-2. 식품첨가물의 공포

1. 아이들을 좀 먹는 식품첨가물

경제적 발전을 거듭하면서 우리의 먹을거리는 과거와는 비교할 수 없을 만큼 화려하고 풍성해졌다. 하지만, 눈부시게 성장한 식품산업의 이면에는 효율성과 경제성으로 무장한 식품첨가물이 존재하고 있다. 식품첨가물에 가장 쉽게 노출되는 것은 아이들인데 학교 앞에서 판매되는 각종 과자들 속에는 보통 각종 감미료와 타르계 색소, 보존료를 비롯한 약 20여종의 화학첨가물이 들어 있는데 학교 주변에서 수거·분석을 한 식품 중 90%이상에서 타르색소가 검출되었다고 한다. 식품첨가물의 공포는 국민들이 가장 많이 섭취하는 화학조미료 MSG에 관한 우려부터 시작한다. 과거에는 단지 맛을 좋게 하는 것만으로 생각했는데 지금은 이것에 대한 우려의 목소리가 높아지고 있다. 1908년 일본에서 처음 만들어진 MSG는 유해성 논란이 끊임없이 제기되었는데 일본 히로사키 대학의 히로시박사의 쥐 실험결과 MSG를 많이 섭취한 그룹일수록 눈의 망막신경층이 파괴되고 그로 인해 실명했다는 보고를 한 바 있고 녹내장도 이것도 관련 지워서 생각하기도 한다. 또 특정 식품첨가물과 알레르기 유발의 관계에 대해서도 아토피환자와 정상인 모두 면역체계가 알레르기 성향으로 변함을 확인한바 있다. 미국 위스콘신주의 애플턴 대안학교는 일반 고등학교에 적응하지 못하고 문제를 일으켰던 학생들이 다니는 학교인데 1997년부터 이 학교에서 제공하는 식단이 바뀌자 학생들의 태도와 행동이 바뀌었다고 한다. 신선한 야채를 주재료로 하고, 첨가물의 사용을 금지하자 학생들의 약물남용과 자퇴율, 무단결석 등이 사라지는 등 효과가 나타났으며 영국 사우스햄프턴대학의 존 워너박사는 인공색소가 어린이의 과잉행동장애와 관련이 있다는 연구결과를 발표했다. 그는 2주간 첨가물이 들어간 식품 섭취를 금하는 것만으로도 아이들의 학습태도가 좋아졌다고 하였다. 특히 황색 4호는 알레르기와 천식을 유발하고 장기 투여시 체중감소와 설사 등을 일으킬 수 있는 물질로 분류돼 있다. 특히 알레르기 질환이 있는 어린이들은 섭취를 반드시 자제해야 하는 색소다. 이에 우리나라에서도 사용여부를 꼭 밝히도록 하고 있다. 지난해 10월에는 미국 FDA도 발암성을 이유로 사용을 전면 금지한 적색 2호가 우리나라에서는 여전히 사용되고 있는데 어린이들이 즐겨 먹는 초콜릿과 젤리, 사탕류에서 광범위하게 쓰이고 있다. 시중에 유통되고 있는 어린이 기호식품 27개 제품을 조사한 결과 그 가운데 11개 제품(41%)에서 타르계 색소인 '적색 2호'가 검출되고 있다. 국내에서는 현재 면류와 두부, 김치류, 고춧가루, 카레, 토마토케첩, 어육가공품, 즉석건조식품 등 47개 품목에 대해 '적색 2호'의 사용을 금지하고 있다. 하지만 정작 어린이들의 기호식품에는 별도의 사용금지 조항을 두지 않고 있는 것이다.

시중에 판매되고 있는 것 중 식품첨가물의 공포의 대상이 되고 있는 것은 축산가공품인 햄과 소시지이다. 햄과 소시지에는 색과 향미를 좋게 하고 저장성을 높이고 세균생육을 억제하며 식중독의 위험을 줄이기 위해 '발색제'로 표기된 아질산염을 첨가하고 있다. 아질산염이 단백질과 결합, 발암물질을 생산한다는 것은 이미 널리 알려진 사실인데 보통 육가공품은 아질산염이 들어가 있으면서도 포장에는 '보존제 무첨가' 표기를 하고 있는데 이것은 분명 소비자를 우롱하는 일이다. 물론 아질산염은 발색제로 사용되는 식품첨가물이다. 그러나 분명 이것은 방부효과를 가지고 있는 발색제이므로 흡사 보존제를 넣지 않는 순수한 제품이라는 인상을 주도록 광고하는 것은 문제가 있을 수 있으며 소비자의 판단을 흐리게 하는 문구이다. 일본의 경우 첨가물을 포함해 모든 원재료를 표기하고 있는 반면 현행 우리나라 식품위생법상 의무표기는 주원료로부터 5가지다. 타르색소의 표기 역시 첨가물 표기법의 현행 법규상 적색 2호와 황색 4호를 제외하고 '합성착색료'로 일괄표시해도 상관없도록 되어있는 등 소비자들의 식품첨가물에 관한 정보를 제한하고 있는 셈이다.

식품첨가물의 가공식품에 국한하지 않고 식당이나 음식점에서도 이와 유사한 우려를 가지는 경우가 많다. 그것은 음식의 재료가 모두 식품첨가물이 들어 있는 가공식품을 재료로 사용하기 때문이다. 어묵두부국을 예로 들면 이것은 어묵으로 만든 음식이다. 어묵두부국에는 어묵과 간장 그리고 각종 조미료가 들어가 있다. 따라서 이 국에는 원하든 원하지 않든 최소한 10여 가지의 식품첨가물이 들어 있게 된다. 어묵에는 방부제, 감미료, 살균제가, 두부에는 살균제, 소포제, 강화제, 유화제가, 그리고 간장에는 방부제, 감미료, 소포제, 양조용첨가물 등이 들어 있기 때문이다.

또 어떤 사람이 식사로 낙지덮밥에 반찬으로 콩나물무침, 오징어젓갈, 게맛살계란말이 등을 먹었다면 이 속에는 매우 많은 식품첨가물이 들어 있는 셈이다. 즉 낙지덮밥에 양념으로 쓰이는 가공고추장에는 방부제와 감미료, 양조용첨가물이, 콩나물무침에 사용된 간장에는 방부제, 착색료, 소포제 등이, 오징어젓갈에는 식염, 고춧가루, D-솔비톨, 마늘, 설탕, 물엿, 참깨, L-글루타민산나트륨, 맛액, 복합씨즈닝, 아스코르빈산나트륨, 레그색소(코치날추출색소, 락색소) 등이, 게맛살에는 조직개량제, 인산염, 착색료, 착향료, 방부제 등이 들어있는 등 한 끼의 식사에도 엄청난 양의 식품첨가물이 섭취되고 있는 셈이다.

만약 아이들이 간식으로 햄버거를 먹으면서 콜라음료, 아이스크림, 튀김감자 등을 먹는다고 가정하면 이 아이는 한꺼번에 십여종의 식품첨가물을 동시에 섭취하는 꼴이 된다. 즉 햄버거에 있는 고기에는 방부제, 발색제, 인산염류, 아이스크림류에는 대부분 감미료와 착색제, 표백제, 착향료, 유화제, 증점제가 들어가 있는데 실제 백설탕, 탈지분유조제품(수입산), 맥아엿, 과자(소맥분, 미국산), 정제가공유지, 식용색소 황색 제 4호, 유크림, 정백당, 탈지분유, 아이스당, 유화안정제, 식용색소 황색 제 5호 등 12종류가 아이스크림에 들어 있다. 그리고 햄에는 전분 대두단백, 식염, 소르빈산칼륨, 에리소르빈산나트륨, 아질산나트륨, 물엿, 간장 등 7가지가 들어 있다. 만약 햄버거 빵이 수입밀가루로 만든 것이라면 그 속에는 표백제, 면류개량제, 소금, 방부제 등이 들어 있게 된다. 청량음료인 경우 사이다라면 설탕 또는 액상과당, 탄산가스, 구연산, 레몬라임향, 구연산나트륨, 인산염(본 제품에는 무첨가됨) 등이, 콜라라면 콜라엑기스, 액상과당, 백설탕, 탄산가스, 캐러멜, 인산 등이 들어 있는 등 총 20여종이 넘는 식품첨가물을 한꺼번에 섭취하는 셈이다. 그런데 아이들이 하루에 이것만 먹겠는가? 이와 같이 아이들은 생활습관 속에서 수십 가지의 식품첨가물을 몸에 받아들이면서 사는데 앞선 사례처럼 1차 농·수산물을 재료로 사용해도 양념으로 가공된장과 고추장, 간장, 화학조미료 등을 사용할 경우에는 식품첨가물의 양이 훨씬 많아진다. 우리의 식탁에 오르는 식품첨가물은 모두 610여종에 이르는데 식품을 제조·가공·보존하는데 부득이 사용되는 것이지만 식품의 본래성분이 아닌 미량성분이면서 음식물을 통해 일생동안 섭취하기 때문에 인체에 끼치는 영향이 큰 것만은 사실이다. 일본 교토 바이오사이언스 연구소의 연구결과에 따르면 현대시회에서 한 사람이 보통 하루에 80여종의 식품첨가물을 섭취한다고 한다. 이를 1년으로 환산하면 무려 6-7㎏에 이르는 양이다.

식품첨가물의 위해는 한 세대를 지나고 나타나는 것이 보통이다. 그만큼 안전성이 확보된 인공첨가물은 사실상 없다고 봐야 할 정도로 대부분의 식품첨가물은 안전에 문제가 있기 마련이다. 국제적으로 안전성이 인정된 식품첨가물은 320종에 불과하다. 나머지 150종은 안전성에 대한 의문이 제기되고 있고, 70종은 일부 사람에게 알레르기나 부작용을 초래할 수 있으며, 30종은 장기적으로 상당한 해를 끼칠 수 있는 것으로 알려져 있다. 따라서 허용한도를 설정해 놓고 있다. 실제 우리가 잘 아는 식품첨가물, 예를 들면 방부제, 착색료 등은 전체의 1%에도 미치지 않고 약 90%가 식품의 색깔과 맛, 외모, 질감 등 각종 식품을 은폐, 조작, 날조, 위장, 모방하기 위한 용도로 사용되는 식품첨가물이다. 따라서 소비자들은 이 많은 것들에 대한 정보를 가질 수가 없다.

요즈음 아이들이 좋아하는 과자나 케익, 캔디, 젤리, 솜사탕, 청량음료 등에 인공착색료, 향료 등이 함유되어 문제가 되고 있다. 실제 상기 식품에 들어간 합성착색료(인공색소)만 해도 평균 4종인데 그 중 "황색 4호 등 인공착색료는 소화효소작용을 억제하고 간, 위에 장애를 일으키며 최근 발암성이 의심되고 있는 것들인데도 어린이 간식류에 대한 규제 강화가 느슨한 실정이다. 향료만 해도 국내에서만도 3천종 가까이 사용되고 있는데 개별 관리는 물론 이뤄지지 않고 있다. 과거에는 유해 착색료인 적색의 아우라민(단무지), 적색의 로다민 B(과자, 빙과류), 녹색의 말라카이트그린(과자류, 알사탕) 등을 사용하여 문제가 된 적이 있는데 이것들은 발암 또는 간과 신장장해를 일으키며 혈액이나 신경계통에도 좋지 않은 작용을 한다. 또 과거에 불법으로 자주 사용되는 보존료, 예를 들면 붕산은 햄, 베이컨 및 어육연제품의 방부제로 사용되었는데 고농도로 사용하거나 지속적으로 사용하면 체내에 축적되어 식욕감퇴, 소화불량, 체중감소를 일으킨다. 승홍은 주류의 방부제로 사용되며, 독성과 중독증상은 수은과 비슷하다. 포름알데히드는 주류, 장류, 어육연제품, 유제품의 방부제로 사용되며, 두통, 구토, 현기증, 호흡곤란, 위장장애, 신장장애 등의 중독증상이 나타나는 것들이다.

서울환경연합이 서울식품의약품안전청 앞에서
'타르계 색소 안전성 재검토 및 적색 2호 색소 전면 사용 금지
요구집회'을 열고 식약청의 각성을 촉구했다

이와 같이 식품첨가물은 몸에 들어오면 50~80%는 호흡기나 배설기관으로 나가지만 나머지 대부분은 몸에 쌓이게 된다. 대개 이런 식품첨가물은 한가지 식품에 한 종류만 있는 게 아니라 여러 가지가 들어 있다. 게다가 먹는 대로 조금씩 몸 안에 쌓이기 때문에 나중에 나타날 피해는 엄청난 것이다. 한 예로 식단이나 간식거리에 빠짐없이 등장하는 햄이나 소시지의 경우 이를 계속해서 먹으면 발색제인 아질산나트륨은 헤모글로빈 빈혈증, 급성구토, 호흡기능 약화, 발암성 등을, 보존제(방부제)인 소르빈산칼륨은 중추신경마비, 출혈성위염, 발암성 등을, 산화방지제 에리소르빈산나트륨은 발암성 물질이 되어 아이들을 황폐하게 만든다. 위의 식품첨가물들은 햄이나 소시지 뿐만 아니라 크래커, 인스턴트 수프, 주스, 치즈, 초콜릿, 음료수, 마가린…등 이루 헤아릴 수 없이 많은 식품에 들어 있다. 특히 '어린이용' 이라며 아이들이 좋아하는 캐릭터를 붙여 호기심을 일으키고 있는 음료에는 거의 간, 혈액, 콩팥장애, 뇌장애 뿐만 아니라 암을 일으킬 위험성도 있는 착색제가 들어있다. 캐나다의 어느 지방 초등학교에서는 아이들에게 첨가물, 인공착색제, 보존제 등이 들어 있

는 가공식품을 먹지 못하게 하는 실험을 했더니 아이들이 침착해지고 과격한 행동이 줄어들며 학습의욕이 나아졌다는 예도 있다.

명절 때 차례상에 올라가는 명태채와 술안주거리로 애용되는 쥐채가 밀가루로 범벅된 불량식품이며 건강식품으로 인기를 끌고 있는 검정쌀(흑미)도 인공색소를 이용, 검게 염색한 것으로 나타났다. 구체적으로 김장철에는 캐러멜색소를 넣은 멸치액젓 등 젓갈류가 있는가 하면 지난 96년에는 사용이 금지된 방부제와 색소를 넣어 순창고추장을 만들던 기능보유자가 있었으며 훈제연어에 색소를 첨가하거나 일식집에서 내놓는 날치알에 발암물질이 함유된 타르색소가 첨가되거나 91년에는 붉은 사탕과 립스틱 등에 애용되던 알루미늄레이크(적색 색소3호)가 간암을 유발한다고 보고하였으며 치자황색소를 첨가한 중국산 조기 등 이루 헤아릴 수 없을 정도로 식품첨가물의 공포에 시달리고 있다. 식품에 첨가된 식품첨가물질은 아무리 미량이라도 그것은 인체에 대하여 이물질(異物質)이기 때문에 '인체에 무해한 화학물질은 없다'라고 이해하면 틀림없다. 그러면 식품첨가물이란 어떤 것인지 중요한 것만 간단히 소개하고자 한다.

2. 아이들을 위한 기초 식품첨가물 공부

1) 보존료

식품의 변질, 부패 및 화학적변화를 방지하여 식품의 영양가와 신선도를 유지시키기 위해 사용되는 보존료(保存料)를 보통 방부제라 부르고 있다. 보존료의 안전성에 관해서는 이론이 많지만 일단 사용기준이 설정되어 있다는 자체가 유해하다는 것을 의미한다. 과용의 경우는 물론이거니와 첨가시 다른 물질과의 상호반응에 의해서 유해물질이 생성되는 경우도 있고 체내 대사과정에서의 문제점도 있을 수 있다. 미생물의 성장을 억제하는 물질이므로 인체의 세포조직의 성장을 억제하거나 저해하는 것은 당연한 일이다. 주요한 위해의 내용을 보면 우선 햄이나 소시지 등 육제품에 반드시 사용되는 아질산염이 단백질과 상호반응으로 발암물질을 생성할 뿐만 아니라(간암유발) 단독으로 사용할 경우 중추신경마비, 출혈성 위염, 간기능 저하, 기관지염, 눈과 피부점막의 자극 및 천식 등을 일으킨다. 보존료 중 가장 많이 사용되고 있는 소르빈산(sorbic acid)은 주로 효모와 곰팡이 생육을 억제하며 세균은 다소 선택적인 효과를 나타내는데 실제 시중에 유통 중인 식품 중 소르빈산을 첨가하고 있는 식품군은 매우 많다. 소르빈산은 일본 학자들이 쥐에게 15%의 고농도 소르빈산을 함유한 사료를 80주이상 먹인 결과 15마리 중 11마리에 간종양이 발생했다고 한다(발암성을 연구, 조사하는 동물 실험에서 5% 이내로 것이 일반적인 관례인데 15%는 상당히 많은 양이다). 소르빈산과 발색제의 일종인 '아질산염'이 한데 어울리면 산성의 상태에서 미생물에게 충격을 주거나 돌연변이를 일으키기도 하는 물질이 생성된다. 아이들이 좋아하며 즐겨먹는 햄과 소시지에는 이 두 가지 물질이 듬뿍 들어 있다. 우리나라에서 판매되는 육가공품에는 이제 소르빈산을 사용하는 제품이 점차 줄어들고 있지만 아직도 어린아이들이 잘 다니는 학교정문이나 통로에 구멍가게 계산대 옆에 낱개로 포장되어 판매되고 있는 아동용 싸구려 소시지에는 소르빈산이 많이 들어 있어 어린이들의 건강을 위협하고 있다. 또 할인매장에서 아주 싼 가격으로 판매하는 스모그햄이나 소시지들에도 소르빈산의 첨가가 필수적이므로 구매에 주의가 요구된다. 프로피온산은 곰팡이와 몇몇 세균에 대하여 항균작용을 하는 것으로 알려진 보존료의 일종으로 실제 유통 중인 식품에 사용되는 경우는 빵류, 과자류, 견과류, 사탕류, 껌류, 빙과류, 유제품, 껌, 초콜릿, 캐러멜, 라면, 조미식품류, 치즈, 케이크류 등이다. 눈과 피부의 점막을 자극한다. 안식향산은 사용된 식품첨가물 중 가장 오래된 것으로 곰팡이에 대해서는 매우 효과적이며 실제 유통 중인 식품을 조사해 본 결과 간장, 된장, 비탄산음료, 절임류, 빵류 등에 첨가하고 있다. 안식향산나트륨은 많이 섭취할 경우 눈, 점막 등의 자극과 기형 유발 가능성이 있으며 신경과민, 요실금 등의 증상을 일으키며 중추신경마비, 간질 등 발작 유발 가능성을 가지고 있다. 개를 대상으로 체중 1kg당 안식향산나트륨 1g을 250일간 투여하자 개는 운동이 불가능한 상태가 되고 간질성 경련을 일으키며 사망하는 것을 확인하였다고 한다. 식품첨가물 평가일람에서 위험등급 4등급이며 '태아의 정상적인 발육을 저해'하는 문제가 있는 보존료이다. 또 식품첨가물인 아스코르브산(비타민 C)과 안식향산나트륨이 금속 촉매와 빛, 열 등의 영향으로 벤젠이 형성될 수 있는데 벤젠은 발암 원인물질이다(먹는 물의 벤젠 허용 기준(10ppb, 1ppb=0.001㎎/ℓ)). 식약청은 한 발표에 의하면 음료 등에 방부제로 사용된 안식향산의 국내 사용 함량은 안전하며 국내 기준이 다른 나라보다 높지 않고 식품첨가물로 사용시 국제적으로 안전성에 문제가 없다고 해명하지만 비타 500 등 기능성 음료에 사용되는 안식향산나트륨의 함량이 EU기준 보다 높아 어린이 및 임산부 등의 건강을 위협하고 있다고 주장하는 단체도 있다. 실제 1999년-2000년도의 2년간 전국 23개 식품위생검사기관에서 조사한 안식향산 일일추정섭취량(EDI)은 평균 10.55mg/person/day로서 JECFA에서 평가된 1일섭취허용량(ADI)과 비교시 3.84%에 해당하는 양을 섭취하는 것으로 나타났다. 디하이드로초산은 초산과 비슷하게 생각하지만 매우 다르고 세균, 사상균, 효모 및 방선균 등에 효과적이다. 디하이드로초산을 첨가한 시중 가공식품을 보면 된장, 간장, 빵류, 비탄산음료, 과자류, 버터, 마가린, 사탕류, 과자류 등이 있으며 최근에는 호도모양과자에 디하이드로초산이 kg당 0.4g이 검출되었고 땅콩모양과자에서도 0.6g이 검출되는 등 불법으로 과자류 등에 사용되고 있다. 또 스낵인 '옥수수 쫀드기'에도 검출되고 있으며 음료류에 넣어 빨대로 빨아먹는 중국산 타피오카볼(전분가공품)에도 검출되고 있다. 이것은 빵·과자의 부패방지 및 유통기한 연장 목적으로 사용한 것이다. 이것은 피부에 독성을 주며 마셨을 경우에는 독성이 강하고, 구토, 운동실조, 경련 등을 일으키고 간기능 장해를 유발한다. 특히 성장기 어린이의 경우 장기간 과다 섭취할 경우 건강에 해롭다고 한다. 마가린, 버터, 치즈 등 일부 식품에만 사용하며 치즈, 버터, 마아가린류이외의 식품에 사용하여서는 안 된다. 유황화합물인 아황산가스(sulfur dioxide. SO_2)는 과거 미생물 생육억제, 표백기능, 항산화 기능 등 다목적용으로 식품에 사용하였는데 현재 유황화합물의 식품에의 사용은 전면 금지하고 있다(1988년 1월 1일부). 과거 사용하였던 유통식품을 조사해 보면 빵류, 견과류, 사탕류, 과자류, 초콜릿류, 건조어패류, 땅콩, 밤, 잣, 토란, 도라지, 양배추, 연뿌리, 오렌지주스, 레몬주스, 오징어, 대합, 새우, 쥐치포, 뱅어포, 건문어, 정어리, 명태, 대구, 적포도주, 백포도주, 사과주, 대추 등 수많은 가공식품과 식품재료가 있다. 파라벤은 광범위하게 사용되는데 사람에 따라 알레르기 반응 즉 가려움증, 피부 발적, 지루성 피부염을 일으키거나 각질이 일고 여드름이 낀 듯 빨긋한 홍반이 올라오기도 한다. 메틸 파라벤은 자외선과 반응하여 피부세포의 노화를 촉진하고 주름과 검버섯을 피게 하는 등 부작용을 일으킨다. 과용하면 구토를 하게 되며 발진, 발열, 장염 등을 일으킨다.

[표] 보존료의 전체 정보

보존료 종류	효모	곰팡이	호기성 포자형성균	혐기성 포자형성균	젖산균	무포자 G(+)균	무포자 G(-)균	비고
안식향산	○	○	○	○	○	○	○	산성일수록 유효. pH 6이상에서는 실용성 없음. 곰팡이, 효모에 다소 유효
소르빈산	◎	◎	○	×	×	○	○	산성일수록 유효. pH 7이상에서는 실용성 없음
디하이드로초산	◎	◎	○	△	△	○	○	산성일수록 유효, 곰팡이,효모에 강력, sodium diacetate가 acetic acid보다 더 효과적임.
파라벤	◎	◎	◎	○	○	◎	○	pH의 영향이 없음. 고형물의 존재로 효력 저하
프로피온산	○	○	○	×	×	○	○	산성일수록 유효. 효력은 대체로 약함. *B. megaterium*에 대해서 효과. 안식향산 보다 곰팡이에 더욱 효과.
아황산과 황산염	△	○	○	○	○	○	○	젖산균보다 효모가 더 저항적이다.
질산염				◎				*Cl. botulinum*에 대해서 효과

◎: 강력 ○: 보통 △: 미약 ×: 무효

2) 산화방지제

가공식품은 다양한 영양소를 가지고 있는데 흔히 지방질식품이라고 하는 가공식품에는 지방질성분이 다른 성분보다 많이 들어 있다. 그런데 문제는 이 지방성분이 저장이나 유통하는 과정에서 지방이 썩어 버린다는 것이다. 지방이 썩으면 우선 냄새가 나고 색깔도 변하게 되며 맛 또한 많은 변화를 가져오게 된다. 특히 중요한 문제는 지방이 썩을 때 인체에 유해한 각종 물질이 형성, 인체의 건강을 위협한다는 점이다. 그 중 일부 물질은 암을 일으키는 매우 위험한 물질로 알려져 있다. 이와 같이 지방질식품이 저장 중에 산화 혹은 가수분해로 비정상적인 냄새와 맛을 갖게 되는 현상을 산패(rancidity)라 부른다.

이러한 지방질의 산패는 인체에 유해한 것이므로 이를 방지하기 위하여 항산화제(산화방지제)라는 식품첨가물을 가공식품에 첨가하고 있는데 이 물질 또한 안전성이 100%확보된 것이 아니므로 항상 소비자들의 관심의 대상이 되고 있다. 물론 천연물질도 있지만 인공합성물질은 과잉섭취시 인체내 축적은 물론 인체 각 성분과 상호반응하여 유해물질 또는 발암성 물질을 생성하게 된다. BHT는 유전자손상, 콜레스테롤상승, 염색체이동에 관련된 맹독성 물질로 분류되고 있으며 현재는 발암성의 의심되어 사용량에 제한을 두고 있다. BHT는 다른 항산화제와 비교해 안정성이 우수하고, 가열가공품의 효력이 높으나 지방조직에 축적되는 경향이 있기 때문에 독성 가능성이 높다. 또 BHT 자체 위험성은 물론이고 다른 물질과 결합할 때 독성이 높아질 가능성이 크다. BHA는 위암, 방광암, 체기형성, 치사율이 가장 높다. 식품첨가물로서는 1954년 BHT와 마찬가지로 산화방지의 목적으로 지정되었으며, 식용유지, 버터, 마가린 등의 식품에 폭 넓게 사용되고 있다. 쥐 실험에 의해 발암성이 발견됐기 때문에 현재는 일부를 제외하고는 사람의 식품에는 사용이 금지되어 있다. BHA와 BHT를 같이 사용할 경우에도 유해한 영향이 나타나는데 간과 신장의 손상, 방광암, 폐암과 위암을 일으킬 수 있다. 또한 기형아 출산, 성장 결핍, 이상행동, 대사의 이상, 유전자 손상, 염색체 이동, 흰쥐 체중 저하, 신생아 무뇌증, 콜레스테롤 수치의 증가, 알레르기, 털 빠짐, 뇌의 결함, 칼슘부족현상 등과도 관련이 있는 것으로 여겨지고 있다. BHT, BHA는 현재 맹독성으로 간주하는 연구자들도 있다(표 참조).

[표] 산화방지제의 종류와 독성

첨가물 명	용도	독성
EDTA2 나트륨, EDTA 칼슘, EDTA 나트륨	마요네즈, 통조림의 산화방지용	강독성 또는 맹독성, 칼슘 부족증 유발, 뇌기형, 혈압 강화, 위장 장애를 유발시키고 뇌 기형아 발생
에르소르빈산과 그 의 염	생선, 생선 절임, 냉동식품, 주류, 주스, 버터, 치즈	명이원성, 염색체 이상을 초래
BHA, BHT	식용유지, 버터, 어패류 건제품, 어패류 염장제품(젓갈 등), 어패류 냉동제품	콜레스테롤 상승, 호르몬제에서 폐암 유발, 유전자 손상, 염색체 이동, 흰쥐 체중 저하, 신생아 무뇌증 사례

3) 착색료

일반적으로 소비자가 식품을 선택할 때는 우선 그 식품의 색깔을 보게 된다. 색깔은 그 식품의 현재 상태를 나타낼 뿐만 아니라 식품의 신선도를 나타내는 지표이기 때문에 색깔 하나만으로 그 식품의 가치를 짐작할 수 있다. 따라서 대부분의 가공식품을 제조할 경우에는 어떻게 하든지 식품의 색깔을 좋게 하려고 많은 노력을 기울이고 있다. 가공식품의 경우에는 제조과정에서 많은 열교환과 물질교환이 이루어지는데 이 과정에서 본래 식품재료가 가지고 있는 색깔 성분은 모두 사라지거나 변색하게 된다. 따라서 가공식품의 제조시에는 소비자가 원하는 색깔을 만들기 위해서 인위적으로 착색제(착색료, 색소)를 첨가하게 된다. 착색료의 첨가 이유는 우선 고유색깔의 변색 또는 퇴색을 방지하고 천연색깔을 보완, 미화시켜 식품의 가치를 높이는데 있다. 즉 색깔의 미화로 식욕을 증진시키고 가공, 저장 중에 야기되는 변색을 방지하고 제품의 색깔 균일화를 도모한다. 착색료는 인체에 무해하고 체내 축적이 없으며 미량으로 최대효과를 나타내며 이화학적 변화에 안정하며 영양적 가치를 가지는 것 일수록 좋은 것이다. 그런데 문제는 색소자체의 안전성 문제이다. 천연색소는 그렇다 치고 대부분의 인공(합성)색소는 분자량이 크고 지용성이며 착색을 위해 많은 양의 중금속이온들이 들어가 있는 경우가 많다. 그리고 화학적반응 능력이 강하고 착색력 여하에 따라 새로운 유해물질의 생성 가능성이 많기 때문에 이들의 사용에 신경을 쓰지 않을 수 없다. 색소의 종류에는 천연색소와 인공합성색소가 있으며 인공색소는 타르계 색소와 알루미늄레이크계 색소를 현재 지정 착색료(certified colors)로 사용하고 있다. 타르계 색소(일명 dyes)는 1900년 이후, 알루미늄레이크계 색소는 1959년 이후 식품에 사용이 허가되었는데 한국에서 허용되는 첨가물 중 일부는 미국에서 사용이 제한되거나, 명칭이 다른 경우가 있기 때문에 주의하여 사용해야 한다. 가령 우리나라의 황색 4호(Tartrazine)와 황색 5호(Sunset Yellow)는 미국에서 황색 5호와 황색 6호로 표기된다. 그리고 우리나라에서 사용되는 색소 중 적색 2호(Amaranth)는 미국에서는 허용되지 않고 있다. FDA에서 승인한 인공색소는 적색 3호, 40호, 황색 5호, 6호, 청색 1호, 2호, 녹색 3호, Oragne B, Citrus 적색 2호 등 9종인데 Oragne B, Citrus 적색 제 2호는 사용시 주의가 필요하다.

착색료는 거의 대부분의 가공식품에 착색 목적으로 사용되고 있는데 특히 문제가 되는 것은 노약자, 임신부, 어린이들이 즐겨먹는 식품에 사용하는 경우이다. 더욱 아이들이 즐겨먹는 사탕캔디류, 초콜릿류, 젤리류, 빙과류 및 청량음료류 등에는 거의 대부분 인공색소가 첨가되어 있다. 이 인공색소는 대부분 석탄타르 중에 함유된 벤젠이나 나프탈렌으로부터 합성되는 타르계색소로 소화효소의 작용저지 및 간장, 신장의 장애를 일으킬 우려가 있으며, 일부는 알레르기 유발물질로 분류되어 의무표기 대상이 되어 있다. 시중에 판매 중인 사탕과 빙과류, 껌, 초콜릿, 음료 등 323개 시판 제품 가운데 136개(42%)에서 각종 타르색소가 검출되었는데 제품별로는 사탕류가 66%로 가장 높았고, 빙과류(58%), 껌(23%), 음료(14%), 초콜릿(6%) 등 순이었다. 모든 제품에서 가장 빈번하게 사용된 색소는 황색 제 4호였고 그 다음 적색 40호, 청색 1호 등 순이었다. 특히 미국에서 발암성을 이유로 사용을 금지시킨 적색 제 2호도 7% 가량 제품에서 검출되었다. 적색 제 2호는 1970년초 러시아에서 처음으로 안전성에 대한 문제를 제기하여 1976년 미국에서 사용을 금지시켰으나 미 FDA가 독성전문가위원회(Toxicology AdvisoryCommitt)에 상기 문제에 대하여 재검토를 의뢰한 결과 이 색소가 암을 유발할 수도 있다는 가능성이 있다고 결론지었다. 한국 식약청은 면류, 단무지, 두유류 등 47개 품목에 적색 2호 사용을 금지하고 있다. 나이가 어릴수록 타르색소 노출 확률이 크며 아이들 간식제품에서 검출된 적색 2호, 적색 3호, 적색 40호, 청색 1호 등은 세계적으로 발암증거가 확인되었거나 선진국에서 사용금지를 고려하고 있는 것들인데 현재 우리나라에서 사용되는 것들이다. 적색 2, 3, 40, 102호와 황색 4호는 위, 결장, 방관의 DNA 손상, 적색 2, 40, 102호와 황색 4호는 일일섭취허용량인 ADI로서도 결장 DNA 손상을 유발한다고 한다. 일부에서 천연색소라고 하여 사용하고 있는 치자황색소(쥐의 경우 간장출혈)도 일본 식품첨가물평가일람에서는 위험등급 3급 첨가물로 분류하고 있다. 식용색소 적색 제 3호는 장관에서 흡수율이 매우 낮으며, 구성 성분 중 요오드가 생체 내에서 떨어져 나가 이것이 갑상선의 기능에 다소 영향을 주는 것으로 알려져 있으며, 최근 발암가능성에 대한 우려를 나타내는 물질로 주목받고 있다. 쥐를 대상으로 한 갑상선 종양유발이 확인되어 사람의 간암 발생이 우려되나, 발암 위해도는 매우 적어 70년 동안 약 십만

분의 일 수준이다. 적색 3호는 열에 강하고 단백질과 잘 융합하는 성질이 있다. 구운 과자, 생과자, 버찌 등에 사용되고 있다. 현재 독일, 폴란드 등에서는 식품에 사용을 금지하고 있다. 쥐에게 체중 1kg당 2g이상 경구 투여하면 그 반수가 죽고 만다. 사람의 추정 치사량은 200g-300g이다. 적색 제 40호는 식용색소 적색 2호 대신으로 많이 사용되는 색소로서 캔디, 음료, 샤베트, 과자류 등에 널리 사용되는 황색 또는 갈색을 띤 적색이다. 경구투여시, 흡수되기 전에 부분적 아조분해 반응을 일으키는 색소로써 인체의 흡수율이 저조하며 주로 변을 통하여 체외로 배출된다. 쥐를 이용한 다세대 체기형성실험에서 태아에 영향을 주고 변이원성을 나타내는 것으로 입증되었다. 적색 제 102호는 빈혈, 알레르기, 혈액에 악영향을 미치는 우려가 있는 것으로 급성독성은 쥐에게 1kg 이상 경구투여하면 반수이상 사망하는 것으로 1878년 처음 화학 합성되었다. 사용되는 식품은 절임물, 햄, 소시지, 명란젓, 조림반찬(어패, 해초, 채소 등을 설탕, 간장 등으로 달짝지근하게 절인 반찬) 문어, 잼, 사탕, 생과자, 구운 과자, 음료수 등이다. 황색 제 4호는 빙과류와 청량음료의 색을 내는데 쓰여지는데 석탄 타르 중에 함유된 벤젠이나 나프탈렌으로부터 합성된다. 이것은 일부의 사람들에게 피부민감증반응, 즉 가려움이나 두드러기성 구진을 일으키는 착색료로 알려져 있는데 미국을 비롯한 대부분의 나라에서는 이의 사용을 반드시 표시하여야 하는 것을 의무화하고 있다. 즉, 황색 제 4호에 예민한 반응을 일으키는 사람들은 이 색소가 들어 있는 제품들을 피하여야 한다. 급성독성은 쥐의 동물실험으로 쥐의 체중 1kg당 2.0g을 먹이면 그 반수가 사망하는 독성이다. 1975년 미국상원에서 청소년의 폭력이 문제가 되자 한 연구팀이 조사에 나선 색소인데 이것은 알레르기를 일으키고 아이들의 집중력을 떨어뜨려 과잉행동증후군을 일으킨다는 결론을 얻었다. 매사에 의욕이 없어지고, 까닭없이 과격한 행동과 폭력을 휘두르는 증상이라고 한다. 황색 4호 등의 합성착색료가 몸 안에 들어가면 메틸니트로소효소와 에틸니트로소효소라는 유해물질이 생기고 이 물질이 인간의 뇌 가운데 의욕을 관장하는 전두엽에 상처를 입혀 의욕을 상실케 한다는 것이다. 0-3세의 유아에겐 더욱 치명적이라고 한다. 황색 제 4호는 롯데제과의 '죠스바' '디지몬테이머즈' '주물러테리어몬' 등에 사용되었다. 말린 청어알, 성게알젓 절임물 조림반찬, 사탕, 생과자, 구운 과자, 음료수, 빙수의 시럽 등에 매우 폭넓게 사용하고 있는데 단독 혹은 붉은 색이나 푸른색의 색소와 같이 사용되고 있다. 황색 제 5호는 황색 제 4호와 같이 알레르기와 아토피성 피부염, 천식 등을 일으킨다. 오렌지색 분말로 급성독성으로는 쥐에게 1kg당 2g이상 먹이면 반수이상 사망하는 것으로 되어있다. 청색 제 1호는 청자색의 분말로 소화기관에서 흡수가 매우 나쁘므로 미분해상태로 변으로 배설된다. 알레르기 및 천식 유발, 알레르기성 비염, 아토피성 피부염, 피부과민증 발생, 장기 투여시 체중 감소, 설사, 결막염 등의 증상을 유발할 수 있고 과다 섭취하면 발암물질로 작용한다. 그 외 간, 혈액, 콩팥장애에도 관련이 있다고 한다.

최근에는 중국에서 들여 온 장어에 암을 일으킬 수 있는 '말라카이트그린'이라는 물질이 나와 충격을 주고 있는데 말라카이트그린은 원래 섬유. 목재. 종이. 잡화 등의 염색약품 또는 체외진단용 시약으로 사용되었는데 최근에는 양어장에 물고기들이 헤엄쳐 다니다 서로 부딪치면 상처가 나는데 이 상처를 예방, 치료하거나 알이나 물고기에 곰팡이가 생겨 떼죽음 당하는 걸 막는 목적으로 사용하고 있다. 최근 장어에 이어 중국산 잉어, 붕어, 민어 등에서도 말라카이트그린이 검출되고 있는데 국내산 양식 송어와 향어에서도 가끔 이 물질이 검출되어 문제가 되고 있다. 미국, 일본, 중국, 유럽각국에서는 사용 금지 물질로 분류돼 있지만 우리나라는 말라카이트그린 기준이 없다. 허용기준이란 식품에 들어 있을 수 있는 최소한의 양을 의미하는데 유럽연합(EU) 등의 선진국들은 0.002ppm 정도로 설정해 놓고 있다.

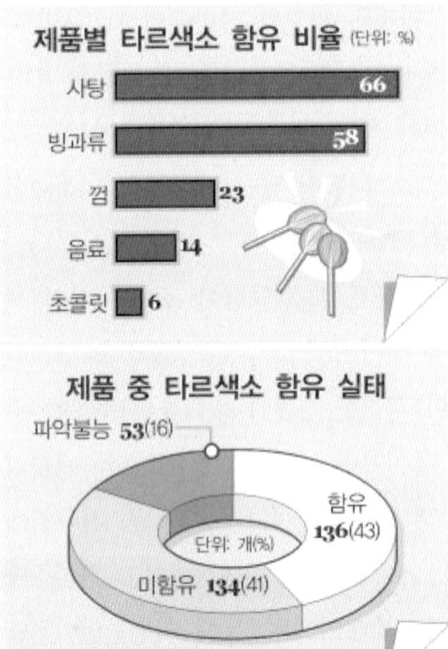

타르 색소 국가별 관리 현황

구분	한국	미국	유럽연합	일본	국제식품규제위원회(CODEX)
함량 기준 설정	X	O	O	O	O
섭취량 조사	X	O	O	O	O

[그림 1] 색소의 사용현환과 각국 관리 현황

착색료를 사용하여 식품의 결점이나 부족한 것을 은폐하는 등 부정행위를 막기 위하여 일부가공식품에는 착색료를 전혀 사용하지 못하도록 규제하고 있는데 그 식품은 특수영양식품(캡슐제외), 건강보조식(캡슐제외), 인삼제품류, 두부류, 젓갈류, 김치류, 천연식품식육, 어패류, 과실류, 해조류, 두류 및 그 단순 가공품(탈피, 절단 등), 벌꿀, 장류, 식초, 소스류, 토마토케찹, 잼, 고춧가루, 실고추, 후춧가루, 천연 향신료, 카레, 식육제품(소시지제외), 어육연제품(소시지제외), 식용유지, 버터류, 마가린류, 드레싱류, 카스테라, 레토르트식품, 즉석건조식품, 복합조미식품, 메주, 코코아버터, 땅콩 및 견과류 가공품, 스프류, 코코아분말, 조미김 등이다. 3,2산화철, 수용성아나토, 철클로로필린나트륨, 베타카로틴은 바나나(꼭지절단면), 곤약 등에 한하고 천연식품에는 사용하지 못하도록 하였다. 동클로로필린나트륨은 야채류 또는 과실류의 저장품, 다시마, 껌, 완두콩 통조림 등에 사용할 수 있도록 하였다. 그러나 파프리카 추출색소, 카로티날, 황산동, 이산화티타늄 등은 조제분유 이유식에 사용할 수 있으나 천연식품, 고춧가루, 실고추, 김치류, 고추장 등에는 사용하지 못하도록 하였다. 치자황색소는 치자나무 과실로부터 얻는데 황색, 청색, 적색의 3종류 색소를 얻을 수 있는데 일반적으로 사용되는 것은 황색이 대부분이다. 주색소원은 카로티노이드계의 크로신(crocine), 크로세틴(crocetin)으로 카로티노이드계에서는 보기 드문 수용성이다. 치자황색소는 단백질에 대한 염착성이 비교적 좋아 면류, 절임류, 스낵류 등에 이용되고 있으나 일본 식품첨가물평가일람에서는 위험등급 3급 첨가물로 분류하고 있다. 체중 1kg당 0.8-5g을 투여한 쥐의 경우 간장출혈이 있었다는 보고가 있다. 치자색소는 합성색소보다 훨씬 가격이 비싸고 착색도 잘 되지 않아 훨씬 많은 양을 사용해야 하므로 중소식품제조회사에서는 잘 사용할 수 없다. 최근에는 '치자황색소'를 첨가한 것으로 의심되는 중국산 조기가 발견되기도 하였다.

4) 발색제

가공식품에 색깔을 내기 위해 사용하는 식품첨가물의 종류는 크게 착색료와 발색제로 구분한다. 그 중 발색제는 색소고정제라고도 부르는데 착색료와 다르게 자기 자신은 색깔이 없고 그 식품 중에 존재하는 유색물질과 상호작용하면 색을 발현시키거나 또는 색을 고정, 안정시켜 선명한 색을 낸다. 이러한 발색제에는 육류발색제($NaNO_2$, $NaNO_3$, KNO_3)와 육류발색보조제(또는 발색촉진제, L-ascorbic acid와 그의 Na염, erythorbic acid와 그의 Na염, cysteine, 니코틴산과 니코틴산아마이드) 그리고 식물성 색소발색제(FeSO4, $Al{\cdot}K(SO_4)_2$) 등 세 종류가 있다.

육류는 공기 중에 쉽게 산화되고 이것이 계속적인 산화 또는 가열에 의해 각종 갈색, 회색을 가진 산화된 porphyrin을 생성하므로 결국 육류의 색깔을 변하게 만든다. 이를 방지하기 위하여 아질산 또는 질산염을 사용하는데 아질산염은 구토, 발한, 호흡곤란, 허탈을 유도하며, 아질산나트륨의 대사시 단백질과 만나 위에서 생기는 니트로사민은 발암물질로 알려져 있다. 또 아질산염은 그 자체가 독성을 나타내어 일정 농도 이상 섭취하게 되면 혈액중의 헤모글로빈이 산화되어 헤모글로빈의 산소운반 능력을 상실시키는 메트헤모글로빈을 형성하며, 심한 경우 죽음에 이르기도 한다. 이것은 산화 헤모글로빈 환원효소가 부족한 생후 6개월 미만의 유아나 가축에서 종종 발생하지만 성인에게는 큰 위험이 없는 것으로 보고되었다. 발색제의 독성은 발암이외 빈혈증, 호흡기 약화, 급성 구토, 발한, 의식불명, 간장암유발 가능성이 있는 것으로 알려져 있다.

5) 표백제

시중에 판매되고 있는 가공식품은 대부분 원래 자신이 가지고 있는 식품자체의 색깔을 그대로 가지고 있는 것은 거의 없고 모두 인공적인 색깔로 최종 제품을 만든 것이다. 이러한 경우 우선 재료가 가지고 있는 원래 색깔이나 색소를 전부 없앤 후 새롭게 원하는 색깔로 착색을 나타내어야 하는데 이 때 표백제가 필요한 것이다. 이와 같이 표백제는 식품의 본래 색을 없앤다든지 또는 퇴색을 방지하기 위하여 사용되는 첨가물로 식품의 색을 희게 한다든지, 바람직스럽지 못한 색깔을 일단 없앤 후 보다 좋은 색소로 착색한다든지 할 때 사용한다. 문제는 이러한 표백제가 가공식품에 잔류하여 인체에 해를 입히기 때문이다.

표백제에는 화학반응 유형에 따라 산화표백제와 환원표백제로 구분한다. 산화표백제는 작용이 과격하여 착색물질을 산화, 파괴하는 정도가 환원표백제보다 강하여 잘못 사용하면 오히려 산화에 의해 변색되거나 색이 더 고착되는 경우가 생긴다. 그 외 형광염료, 즉 형광증백제 또는 형광표백제를 사용하여 유색을 백색으로 표백하는 경우가 있는데 현재는 독성때문에 일체 사용이 금지되어 있다.

산화표백제의 종류로는 과산화수소, 과산화벤조일, 과황산암모늄염, 표백분, 차아염소산나트륨 등이 있는데 식품에 사용이 가능한 것은 과산화수소 뿐이다. 과산화수소는 원래 표백제, 소독제, 분석화학상의 산화제로서 널리 사용되는 화학물질로 표백제로서 사용되는 것은 과산화수소를 30-35% 함유하는 무색 투명한 용액이다. 과산화수소는 분해하여 발생기 산소와 물을 생성하는데 강력한 산화작용을 하는 것은 바로 이 때문이다. 식품에 사용하는 경우는 주로 생선묵 등 연제품 제조, 어란(魚卵) 표백에 사용하며 명태와 한천 건조시에도 여러 목적으로 사용한다. 그 외 밀가루 표백, 압맥 표백, 감자 및 고구마 전분 표백에도 사용한다. 사용할 때는 해리도가 클수록 표백효과가 좋은 점을 이해한 후 표백을 행하며 특히 동물성 식품의 경우 알칼리성이 강하면 변질하여 악취를 발생하므로 중성조건에서 표백하여야 한다. 이 표백제를 사용할 때는 합성수지, 목재 등으로 만든 용기를 사용하거나 스테인레스스틸을 사용하여야 한다. 환원표백제는 아황산류가 있는데 모두 1988년 1월 1일부터 식품에 사용이 전면 금지되었으나 불법으로 식품에 첨가하는 경우가 있다. 환원표백제는 아황산가스를 발생할 수 있는 물질인데 과거에 가장 많이 사용된 종류로는 아황산나트륨(sodium sulfite, 아황산소다)이 있다. 아황산나트륨은 과거 식품에 표백목적이외 변색방지, 산화방지, 방부, 탈염소 등의 목적으로 사용하였는데 당밀 및 물엿에 0.3g/kg이하, 참깨, 두부, 서류, 과실류, 채소류 및 그 단순가공품(탈피, 절단 등 제외)에 0.03g/kg이하, 과실주에 0.35g/kg이하, 천연과즙에 0.15g/kg이하, 건조과실류에(건포도 제외) 2g/kg이하, 곤약가루에 0.9g/kg이하, 새우살에 0.1g/kg 이하 사용하였다. 차아황산나트륨(sodium hyposulfite)은 환원작용이 강하고 독성정도가 약하여 과거 식품의 표백과 변색방지에 사용되었다. 표백 가능한 색소는 안토시아닌계색소, 마이얄반응에 의한 갈색, 폴리페놀산화에 의한 갈색 등이며 클로로필, 카로티노이드계 색소, 혈색소(hemoglobin)는 표백이 곤란하다. 그러나 혈색소의 경우 산화에 의해 흑변된 것은 다시 환원시켜 선홍색으로 만들 수 있다. 따라서 차아황산나트륨은 과산화수소와 같은 산화표백제로 처리한 후 사용하는 것이 좋다. 차아황산나트륨의 환원작용은 중성-약알칼리성에서 강하며 명반과 초산나트륨을 병용하면 차아황산나트륨의 분해속도를 조절할 수 있으므로 효과적이다. 또 가열할 경우 자기분해에 의한 표백능력이 저히되므로 사용시 낮은 온도를 유지하는 것이 좋다. 해파리, 명란젓, 말린 청어알의 표백을 비롯하여 얼린 두부 등에 사용하며 그 외의 사용식품은 아황산나트륨과 같다.

산성아황산나트륨(아황산수소나트륨, 중아황산소다)은 각종 크래커에 사용하고 있는데 이것은 피로아황산나트륨 90%와 산성아황산나트륨 10%를 혼합한 것으로 크래커의 원료인 밀가루의 표백목적이외 크래커의 변색방지(갈변현상), 산화방지, 방부 등의 목적으로 사용하고 있다. 섭취한 아황산염류는 간, 심장, 신장, 췌장, 폐, 뇌, 고환 등에 존재하는 sulfite oxidase(주로 간장에 존재)에 의해 황산으로 효소적 산화되어 장에서 흡수된 뒤 대부분 뇨로 배설되고 극히 일부분은 변으로 배설된다. 그러나 일부는 체내 효소계의 활성을 저해하고 핵산염기 전환을 일으키는 발암원으로 알려져 있으며 천식과 알레르기 반응을 일으키기도 한다. 따라서 현재는 사용이 전면 금지된 상태이다. 표백제의 독성은 순환기 장애, 위점막자극, 천식유발, 호흡기 점막과 눈 자극, 유전자의 손상, 염색체의 이상 등이 일반적으로 알려져 있고 과량섭취할 경우 신경염, 골수위축, 통증등을 일으키는 것으로 알려져 있다.

6) 당알코올

가공식품에 단맛을 내기 위한 방법은 당류를 첨가하면 된다. 그러나 현재 당류가 인체의 성인병 원인이 될 가능성이 많다는 지적에 따라 당류 대신 단맛을 내는 식품첨가물을 사용하게 되는데 그 중 가장 일반적인 종류가 당알코올이다. 당알코올은 단맛을 내는 당류의 일종이지만 설탕에 비해 체내 분해율과 흡수율이 낮기 때문에 칼로리가 낮고 용해도 또한 낮기 때문에 체내 흡수가 느리고 인슐린 수치가 거의 증가하지 않으므로 다이어트식품이나 당뇨병환자용으로 적합하다고 한다. 특히 당알코올은 첨가할 때 단맛을 내는 것은 물론 가공식품의 조직감, 색깔, 물성, 방부작용 등 각종 부수적인 기능을 동시에 할 수 있기 때문에 각광을 받고 있다. 예를 들면 설탕과 다르게 당알코올류는 구강내의 세균에 의해 산으로 전환되지 않고 충치균의 성장을 억제하므로 충치를 예방해 주는 기능을 가지고 있다. 현재 이용되고 있는 당알코올에는 자일리톨, 솔비톨, 이소말톨, 말티톨, 만니톨, 에리스리톨, 락티톨, HSH(Hydrogenated Starch Hydrolysate) 등이 있는데 요즈음 인기를 독차지 하고 있는 자일리톨은 5탄당류로 키실리톨이라 부르는데 벗나무, 옥수수대, 갈나무, 자작나무 같은 활엽수에서 추출되는 자일란, 헤미셀룰로즈를 주원료로 하여 주로 핀란드에서 생산되고 있는 건강지향적 당알코올류이다. 자일리톨은 설탕과 거의 같은 단맛(설탕의 0.9 -1.0배 정도)을 나타나고 천천히 흡수되며 흡수된 것도 일반적으로 인슐린을 필요로 하지 않는 대사과정을 거쳐서 적은 에너지로 전환되므로(1g당 3.57kcal의 열량 발생) 당뇨병환자나 성인병환자에게 좋은 성분이다. 그리고 낮은 용해열로 섭취시에 청량감과 상쾌감을 부여하기 때문에 식품가공에서 다양하게 이용할 수 있다. 우선 추잉껌에 자일리톨을 사용하면 무설탕이고 충치를 억제하며 청량감을 가질 수 있고 타블렛, 캔디류, 초콜릿, 음료 외에 비우식성인 특징을 이용한 치약 및 구강제품에도 사용하고 있다. 청량감이 있고 독성은 거의 없으나 과다섭취할 경우에는 설사를 하는 수가 있다.

둘째로 일반적으로 많이 사용되고 있는 당알코올인 솔비톨은 6탄당류로 깨끗하고 상쾌한 단맛을 나타내고 미생물 증식을 억제하고 고농도일 경우 장기간 보관시 안정하다. 가열시에 갈변화반응을 일으키지 않으며 소장에서의 흡수속도가 느려서 비타민 B군의 섭취량을 절약할 수 있으며 당뇨병환자에게 좋으나 흡수속도가 느리기 때문에 지나치게 많이 섭취하면 설사를 유발시킬 수 있으므로 하루에 30~40g을 넘게 섭취해서는 안된다. 솔비톨은 다른 당알코올에 비해서 가격이 저렴하고 침투성과 보습성이 뛰어나기 때문에 다양한 식품에 이용되고 있다. 솔비톨은 충치를 발생시키지 않으므로 무설탕추잉껌에 사용되고 타블렛, 초콜릿, 빵, 잼 등에 주로 사용된다. 그리고 어류나 육류를 냉동보존할 때 솔비톨을 첨가하면 보존성을 높여 주고 단백질의 변성을 방지할 수 있으며, 2-4가의 금속이온과 착화합물을 형성하여 식용색소의 퇴색방지에 효과가 있다. 또 효과를 비롯하여 칼슘, 철 등의 흡수촉진 등의 역할도 한다.

7) 착향료

식품은 향기로 그 가치를 평가받는 경우가 많다. 아무리 영양성분이 좋고 색깔이 좋다고 해도 냄새나 향기가 나쁘면 그 식품은 가치를 발휘할 수가 없다. 따라서 식품의 향기는 매우 중요한 식품 가치의 척도가 되는 성분이다. 가공식품은 제조과정에서 본래 향기나 냄새는 거의 제거되고 인위적으로 향료를 첨가하지 않을 수 없는데 주로 비싼 천연향료 대신 인공합성향료를 사용하고 있다. 인공합성향료는 화학물질이며 독특한 냄새나 향기를 가지고 있는 것들을 주로 선택하므로 이들에 대한 안전성 문제가 제기되고 있다. 우선 향료를 만들 때 많은 종류의 보조제가 필요하게 되는데 이 경우 향시 성분 자체는 물론 이 보조제가 인체에 많은 문제를 제기하고 있다. 이와 같이 향료성분에 부가적으로 사용되는 보조제, 예를 들면 용제와 유화제, 안정제, 부형제 등은 위험한 물질이 대부분이며 인체에 바람직하지 않는 성분이 많다. 이에 따라 각국 또는 유럽연합에서는 2004년부터 착향료 사용을 규제하고 있으며, 미국과 일본에서도 그 뒤를 따르고 있는데 아직 우리나라는 향료에 때한 규제를 매우 느슨하게 있고 있는 듯 하다.

이와 같은 착향료는 인체의 관능성을 높여 식품의 섭취를 쉽거나 용이하게 해 주고 있으며 기분을 상쾌하게 만들어 식품의 섭취 이용율을 높여준다. 그것은 휘발성이므로 코를 지극하여 과잉의 식욕을 느끼게 하는데 동물실험 또는 사람에 대한 실험에서 지속적인 식욕 자극으로 비만의 원인이 되고 있다는 것을 지적하였다. 특히 조미료의 향미는 매우 중요한 식품의 한 부분으로 현재 그 사용이 증가하고 있으며 조미료의 향미 자체가 더욱 강해지거나 첨가량이 증가하고 있어 향후 이들에 대한 유해여부와 안전성 여부가 문제점으로 등장할 것으로 생각된다. 물론 조미용 향료와 일반 착향료는 다르지만 현재 조미료의 사용 증가로 향료와 추출물, 향신료, 조미식품의 경계가 모호해 지고 있는 실정이다.

딸기향의 예로 보면 기존의 10여종을 블렌딩하던 것을 현재는 20여종으로 블렌딩하고 있는 등 그 사용 성분량이 많아지고 있는 실정이다. 특히 조합향료를 첨가하는 경우에는 더욱 화학성분의 종류가 다양하고 많다는 점을 알아야 한다. 향기가 좋다는 것은 그만큼 화학물질이 많이 들어 간다는 의미이므로 건강상 유해 가능성은 그만큼 많아지게 된다.

이미 설명한 바와 같이 식품에 첨가한 향기성분은 각종 건강상 문제를 야기하는 경우가 많은데 예를 들면 과자나 음료에 사용하는 합성 바나나향의 경우 뇌활동을 교란하는 물질 또는 호르몬교란물질, 알르레기유발물질 등으로 분류하는 등 대부분의 향료를 과잉 사용하면 대사기능의 교란 등을 일으켜 각종 문제점을 야기한다고 특히 향료제조에 부가적으로 사용되는 용제와 유화제, 안정제, 부형제 등은 위험한 화학물질이므로 다시 한번 이에 대한 각성이 필요하다.

8) 조미료

가공식품의 조미료 첨가 논란과 유해 여부에 대한 찬반 논란은 아직도 멈추지 않고 있다. 그것은 조미료의 대표격이 감칠맛을 내는 MSG이기 때문이다. MSG는 1908년 일본이 개발한 아미노산형 조미료로 처음에는 아미노산성분이기 때문에 당류와 다르게 인체에 좋을 것이라는 견해가 지배적이었지만 차츰 사용량이 많아지고 대부분의 가공식품에 사용되면서 그 사용량이 인체에 해를 미친다는 연구 결과가 속속 진행, 발표되면서 조미료 MSG의 논쟁이 멈추지 않았다. 일부에서는 MSG가 일부 공정에 화학적 반응을 이용하여 만드는 것이므로 화학조미료라고 주장하지만 제조사 측에서는 발효에 의해서 만든 것이므로 인공조미료가 아닌 순수 발효천연물질이라고 주장하고 있다. 어떻든 MSG는 사람의 두뇌장애, 천식, 우울증, 현기증, 성장장애, 대사장애, 어린이의 뇌 손상 등을 일으킬 수 있고, 미각을 둔화시킨다고 발표하고 있으며 가벼운 증세로는 발열, 손발저림, 두통, 어린이 입안의 신경세표 파괴, 무력감, 구역질 등을 일으킨다고 보고될 정도로 문제가 많은 것으로 알려져 있다.

우리나라에서 MSG는 1963년부터 생산하여 각종 가공식품에 대부분 사용하고 있으며 현재도 MSG는 라면은 물론 맥주, 소주 등 주류에 이르기까지 그야말로 거의 모든 가공식품에 사용되는 첨가물 중의 수퍼스타이다. 현대인의 입맛은 화학조미료 손아귀에 있다고 해도 과언이 아닐 정도인 MSG는 그 만큼 유해성 여부도 만만치 않게 논란의 초점이 되고 있다. 1969년, 미국상원의 식품선택위원회에서 열린 MSG 유해성에 관한 청문회는 유아가 먹는 것과 똑같은 비율과 양을 쥐에게 먹였더니 뇌와 눈에 장해가 발생했다고 보고하고 있다. 특히 MSG는 아주 작은 분자이기 때문에 임산부의 태반을 쉽게 통과해서 아기에게 흘러가기 때문에 그 피해가 태아에게까지 미친다고 한다. 제조방법을 살펴보면, 1969년부터는 발효법을 사용하고 있다. 그리고 핵산계 조미료의 경우는 펄프공장의 폐액에서 추출한 리보핵산을 원료로 사용한다고 한다. 화학조미료의 유해성이 서서히 드러나면서 기업들은 조미료를 소비자에게 직접 파는 대신 과자나 어묵, 술 등을 만드는 제조 공장에 팔기 시작했고, 그러한 전략은 성공을 거두었다. 그리고 국제시장으로 진출, 지금 중국을 포함한 동남아 국가에서는 엄청난 양의 화학조미료가 소비되고 있다. 어떻든 1986년 국제소비자기구에서는 매년 10월 16일을 화학조미료 안 먹는 날로 지정하고 있다. 자연조미료인 것 같이 선전하는 다시다, 감치미 등 대부분의 조미료도 거의가 화학조미료를 주성분으로 하고 있다.

9) 산미료

산미료는 독특한 신맛을 내는 물질로 주로 화학물질인 산(acid)이다. 인체내 대사 중간물질이기도 한 산미료는 일부식품에 여러 목적으로 사용되고 있는데 대부분 구연산, 주석산, 사과산, 초산 등이다. 보통 신맛을 내고 싶거나 각종 식품첨가물의 보조제로 사용되는데 많이 사용하면 미각을 마비시키고 위장장애를 유발하는 등 과잉 사용은 인체에 유해한 것으로 알려져 있다. 현제 조미료의 개념보다 건강기능성 개념으로 사용되고 있는 경향이 많으며 향후 산미료의 사용량은 증가할 것으로 생각된다. 특히 구연산은 청량한 신맛을 내는 산미료로 특유의 연하고 부드러운 신맛을 부여한다. 영어명인 citric acid의 citric도 감귤류를 뜻하는 그리스어인 citrus에서 유래한 것이다. 이것은 체내의 칼슘흡수를 촉진시키는 작용 때문에 혈액응고저지제로 사용된다(혈액응고에 칼슘이온이 필요하므로). 보통 과즙·청량음료에 첨가하거나, 의약품, 이뇨성 음료에 신맛을 내는데 사용된다. 항응고제인 구연산염(citrate)을 항응고제로 사용한 것은 1915년 경인데 1% 구연산나트륨도 사람에게 독성을 일으킬 수 있다. 일반적으로 안전하다고 생각된 식품첨가물이지만 구연산의 경우 저독성으로 분류된 유기산이다. 주석산은 신맛이 강한 유기산으로 음식물이나 체내 노폐물이 장의 소화기관을 이동하는 시간을 단축시키고 유해한 담즙산의 대사를 개선하는 중요한 역할을 하며 또 식이섬유를 주석산과 함께 사용하면 변의 통과시간을 더욱 단축시켜 담즙산을 유효하게 줄일 수 있게 된다. 그러나 과잉 섭취하면 염색체이상을 일으키는 유해물질로 작용한다. 또 젖산은 급성출혈 및 적혈구 감소와 관련이 있는 것으로 알려져 있으며 푸말산도 토끼 갑상선 팽칭과 충혈에 관련된 것으로 알려지고 있다.

10) 유화제

가공식품에는 대부분 유화제 또는 유화제와 비슷한 기능을 가진 식품첨가물을 사용하고 있다. 그것은 가공식품을 만들 때 그 속에는 반드시 지방성분이 들어 있기 때문이다. 지방성분은 식품에 맛을 내기도 하고 조직을 유연하게 하기도 하며 영양적 가치도 부여하는데 이 성분이 저장, 유통 중에 분리되어 식품자체의 가치를 저하시키는 요인으로 작용한다. 이와 같은 식품유화제(emulsifier)는 식품의 유화작용을 주 목적으로 하지만 식품의 점성, 조직, 입안의 촉감, 균일성, 유연성, 안정성을 도와주고 습윤제, 용해제, 세제, 분산제, 결정조절제, 금속제거제 등의 기능을 가지고 있다. 그런데 문제는 유화제가 인체에 안전한 물질이 아니라는 점이다. 보통 소비자들은 유화제는 인체에 좋은 물질이라는 생각을 가지고 있는데 이것은 매우 성급하고 잘못된 생각이다. 실제 유화제는 인체에 해를 주지 않는 것도 많지만 인체에 해를 주는 화학물질도 매우 많이 사용되고 있다. 또 유화제는 인체내 한번 들어가면 잘 분해, 제거되지 않고 축적되는 경우가 많으며 인체내 성분과 상호반응할 가능성도 있기 때문에 방부제 이상으로 관심을 가져야 하는 첨가물이다. 특히 유화제는 화장품, 세제, 세척제, 살균제 등에 필수적으로 들어가는 화학물질인데 식품에 사용되는 것은 순도가 높은 식품전용 유화제이다. 일부에서는 공업용 유화제를 식품에 사용하여 문제를 일으키기도 한다.

유화제 중 알긴산프로필렌글리콜, 카르복시메틸셀룰로오스나트륨등과 같이 증점제, 또는 안정제로도 사용되는 물질은 영양소의 흡수장애를 일으키고, 스테아릴젖산염류 등도 무기질 손실과 신장장애를 일으키는 것으로 알려져 있다. 빵제조시 빵생지가 분할기에서 잘 분리되고 비스켓 등의 제조때 콘베이어에서 쉽게 분리해 내기위해 사용하는 이형제도 위에서 지적한 독성이외에 발암성인 다핵 방향족탄화수소류의 존재가 의심되기도 한다. 일반적으로 유화제와 안정제, 증점제류 등은 대부분 영양소의 흡수를 저해하고 발암물질 등의 흡수를 촉진, 신장장애, 기형발생의 원인이 되기도 하는데 특히 유화제의 일종인 SLS(Sodium Lauryl Surfate)와 SLES(Sodium Laureth Sulfate)는 다른 화학물질과 쉽게 반응하고 결합하여 잠재성 발암물질인 니트로사민으로 전이되어 인체에 심각한 악영향을 끼치게 된다. 그 외 접촉성 피부염을 일으키는 주요 원인 이미다졸리디닐 유레아(Imidazolidinyl Urea), 디아졸리디닐 유레아(Diazolidinyl Urea) 등 화장품 원료용 유화제를 식품에 사용하지 않도록 하여야 한다.

11) 품질개량제

품질개량제는 결착제 또는 조직개량제라고 부르는데 식품의 맛, 풍미, 색깔, 조직 등을 개량하기 위하여 사용하는 식품첨가물로 전문용어로 품질개량제라고 부르지만 실제는 인산염을 이렇게 부르고 있다. 그 이유는 인산염이 그만큼 가공식품의 품질을 개선하는 기능이 다른 식품첨가물에 비해 좋기 때문이다. 인산염의 기능은 금속이온과의 착염형성, 단백질, 전분과의 상호반응, pH 안정을 위한 완충작용, 유화안정성, 보수력 증가와 흡수력 촉진, 전분과의 교차결합, pH 조정, 항산화제의 상승효과, 응고방지 등인데 특히 금속이온 때문에 일어나는 제반 문제를 방지할 수 있다. 즉, 금속이온이 불활성화되면 비타민 C의 산화분해 방지, 인공착색료의 퇴색 및 변색방지, 갈변방지 뿐만 아니라 표백제의 표백효과도 높일 수 있다. 또 방부제와 금속이온의 결합으로 인한 방부효과 감소를 방지하고 금속 특유의 맛과 냄새를 제거할 수 있다. 따라서 육류를 원료로 한 육제품을 비롯하여 유제품, 면류, 케일, whipping mix, 통조림류, pudding mix, 주스류, 간장, 된장, 주류, 두부, 음료 등에 다양하게 사용되며 특히 육제품에 보수성, 결착성, 탄력성, 팽창성, 조직감, 식감, 육색깔의 퇴색, 변질 등을 방지 목적으로 사용되고 있다. 그런데 문제는 인산염의 안전성 여부이다. 인산염은 화학물질이다. 화학실험에서나 화학반응에 자주 사용되는 물질로 인체에 유해한 부분도 많다. 우선 인산은 산물질이다. 완충적 능력을 가진 것이지만 과잉 사용시 위장장애를 일으키고 액성을 산성화하여 각종 성인병의 원인(遠因)이 되기도 하며 각종 무기질을 흡수, 제거하는 역할도 가지고 있다. 충치의 원인이 되고 신장장애를 일으키기도 하는 등 각종 위해를 일으키는 물질이다. 그런데 문제는 이 인산염이 가공식품에 거의 대부분 첨가하고 있다는 점이다. 특히 인산염은 하루 인체 섭취량이 많을 것으로 생각되는데 그것은 안신염이 들어 있는 각종 식품을 하루에 다양하게 섭취하기 때문이다. 현재 가공식품에 사용하는 인산염 종류에는 인이 한 개 밖에 없는 올소(ortho-)인산염과 두 개있는 피로(pyro-)인산염, 셋이상 있는 중합(poly-)인산염 등이 있다.

12) 팽창제

팽창제는 빵을 비롯한 밀가루제품에서 적당한 형태를 갖추게 하기 위해서 사용되는 첨가물이다. 즉, 적당한 수분과 온도가 주어질 때 반죽 중에서 가스가 발생하여 제품에 독특한 다공성의 구조(porous cellular structure)를 부여하게 된다. 이러한 가스발생은 옛날부터 빵효모를 첨가하여 발효과정에서 형성되는 탄산가스를 이용하였으나 이는 발효조건이 까다롭고 발효시간이 많이 필요하는 등 사용에 어려움이 있어 이를 해결하기 위하여 즉시 사용할 수 있는 화학팽창제를 개발하게 되었다. 화학팽창제는 빵류 제조시 가열에 의해서 가스가 발생하므로 발효시간과 조건에 관계없이 사용할 수 있으며 작업 또한 용이하다. 물론 발효하는 것보다 팽창력이 약하고 향기가 없으며 뒷맛(후미)이 좋지 않은 단점이 있다. 암모늄계 팽창제는 암모니아가스를 발생하여 암모니아 냄새를 풍기거나 pH를 상승시켜 비타민류를 파괴할 우려가 있으므로 사용에 유의하여야 한다. 간혹 sodium-free diet제품을 만들기 위해 중탄산칼륨($KHCO_3$, potassium bicarbonate)을 중탄산나트륨 대신 사용하기도 한다. 베이킹파우더는 합성 또는 화학팽창제로 팽창을 목적으로 사용하는 첨가물이기 때문에 가스발생량이 많아야 하며 반응이 완료되면 중성을 나타낼 수 있어야 한다. 베이킹파우더의 구성성분은 탄산수소나트륨의 염기성과 산제의 산성화합물로 구성되어 있는데 이것들이 물과 반응하면 가스가 생긴다. 따라서 베이킹파우더를 사용할 때는 적절한 산제를 선택해야 가스 생성량과 시간을 조절할 수 있다. 팽창제의 독성은 우선 팽창제에 납, 카드뮴, 비소 등 중속금 함유 가능성이 높은 편이다. 따라서 중금속의 체내 축적에 의한 다양한 질환의 유발 가능성이 높다.

13) 검류(호료)

가공식품에 일반인들은 잘 이해하지 못하는 식품첨가물이 들어 있는데 그 중의 하나가 바로 검물질이다. 이 물질은 껌(gum)과 같은 조직을 부여하는 고무질 물질이라고 하여 보통 검(gum, 보통 호료로 번역하지만 본절에서는 검이라 부른다)이라고 부른다. 검물질은 지방성분이

들어 있는 곳이거나 불안정한 성분들이 들어 있는 곳에 첨가하거나 식품에 농후제, 겔화제, 현탁제, 유화제, 안정제, 피막제 등으로 사용되고 있는 친수성물질이다. 원래 검은 끈적끈적한 천연나무 추출액에서 유래한 치클, 수지, 라텍스 같은 불용성 물질인데 적당하게 변형한 형태로 만들어 물에 녹거나 분산되게 하였을 뿐만 아니라 농후 또는 겔화 효과를 나타낼 수 있는 친수성 콜로이드(hydrophilic colloids or hydrocolloid)로 사용하고 있다. 보통 식품에 사용할 경우에는 천연 또는 합성 변형검이 주로 이용되고 있는데 그 종류와 물성이 매우 다양하여 여러 종류의 식품에 사용되고 있다. 그런데 문제는 검을 많이 섭취할 경우 여러 가지 위장장애 또는 영양분 손실, 발암성 가능성을 나타내므로 과잉 섭취하는 것은 삼가하여야 한다. 그 중 한가지 예를 들면 식품에 많이 사용하고 그 기능이 우수한 것으로 알려진 카라기난의 경우 동물실험에서 대장의 궤양과 암을 유발하는 것으로 확인, 발표하였는데 일반적으로 동물실험에서 발암성이 있는 물질은 식품으로 사용할 수 없는 것이 델레이니법안(D.C, : Delany Clause)에 속하므로 카라기난은 식품소재로서 사용하는 것은 향후 고려될 전망이다. 일본의 식품첨가물평가일람에서는 카라기난을 위험등급 4급으로 분류하고 있으며 동시에 발암물질로 분류하고 있다.

14) 식품 영양강화에 사용되는 영양강화제

식품첨가물 중 소비자들이 가장 관심을 가지지 않는 부분이 바로 영양강화 부문이다. 그것은 제조업자들이 단순히 상품에 대한 인식을 좋게 하기 위하여 상술로 과잉의 영양성분을 강화하는 경우가 생기기 때문이다. 영양강화는 필요할 때만 하는 것이지 아무 식품에서나 하는 것은 아니다. 영양성분은 부족도 문제지만 과잉도 문제가 되기 때문이다. 실제로 많은 가공식품에는 영양강화를 위해 많은 종류의 영양성분을 강화하고 있는데 강화 목적이 불분명하거나 소비자들의 관심을 끌기 위한 영양강화는 인체에 전혀 도움이 되지 않는다. 그것은 영양불균형의 문제가 인체에 문제를 일으키기 때문이다.

영양강화제는 식품영양 강화목적을 위해 사용되는 첨가물로서 주로 비타민류, 아미노산류, 무기염류 등이 있는데 지정된 식품용 강화제는 비타민류 29종, 아미노산류 13종, 철제 8종, 칼슘제 11종을 비롯하여 산화아연, 황산아연, 요오드칼륨 등이 있다. 비타민의 경우에는 각종 영양소 대사 등 생리기능을 유지하기 위해 필수 불가결한 성분인데 특히 비타민 A의 무리한 과잉 강화는 사람의 사지의 동통성 종창을 비롯하여 우울, 식욕부진, 체중감소 등의 증상을 유발시킨다. 또한, 뇌압상승을 일으키므로 두통, 구토 등이 일어나는 경우도 있다. 티아민의 경우에도 이것이 부족하면 베르니케-코사코프(Wernicke-Korsakoff) 증후군 즉 무관심, 정서불안, 식욕부진, 걷기 기능장애 등이 일어나며 심할 경우 위암 등 합병증이 생길 수 있고 학습능력저하, 기억력 저하(건망증), 환상 등의 증세를 동반하기도 한다. 그러나 과잉의 경우에는 탈모, 대사장애 등이 일어난다. 나이아신은 부족하면 펠라그라증에 걸리는데 이것은 피곤, 두통, 체중감소인후의 염증, 위장장애 등을 수반하며 만성 결핍은 사람을 우울증, 초조불안, 불면증, 현기증, 기억상실, 착란 등 정서불안과 정신분열 상태로 몰고 간다. 그러나 과잉섭취는 혈관확장 피부출혈, 가려움, 빠른 심장박동, 간의 손상, 위장 소화기관의 장애, 고혈당증, 혈액요산 증가 등을 일으킨다. 피리독신은 결핍되면 두통, 말더듬증, 우울증, 자제력 상실, 자살충동, 의심, 편집증 등을 유발하고 과잉 첨가는 인체의 마비증상을 일으키므로 과다 섭취를 경계해야 한다. 비타민 B_{12}(Cobalamine)는 부족시 악성빈혈, 혈액응고의 지연, 식욕부진, 체중감소, 설염, 손발의 마비, 정서불안, 근육조절기능 저하와 기능장애, 착란, 환각 등 문제를 일으키고 과잉 섭취시에는 간질환과 말초신경장애를 초래할 수 있다. 엽산(Folic acid) 결핍은 위장장애, 설사, 설염 등으로 인한 빈혈 유발과 과민반응, 적대감, 편집증 등의 정신기능 장애 등을 일으키지만 과잉섭취는 탈모, 소화기관 장애, 우울증, 피부질환 등을 유발한다. 비타민 D의 과잉섭취는 혈액의 칼슘농도 증가, 식욕감퇴, 구역질, 뼈와 연조직의 석회화, 신장손상, 성장지연 등을 일으킨다. 비타민 E의 과잉섭취는 두통, 구역질, 피로, 현기증, 시력감퇴, 상피조직의 변화, 비타민 K 결핍 환자에게서 출혈의 위험을 높이며 비타민 C는 구역질, 설사, 철분의 과다한 흡수(특히 남성의 경우) 등을 일으킨다.

무기질의 경우 철결핍 빈혈증은 성인과 어린이 모두에게 과민증, 긴장, 주의력 감소, 이식증(Pica), 피로 등의 증상을 일으킨다. 철 결핍 유아와 어린이의 경우 비활동적이고, 고집이 세고, 과민반응을 하며 긴장감과 두려움이 많고 주의력, 학습력, 암기력 등 식별력이 낮게 나타나는 등 지각행동과 뇌기능에 관련된 문제를 일으킬 수 있다. 아연결핍은 면역반응의 억제, 상처치유의 지연, 피부장애, 생식선 기능의 감퇴, 식욕감퇴 및 체중저하를 일으키며 초조, 시각장애, 후각과 미각이상과 감별력 저하를 가져 온다. 요오드(Iodine)는 갑상선호르몬의 필수성분으로 결핍시 갑상선종을 일으키며 갑상선호르몬의 감소, 태아성장율 저하, 골격성장의 지연, 뇌발달 지연, 기억장애, 우울 등 행동장애를 일으킨다. 칼슘이 체내에 지나치게 많을 경우 과칼슘혈증, 호흡장애, 심장장애까지도 일으킨다. 또 소금이 부족하면 권태, 현기, 무력 및 혼수 등 육체적으로 현저한 기능감퇴를 일으키지만 소금이 너무 많으면 장내의 수분흡수를 방해하여 설사를 일으킨다. 칼륨은 부족할 경우 세포의 기능이 나빠지고 발육부진, 생식력감퇴, 심장기능 감퇴 및 소화관의 이상 등을 일으키며 또 장관 확장도 일으키게 된다. 미량무기질의 경우 과잉섭취할 경우 독성을 일으킬 수 있는데 망간, 철, 코발트, 아연, 니켈은 다른 미량원소에 비해서 비교적 많은 양을 섭취해도 빨리 독성상태에 이르지 않는 반면 구리, 셀레늄, 바륨, 비소는 미량이라도 과잉섭치하면 즉시 독성상태에 이르게 된다.

5-3. 농약과 항생제의 공포

1. 농약이 아이들의 몸속으로

주요 야채와 과일의 잔류 농약
(2003년) (단위:%)

생산단계 (기준초과율)		유통단계 (잔류비율)
3.1	고추	50
5.8	시금치	21
5.7	상추	21
2.7	오이	17
1.7	포도	11
1.6	사과	21
1.1	토마토	33
0.4	딸기	29

국가별 농약 소비량 비교
(96년) (단위: kg/ha)

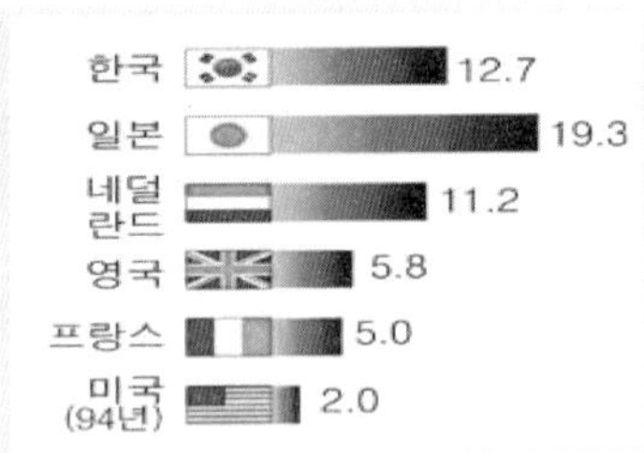

과일 표면에 생기는 응애를 방지하기 위해 저독성농약인 가네마이트를 배나무에 뿌리고 있다.

농약에 대한 식탁의 공포는 요즈음 그 정도가 심해지고 있는 느낌이다. 일상 먹고 있는 야채나 채소를 비롯하여 각종 농산물에 잔류한 농약의 독성이 문제가 되고 있으며 농산물과 축산물에 잔류하는 항생제도 문제가 되고 있다. 농약을 쓰지 않으면 농사하기가 힘들어 저농약 친환경농법으로 전환하려고 해도 잘 되지 않는다. 농약을 많이 뿌리면 뿌릴수록 농산물이 크고 좋아지며 특히 색깔이 좋아진다. 우리나라의 살충제·제초제·살균제·생장조정제 등 농약 사용량은 세계적으로 높은 편인데 보통 ha당 농약사용량은 13.3kg에 이르고 있다. 시장에 출하되기 이전의 주요 농산물을 대상으로 잔류농약을 정밀 조사한 결과 깻잎은 무려 12%의 허용기준치 이상의 살균제 카벤다짐이 검출되고 시금치, 상추, 풋고추의 잔류

농약 초과율도 3.1-5.8%에 이르렀다. 이들에게서 가장 많이 나온 것은 살충제 클로로피리포스인데 출하단계는 물론 유통단계에서도 검출되고 있다. 식약청이 지난해 전국 대도시 시장과 슈퍼마켓 등에서 팔리는 채소와 과일을 조사한 결과 600건 가운데 101건에서 농약이 검출되었다. 특히 포도, 복숭아, 고추는 조사대상의 절반에서, 밀감·토마토·참외·딸기는 3-4건 당 하나꼴로 농약이 나왔다. 식품속 농약은 적을수록 좋고 가능하면 없는 것이 바람직한데 세계보건기구는 최근 '미량의 농약이라도 장기간 섭취할 때 건강에 어떤 영향을 끼칠지 불확실하다'며 우려를 표명했다. 미량의 잔류농약이 당장 안전성 문제를 일으키지는 않겠지만 여러 가지 농약이 함께 섭취돼 상승작용을 일으키는 '칵테일 효과'와 농약에 민감한 태아와 유아의 영향, 그리고 환경호르몬(내분비계 교란물질) 등은 크게 문제가 되고 있다. 잔류농약 허용기준이 체중 55kg인 성인을 기준으로 제정돼 어린이를 위한 별도 기준이 필요한데 우리나라에서 연간 10만 kg 이상 쓰이는 농약 가운데 환경호르몬으로 의심되는 것은 제조체 알라, 살균제 베노밀, 살충제 지오럭스와 메스밀 등이 있다.

용도별 항생제 사용실적(국내)

년 도별 판매실적(kg)

용도	'04.9월	'03	'02	'01
배합사료제조	408,068	670,619	741,881	766,411
수의사처방	72,405	109,721	127,174	116,507
자가치료 예방 등	487,802	658,193	672,218	712,022
계	968,275	1,438,533	1,541,273	1,594,940

[자료 = 국립수의과학검역원]

또한 우리나라는 지금까지 축·수산업에서 선진국에 비해 항생제를 남용해 왔다. 우리나라에 53종의 항생제를 사료첨가용으로 허가되어 있는데(유럽의 11종, 일본의 25종 비해 2배 이상) 지금은 25종으로 크게 줄어든 상태이다. 빠른 시간안에 상품으로 만들기 위해 축산물에 항생제를 섞는 일도 일상화되고 있는데 논·밭에 농약을 뿌리듯 축산농가에서는 항생제로 버무려진 사료를 소와 돼지, 닭에게 먹이고 있다. 과도한 농약이 땅을 피폐하게 만들었듯이 항생제는 병원균에 대한 내성을 길러주고 있다. 어떻든 이렇게 생산된 고기를 사람이 먹고 있다. 요즈음 가축은 이제 웬만한 항생제를 써도 듣지 않는데 그 동안 워낙 많은 약을 써 왔고 그만큼 내성이 생겼기 때문이다. 또한 이와 같을 상황이 반복되다 보니 가축 자체가 상당히 허약해졌다. 사료 가운데 곡물사료로 사용하는 콩과 옥수수는 국내 생산물량 부족과 비싼 가격 때문에 어쩔 수 없이 수입사료를 섞는데 문제는 이 두 품종이 유전자조작농산물(GMO)이기 때문이다. 소에게 GMO를 먹이면 그들이 생산하는 축분도 오염될 수 있고 유기농 논·밭에도 유전자 혼란이 일어날 수 있다. 이와 같이 현재 농약과 항생제에 관한 식탁의 공포도 계속 퍼지고 있는데 본 절에서는 농약 실체의 이해를 돕기 위해 농약의 전반적인 정보에 대해 설명하고자 한다.

1) 농약의 정의와 유해성

현재 우리 나라에 등록되어 있는 농약의 수는 대략 500개 품목이고, 화합물의 종류로는 270종에 이르고 있는데 농약이라 함은 농작물(수목 및 농림산물을 포함)을 해(害)하는 균, 곤충, 응애, 선충, 바이러스, 잡초, 기타 농림부령이 정하는 동식물(동물: 달팽이, 조류 또는 야생동물, 식물: 이끼류 또는 잡목) 등의 방제(防除)에 사용되는 살균제, 살충제, 제초제, 기타 농림부령이 정하는 약제(기피제, 유인제, 전착제)와 농작물의 생리기능을 증진하거나 억제하는데 사용되는 약제를 말한다. 또한 농작물의 생육을 촉진, 억제하거나 낙과를 방지하고 빛깔을 좋게 하여 품질을 향상시키는 약제와 이들 약제의 효과를 증진시키기 위하여 사용되는 전착제(展着劑) 등 보조제를 비롯하여 해충을 포식하는 천적 및 해충에 병을 일으키는 해충병원균, 생물이나 해충의 증식을 억제하는 불임화제(不姙化劑), 해충을 유인하여 죽이는 유인제 등도 농약(식품잔류물)에 포함시키고 있다. 이와 같이 농약은 농경지의 토양 소독, 병충해로부터 농작물 보호, 수확한 농산물의 저장시 손실방지 등의 목적으로 사용된다. 농약을 효과적으로 잘 사용하면 농작물의 수확량이 증가하고 노동력을 절감시킬 수 있으며, 또한 생장조절제의 이용으로 농산물의 품질향상과 수확기의 조절 효과가 있는, 농사를 짓는데 없어서는 안 되는 중요한 농업자재이다. 그러나 농약은 독성을 가지고 있기 때문에 잘못 사용하거나 과용하면 사용자 자신은 물론 생산되는 농산물에 농약이 그대로 남아서 이를 섭취하는 사람들의 건강에도 위해를 줄 수 있다. 이와 같은 양면성을 가지고 있어 농약은 '경제적 독약'이라는 별명이 붙어 있다. 농약은 대상 해충에 대해서는 독성이 크고, 인축에 대해서는 무독한 것이 이상적이지만 대부분의 농약이 인축에도 유해한 편이다.

농약은 그 화학적인 특성에 따라 유기인제, 유기염소제, 카바메이트계 등으로 분류하기도 하지만, 대개는 그 용도에 따라 살충제, 살균제, 제초제, 살서제, 유인제, 불임화제, 전착제, 토양소독제 등을 비롯하여 작물의 성장을 촉진하는 생장촉진제 등으로 분류하기도 한다. 농약의 사용 문제를 논의할 때에는 그 유해성 뿐만 아니라 그 유용성도 함께 고려되어야만 한다. 우선 농약의 유해성은 자체 독성과 발암성, 그리고 환경오염문제이며 농약의 유용성은 매개 질병의 구제, 농업 생산력의 증대, 해충의 구제 등이다. 농약의 독성은 맹독성, 고독성, 보통독성, 저독성, 무독성 등으로 구분하는데 농약의 독성정도를 비교할 때 돌연변이 유발, 최기형, 발암성 여부를 거론하지 않을 수 없다. 농약은 대부분 농산물에 침투하고 먹이연쇄를 통해 동물이나 사람에 오염된다. 그런데 치명적인 사항은 사람의 체내에서 암을 유발한다는 것이다. 우선 농약을 취급하는 사람은 물론이고 직간접적으로 인체에 오염되어 장단기적 발암을 유발하는 것이다. 농약 중 발암성물질의 위험순위를 나타낸 지표인 HERP는 발암성물질의 사람에 대한 상대적 위험도를 나타낸 것인데 쥐 등의 TD50(일생동안 투여할 경우 반수 정도의 동물에 암을 발생시키는 량, mg/kg/day)에 대한 사람의 평생 발암물질의 섭취량의 비율을 나타낸 것이다. HERP치가 큰 것이 발암위험성이 크다는 것을 의미한다. 농약 중에는 만성투여시 DDT, 2,4-디니트로페놀, 카바메이트계, 각종 수은제 농약 등은 돌연변이 유발물질이고, 카바릴, 디코폴 등은 동물실험에서 최기형성이 확인된 것들이다. 티오우레아와 같은 살균제도 발암성이 의심되고 있으며, 셀렌화합물도 간암을 유발하는 것으로 알려져 있다. 그 밖에 알드린, 디에드린, DDD, 헵타클로르, 글리클로르, 글리세오풀빈 등도 발암성이 의심되는 것들이다. 1989년에는 발암물질로 알려진 알라가 사과의 낙과 방지, 포도의 착립 증가 등 목적으로 사용되었는데 이것이 수입 자몽에 발견되어 사회 문제화되기도 하였다. 일반적으로 디티오카바메이트제는 급성독성은 크지 않으나, 최기형성과 발암성이 의심되어 우리 나라에서도 사용이 금지되었다. 발암 가능성이 지적된 EDB, DDT, 톡사펜, 린덴, 클로로벤지레이트, 클로로타로닐, 폴펫트, 캡탄 등은 상대적으로 발암성의 위험도 낮은 그룹에 분류되어 있다. 그러나 비교적 발암성의 위험도가 높은 그룹에 해당되는 DDT, EDB는 이미 사용금지되어 있다. 발암에 관련 농약으로는 만성독성으로 발암성 즉 간종양 발생 징조가 있는 것(aldrin, dieldrin, heptachlor, DDT)과 특정조건하에서 발암성이 있는 것(무기비소, 셀렌화합물, 2-acetylaminofluorene, aramite, thiourea, glyseofulvin, aminotriazole) 등이 있다. 또 발암 협력인자 즉 자체는 발암성이 없으나 다른 발암인자와 공존하는 경우에 발암성을 나타내는것으로는 propham, chloropropham 등이 있다. 그리고 간접적 발암협력 물질로는 햇볕에 분해되어 아질산이 생성되고 이것이 식품 중의 아미노화합물과 반응하여 발암성 물질인 니트로사민(nitrosamine)을 생성하는 chloropicrin이 여기에 해당한다.

농경지에 살포된 농약은 농작물에 부착되는 것을 제외하고는 대부분 토양으로 직접 침투한다. 농작물에 부착된 농약도 비, 바람 등에 의해 일부는 다시 토양으로 이동되며, 관개수, 유실수 등에 의해서도 농약이 토양으로 이동한다. 농약을 토양에 반복하여 사용하면 분해속도는 점차 가속화되어 잔류기간이 짧아진다. 살포된 농약이 작물에 남게 되고 사람이 그 작물을 섭취할 경우 농약성분도 함께 사람의 몸속에 흡수되기 때문에 농약의 잔류성이 문제가 된다.

농약은 흙, 물, 공기 등을 통해 바다나 민물로 들어가게 되고 이 농약은 어패류에 오염되어 농축하게 된다. 농약류는 상당 기간 농작물에 부착 혹은 침투하여 그대로 또는 그 대사산물이나 분해산물로서 미량이기는 하지만 잔류하게 되고 또한 살포된 농약이 물이나 흙을 오염하고 어패류나 그 외의 생물체내에 농축, 축적하게 된다. 농약에 오염된 농작물, 어패류 또는 이들을 섭취한 동물을 통하여 오랜 기간에 걸쳐 인체에 흡수되면 만성중독을 일으킬 수 있다. 농약 중에는 분해되면 오히려 독성이 더 커지는 것도 있다.

농약의 화학적 성분에 따른 종류를 보면 우선 무기화합물과 유기화합물로 구분한다. 무기화합물에는 동제, 유황제, 비소제, 알칼리제 등이 있고 유기화합물은 유기염소제(DDT, BHC, 클로르덴, 헵타클로르 등), 유기인제(TEPP, 말라티온, 파라티온, 다이아지논, 디프테렉스 등), 유기불소제(플라톨), 알칼로이드제(니코틴제), 로레논제(데리스제), 피레트린, 광유제 등이 있다. 주요 농약과 독성은 다음과 같다.

(1) PCB와 DDT

1968년 일본 큐슈지방 일대에서 쌀겨기름(미강유) 제조시에 열매체로서 사용된 카네크로르 400(4-염소화체를 주성분으로 하는 PCB혼합물로 염소함유량은 48%)이 쌀겨기름에 혼입된 사건(가네미 사건)이 발생한 후 이 독성에 대해 더 잘 알려지게 되었다. PC0B(polychlorinated biphenyls)는 폴리염화비닐의 약자이며 209종의 이성체가 존재한다. PCB제품의 강한 독성은 PCB 그 자체는 물론 그 안에 극히 미약하게 포함되어 있는 합성부산물인 폴리염화디벤조프란(PCDF) 때문이기도 하다. PCB는 화학적으로 안정하고 뛰어난 이화학적 특성 가지고 있기 때문에 열매체, 절연유, 콘덴서유, 윤활유, 진공펌프, 도료, 인쇄잉크, 합성수지, 합성고무, 노카본지, 접착제, 안료소착, 합성섬유 난연제, 용매등으로 많이 사용되고 있는 잔류성이 높은 물질이다. PCB는 다른 유기염소화합물(BHC, DDT, 클로르데인 등)과 똑같이 난분해성이기 때문에 널리 하천, 해양, 호수, 토양 등에 오염되고 지용성으로 생태계에서의 대사를 받기 어렵기 때문에 식품연쇄를 거쳐 차츰 생물농축되면서 해양, 연안에 서식하는 어패류에 많이 축적되고 있다. DDT나 BHC 같은 농약과는 달리 수생동물이나 새들에 많이 잔류하고 어패류에 많이 오염되어 있다.

흡수는 호흡기, 위장관, 피부로 이루어지고, 주로 지방층에 축적한다. Biphenyls은 일차적으로 간장에서 대사되며 대사물은 DNA를 손상시킨다. PCB혼합물은 간과 피부를 손상시키고, PCB에 노출된 작업자에게서 좌창(挫創)같은 손상과 발진 등을 일으킨다. 생식 및 발생에 이상을 일으키며 암을 유발하므로 미국에서는 발암물질로 규정하고 있다. 급성으로는 점막 자극증상, 오심, 구토, 눈의 자극증상, 일과성(一過性) 피부 자극증상을 비롯하여 피부 발진(염소성 종창), 체중 감소, 식욕부진, 사지의 감각둔화, 따끔거림 등이 일어난다. 아급성

내지 만성독성의 경우에는 체중증가 억제, 간중량의 증가, 체모의 변조가 보이며, 중성지방의 현저한 증가 이외에 인지질 및 콜레스테롤 함량이 증가한다. 또 만성 간질환과 간경변, 염소성 종창, 생식기 장애(착상실패, 자연유산, 저출생아), 출생시 장애(피부 과색소침착증, 이루, 외배엽 이형성증), 간암등을 일으킨다. PCB는 오염된 음식물과 공기를 통해, 또는 피부접촉을 통해 우리 몸 속으로 들어온다. 일반적 환경오염 경로는 공장에서 유출, 폐기된 PCB → 대기오염 → 강우(降雨) → 육생생물, 흙 오염 → 수계오염 순이다.

DDT는 1950년대, 침엽수림에 송충이들이 너무 많아지는 것을 막기 위해서 공중에서 대량 살포하여 해충은 물론 민물고기들을 대량 살상시켰던 사건이 있었다. DDT (dichloro diphenyl trichloroethane)는 유기합성살충제의 시조로서 1873년 자이들러에 의해서 최초로 합성되고, 1939년 뮐러에 의해서 그 살충효과가 확인되었다(1948년 살충제로서의 탁월한 효과로 노벨상 수상). 제 2차 세계대전 중에 처음으로 실용화되어 전쟁 후에 세계 각국에서 농업용 또는 위생해충 방제용으로 널리 사용되어 왔다. DDT가 인체에 들어오면 쉽게 세포막 안으로 들어와 신경전달체계의 이상, 근육의 수축과 이완조절 신경신호에 문제를 일으켜 발작이나 마비 등을 일으킨다. 짧은 기간동안 많은 양이 노출되면 두통, 현기증, 졸림, 홍분, 떨림, 경련, 발진, 그리고 눈이나 코, 목구멍의 화끈거림, 지방 조직의 파괴, 칼슘대사장애 등을 일으키고 심한 경우 손빌의 지각상애, 평형장애, 발작, 간장장애, 혼수상태, 부분적 근육마비, 뇌종양, 뇌출혈, 고혈압 등을 일으킨다. 우리 나라에서는 1971년부터는 사용이 금지되었으나 아직도 DDT는 벼, 보리, 야채, 과수(사과, 배, 포도, 토마토, 오이, 딸기, 수박, 참외 등) 등에 사용하고 있다.

(2) 다이옥신류와 염소제제

다이옥신류의 인간에 대한 독성사건은 1960년대에 있었던 2,4-D와 2,4,5-T라는 제초제를 혼합한 오렌지제(고엽제)를 미군이 베트남지역에 살포한 일이다. 오렌지제에는 수백만 분의 1(수백 ppm)의 다이옥신류가 합성부산물로서 포함되어 있다. 다이옥신류는 폴리염화디벤조-p-다이옥신(PCDD)과 폴리염화디벤조프란(PCDF)을 합한 명칭으로 염소가 몇 개이며, 어떤 위치로 들어가는 가에 따라 PCDD에서는 75개, PCDF에서는 135개가 다이옥신류에 속하게 된다. 이러한 210개의 다이옥신류 중에서도 가장 강한 독성을 보이는 물질은 탄소 2,3,7,8의 위치에 4개의 염소가 덧붙여진 PCDD(2,3,7,8-4 염화다이옥신(TCDD)이라 부름)인데 가장 적은 양으로 독성을 나타내는 물질이기도 하다. 다이옥신에 의한 일반적인 만성증상은 흉선이나 비장위축 같은 조혈기능장애를 비롯하여 발암성과 생식독성도 나타낸다. 이들은 다이옥신이 갑상선호르몬 결합단백질의 작용을 방해함으로써 일어나는 현상이다. 1998년에

WHO는 다이옥신류의 하루허용섭취량(TDI)을 체중 1kg당 5-10pg에서 1-4pg으로 발표하였다. 도시쓰레기 소각시 발생하는 배기가스에도 가스상의 다이옥신류와 입자상의 다이옥신류가 포함되어 있다.

염소제제는 염소, 이산화염소, 클로로아세트알데하이드, 클로로에틸렌, 염화벤젠과 클로로벤젠 등이 관심의 대상이 되고 있는데 염소(chlorine)는 살균소독용, 염화비닐의 합성원료로 사용되며 과 폭로시 눈과 기관지에 눈물을 수반하는 심한 자극, 재채기, 구토, 메스꺼움 등을 일으키고 피부자극으로 화상, 수포형성, 만성폭로시 기관지염, 비점막 염증, 피부자극 등을 일으킨다. 이산화염소(chlorine dioxide)는 펄프, 섬유의 표백, 우지(牛脂)와 어유(魚油)의 정제, 표백, 물소독, 탈취, 소백분의 탈색 등에 사용되며 과 폭로시 눈, 코, 폐 자극, 기침, 눈물, 호흡곤란 등을 일으킨다. 만성 폭로시 만성기관지염, 폐수종을 일으킨다. 클로로아세트알데하이드(chloroacetaldehyde)은 세균 억제제로 경구, 경피, 호흡기를 통해 신체로 침입한다. 과 폭로시 코점막부위를 자극하고 폐수종, 피부의 예민화, 호흡기 계통의 쓰리고 아픈 증세를 나타낸다. 클로로에틸렌(chloroethylene)은 플라스틱, 청량제(냉각제), 유기합성제의 원료로 사용되며 고농도 흡입시 현기증, 폐질환, 피부동상, 각막염, 비염, 피부염 등을 일으킨다. 최근 이 물질은 발암물질로 지정되었다. 눈, 코, 점막을 자극하여 기침, 재채기, 폐렴 호흡곤란 등을 일으키며 발암 가능성이 있는 염화벤젠(benzyl chloride)은 방향제, 제약, 염색, 인공수지 등에 사용되며 가열시 분해되어 맹독성의 포스겐가스($COCL_2$phosgene gas)*를 발생한다. 클로로벤젠(chlorobenzen)은 용제, DDT제조, 염료, 의약품, 향료 등으로 사용되며 증기에 쐬일 경우 눈, 코 점막 자극, 흡입시 졸음, 무의식상태가 된다. 고농도일 경우 간기능이 손상되고 만성폭로시(또는 접촉시) 피부 손상, 간, 신장, 폐손상을 일으킨다.

* 풀 냄새가 나는 무색의 기체 또는 액체로 적은 양이라도 흡입하면 폐(肺)에 치명적 영향을 줄 수 있다. 이 가스는 또 6-24시간 안에 폐 부종이 나타날 수 있으며 1, 2차 세계대전 당시 화학무기로 사용돼 연합군 120만명의 목숨을 앗아갔으며 폐암도 유발하는 물질이다.

(3) 염화알루미늄과 염화암모늄

염화알루미늄(anhydrous aluminum chloride)은 석유 정제용(트레킹 촉매), 방부제, 염색, 윤활유로 사용되며 물과 폭발적으로 반응하여 많은 열과 독성가스를 발생한다. 고체상태에서의 접촉시 눈과 피부를 자극, 염증을 유발한다. 염화암모늄(NH_4Cl)은 건전지, 납땜, 시멘트, 의약 등으로 사용되며 과 폭로시 구토와 열을 수반하며 눈과 피부자극을 일으키고 다량 복용시 혈증을 일으킬 수 있다.

(4) 클로로펜, BHC와 염화린덴

클로로펜(3-chloropen)은 제초제, 살충제, 의약, 향료 등으로 사용되며 이것의 증기가 코, 목, 폐, 눈을 자극하는데 만성적으로 노출시에는 신장과 간장 부위에도 장해를 준다. BHC (benzene hexachloride)는 1940년 프랑스와 영국의 곤충학자들에 의해 합성된 강력한 살충제로 벼, 야채, 과수 등 거의 모든 농작물에 사용되어 왔다. 백색 또는 황색분말로 그 증기에서는 곰팡이 냄새가 난다. DDT에 비해 살충효과가 훨씬 빠르게 나타난다. 급성중독은 중추신경 기능장해에 의한 중독증상(경련, 호흡 곤란, 흥분 등), 호흡중추마비에 의한 사망 등이며 만성중독에는 신경과민, 체중감소, 정신쇠약, 메스꺼움, 협동운동실조 등이 있다. 주로 겨울이나 봄에 땅 속에 있는 벌레를 없애거나, 농작물의 해충을 구제하기 위해 사용된다. 농작물에 BHC를 살포할 때, 상당한 양이 공기 중에 떠돌아 다니는데 이 BHC가 비와 함께 땅으로 떨어져 지하수나 강으로 흘러 들어간다. γ형은 접촉제·식독제로서의 작용 뿐만 아니라 휘발성이 있으므로 훈증제로서도 효과가 있다. 살충성은 유기인계 살충제보다도 강하며 피레트린보다도 속효성(速效性)이다. 식물에 대한 약해는 사용형태나 작물에 따라 다르지만 채소류, 특히 오이류는 약해를 받기 쉽다. 1971년부터 사용을 금하고 있다. 염화린덴은 강한 살충성과 증발성을 가진 γ-HCH (hexachlorocyclohexan)을 말하는데 해충의 피부를 통해 체내에 침입하여 신경 세포막의 이온 투과성을 변화시켜 신경의 흥분성을 높여 운동능력 상실이나 경련을 일으켜 사망하게 만든다.

(5) 유기인제 농약과 유기수은계 농약

유기인제 농약은 1930년대 독일의 슈라더 등에 의해 살충효과가 확인된 이후 2차 세계대전이 끝날 무렵 많은 유기인제들이 만들어졌다. 가장 먼저 널리 사용된 유기인제는 TETT(tetraethylpyrophosphate)인데 1944년 잔디에 대한 니코틴 대용품으로 시판이 허용되었다. 그러나 TETT는 포유동물에 대한 독성이 컸기 때문에 곧 다른 유기인제로 대체되었다.

유기인제 농약은 급성독성은 강하지만 잔류독성은 크게 문제되지 않는다. 신경세포 내에 있는 cholinesterase에 작용하여 신경 자극전달을 방해하며 부교감신경증상[(식욕부진, 메스꺼움, 구토, 많은 땀, cyanosis 등과 nicotine증상(전신경련, 근력감퇴 등)], 교감신경증상(혈압상승 등), 중추신경증상(현기증, 두통, 발열, 혼수 등) 등을 일으킨다. 1977년 12월 phosvel은 강한 독성 때문에 생산이 금지되었고 1980년 4월 parathione, dimecron, azinphos methyl, disulfoton 등도 전면 사용이 금지되었다. 또 phostoxin은 저장 곡류 해충구제용을 제외하고는 사용하지 못하도록 하였다. 유기인제 농약의 문제점은 그 독성 발현이 매우 신속하다는 점이지만 유기염소제에 비해서는 잔류성이 그리 크지 않다. 그러나 농작물 또는 토양에 살포되면 수개월까지 잔류한다.

유기수은계 농약은 PMA, PMI, PMC, EMP, PMTS, EMTS, MEMC, PMO, TMTS 등이 있으며 종자소독, 토양 살균 및 도열병방제 등에 널리 사용(살균제)되고 있다. 축적성이 크고 만성독성이 강하여 현재는 사용금지된 것이 많다. 유기수은제의 급성중독증상은 전신권태, 식욕부진, 구갈(口渴), 구내염과 청력, 시력, 언어, 보행 등의 장애를 나타내고 경련을 일으키며 단시간내에 사망한다. 만성중독 증상으로는 입술, 혀끝, 사지 등에 이상 감각을 느끼고 일상동작 중의 운동실조, 난청, 언어장애, 보행장애 등을 일으키며 뇌신경에 침범하여 정신착란 등 중추신경 증상을 유발한다. 뇌, 간장, 신장 등에 축적되기 쉽고 태아에게는 태반을 통해 옮겨가서 독작용을 나타낸다. 페닐초산수은(PMA)은 만성독성이 강하여 식품에 잔류해서는 안된다(1963년, WHO/FAO 합동전문위원회). 우리 나라에서도 1969년부터 생산 및 판매 금지 조치되었다. 수은 중독과 관련된 사건은 미나마타병이 있다.

우리 나라는 농산물의 농약잔류 허용기준을 설정해 두고 있는데(농약의 잔류량 단위는 ppm, ppb, ppt 등) 국가별로 자국의 농업보호와 안전 농산물 확보, 수출입 농산물의 검사 등을 위하여 자국 농산물은 물론 수입 상대국의 농산물에도 기준을 정해 놓고 있다. 예를 들면 미국에 수출한 배 중 Chlorothalonil, Fenitrothion검출('89, '90, '91), 일본에 수출한 오이 중 Dichlorvos검출('94, '95), 일본에 수출한 피망 중 EPN검출('95) 등이 수출입 농산물의 농약잔류 허용 기준의 대표적인 경우이다. 수출농산물(사과, 배, 감귤, 채소 등) 재배단지에서 생산되는 농산물의 농약 잔류실태를 사전에 확인, 수출하고 농산물 수출 대상국에 적합한 농약사용을 지도하여 농산물의 안전성에 대한 국제경쟁력을 높여야 한다.

농산물에 잔류하고 있는 농약이 잔류허용기준치 이하이고 안전하다 하더라도 가능한 한 농약의 섭취를 줄이기 위해서 농산물의 올바른 선택과 세척이 필요하다. 잔류량을 감소시킬 수 있는 방법은 약품 냄새가 강하게 나는 야채나 과일을 사지 말고 채소(배추, 앵배추와 같은 채소류)의 경우 바깥쪽의 잎을 떼버린 후 사용하며 농산물의 껍질을 벗겨 이용한다. 또 조리하기 전에 흐르는 물로 잘 씻고 필요시에는 부드러운 솔로 문지르면서 물로 씻는다. 농약이 빠져 나올 수 있도록 물에 어느 정도 담가 두거나 끓는 물에 데치는 것도 좋은 방법이다. 우선 피부에 묻어 있는 농약은 물로 깨끗이 씻고 필요하면 약물을 사용한다. 눈에 오염된 것은 각막을 자극하고 염증을 유발하고 쉽게 흡수되므로 수돗물과 같은 흐르는 물로 우선 씻은 다음 물 혹은 주사용 생리 식염수로 다시 씻는다. 만약 위(胃)로 들어간 경우에는 즉시 토(吐)하는 것이 좋다. 구토를 유발시키는 방법으로는 소금을 먹여 위벽을 자극하면 된다. 농약을 섭취한 후 2시간이 경과하면 위세척 효과는 기대하기 어렵지만 농약에 노출된 경우에는 기도확보(환자를 눕히고 고개를 뒤로 젖힌 다음 입을 벌려 입안에 있는 이물을 손가락이나 설압자로 깨끗이 제거), 인공호흡, 산소공급, 수액요법, 안정제(sedatives)사용, 각성제(stimulants)사용, 진토제 등을 사용하여 효과적으로 대처한다.

2. 항생제, 방향제, 착색제의 사용이 그대로 아이들의 몸속으로

먹거리를 제조하거나 가축을 사육하는 일에 항생제를 사용한다는 이야기는 이미 널리 알려진 사실이며 특히 가축의 사육에는 항생제를 넣은 사료를 사용하지 않고는 사육자체가 되지 않을 만큼 항생제의 사용은 일반화되어 있다. 항생제라 하는 것은 다른 생물의 생장 또는 대사를 억제하기 위해 사용되는 것으로 동물에 치료, 예방, 진단의 목적 또는 생리적 기능이나 행동을 조절하기 위하여 사용되는 수의약품이다. 만약 이것이 최종 제품에 잔류할 경우 이를 잔류 항생물질 또는 잔류 수의약품이라 부른다. 이와 같이 항생제는 독성물질을 생산하는 미생물의 번식을 억제하고 영양소의 소화, 흡수를 증진시키며 영양소의 이용율을 높여 준다.

일반적으로 식품재료를 재배 또는 사육하기 위해 사료 또는 비료에 혼합하여 사용되는 항생제의 경우를 보면 동물사료에 가축의 질병예방, 치료, 성장촉진을 위하여 테트라사이클린류(tetracyclinc), 틸로신(tylosin), 티오페틴(thiopetin), 노보바이오신(novobiocin) 등을 첨가하는가 하면 농약으로 사용되는 항생제의 경우 배추 등의 채소 연부병과 감귤류의 궤양병 및 복숭아의 천공병에 스트렙토마이신(streptomycine), 벼의 흰마름병 방지를 위해 사용하는 클로람페니콤(chloramphenicom) 등 그 종류와 경우는 이루 말 할 수 없도록 많다. 특히 양식장에서 양식어의 질병치료에 사용되는 클로람페니콤은 매우 일반화되어 있는 항생제의 일종이다. 항생제 중 항세균제는 세균을 죽이거나 억제하는 목적으로 사용되는 항생물질인데 반추동물의 설사와 세균성 장염 등을 치료하는데 사용하고 있는 EDDI와 가금류에 사용되고 있는 asenical, frasolidone. nitrofrasone 및 roxarsone 등(roxarsone과 carbadox는 성장촉진제로도 사용)이 있으며 항곰팡이제(mold inhibitor)는 사료에 곰팡이(mold)가 증식하여 영양소의 분해 및 손실을 물론, 곰팡이병(mycosis) 또는 곰팡이가 생산하는 독소에 의한 곰팡이 중독증(mycotoxicosis)을 일으키는 것을 방지하고 사료의 부패 또는 변패를 방지하기 위해 사용되는 항생제이다. 이 항생제는 고온다습한 시기 또는 사료자체의 수분함량이 많을 경우에 시판 배합사료에 중점적으로 사용되는 것이다. 이러한 항생제의 남용과 과용사용은 자연스럽게 식품에 잔류되어 인체내로 들어오게 되는데 이러한 경우 각종 건강상 문제를 일으키게 된다.

또 가축의 사료 섭취량을 증가시켜 산란, 산유(産乳), 성장능력을 좋게 하기 위하여 사료에 첨가하는 방향제(flavoring agent)의 경우 감미료(설탕, 당밀, 사카린, cyclamate), 어즙사료, 아니스류(anise oil, anethole, propenyl anisole), 감초의 뿌리 및 그 추출물(lipuorice, licorice), 생강(ginger), 오렌지유를 비롯한 각종 정유물질, 유기산, 조미료(monosodium glutamate), 기타 부형제 등이 있는데 이 첨가물들이 어떤 형태로든 식품재료에 잔류, 인체내로 들어 오게 된다. 이러한 사실은 대부분의 소비자들은 알지 못하고 그 위험성에 대해서 한번도 생각해 보지 않았기 때문에 더욱 문제가 심각해 질 수 있는 일이다. 그 뿐인가? 각종 사료에 첨가되어 사용되고 있는 착색제는 그 정도가 더욱 심각한 수준이다. 예를 들면 보통 양계장에서 난황의 착색, 닭근육(broiler)의 착색, 관상용 조류의 유모 착색, 관상용 물고기의 피부착색 등을 위해 사용하는 경우인데 현재 널리 사용되고 있는 것은 carotenoid 계통의 것이 많다. 그중 황색 또는 적색의 색소인 크산토필을 비롯하여 인공착색료인 canthaxanthin(4/4-diketo-β-carotene), apo-carotenal(β-apo-8'-carotenal), apo-ethylester(β-apo-8'- carotenoic acid ethyl ester) 등을 천연물질(황색옥수수, corn gluten, alfalfa meal 및 녹사료 등) 등을 사료에 첨가하여 착색하고 있다. 착색은 색깔을 좋게 하여 소비나 구매의욕을 높이기 위한 것인데 항간에서 모방목적으로(예를 들면 바다장어를 값 비싼 민물장어로 둔갑하기 위해서) 사용하여 사회적인 문제를 일으키는 경우도 많이 일어나고 있다. 특히 황색옥수수, 클로버분말, 알파파분말(alfalfa powder)을 비롯하여 글루텐, 해조분 등도 상당히 우수한 색소의 공급원이이며 건조 고구마 줄기 및 고춧가루도 착색효과를 나타내는 물질로 사용되는데 문제는 이들 색소가 대부분이 그대로 인체내로 여러 경로를 통해 들어 온다는 사실이다. 사실 소비자들은 직접 첨가된 식품첨가물에 대해서만 관심을 가지고 있지만 실제 이러한 간접식품첨가물이 더욱 사람의 건강을 해친다는 사실에는 소홀히 하는 경향이 있는 것이다.

3. 생균제, 호르몬제, 각종 동물 의약품이 아이들 몸속으로

항생제와는 반대되는 의미로, 동물의 장내 미생물 생육을 도와 주는 각종 유산초제, 효모, 효소제 등을 생균제(probiotics)라 하는데 사료첨가제의 일종이다. 이들은 동물 장내 병원성 미생물의 증식에 부적합한 조건을 조성하여 병원성 미생물의 증식을 억제하거나 병원균을 살균하는 효과를 가지게 하는 물질이다. 거의 대부분 동물의 건강한 사육을 위해 사용되는 것으로 이것도 불순물이 많이 들어 있는 것이므로 인체에 이로울 것이 없다. 또 가축의 성장률과 비육능력 등을 향상시키며 인위적으로 기능을 변화시켜 육질과 성장율을 개선하는 물질인 호르몬제제를 가축 사육시 거의 대부분 사료에 첨가하고 있는데 주로 diethylstilbestrol(DES), methyltestosterone(MT) 등의 성선(性腺)자극호르몬(gonadotrophin)과 thyroprotein 등의 갑상선자극호르몬 등이 여기에 속한다. 특히 DES는 가축의 체내에 들어가면 steroid형태로 되어 강력한 estrogen(일종의 여성호르몬)의 효과를 발휘하여 비육소의 성장기간을 길게 하여 체조직의 단백질과 수분의 축적량을 증가시키며 지방 축적량을 감소시키는 효과를 가진 우수한 비육촉진제(과량 급여하면 오히려 성장저해함)인데 1972년 FDA에 의해 발암물질로 사용이 금지된 것이다. MT는 세포내에서 단백질합성을 촉진하므로 대개 거세(castration)한 가축의 성장을 촉진, 조직내 단백질 함량 증가를 꾀하고 체지방 합성을 촉진하여 체중을 증가시키는 기능을 가지며 Thyroprotein은 갑상선호르몬(thyroid hormone)의 분비를 촉진시켜 사료섭취량을 증가하여 체단백질 형성 즉 살찐 가축을 만들고 있다. 이와 같은 성장호르몬제제는 육류를 통해 인체내로 들어 오게 될 가능성이 많으며 그 가능성은 아이들의 성장과 발육에 큰 영향을 미칠 것으로 생각된다. 특히 일부의 호르몬제제는 환경호르몬으로 분류되는 것이므로 아이들의 생식기의 발육과도 연관이 있을 것으로 보고 있다.

이와 같이 동물의 사육에는 많은 종류와 양의 사료첨가물을 사용하고 있는데 또 간과할 수 없는 사료첨가물이 바로 화학치료제와 동물의약품이다. 화학치료제는 동물들의 질병을 예방할 목적으로 질병관련 세균의 번식을 억제시키는 약품들인데 가금류의 경우에는 콕시듐이나 일부 장내 회충, 닭 또는 칠면조의 흑두병을 없애는데 이용되며 반추동물에 있어서는 요석 치료(염화암모늄 사용), 장내 회충 또는 폐의 회충 퇴치, 파리와 유충의 억제, 위확장증의 억제, 케토시스의 치료나 방지 등에 사용한다. 또 동물 의약품은 질병의 예방 또는 치료를 목적으로 사용하는데 니카르바진과 콕시듐 발육억제약으로(병아리의 맹장콕듐과 장콕시듐에 효과) 양계장에서 사용하는 니트로푸라존 등 그 종류가 매우 다양하다. 그 외 사료에 첨가하는 향신료, 조미제, 덩어리방지제(anticaking agent), 결착제, 부동제, 비타민제, 유화제 등 매우 많은 종류의 사료 첨가제가 사료섭취를 좋게 하기 위한 목적으로 사용되고 있다.

이러한 많은 종류의 사료첨가제는 대부분 인체내 잔류하기 쉬운 유기성물질인데 항생물질의 경우 고기, 젖, 계란 등으로 이전, 잔류하여 이것을 먹은 사람의 경우 결국 항생물질을 인간이 간접적으로 투여 받는 것과 같은 효과를 가져오게 된다. 또 각종 세균에 대한 항생물질에 대해 내성을 갖게 되어 인축의 치료용으로 해당 항생제를 사용할 때 그 필요량이 점차 증가되거나 사용기간이 길어지는 경우가 생기며 가축에게 세균 내성이 높아질 가능성이 많은 문제점을 가지고 있다. 식품에 잔류하는 항생물질은 대개는 미량이어서 실제 급성독성은 일으키지 않지만 만성독성, 알레르기 발현, 내성균의 출현 등 건강을 해할 우려가 있다. 보통 잔류 대상물질은 약 73종(항생물질 : 겐타마이신 등 20종, 합성항균제 : 설파메타진 등 19종, 잔류농약 : Aldrin 등 32종, 호르몬 : 제라놀 등 2종)인데 잔류물질 규제검사에서 기준치를 초과하게 되면 당해 도축은 모두 폐기 조치하도록 하지만 이것을 얼마나 지키고 있는지 자문하지 않을 수 없다. 실제 성장촉진용 항생제 등 54종의 가축약품이 사료에 첨가할 수 있도록 허용돼 있고 일부 항생제에 대해선 사용기준과 허용량이 정해져 있지만......

식품의약품안전청은 뱀장어(뱀장어 양식시 질병예방과 치료를 위해 사용하는 옥솔린산이라는 합성항균제), 식육과 알제품, 우유제품 등의 잔류기준을 강화하고 달걀과 메추리알 등 알제품에 네오마이신 등 4종의 항생물질 허용기준치를 신설, 이를 초과해 적발되는 제품은 전량 폐기처분하고 있다. 또 식약청은 우유제품에 대해서도 세프티오퍼, 스피라마이신, 디미나진, 알벤다졸 등 항생물질 5종과 합성항균제 5종의 잔류기준을 신설하였으며 식육식품에 허용기준치를 적용하는 항생물질과 합성항균제에 세프티오퍼, 스펙티노마이신, 틸미코신, 도라멕틴, 다미나진, 디클라주릴, 레바미졸, 목시덱틴, 이버멕틴, 트리클라벤다졸 등 17종을 추가한 바 있다. 이런 내용만 보더라도 동물이나 식물의 사육 또는 재배를 위해서 사용되는 사료첨가제 또는 비료 등이 얼마나 인체의 건강에 위협이 되고 있는지를 우리는 명심하고 특히 아이들의 건강에 엄청난 위해요소로 작용한다는 사실을 결코 간과해서는 안 된다.

4. 에너지 농법이 이이들을 살린다.

오늘날 농축산물들이 예전과 같지 않다는 것을 누구나 경험한다. 종자 개량을 통하여 보다 크고 때깔이 좋은 농산물들을 거두어 들이는가 하면 농약이나 비료를 안주고 자연 상태 그대로 키우고자 노력하고 있다. 그렇지 않으면 경쟁에 살아 남을 수가 없기 때문이다. 비료를 많이 주고 식물을 키우면 비만증에 걸릴 정도로 영양이 풍부한 것으로 자라지만 해충에 대한 면역력이나 저항성이 떨어져 어쩔수 없이 농약을 쓰지 않을 수 없게 된다. 이러한 악순환에서 벗어나기 위한 노력의 일환으로 유기농산물이라 하여 비료나 농약을 쓰지 않고 키운 농산물들이 시장에 출하되고 있다. 이것은 농약오염을 우려하는 소비자들의 건강을 지켜주고 땅의 오염을 줄이기 위해 힘이 많이 들더라도 유기질 비료를 사용하여 키운 먹거리를 만들고 있다. 이것이 에너지농법이다. 건강한 아이들을 생각하면 에너지농법으로 작물을 재배하는 경향이 바람직하다. 에너지농법에 의한 작물은 씩씩하게 자란 아이들처럼 기운이 좋고 싱싱하여 오래가는 먹거리인데 이것은 사람이 먹어도 영양 뿐만 아니라 기운에도 도움이 되어 일상생활이 보다 즐겁고 활기차게 만들어 준다. 에너지 농법에는 여러 가지가 있으나 퇴비 등을 이용하여 단순히 영양소만을 공급하는 것과 싱싱한 에너지를 공급하여 전체적인 기운을 불어넣는 방법 등이 있는데 태양에서 오는 에너지를 땅에 직접 쪼여 주거나 퇴비처럼 미생물의 발효과정을 거치면서 죽어버린 영양소가 아니라 살아 있는 영양소를 공급하는 방식으로서는 EM(Effective Microorganism)미생물을 이용하는 농법이나 태평농법 등이 여기에 해당한다. EM농법은 일본의 히데오박사가 개발한 것으로서 미생물을 활용하는 농법인데 퇴비를 활용하는 것과 다른 점은 퇴비의 경우 유기영양분을 호기성 미생물이 모두 먹어치우고 난 찌꺼기 즉 죽은 영양분인데 반해 EM농법은 호기성 미생물과 혐기성 미생물이 공존하면서 혐기성 미생물이 배출하는 찌꺼기는 호기성 미생물의 먹이가 되고 호기성 미생물이 배출하는 찌꺼기는 혐기성 미생물의 먹이가 되는 시스템을 유지하면서 만든 살아있는 영양분 공급시스템이다. 따라서 이것을 토양에 공급할 경우, 공존하는 시스템이 이식되면서 땅의 미생물들이 살아나게 되어 식물의 성장을 촉진하게 된다. 태평농법은 말 그대로 씨뿌리고 거두는 일 이외에는 하는 일이 없이 태평하게 농사짓는 방식이다. 모든 것을 자연에 맡기고 의존하는 방식이다. 이 농법이 성공하려면 지력이 회복될 때까지 참을성 있게 기다리는 것이 필요한데 3년여 뒤에 지력이 회복되면 농약이나 비료가 전혀 필요없이 농사를 짓는 것이 가능하다. 노동력의 투입도 획기적으로 줄어들게 되는데 이것은 다시 말하여 인간이 자연에 간섭하는 것을 최소화하는 것과 같다.

에너지농법의 한 예로서 음악을 들려 주거나 젖소에게 좋은 음악을 들려주는 방법 등은 이미 새것이 아니다. 식물이 음악을 알아 듣는 것이 아니라 음악을 들려주었을 때 식물은 성장을 촉진하는 분자물질이 있는 것처럼 반응하여 성장이 달라진다는 것인데 물질만이 아니라 에너지 파동이 실제로 식물의 생리활동에 작용하는 것을 알 수 있다. 아이들을 건강하게 키우는데는 엄마들만의 노력으로는 되지 않는다. 에너지농법을 동원하는 농부들의 노력이 곧 아이들을 건강하게 만드는 길이기도 하다.

5-4. 유전자조작식품과 환경호르몬의 공포

1. 유전자조작식품의 공포

요즈음은 예전에 비하여 식품재료나 식품에 대한 소비자들의 관심이 매우 높아지고 이에 대한 전문적인 지식 또한 일반화된 느낌이 들 정도로 소비자들의 선택이 까다로와 지고 있다. 그 중 소비자들의 입에 오르내리는 식품 중의 하나가 바로 유전자조작식품에 관한 것이다. 유전자조작식품은 불과 몇년전만 하더라도 이 식품에 대한 용어조차 생소했던 것이 이제는 어느 누구나 유전자조작식품에 대한 관심과 우려를 가지고 있는 형편이다. 유전자조작식품은 어떤 생물의 유전자에서 원하는 유용한 유전정보를 갖는 부분을 효소 등을 사용하여 절단, 연결하여 재조합 DNA를 만들고 이것을 생세포에 주입하여 신품종을 만들거나 이 신품종을 이용하여 유용한 물질을 생산하는 기술로 만든 식품재료 또는 이들로 부터 만든 가공식품을 말한다. 유전자변형기술은 1973년 미국에서 처음으로 실시한 이후 현재는 옥수수, 콩, 감자 등과 같은 각종 농산물의 재배와 젖소 등 가축의 품종개량 등 다양한 분야에서 응용되고 있는데 유전자재조합식품(유전자변형식품, 유전자조작식품, Living Modified Organisms·LMOs : Genetically Modified Organism, GMO)은 수확량 증대와 품질개량, 병충해에 대한 내성 강화 등을 위해 원래의 유전자를 인위적으로 변형(재조합)시켜 생산한 농축산물과 그것을 이용한 모든 가공식품을 말한다. 그렇지만 유전자재조합식품은 인체내에서 알레르기 유발, 항생제에 대한 내성 증대 등 유해성이 있을 수 있고 생태계의 질서를 교란, 환경재앙을 가져올 수 있다는 우려를 낳고 있어 논란이 되고 있는 식품류이다(서유럽 국가의 환경단체들은 GMO 곡물을 '프랑켄슈타인 식품'이라고 부른다). 이와 같이 유전자재조합식품은 위험성과 유용성이 동시에 인정되어 재배, 가공, 유통되고 있는데 우리 나라의 경우 2001년 7월 13일부터 상표에 유전자재조합식품 표시제를 도입, 시행하여 소비자들이 어떤 농축산물이 유전자재조합식품인지를 쉽게 알 수 있도록 하고 있다(현재 전 세계적으로 유통되고 있는 유전자재조합식품은 콩, 옥수수, 감자 등 약 50여개 품목이며, 국내 유통 중인 것도 39개 품목이다. 우리 나라의 경우 표시대상 식품은 콩, 된장, 고추장, 옥수수가루, 콩나물, 빵, 떡, 건과류, 유아식 등 27개 품목이다). 주표시면 또는 원재료명 옆에 GMO인 것을 표시해야 한다. GMO 포함 여부가 불분명할 때도 '포함 가능성이 있음'을 밝혀야 한다. 유전자재조합으로 재배된 콩, 옥수수를 원료로 사용한 다음의 식품들은 '유전자재조합식품'임을 제품의 용기와 포장에 표시해야 한다. 대상 식품은 1) 콩가루, 콩통조림, 두부, 전두부, 가공두부, 두유류, 두류가공품, 2) 된장, 고추장, 청국장, 혼합장, 조림류, 메주, 영양보충용식품, 3) 기타 영·유아식, 옥수수가루, 옥수수통조림, 곡류가공품, 4) 옥수수전분, 팝콘용 옥수수가공품, 빵 및 떡류, 건과류, 5) 영아용조제식, 성장기용 조제식, 영·유아용 곡류조제식, 6) 기타 콩, 옥수수, 콩나물을 주요 원재료로 사용한 식품, 7) 기타 위의 식품을 주요 원재료로 사용한 식품 등이다. 그러나 유전자재조합식품이라는 표시를 생략할 수 있는 경우가 있는데 다음과 같은 경우에는 표시하지 않아도 된다.

- 유전자재조합 농산물이 주요 원재료 5가지에 해당되지 않는 경우
- 최종 제품에 DNA나 외래 단백질이 남아 있지 않는 경우 : 간장· 식용유 등
- 원료 농산물에 유전자재조합 농산물이 3%를 초과하여 혼입되지 않도록 구분
- 유통관리하였음을 입증하는 증명서를 구비하는 경우

시중에 유통중인 유전자조직식품의 실례를 들면 "무첨가"라고 쓰여진 두류가공품에는 작은 글씨로 '이 제품은 (주)한국유전자검사센터(KGAC)에서 유전자 변형검사를 완료한 원료만을 사용합니다'라고 적혀져 있다. 즉 이 제품의 원료인 콩은 유전자조작으로 만든 콩이 아니라는 뜻이다. 물론 이 상표에는 합성보존료, 산화방지제, 합성색소, 발색제, MSG 등을 첨가하지 않았다고 선전하지만 결국 유전자조작식품이라는 사실의 표기가 소비자들에게는 불분명한 것이기 때문에 유전자조작으로 만든 콩을 원료로 하였는지 아닌지를 잘 알 수가 없다. 그래서 소비자들은 안전 여부에 대해 궁금해 하고 있는 것이다. '유전자'라는 용어에 익숙한 소비자들은 '유전자'라는 말에 상당히 예민해져 있으며 실제 유전적인 문제가 일어날지 모른다는 생각을 하게 되는 것이다.

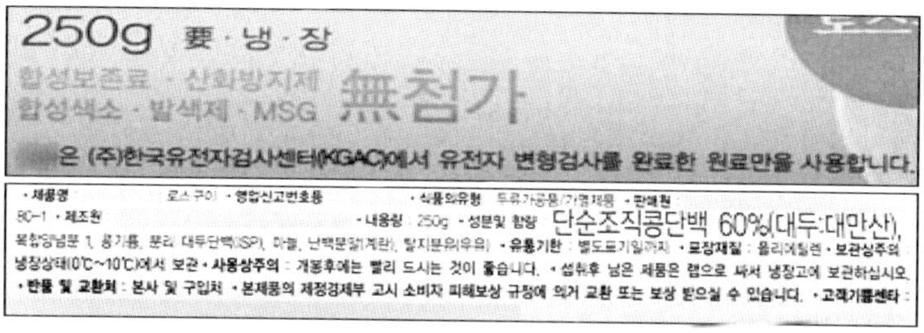

'Non-GMO'로 현재 가장 많이 사용되는 표현은 '한국유전자검사센터에서 유전자 변형 검사를 완료한 콩으로 제조함'이다.

또 하나의 예를 들면 '옥수수 82.32%(미국산)'라고 적힌 곡류가공품(살균제품)의 경우 원재료는 옥수수이다. 그런데 이 옥수수는 미국에서 수입한 것으로 표기되어 있다. 소비자들이 이 상표 표기 내용으로 만 미루어 보면 이것은 분명 유전자조작으로 만든 옥수수가 아니다. 그런데 실제 이 옥수수는 유전자조작으로 만든 옥수수라는 의심을 가지게 된다. 그것은 대부분의 수입 옥수수가 유전자조작으로 만든 것이기 때문이다. 만약 이것이 사실이라면 이 제품은 유전자조직식품이라는 표시를 하지 않는 부정식품이 되는 셈이다. 사실은 어떻든 제조업자들은 소비자들의 알 권리를 부응하여 정확하게 '유전자조작식품' 또는 '유전자조직식품이 아님' 등으로 정보를 정확하게 표기하여야 할 것이다.

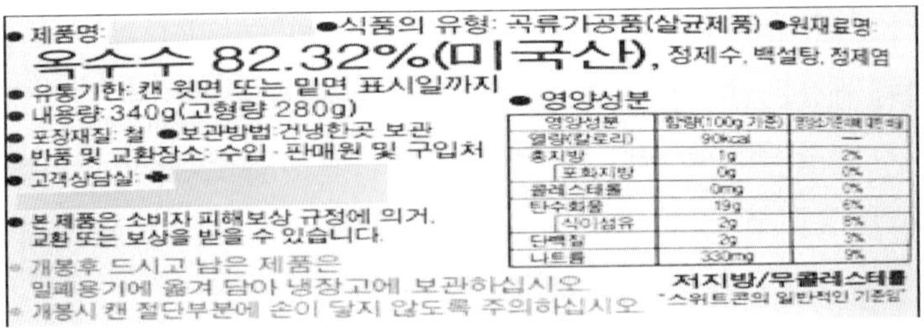

우리나라도 주요 GMO 개발국 대열에 가세한 반면, GMO 표기 대상 식품에 대한 철저한 관리는 아직 미숙한 실정이다.

실제 우리나라에서는 GMO를 표기한 제품은 거의 없고 주로 'GMO 아님'을 알리는 제품이 있을 뿐이다. 'GMO 아님'을 알리는 표시도 제 각각이다. 'GMO아님', 'Non- GMO'과 근래 많이 쓰이고 있는 '한국유전자검사센터에서 유전자 변형검사를 완료한 콩으로 제조' 등의 표현이 그것이다. 하지만 이 표현마저도 생략된 경우가 많다. GMO 여부에 대한 소비자의 알 권리를 식품제조회사들이 충족시켜 주지 못하고 있는 편이다.

2002년 영국 뉴캐슬대학은 정부 프로젝트의 일환으로 7명에게 한 끼를 유전자조작농산물(GMO) 식단으로만 먹게 했다. GMO 콩 등으로 만든 햄버거와 옥수수 전분을 가공한 액상과당이 들어있는 음료수 등이었다. 이후 장을 조사한 결과 7명 가운데 3명의 장 내부 박테리아에 GMO 콩의 유전자가 전이됐다. 이 실험결과는 장 절제술을 거쳐 면역력이 약화된 사람들을 대상으로 했고 표본이 적다는 등의 이유로 정식보고서로 채택되지 않았다. 이 때문에 GMO 콩 유전자가 전이된 이후 장 내부 박테리아의 활동 등을 규명할 수 없었다. 이보다 앞선 1995년 영국의 푸스타이박사는 실험용 쥐를 대상으로 GMO 감자가 건강에 미치는 영향을 연구하던 도중 의미있는 발견을 했다. 10일 동안 GMO 감자를 먹인 결과 쥐의 간과 심장이 줄어들어 기능이 저하되고 뇌도 수축됐으며 면역체계도 현저히 약화됨을 발견하였다. 올 들어 우리나라에서도 인증받지 않은 GMO옥수수의 불법 유통사실이 확인됐고 'ㅍ'회사가 만든 유부의 원료에 유전자 콩이 삽입됐던 사실이 밝혀졌다. 이어 중국에서 수입하는 쌀에 GMO 쌀이 섞여 들어왔을 가능성까지 제기됐다. 100% 수입산 콩을 원료로 만든 식용유, 식용유 기름을 짜내고 남은 탈지대두를 주원료로 제조한 간장, 수입산 대두 100%로 만든 두부, 마찬가지로 수입산 대두가 50%가까이 들어간 '재래식' 된장 등 유전자조작농산물(GMO)로부터 만든 가공식품이 많이 있을 것으로 추정하고 있다. 식용유 대부분은 100% 수입 대두와 옥수수를 사용해 만든다. 수입되는 대두와 옥수수는 전세계적으로 대표적인 GMO다. 최근에는 건강에 도움이 되는 것으로 알려져 잘 팔리고 있는 유채유도 GMO의

범위를 벗어나지 않는다.

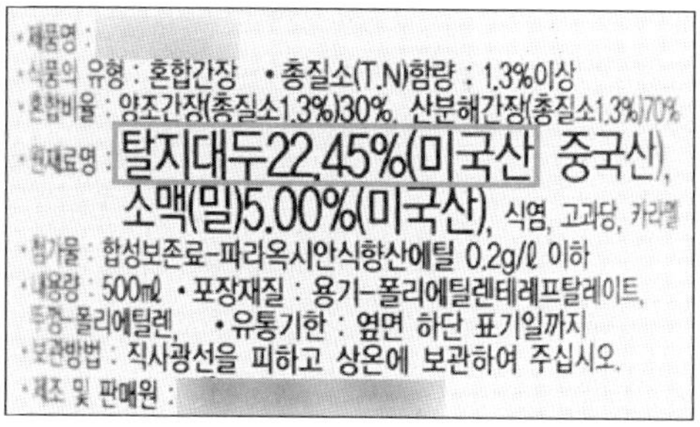

탈지대두는 간장을 만드는 주된 원료로 사용된다.
시중에 유통되고 있는 국산 대두를 이용한 간장은 극소수다.

"탈지대두22.45%(미국산, 중국산)"이라고 적힌 이 제품은 혼합간장이다. 시중에서 유통되고 있는 혼합간장을 미국산, 중국산 탈지대두로 만들었다는 것이다. 물론 유전자조작으로 만든 콩인지는 알 수가 없다. 만약 수입 콩이 유전자조작식품으로 만든 것이라 해도 소비자들은 미국산 또는 중국산 콩이라는 사실에 유전자 조작식품이라는 이심을 히게 된다. 실제 간혹 상표표시를 속이거나 누락하여 부정하게 소비자들을 현혹시키는 경우가 발생하기 때문이다. 물론 일반 대두로 간장을 만들려면 최소 1년이 걸리지만 탈지대두를 이용하면 3개월 정도면 가능하고 가격 또한 일반 대두의 1/5-1/6에 불과하므로 대부분의 간장 제조업체가 탈지대두를 간장의 주원료로 사용하는데 결론적으로 탈지대두에 유전자조작 대두가 섞여 있어도 제품화된 간장을 가지고 이를 구별할 수는 없다. 제조 과정에서 콩단백질은 누룩균을 비롯한 미생물에 의해 아미노산으로 분해되기 때문이다. 물론 유전자조작으로 만든 콩이라고 해도 'GMO 포함'이라고 표시해야 할 근거는 없다. 하지만 GMO는 단백질 이외의 다른 물질에 그 어떤 변화가 발생하는지 전혀 알 수 없다는 점에서 위험할 수도 있다.

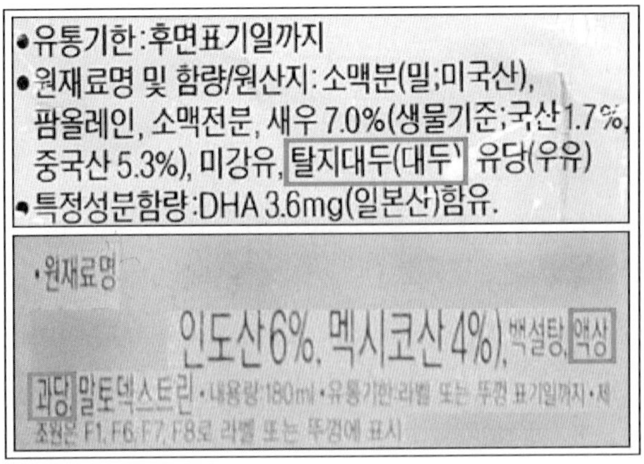

거의 모든 음료수에 들어있는 액상과당의 주원료인 수입 옥수수
전분도 GMO가 섞여 있을 가능성이 높다고 환경단체는 주장한다.
수입 옥수수전분은 과자류 등 가공식품 전 분야에서 폭넓게 쓰이고 있다.

"인도산6%, 멕시코산4%, 백설탕, 액상과당"이라고 적혀져 있는 이 제품은 음료수이다. 이 음료수의 제조에는 액상과당을 단맛 재료로 사용하였다. 문제는 이 액상과당이 어떤 원료로 만들었는가 하는 문제이다. 물론 옥수수전분이나 밀, 고구마와 같은 전분으로 만든 경우가 있지만 현재 많은 제품들이 유전자조작으로 만든 옥수수를 원료로 하여 만들고 있다. 이런 경우 단순히 액상과당이라고 적혀져 있기 때문에 이 제품의 원료가 어떤 종류로 만들었는지 소비자들은 알 수가 없다. 과자의 원료인 전분의 경우에도 유전자조작으로 만든 옥수수전분을 이용하는 경우가 있는데도 소비자는 이를 알 수가 없고 이 전분을 원료로 만든 액상과당 또한 소비자들이 그 과정을 알 길이 없다. 만약 정직하게 표기를 한다면 "이 액상과당은 유전자조작기술로 만든 옥수수전분을 원료로 만들었습니다" 라고 표기해 주면 된다. 그런데 이 표기를 누가 하겠는가? 특히 액상과당은 대부분의 음료수 뿐만 아니라 대부분의 식품원료로 사용되는 감미료 겸 물성개량제이다.

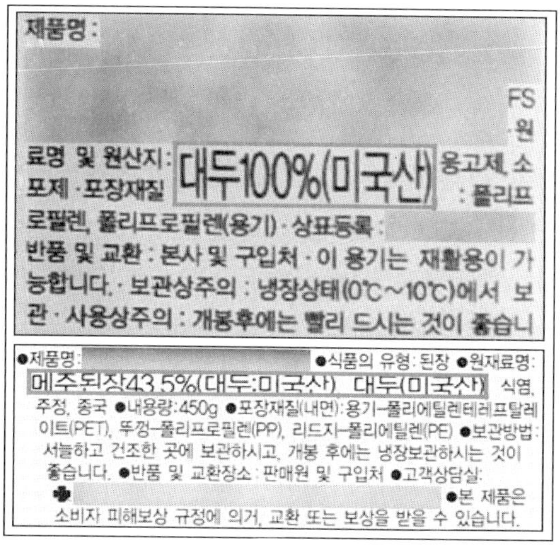

두부와 된장은 GMO 표시 대상임에도 'GMO Free' 또는 'GMO 포함' 등의 표기는 어디에서도 찾아볼 수 없다.

"메주된장 43.5%(대두: 미국산) 대두(미국산)"으로 표기한 된장제품은 원료콩이 미국산이다. 이미 설명한 바와 같이 미국산이라 하더라도 유전자조작으로 만든 콩이지 그렇지 않은지 소비자들은 의심할 수 밖에 없다. 그것은 미국에서 수입되는 많은 콩이 유전자 조작으로 만든 콩이기 때문이다. 두부와 된장, 고추장 등은 원재료의 GMO 혼입률이 3%가 넘으면 반드시 'GMO 포함' 또는 'GMO 포함 가능성'을 표기해야 한다. 원재료 그대로 DNA나 단백질이 가공 완제품에도 유지되기 때문이다. 하지만 대형 매장에 진열된 상품들 대부분은 이 같은 표기가 없다. 유명 'ㅍ'기업 초밥용 유부제품에서 GMO가 검출되기도 하였다.

GMO가 제초제와 살충제 사용을 절감시키는 것은 아니다. 제초제 해충저항성 GMO는 몇 년이 지나면 증대된 내성 때문에 오히려 농약을 더 많이 사용해야 할지도 모른다. GMO는 유전자 삽입으로 새로 만들어지는 단백질 등의 물질이 알레르기를 유발할 수 있으며 GMO 개발에 많이 사용되는 항생제 내성 유전자가 확산되면 인체내 항생제 내성을 키울 수 있다. 또 GMO는 자연생태계의 순환에 의존하는 유기농업에 심각한 폐해를 준다. 연달아 발생한 Bt(*Bacillus thuringiensis*, 미생물 살충제)10 옥수수, 초밥용 유부, 중국 GMO쌀 유통 사건은 우리나라의 허술한 GMO 관리체계를 드러낸 것이며 실제 우리나라의 비의도적 혼입율 3%는 세계적으로도 상당히 높은 수치이다. 다른 나라의 GMO 비의도적 혼입율은 브라질과 호주, 뉴질랜드가 1%, 유럽연합과 러시아가 0.9%, 중국이 0%로 규제하고 있다.

1996년에 FAO/WHO가 유전자재조합식품의 안전성에 관하여 발표한 보고서(1996년 로마에서 개최되었던 'FAO/WHO 합동생명공학기법 및 식품안전성자문위원회(Joint FAO/ WHO Consultation on Biotechnology and Food Safety)'의 토의 내용에 관한 것)에 의하면 유전자재조합식품에 대한 표시기준이 비관세 무역장벽으로 작용하는 것을 최소화하기 위하여 CODEX(Codex Alimentarius Commission, CODEX)산하의 'CODEX 식품표시 분과위원회'에서는 생명공학기법을 이용하여 생산된 식품에 대해서는 표시를 의무화하도록 하였다. 안전성에 관한 주요 사항은 신규성 여부와 알레르기, 항생제 내성, 독성여부 등이다. 신규성은 유전자재조합기술을 이용한 식품이 기존의 식품과 어떻게 다른지를 보는 것인데 이것은 안전성 평가의 필요한 범위와 정도를 제시하는 자료로 이용된다. 또 유전자재조합식품은 알레르기 반응을 일으킬 수도 있으며(식품알레르기가 있거나 저항력이 약한 사람에게 부작용이 발생할 우려) 항생제 내성의 변화와 증대, 살충제·제초제의 내성 유발, 새로운 병원성 세균과 바이러스의 창출 가능성, 독성여부 등이 관심사로 떠오르고 있다. 그러나 실제 유전자재조합식품에 관해서는 긍정적인 의견과 부정적인 의견이 공존하고 있다. 긍정적인 의견은 이 식품이 인류가 직면할 식량문제 해결, 환경에 이익이 되는 것, 식품의 영양과 품질을 향상시키는 것, 인체에 유익한 식품을 개발할 수 있다는 것 등이며 부정적인 견해는 환경에 미치는 영향과 안전성에 대한 확신이 없다는 것이다.

2. 환경호르몬의 공포

생명체의 정상적인 호르몬 기능에 영향을 주는 화학물질인 환경호르몬을 내분비교란물질(Endocrine disruptors) 또는 환경성 내분비교란물질(Environmental endocrine disruptors, EDD)이라 부른다. 이 물질을 미국 환경보호부(EPA)에서는 항상성(homeostasis)의 유지와 발달과정의 조절을 담당하는 체내의 자연 호르몬의 생산, 방출, 이동, 대사, 결합, 작용, 혹은 배설을 간섭하는 체외 물질로 폭 넓게 정의하고 있다. 즉 환경호르몬은 생물의 체내에 흡수되면 호르몬과 같은 작용을 일으켜 본래의 호르몬 작용을 교란(攪亂)하는 인공 화학물질을 말한다. 내분비교란물질 가운데 처음 알려진 것은 호르몬제제 약품인데 그 가운데 가장 잘 알려진 것이 DES(Diethylstilbesterol)이다. 이 물질은 강력한 합성 여성호르몬인데 임상실험에서 약효와 안전성이 채 확인되지도 않은 상태에서 1948년부터 1972년까지 유산 방지의 목적으로 임산부에게 널리 투여되었다. 그러나 이 약을 복용한 산모에게서 유산 방지의 효과가 있지도 않았을 뿐 아니라 태어난 여아가 사춘기 나이가 되면 그 나이에 매우 희귀한 자궁암이 다수 발생하고 남아에게서도 성기 기형이 다수 발생한다는 것이 밝혀졌다. 이러 물질들은 화학적 구조가 생명체의 호르몬과 비슷하여 생명체에 흡수될 경우 정상적인 호르몬의 기능을 혼란시킴으로써 성기의 기형, 생식기능의 저하, 행동의 변화, 암의 발생 등을 유발할 수 있다는 의혹을 받게 된 것이다. 환경성 내분비교란물질에의 노출은 일차적으로 음식, 특히 이런 물질이 낮은 농도로 함유된 육류, 우유제품, 물고기를 통하여 이루어진다. 특히 이런 물질은 오염된 지역의 물고기, 쇠고기, 돼지고기, 닭고기 등의 지방질에 농축되어 있기 쉽다. 보다 근본적인 원천은 폐기물 소각장, 화학공장, 그리고 음식물의 잔류 농약 등이다. 산업시설에 의해 배출된 화학물질이 먼저 대기, 수질, 토양 등의 환경을 오염시키고 다음으로 오염물질이 물고기, 축산물 등 생물체에 축적된 다음 최종적으로 사람이 소비하는 음식물을 통하여 인체 내로 들어오는 것이다. 폐기물 소각장과 여타 연소과정의 대기 배출물은 다이옥신과 PCB의 주요 원천이다. 농작물과 축산동물을 기를 때 사용된 농약은 환경과 음식물에 잔류할 수 있다. 또한 오염된 식수로부터 혹은 음식을 포장하기 위해서 사용되는 플라스틱으로부터 내분비교란물질에 노출되기도 한다. 내분비장애를 일으킬 수 있다고 추정되는 물질로는 각종 산업용화학물질(원료물질), 살충제, 제초제 등의 농약류, 유기중금속류, 소각장의 다이옥신류, 식물에 존재하는 phytoestrogen 등의 호르몬유사물질, 의약품으로 사용되는 합성 에스트로겐류 및 기타 식품 및 식품첨가물등을 들 수 있다. 현재 세계생태보전기금목록(World Wildlife Fund List)에는 67종의 화학물질이 등재되어 있으며 일본 후생성에서는 143종의 물질을 내분비장애물질로 분류하고 있다. 내분비장애 관련 연구결과 및 사례가 보고된 물질로는 음료수캔의 코팅물질 등에 사용되는 비스페놀 A와 농약이나 변압기절연유로 사용되었으나 현재 금지된 DDT와 PCB, 소각장의 다이옥신류가 있고 기타 합성세제원료인 알킬페놀과 스치로폴의 주성분인 스티렌다량체 등이 내분비장애물질로 의심을 받고 있다.

내분비교란물질로부터 보호받는 일은 첫째, 환경호르몬으로 작용하는 물질을 철저히 가려내고 이들의 독성 및 피해를 구체적으로 검정하고 독성이 밝혀진 화학물질은 제조를 중지하고 이것이 불가능하다면 제조 및 유통과정에 대한 엄격한 규제와 감시를 하여야 한다. 둘째, 안전한 것으로 확인되지 않은 물질에 대한 주의가 필요하다. 특히 태아나 아기들이 성장하고 있을 때 환경호르몬이 체내에 들어오면 장애가 생기기 쉽다. 셋째, 안전한 음료수를 마시도록 한다. 환경호르몬이 인체에 들어갈 가능성이 가장 높은 것은 음료수와 식품을 통해서이다. 따라서 음료수내에 오염물질이 들어가지 않도록 노력하고 상수원 보호구역을 철저히 지키도록 하여야 한다. 넷째, 식품에 주의하여야 한다. 오염되었거나 그런 위험성이 있는 곳에서 포획된 어류 등을 섭취하지 않도록 할 것이며 나아가서 이 지역의 어로행위를 규제토록 하여야 하겠다. 또한 될 수 있으면 가공식품을 피하는 것도 하나의 방법이다. 다섯째, 플라스틱을 포함한 일회용 용기의 사용을 자제하도록 하고 전자레인지 내에서도 유리 덮개를 사용하도록 한다. 플라스틱 컵에 뜨거운 물을 따라 마시는 것은 위험하며 커피캔 등을 가열하지 않도록 한다.

요즈음 아이들의 성기가 정상보다 적아지고 있다는 이야기를 많이 듣는다. 일부에서는 이 현상이 모두 환경호르몬 때문일 것이라고 말하기도 한다. 실제 인스턴트식품이나 패스트푸드에 익숙해져 있는 아이들에게는 얼마든지 환경호르몬에 대한 노출이 많아 질 가능성이 높다. 이렇게 되면 아이들의 성기는 작아질 수 밖에 없고 여자아이의 경우 성인이 되어도 불임의 가능성이 높아질지도 모른다. 실제 일본의 한 통계에 의하면 결혼적령기의 남여의 경우 성기크기나 기능이 표준보다 훨씬 작거나 성기능이 뒤떨어져 문제를 호소하는 경우가 많으며 결혼한 남여의 경우 정상적인 성생활을 유지할 수 없을 정도로 성기가 작거나 불임 때문에 이혼하는 사람들이 많다고 하는 것도 모두 환경호르몬의 체내 축적 때문이 아닌가 의심하게 되는 것이다.

5-5. 방사성조사식품과 방사능의 공포

요즈음 방사선조사식품에 대한 관심이 높아지고 있다. 일부에서는 방사능과 방사선을 혼동하고 방사선식품이 방사능 처럼 무서운 것이라는 생각을 갖는 사람도 있는데 실제 이들 모두 먹거리에 오염되고 그 오염된 것이 사람의 건강을 해치고 있다. 특히 수입식품이 범람하고 수입식품의 운반기간과 유통기간이 길게 되면서 방사선식품에 대한 우려가 현실적으로 나타나고 있는데 실제 방사선 자체는 식품첨가물로 분류되어 있다.

방사선에는 X선, α선, β선, γ선 또는 중성자선 등이 있는데 X선은 빛과 같이 전자파로 일반적인 전자파보다 에너지가 훨씬 강하고 우리 몸을 쉽게 뚫고 지나가는 투과력이 있기 때문에 병원에서 진단이나 치료 목적으로 이용되고 있다(X선이 우리 몸에 주는 영향은 미미하다). α선은 주로 자연에 존재하는 방사선 물질로부터 방출되는데, 투과력이 아주 약해 종이 한장으로도 차단할 수 있다. β선은 방사성 물질의 원자핵으로부터 튕겨 나오는 전자인데 α입자 보다 크기는 작지만 에너지가 많아 움직이는 속도가 매우 빠르며 투과력은 α선보다 강하다. 그래서 사람 손바닥 정도는 쉽게 통과하지만 얇은 금속판은 통과하지 못한다. 방사성 물질이 붕괴할 때에 방출되는 γ선은 의료용 X선 보다 좀 더 강한 에너지를 갖고 있어 투과력이 상당히 강하다. 따라서 X선 보다 더 쉽게 우리 몸을 통과할 수 있어 암치료와 같이 의학적으로 많이 이용되고 있는 방사선이다. 납이나 콘크리트로 차단할 수 있다. 중성자선은 투과력이 상당히 강한 입자로 멀리 우주로부터 날아오기도 하고 공기 중에 있는 원자가 서로 부딪칠 때 나오기도 한다. 또 원자로 안에서 우라늄이 핵분열할 때 나오기도 한다. 방사선 살균에 이용되는 방사선은 투과력, 에너지효율, 방사파 등을 고려한 Co^{60}, CS^{137}, γ선, β선 등인데 X, α, 중성자, 양자, 고속전자선도 살균력은 있으나 비경제적인 것으로 사용하지 않는다.

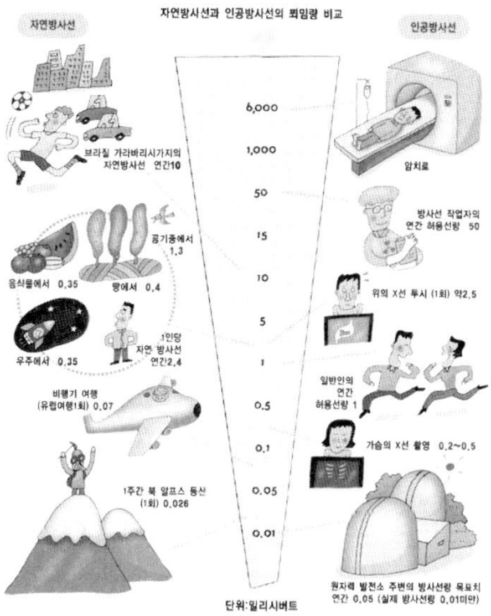

방사선의 비교

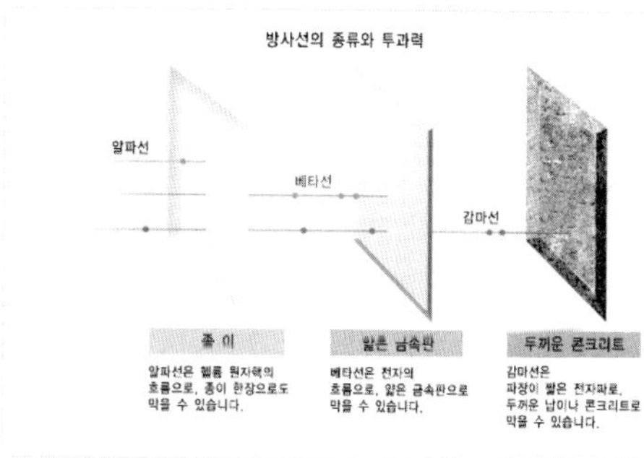

방사선의 종류와 투과력

방사선의 산업에서의 이용은 1940년대에 미국 MIT공과대학에서 처음으로 식품에 응용하였다. 1920년대 프랑스 과학자가 방사선조사가 식품보존에 유용하다는 사실을 발견하고 1963년 미국에서 밀, 밀가루에 있는 해충 제어를 위한 방사선조사처리가 허용되었다. 1964년 미국에서는 감자의 유통기한을 연장시키기 위해 이용하였고 1970년대 우주비행사의 우주식량을 살균하기 위해 사용하였다. 1983년 해충과 세균을 살균하기 위하여 허용하였고 1985년 돼지고기내의 Trichinella를 제어하기 위해 사용하였다. 1986년에는 해충을 제어하고, 과일과 야채의 숙성을 위해 방사선조사가 허용되었으나 널리 이용되지는 않았다. 1992년 가금류의 세균을 제거하기 위해 사용하였으며 1999년 냉장, 냉동원육(refrigerated or frozen uncooked meat)과 육가공품에서의 병원성미생물 제거와 유통기한 연장을 위해 사용되었다.

국내에서 식품의 방사선조사는 1959년 한국원자력연구소의 저준위 조사시설(Co^{60}, 1만 Ci)

을 이용한 기초연구로 시작되었다. 그 뒤 1975년 연구용 대단위 감마선 조사시설(Co^{60}, 10만 Ci)이 가동되면서 식품은 물론 제약이나 의료용구에 대한 방사선 조사기술이 최초로 도입되었다. 1980년대 초부터 실용화 연구가 수행되었고 1987년 산업적 방사선 조사시설의 가동이 시작되었다(경기도 여주 소재, 그린피아 기술주식회사). 당시의 방사선조사처리는 주로 발아식품(감자, 양파, 마늘, 밤)의 발아방지와 버섯류의 숙도지연을 목적으로 사용할 계획이었으나 물류비 부담, 별도의 저장시설과 운영상의 어려움, 그리고 방사선 조사식품에 대한 소비자들의 거부감 등으로 잘 이루어지지 못하였다. 1990년대에 살균제로 널리 쓰이던 에틸렌옥시드 훈증제가 강력한 발암물질로 식품에 잔류된다는 것이 밝혀지면서 대체방안으로 방사선 조사 살균방법이 이용되었다. 방사선의 조건은 ① 투과력이 클 것, ② 살균, 살충효과가 클 것 ③ 식품조직내 효소들을 불활성화 시킬 수 있을 것, ④ 안전성과 건전성이 보장될 것 등이다. 현재 식품조사는 세계 40개국, 170여개의 시설에서 약 200여종의 식품품목군이 조사처리되고 있다.

방사선살균(radiation sterilization)이란 열을 사용하지 않고 전자방사선을 이용하여 미생물의 균체 성분을 이온화 또는 당단백질을 변성하여 미생물을 죽이는 살균법으로 냉살균(cold sterilization)이라 부른다. 이러한 살균효과는 식품의 변질 또는 부패를 일으키는 미생물, 곤충, 효소 등을 사멸 또는 불활성화시키므로 식품을 보존하는데 이용하고 있다. 이 살균법은 주로 식품에 이용하지만 1회용 주사기, 봉합실, 수술용 고무장갑, 채혈세트 등의 오염 미생물을 살균하는데도 이용하고 있다. 방사선살균의 원리는 전자렌지에서 발생되는 전자파를 식품에 쬐이는 것과 자외선 등에서 발생되는 빛을 식품에 쬐어 살균하는 것과 같은 원리이며 특히 γ선은 투과력이 어떤 전자파보다 뛰어나 완전히 포장된 식품을 그대로 살균할 수 있다. 현재 방사선은 살균소독이외 발아억제, 숙도지연, 충해방제, 부패하기 쉬운 식품의 Shelf-life 연장, 과실이나 야채의 숙성지연, 식중독 제어 등의 목적에 이용되고 있으며 현재 우리나라에서는 Co^{60}의 감마선을 사용하되, 식품의 발아억제, 살충 및 숙도 조절의 목적으로만 사용하게 되고 있다. 아래 표는 식품류를 효과별, 방사선조사 선량별로 정리한 것이다.

방사선조사량과 효과

	처리효과	조사량(kGy)
저선량	발아억제효과가 크고 살충효과가 있으나 살충효과는 적은 편이다. 1. 감자, 마늘, 양파 등의 발아억제 2. 오염된 해충이 성충이 되거나 번식되는 것을 구제 3. 난충이나 번데기를 포함한 해충구제 4. 기생충 사멸 5. 과일이나 채소의 숙도지연 6. 신선한 축육, 가금육, 어패류에 오염된 유해한 부패 세균수 감소	 0.05 - 0.15 0.10 - 0.25 0.25 - 0.75 0.25 - 1. 0 0.25 - 1. 0 0.5 - 1. 0
중선량	완전살균은 되지 않고 저장기간 연장, 식품표면에 부착된 부패세균 사멸한다.. 1. 신선한 축육, 가금육, 어패류나 알과 같은 가공품의 부패세균이나 곰팡이류의 감소 2. 제과 중의 곰팡이 억제 3. 버섯의 생장억제와 노화방지 4. 썩기 쉬운 육가공품(쇠고기, 난백 등)등과 냉동식품의 병원성세균 (살모넬라 등) 등의 사멸 5. 향신료등과 포장재질의 살균	 1 - 3 2 - 4 2 - 4 3 - 7 3 - 7
고선량	완전한 살균(식품내의 모든 미생물과 효소 불활성화)을 한다. 1. 건조야채의 새수화성 향상 2. 밀봉 포장된 저산성의 축육, 가금육, 어패류 가공품의 살균 3. 바이러스의 오염을 감소시키거나 바이러스의 사멸	 1 - 60 10 - 50 10 - 100

* 국내 조사식품은 ☞ 감자, 양파, 마늘 : 0.15 kGy 이하, ☞ 밤 : 0.25 kGy 이하, ☞ 생마늘, 건조버섯 : 1 kGy 이하 , ☞ 건조향신료 및 이들 조제품 : 10 kGy 이하, ☞ 가공식품제조원료용 건조식육 및 어패류분말 : 7 kGy 이하, ☞ 된장분말, 고추장분말, 감자분말 : 5 kGy 이하, ☞ 조미식품 제조원료용 전분 : 5 kGy 이하, ☞ 가공식품제조원료용 건조채소 : 7 kGy 이하, ☞ 효모, 효소식품 : 7 kGy 이하, ☞ 알로에 분말 : 7 kGy 이하, ☞ 인삼(홍삼포함)제품류 : 7 kGy 이하, ☞ 2차 살균이 필요한 환자식 : 10 kGy 이하이다.

방사선조사는 이로운 점도 있고 해로운 점도 있지만 조사량, 조사조건 등을 고려하면 크게 문제가 되지 않는 범위내에서 유익한 효과를 얻을 수도 있다. 우리 나라에서는 감자, 양파, 마늘, 밤, 생버섯, 마른버섯 등의 보존, 발아방지 목적으로 γ-선을 조사하고 있는데 식품에의 조사는 식품겉을 조사하는데 식품에 쬐인 감마선은 열로 변하거나, 식품을 통과하여 빠져나가 버리므로 식품속에 잔류되거나 식품내 물질이 방사능을 띠지는 않는다. 그러나 일반적으로 방사선조사는 여러 가지의 문제점을 가지고 있다.

국제식량농업기구(FAO), 국제원자력기구(IAEA), 세계보건기구(WHO)와 국제소비자연맹(IOCU)의 합동전문가위원회의 방사선조사 건전성 확인 결과에 의하면 10kGy 이하의 선량으로는 어떠한 식품도 안전하다고 하였다(10kGy의 조사는 1g의 물질이 방사선에 의하여 약 2.4cal의 에너지를 받는 것에 해당). 조사(照射)는 건강에 해로움을 줄 수 있는 어떠한 식품성분의 변화도 초래하지 않으며 조사식품은 위생적인 측면에서 안전하며, 해로운 미생물의 변화를 초래하지 않는다. 조사식품은 소비자에게 영양적인 측면에서 어떠한 영양적인 손실도 초래하지 않지만 ① 직접 작용설(핵이나 DNA분자를 전리시켜 사멸하는 설), ② 간접 작용설(이온화 방사선의 조사로 생성된 생성물들의 독작용에 의해 생물에 영향을 미친다는 설)에 의해 인체에 유해할 것이라는 관측도 있고 보면 절대 안전성은 보장할 수 없다. 그러나 최대한의 위해를 막기 위해서는 동결상태에서 저선량 조사하거나 산화방지제, 유리기 수용체(비타민 C, 활성탄), 방사선 감응 향상제(비타민 K, 나프톨 유도체) 등을 첨가한 후 조사한다.

* 방사선, 방사성물질, 방사능의 관계는 건전지에서 전기가 나오는 현상에 비유하는데 방사성 물질은 건전지에 해당되고 방사선은 건전지에서 흘러나오는 전기와 같다. 건전지가 전기를 낼 수 있는 능력을 가지고 있는 것처럼 방사성 물질은 방사선을 낼 수 있는 능력, 즉 방사능을 가지고 있다. 다시 말하면 방사선이나 방사성 물질은 형체가 있는 실체이지만 방사능은 추상적인 개념이다. 방사선은 눈에 보이지 않는 광선이다. 또 맛도 냄새도 없고 사람이 전혀 느낄 수 없다. 그런데 방사선을 낼 수 있는 능력을 가진 특정한 물질이 있는데 이 물질 즉 우라늄이나 코발트 같은 것을 우리는 방사성 물질이라고 한다.

* 방사선 조사식품과 방사능 오염식품의 차이점 : 방사선 조사식품이란 발아의 방지나 식중독균의 살균과 같은 유익한 현상을 일으키기 위해, 어떤 종류의 방사선 에너지를 처리한 식품을 말한다. 방사능 오염식품이란 핵 반응기 누출사고 또는 핵실험에서 발생된 방사능 오염물질이 우발적으로 오염된 식품이다. 때문에 방사능 오염식품은 보존이나 위생적인 품질 향상을 위해 제조한 조사식품과는 전혀 다르다.

방사능 물질은 방사능을 가진 물질이다. 방사능이란 불안정한 원소의 원자핵이 방사선을 방출하여 스스로 붕괴되고 안정된 다른 원자핵으로 변환하는 현상을 말하는데 과거에는 핵폭발 실험에서 유래되는 방사성물질이 각종 문제를 가져왔지만 오늘날에는 원자력 발전 등에 의해 방출되는 방사성 물질에 의한 환경 및 식품오염이 심각한 문제점으로 등장하고 있다. 방사성 물질은 여러 가지 방사선(α, β, γ선 등)을 방출하여 생물체에 영향을 미치게 되며 이러한 물질이 식품에 오염되면 건강에 위해(危害)를 주게 된다. 일반적인 위해의 근거는 방사성 물질에 노출된 물질은 구성성분을 이온화시키고 자유기(free radical)을 생성시키며 DNA나 효소에 흡수되어 세포분열을 방해하거나 돌연변이를 일으키는 것으로 알려져 있다. 특히 방사성 물질은 체내에서 생물학적 반감기를 가지고 있으므로 생물학적 반감기에 따라 그 위해정도가 결정된다.

방사성 폐기물 등이 환경과 식품을 오염시킨다는 사실을 알게 되었다. 방사성 물질이 공중에 떠다니다가 대기 중에서 확산, 이동하여 해상이나 지상에 낙하하여 농산물, 축산물, 수산물 등에 흡수, 축적되는 일은 흔히 일어나는 일이다. 방사성 폐기물도 기체, 액체, 고체의 형태로 환경에 오염되어 식품에 이행되는데 그 경로는 다양한 편이다. 방사성 물질이 포함된 식품을 섭취하면 체내에 축적되어 결국 체내에서 나오는 방사선으로 인체가 피폭을 받게 된다. 방사성 물질은 핵종이 다양하며 나오는 방사선마다 종류나 강도, 체내에서의 움직임, 배출에 걸리는 시간, 수명 등이 다르기 때문에 위험성 또한 다양하다. 식품의 경우 각국에서 규제치를 설정하고는 있으나 절대적인 안전을 보장하는 것은 아니다. 식품에 매우 낮은 수준의 방사성 물질이 오염되어도 독성학적으로 문제시되는 이유는 방사능이 발암성, 돌연변이성, 최기형 유발성 등을 나타내기 때문이다. 어떤 방사성 핵종은 특정한 조직이나 기관에 친화력을 가지기 때문에 쉽게 그 부분에 농축될 수도 있고 반감기가 긴 것도 있어 만성적인 영향을 나타낼 수 있다. 방사능이 미치는 영향을 보면 방사능에 쓰이는 원소들 대부분이 체내의 단백질과 결합해서 단백질 구조이상으로 인한 유전결함 즉, 돌연변이를 유발시킨다. 또 체내에 축척되면서 각종 신진대사를 방해하는데 피부손상, 머리카락 손실, 재생불량성 빈혈, 뇌출혈, 백내장, 불임증, 백혈병 같은 혈액 질병을 일으킨다. 특히 방사능 물질은 태아에 대해 아주 민감한 영향을 미치며 낮은 수준의 방사선 노출이라도 해로운 유전 결과를 나타낸다. 방사선의 특징은 태우거나 삶아도 없어지지 않는다.

5-6. O-157로 인한 식탁 공포

1980년대 아이들이 즐겨 찾는 햄버거로 인한 햄버거질병이라고 불리운 병원성 대장균 O-157에 의한 아이들 사망사고가 처음 일어났다. 1996년 5월 일본 오사카 사카이시내의 한 초등학교 학생들을 위주로 빠르게 확산된 이 균은 감염된 환자가 일본 전국에 걸쳐 1만여 명에 이르렀고 그 중 4명이 목숨을 잃었다. O-157이란 *E. coilO*-157 : H7에서 유래한 것인데 균의 표면에 있는 173종류의 O항원 가운데 157번째에 해당하는 종류의 균이라는 뜻이다. 보통 병원성 장관출혈대장균(줄여서 병원성 대장균이라고 부름)이라고 부르며 베로(vero)독소를 생성하므로 베로독소생성 대장균(VTEC)이라고도 부른다. 병원성 대장균 O-157 : H7에 의한 식중독은 1980년 미국에서 처음 보고된 후 전 세계적으로 발생 보고가 있었다. 이 병원균의 주요 감염원은 가축인 것으로 알려져 있으나 식육용 동물이나 환경이다. *E. coli* O-157 : H7은 대장균 중 위험한 종류이며 건강한 소들도 이 병원체가 검출되며 2% 미만이 소에서 발견되고 있다. 동물간 전파가 가능하며 동물과 사람, 음식을 통해 전파될 수도 있다. 독소는 대장과 같은 하부장관의 세포에 손상을 준다. 그 결과 우선 그 곳에서의 수분 흡수가 이루어지지 않으며 대장의 혈관이 파괴되면 출혈성 설사가 생긴다. 잠복기간은 1-3일이며 감염되면 여러 증상이 일어나는데 대부분의 경우 증상이 없거나 가벼운 설사로 치료되면 대부분의 환자는 10일 이내에 회복된다. 그러나 심한경우는 출혈성 설사의 심한 복통을 일으키는 출혈성 대장염이라 불리는 매우 치명적인 질병을 유발하며 열과 구토도 동반할 수 있으며 일부환자, 특히 어린아이나 노인에게는 용혈성 요독증후군이라 불리는 희귀한 질병을 일으킬 수 있으며 중추신경계통의 손상 뿐 아니라 어린아이에 급성 신장장애를 일으켜 생명을 위협할 수 있다. 용혈성 요독증후군(HUS)은 빈혈, 신부전, 혈소판 수의 감소를 수반한다. 어떤 수준에서 혹은 얼마만한 양으로 병원균이 해가 될 수 있는지는 알려지지 않고 있으나, 장관출혈성 대장균에 감염된 환자중 약 10%까지 HUS로 발전될 수 있으며 약 3~5% 정도가 치명적인 해를 입을 수 있다고 추정되고 있다. 또한 용혈성 요독증후군의 대부분은 대장균 O-157으로 일어나는 것으로 알려져 있다. 그러나 대부분의 다른 식중독균처럼 *E. coli* O-157 : H7는 정상적인 조리과정에 의해 사멸된다. 미국에서 1993년 햄버거를 먹은후 475명 이상의 환자가 발생하고 뒤이어 3명이 사망한 사건이 발생하였다. 이러한 일련의 사건들은 덜 조리된 햄버거가 *E. coli* O-157 : H7에 오염되었던 것으로 밝혀졌다. *E. coli* O-157 : H7은 일반적으로 젖소와 관련된 제품 즉 우유와 쇠고기와 관련되어 발생되며 물과 애플사이다와 관련되어 발생될 수 있다. 이 균의 최적 생육온도는 37℃이나 7-10℃에서 50℃에 이르는 폭넓은 온도에서 성장할 수 있으며 내산성이 강해 pH 4.4의 산성식품에서도 자랄 수 있다. 최소 수분활성도(Aw) 0.95에서도 자랄수 있으며 70℃혹은 그 이상의 온도로 가열시 사멸된다. 그러나 이 세균은 냉장과 냉동 저장에서 살아남을 수 있다. 원료육 혹은 조리되지 않은 같은 고기제품과 원유와 같은 오염된 식품을 섭취하여 주로 전염되고 있으며, 분변을 통한 물과 다른 식품으로도 오염되기도 하며 또한 식품제조 중 2차 감염이 중요한 감염이 경로가 되기도 한다. *E. coli* O-157 : H7에 의한 식중독 발생의 주요 식품원으로는 햄버거, 군운 쇠고기, 원유, 미살균된 사과주스, 요거트, 치즈, 발효 소시지, 조리된 옥수수, 마요네즈, 양상치 등이 있다. 아이들이 사망하는 경우의 증상을 추적, 정리하면 다음과 같다.

5. 25 : 복통과 함께 39℃의 발열→ 5. 26 : 심한 복통과 구토, 설사, 밤중에는 혈변으로 바뀜→ 5. 27 : 처음으로 근처 의사의 진찰을 받았으나, 의사는 매우 위험한 상태라고 판단, 곧바로 오카야마시내에 있는 국립병원으로 이송 입원시킴→ 5. 29 : 몸에 부종이 생김→ 5. 30 : 인공 투석이 개시되었으나, 뇌 장애와 함께 폐뇨 상태로 되고 곧 의식 불명에 이름→ 5. 31 : 여전히 의식 불명상태가 계속되고 경련 발작도 심해짐→ 6. 1 : 이른 아침사망

보건복지부 *E. coli* O-157 : H7 감염에 대한 10가지 주의사항은 다음과 같다.

① 구입 육류와 내장은 분리된 용기에 담아 운반한다.
② 간, 양, 천엽, 창자등 내장과 고기는 갈색이나 회갈색이 될 때까지 완전히 익혀서 제공한다.
③ 육류 내장은 운반 보관할 때 내장은 10℃ 이하, 전기냉동은 18℃ 이하로 반드시 유지한다.
④ 육류 및 야채는 반드시 구분해 전용용기에 보관 사용한다(교차오염 방지.)
⑤ 칼, 도마, 행주, 식기등 소리기구는 반드시 끓는 물에 소독한 후 다른 식품조류에 사용한다.
⑥ 생고기조리에 사용한 기구는 반드시 끓는 물에 소독한 후 다른 식품조리에 사용한다.
⑦ 생고기를 만진 후에는 반드시 손을 씻어야 한다.
⑧ 생고기를 놓았던 곳은 깨끗이 씻은 후 소독하여 사용한다.
⑨ 생고기를 담았던 그릇은 구운고기를 담지 않는다.
⑩ 조리나 설거지에는 가급적 수돗물을 사용하고 우물물은 염소등으로 소독한 후 사용한다.

5-7. 광우병과 조류독감으로 인한 식탁공포

1. 광우병의 식탁공포

최근 몇년간 광우병에 관한 기사가 많은 사람들을 놀라게 하고 또 그에 관련된 육류에

관한 위생문제가 관심의 대상이 되었다. 광우병(狂牛病)은 소에서 발생하는 만성 신경성질병으로 프리온질병(Prion Diseases), 또는 소해면상뇌증(BSE; Bovine Spongiform Encephalopathy, 또는 전염성 해면상뇌증(TSE))이라고 부르는 전염성 해면상뇌증(TSE; Transmissible Spongiform Encephalopathy)의 일종으로 최근에 와서 그 원인체가 변형 프리온단백질이라는 것이 알려졌다.

해면상뇌증은 1986년 영국과학자들에 의해서 처음으로 확인된, 4~5세의 다 자란 소에서 주로 발생하는 폐사성 뇌질환인데 뇌에 구멍이 생겨 갑자기 미친 듯이 포악해지고 착유중 뒷발로 차는 등 외부자극에 민감하면서 매우 불안한 상태를 보이는데 이 병이 진행되면 투명한 침을 많이 흘리고 이(齒)를 간다. 스크래피 만큼 뚜렷하지는 않지만 가려움증을 보이며 자그마한 소리에도 매우 민감하게 반응한다. 제대로 서 있지 못하고, 뒷다리를 절고 잘 넘어지며, 심한 경우 뒷다리마비 증상을 보이다가 기립 불능상태로 되어 결국 폐사하게 된다. 사람도 오염된 고기를 먹거나 이 병에 걸린 사람의 혈액을 수혈 받으면 변종 크로이츠펠트야곱병(CJD)이라는 유사한 병에 걸릴 수 있고 이 변종 CJD는 언제나 사람의 목숨을 빼앗을 수 있는 치명적인 것이다.

이 질병은 변형 프리온단백질 감염에 의한 신경세포의 공포변성과 중추신경조직의 해면상 변화로 일어나는데 2년~5년의 잠복기를 거친다. 증상은 불안, 보행장애, 기립불능, 전신마비 등 임상증상을 보이다가 결국은 100% 폐사되는 치명적인 만성 진행성 질병이다. TSE에는 동물의 종에 따라 소는 해면상뇌증(Bovine Spongiform Encephalopathy: BSE), 양 및 산양은 스크래피(Scrapie), 사슴류는 만성소모성질병(Chronic Wasting Disease: CWD)이라 부른다. 우리나라에서는 소해면상뇌증과 스크래피가 제 2종 가축전염병으로, 소해면상뇌증은 국제수역사무국(OIE)에서 B급 질병으로 분류하고 있다.

[표] 동물에서의 전염국내에서는 성해면상뇌증(TSE)

질병명(국내)	질병명(영문)	발생종	최초 보고년도
소해면상뇌증	Bovine Spongiform Encephalopathy(BSE)	소	1986
스크래피	Scrapie	면양	1732
전염성밍크뇌증	Transmissible Mink Encephalopathy(TME)	밍크	1947
사슴만성소모성질병	Chronic Wasting Disease(CWD)	사슴	1967
고양이해면상뇌증	Feline Spongiform Encephalopathy(FSE)	고양이	1992

소해면상뇌증의 병인체에 대해서는 여러 학설이 있지만 변형 프리온단백질(PrPsc 또는 PrPres)이라 여기고 있는데 이것은 단백분해효소(proteinase)에 분해되지 않고 열, 자외선, 화학물질에 강한 저항성을 갖고 있으나, 133℃ 20분, 2% 차아염소산나트륨(sodium hypochlorite), 2N 가성소다(sodium hydroxide)에는 불활성화된다.

* 프리온은 분자생물학적으로 정상 신경세포막에 존재하는 당단백질로서 정상 프리온단백질(PrPc)은 α-helix 구조가 많고 β-sheet 구조는 적으나 변형 프리온(PrPsc)은 α-helix 구조가 β-sheet 구조로 변형된 것이 특징이다.

소해면상뇌증(BSE)의 경우 현재까지 밝혀진 전파방법은 스크래피(Scrapie)에 걸린 면양이나 소해면상뇌증에 감염된 소의 육골분(肉骨粉) 등이 함유된 사료를 섭취함으로써 감염이 이루어지는 것으로 보고되어 있고 접촉감염은 일어나지 않으며 수직전파의 가능성은 매우 낮지만 정확한 것은 아니다. 전염성 해면상뇌증의 잠복기간은 비교적 길지만 동물마다 약간의 차이는 있다. 따라서 광우병에 걸린 소의 중추 신경계통의 부산물은 육류 가공제품과 섞이지 않도록 하는 것이 중요하다. 또 광우병원균은 압력솥에서 삶아도 살아 남는 것으로 알려져 있다.

2. 조류독감의 식탁공포

언제부턴가 조류독감이라는 새로운 유행병이 우리나라의 식품업계를 강타하였다. 과거에는 들어 보지도 못한 새로운 유형의 질병이 중국을 중심으로 동남아시아 국가간에 문제가 되더니 드디어 우리나라에 이르기까지 전염우려되어 전국 양계장을 공포로 몰아 넣고 있다. 조류독감(조류 또는 가금인플루엔자)은 닭, 칠면조, 오리, 야생조류 등 여러 종류의 조류에 감염되어 피해를 주는 급성 바이러스성 전염병으로 특히 오리의 경우는 감염되더라도 임상증상이 잘 나타나지 않는 신종 전염병이다. 1997년 멕시코에서 발생한 조류독감은 1997년 5월 홍콩에서 3살짜리 소년의 사망으로 이어졌는데 이 소년의 인후(咽喉) 배양물에 조류독감 바이러스의 변종이 오염되어 있었다 이것이 사람이 순수 조류독감 바이러스에 감염된 첫 사례였다. 병원성에 따라 고병원성·약병원성·비병원성 등으로 구분하는데 고병원성 조류인플루엔자(HPAI: highly pathogenic avian influenza)는 국제수역사무국(OIE, world organization of animal health)에서 리스트 A등급 질병으로, 국내에서는 제 1종 가축전염병으로 분류하고 있다. 1996년 약병원성 조류인플루엔자(H_9N_2)가 처음으로 우리 나라에 발생하였으며 2003년 국내에서 발생한 조류인플루엔자는 고병원성 A/H_5N_1형으로 판명되었다. 보통 국내에서 발생되는 가금 인플루엔자는 약병원성이며 주로 산란율 감소가 특징이다. 바이러스의 형(type)은 바이러스가 가지고 있는 성분(matrix, nucleoprotein)에 따라 A형, B형 및 C형으로 구분하는데 사람은 A형 및 B형이, 사람을 제외한 동물은 A형이 질병을 일으킨다. A형 인플루엔자의 혈청형은 두가지 단백질(Hemagglutinin, Neuraminidase)의 종류에 따라 H 혈청형과 N 혈청형이 있다(표시는 H_9N_2와 같이 함). H 혈청형이 15가지, N 혈청형이 9가지 종류가 있으며 산술적으로 존재 가능한 인플루엔자 바이러스의 혈청형은 135가지(15×9)이다.

감염은 주로 오염된 먼지, 물, 비말, 분변 또는 사람의 의복이나 신발, 차량, 기구 및 장비, 달걀 등에 묻어 일어날 수 있으며, 조류인플루엔자에 감염된 조류가 닭이나 오리와 접촉하거나 또는 감염된 동물의 분변을 통하여 전파한다. 오리(집오리, 철새), 거위, 메추리 등은 가금인플루엔자 바이러스에 감염되어도 임상증상은 잘 나타나지 않으면서 바이러스를 분변으로 배출한다. 계란을 통한 난계대(卵繼代) 전염은 일어나지 않으나 난각에 오염된 분변을 통하여 전파된다. 분변 속에 있는 바이러스는 최소한 4℃에서 35일 이상 생존이 가능하며 바이러스에 오염된 분변 1g은 약 100만마리의 닭을 감염시킬 수 있다. 조류인플루엔자가 사람에서도 병을 일으키지만 드물며 주로 감염된 생닭, 오리를 취급한 사람이나 닭고기 및 오리고기를 섭취한 사람의 경우 감염될 수 있다. 조류 인플루엔자가 발생한 국가를 여행한 후 10일이내 원인불명의 호흡기 증상이 발생한 경우 감염이 의심되는데 사람의 경우 주요 증상은 독감과 유사한 증세를 보인다. 고열, 근육통과 함께 폐렴, 간기능 저하, 심부전, 유행성 결막염 등의 합병증을 일으킨다. 걸리더라도 초기 증세가 있을 때 치료받으면 합병증을 막아 사망 확률을 크게 낮출 수 있다. 닭이나 오리의 경우 임상증상은 바이러스의 병원성에 따라 증상이 약한 것에서부터 갑작스럽게 폐사하는 것에 이르기까지 다양하게 나타나며, 활력 저하, 사료섭취 감소와 쇠약, 머리와 안면부에 부종, 벼슬에서의 청색증, 그리고 깃털을 세우고 한곳에 모이는 행동을 하며 호흡기증상, 설사를 동반한다.

고병원성 조류인플루엔자가 발생한 경우에는 대부분 해당 농장은 물론 농장 주변 3km 이내의 모든 감염 조류를 살처분(殺處分)하고 3-10㎞사이의 조류 및 그 생산물에 대하여도 이동통제를 실시한다. 양계농가에서는 농장 출입통제를 강화하고, 출입자 및 출입차량과 양계장 내외부는 매일 소독한다. 닭, 오리고기 요리시 75℃이상에서 약 5분 이상 가열하면 바이러스가 사멸되는데 일반적인 예방법은 손을 씻고 환기를 잘하며 호흡기 증상이 있는 경우에는 마스크를 착용한다. 손으로 눈, 코, 입을 만지는 것을 피하고 호흡기 증상이 있는 사람과 직접 접촉하지 않는다. 농장 종사자, 살처분자는 작업시에 반드시 개인보호구(마스크, 장갑 등)를 착용하고 작업 후는 샤워, 손씻기를 철저히 한다. 인간 독감 바이러스와 동시에 감염되는 경우에 대비하여 독감 백신을 맞으며 닭이나 오리를 요리한 후에 도마, 칼, 손 등은 깨끗이 씻어 바이러스 감염을 막는다.

6 아이들이 즐겨 먹는 가공식품의 식품첨가물에 대한 시각

6-1. 아이들이 잘 먹는 가공식품의 종류와 먹는 이유

현재 시중에 유통되고 있는 아이들이 잘 먹는 가공식품의 종류는 매우 다양하다. 우선 청량음료를 비롯하여 과자류(사탕, 비스켓, 크래커), 스낵류, 아이스크림과 빙과류, 육제품(햄, 소시지), 어묵류 등이 있고 이들을 원료로 하여 만든 인스턴트식품들이 시중에 판매 또는 진열되고 있다. 아이들이 어른들과 다르게 이들 가공식품을 선호하는 이유는 대략 다음과 같이 정리할 수 있다.

1. 가공식품의 형태가 아이들이 좋아하도록 만들어져 있다.

우선 가공식품들은 외양이 매우 다양하고 아이들이 구매나 소비욕구를 유발할 수 있도록 잘 포장되어 있다. 특히 아이들이 좋아하는 그림, 노래, 캐릭터, 만화나 영화, 연예인, 이야기 속에 나오는 주인공에 관한 것 등 주로 메스콤에서 많이 알려진 그런 형태나 모양을 위주로 일단 상품을 만들고 있다. 아이들의 선택은 매우 단순하고 즉흥적이며 직설적이다. 즉 테마가 있는 상품이나 자기네들에게 이야기꺼리가 되는 그런 것들을 선호하고 그것을 추구하게 된다. 물론 아이들의 선택은 예외없이 자극적이면서 미적, 예술적 감각이 있는 강한 이미지를 가진 형태의 가공식품을 선호하게 된다. 가공식품의 이름 또한 현재 유행하고 있는 각종 유행어를 사용하기 때문에 아이들은 이름 자체만으로도 그 제품이 훌륭하고 자랑스럽다고 생각하고 있다.

가공식품의 형태는 주로 마시는 타입의 액상이 주로 많고 그 다음은 주스류와 같이 농축된 것, 젤리와 같은 반고체형 등이 많은데 그것은 아이들이 입안에 넣었을 때 입안 감촉

이 우수하고 관능성과 조직감이 좋은 것들이기 때문이다. 어떤 경우는 반고체형인 젤리나 아이스크림과 같은 것은 혀의 감각을 잘 활용하여 맛의 감각을 더 좋게 하는 가공식품들이다. 딱딱하거나 분말로 되어 있는 것도 아이들이 좋아하는 형태인데 그 예가 후렌치 후라이나 빼빼로, 튀김종류이다. 이것들은 씹을 때 부서지는 소리가 자연스럽게 발생하도록 된 바삭바삭한 가공식품들인데 이것들은 씹을 때 느끼는 감촉과 느낌은 아이들에게 많은 기쁨과 즐거움을 준다. 아이들은 눅눅하거나 찐득찐득한 것을 좋아하지 않는다. 또 가공식품의 용기도 아이들의 구매 의욕을 자극하기도 한다. 용기는 주로 병을 비롯하여 다양한 것들이 있으나 아이들은 간편하고 모양이 예쁘고 가벼우면서 색상이 다양한 것을 좋아하게 된다. 이와 같이 가공식품들은 아이들이 좋아하고 구매할 있도록 각종 아이디어를 동원하여 제품을 만들어 유통시키고 있다.

2. 맛, 색깔, 향기 등이 아이들의 마음에 들도록 되어 있다.

가공식품이 아이들의 마음에 들도록 하려면 우선 맛이 좋아야 한다. 맛은 아이들 입에 잘 맞는 것이어야 하며 맛에 대한 거부감이 없어야 한다. 그 맛이 바로 단맛이다. 따라서 대부분의 가공식품은 단맛이 나도록 만들어져 있다. 이미 지적했듯이 단맛자체는 문제가 없으나 단맛을 내게 하는 감미료가 문제가 된다. 그 다음으로 아이들의 구미에 맞는 것은 상쾌한 신맛이다. 상쾌한 신맛은 음식을 섭취하도록 부추기는 맛으로 신선하고 상쾌한 분위기를 부여해 준다. 또 다른 맛으로는 감칠맛이 있다. 이 맛은 주로 MSG나 핵산조미료의 맛이다. 맛은 중독성을 가지는데 이들은 절제하고 인내하는 능력이 부족하므로 일단 맛있는 음식은 대해 별 문제없이 잘 받아들이게 된다. 그러나 쓴맛, 짠맛, 떫은 맛 등 관능적으로 거부감을 나타내는 맛인데 가공식품에 일체의 그런 맛이 나타나지 않은 것은 단맛이나 신맛을 많이 첨가하여 이를 은폐하기 때문이다. 맛의 은폐는 가공식품에서 흔히 있는 것으로 이것은 아이들의 건강과도 관련이 있다. 실제 감각으로 느끼지 못하는 맛에 대해서는 직접 아이들이 이를 확인할 수 없는 것이므로 제조업자들은 이 점을 이용하고 있다.

3. 간단하게 먹을 수 있다.

아이들은 복잡하고 머리를 써야 하는 일에는 별로 익숙해져 있지 않다. 간단하고 쉽고 생각을 많이 하지 않는 것일수록 선호하는 경향이 많다. 모든 일이 다 그렇지만 특히 먹는 것에는 아이들이 간단하고 쉽게 얻거나 마시고 먹을 수 있는 것을 원하게 된다. 복잡하게 조리를 하거나 반조리를 하는 것은 아이들에게 힘든 일이고 또 아이들이 원하지 않는 것들이다. 바로 즉석에서 먹을 수 있도록 식품이 단순화 되어 있어야 한다. 원터치형이면 더욱 좋다. 이러한 원터치형 식품에는 통조림식품이나 파우치형 식품을 비롯하여 조리가 된 햄과 소시지, 각종 음료수, 포장을 벗겨 내기가 쉬운 과자류나 스낵류 등이 있다. 혹 식품을 벗기거나 만질 때 손에 묻는다든가 손이 많이 가는 것 등은 아이들의 관심을 끌 수가 없다. 따라서 한번에 쉽게 식품이 바로 즉석에서 입속으로 들어갈 수 있는 포장과 크기, 모양, 등을 가진 것들은 아이들이 좋아하게 된다. 결국 인스턴트형식품이 거의 대부분 이 형태를 가지고 있다.

4. 가격이 싸다.

아이들은 많은 돈을 가지고 있지 못하다. 그리고 그들의 무대는 주로 학교앞이나 학교인근으로 그곳에는 아이들을 유혹하는 많은 먹거리들이 판매되고 있다. 그 먹거리는 대부분 아이들용으로 만든 싸고 맛있는 것들이며 아이들의 수준에서는 매우 예쁘게 디자인 된 것이 많다. 그래서 아이들은 학교앞을 쉽게 떠나지 못하고 있다.

이와 같이 아이들에게 인기가 있는 것은 싸기 때문에 언제든지 아이들이 구매하여 먹을 수 있는 것들이다. 그런데 문제는 아이들이 값싸게 구할 수 있는 것들의 식품적 가치와 안전성이다. 그것은 아무도 확신할 수 없으며 이것은 매우 우려될 만한 현실로 다가오고 있다. 가격이 싸다는 것은 우선 재료비가 싸다는 뜻이고 싼 것으로 제품을 만들어 팔 때 생기는 이윤을 확대하기 위해 잘못을 은폐하기 위한 제반 조치 즉 식품 첨가물을 다량 첨가하여 만든 가공식품을 판매하기 때문에 아이들에게는 뭔가 해로운 것들이 많이 있을 것으로 생각된다. 가격은 아이들 수준에 맞춰서 정해지는 것이므로 이 가격으로 제대로 된 식품을 만들기가 어려울 것으로 생각된다. 어떻든 아이들이 선호하는 대부분의 가공식품들은 가격이 싸기 때문에 아이들을 구매 유혹에 빠지게 만든다.

6-2. 아이들이 가공식품을 받아들이는 개념

1. 해롭지 않을 것이다.

요즈음 아이들은 예전 아이들과는 많이 다르다. 우선 요즈음 아이들은 겁이 없다. 두려울 게 없으며 모든 것은 다 어른들이나 부모들이 해결해 주리라 생각하므로 자기 행동에 대해 신경을 많이 쓰지 않는다. 다만 외모와 남들에게 보이는 부분에 대해서만 신경을 쓰는 편이다.

음식이나 식품에 대해서도 우선 팔고 있는 것은 다 괜찮다는 분위기이다. 먹지 못할 것을 팔겠느냐는 식이다. 그리고 설령 해로운 것이 들어 있어도 이것 정도가 무슨 큰 문제를 일으키겠느냐는 식이다. 물론 어린들은 어른들이 다 알아서 만들고 팔기 때문에 완전할 것으로 믿는 경우도 많다. 실제와는 다르지만...

아이들은 음식을 먹고 배가 아프거나 탈이 나면 병원에 가면 된다는 식이다. 그것이 인체내에 축적되어 먼 미래에 문제가 될 것이라는 생각은 아예 하지 않는 셈이다. 간혹 어른들이 해로운 식품이라고 말해도 그것을 별로 믿으려 들지 않는다. 아이들은 눈에 보이지 않는 위험은 별로 위험하지 않은 것으로 생각한다. 특히 식품첨가물의 경우에는 아이들이 알 턱이 없고 또 아이들의 눈에는 그것들이 아무렇지도 않게 보인다. 결국 눈에 보이지 않는 것을 아무렇게나 넣어도 아이들은 유해여부를 알 수가 없다. 다만 결과적으로 먹고있는 음식이나 식품이 맛만 있으면 그만이라는 생각을 가지고 있다. 위험한 생각이지만 대부분의 아이들은 식품 자체에 대한 두려움이 없고 자기 입에 맞는 것이 최고의 식품이라고 생각하고 있다. 한 예로 학교 앞 또는 길거리에 판매되고 있는 오뎅의 경우 아이들은 이미 그 맛에 길들여져 있다. 간혹 가족끼리 레스토랑에서 진짜 오뎅을 먹어도 아이들은 학교앞의 값싼 오뎅이 훨씬 맛이 있고 진짜라고 생각한다. 오뎅이외 치즈, 빵, 사탕 등 이와 비슷하게 느껴지는 가공식품들은 주위에 얼마든지 있다.

2. 맛이 있는 것은 모두 몸에 좋을 것이다.

맛은 혀에 있는 맛 센서 부분에 어떤 물질이 접촉되었을 때 그 접촉감이 신경전달에 의해 느껴질 때 맛을 느끼게 된다. 아이들은 어른들에 비해서 맛감각이 뛰어나고 맛에 대해서 매우 예민하다. 특히 좋은 맛과 싫은 맛에 대한 구분이 확실하고 맛에 따라 기분이

좌우되는 소위 맛에 수동적이다. 따라서 아이들은 맛이 있다든가 없다든가 하는 이중적 판단을 쉽게 하게 되고, 즉각적인 맛에 대한 의존도가 매우 높다. 맛은 처음 느끼는 맛과 중간에 느끼는 맛 그리고 일정한 시간이 지난 후 느끼는 맛에 대한 질이 각각 다르다. 그런데 아이들은 제일 처음 느끼는 맛에 대한 의존도가 가장 높다. 즉 즉각적으로 느껴질 수 있는 맛을 아이들은 최고의 맛으로 생각하고 있다. 따라서 아이들 대상식품들은 이런 점을 고려하여 만들어지고 있다. 따라서 맛의 강도가 높고 맛의 자극적인 경향이 많다. 시중에 판매되고 있는 일반적인 식품의 맛은 주로 복합적인 맛인데 비해 아이들이 많이 사 먹는 제품들의 맛은 단순하고 강도가 강한 단순 맛이 주도 하고 있다. 복합적인 맛이란 여러가지 맛성분이 서로 어울려 조화된 맛으로 맛의 각각 강도와 세기는 사라졌지만 서로 아울린 맛으로 통일되어 맛의 느낌은 독특하다. 즉 단맛을 비롯하여 쓴맛, 짠맛, 신맛, 감칠맛 등이 서로 어울려져 복합적인 맛을 내게 된다. 그래서 아이들은 이런 복합적인 맛에 큰 매력을 가지 못하고 있다. 일시적으로 느낄 수 있는 맛을 식품전체를 대표하는 맛으로 생각하게 된다. 또 대부분의 아이들은 식품 속에 어떤 좋은 성분이나 재료가 들어 가 있다 하더라도 일단 쓰거나 짜거나 떫으면 우선 거부반응을 나타내게 되며 이 식품은 별로 좋지 않다고 생각한다. 우선 맛이 좋으면 정서적으로도 좋고 건강에도 좋다고 믿는 것이다. 물론 어떤 식품의 경우에는 맛이 곧 식품의 가치를 결정할 정도로 우수하고 안전한 면도 가지고 있지만 아이들의 식품의 경우는 반드시 그렇치 않다. 어떻든 아이들의 가공식품은 맛에 의존하여 만들려고 하고 있으며 이를 가장 최고의 판매전략으로 하고 있다. 물론 영양적 가치를 홍보에는 앞세우지만 결국 맛을 가지고 아이들의 구매를 계속 강요하게 만든다.

일반적으로 아이들의 가공식품은 이와 같은 맛의 의존적 경향이 크므로 대부분 맛이 강할 뿐만 아이라 맛을 내기 의한 조미료 등을 많이 사용 있는 것이 현실이다. 혹자는 진한 것이 좋다 라는 식으로 선전하는 경우를 보게 되는데 이 때 진함이란 맛이 진함을 의미하며 이것은 곧 맛성분이 많이 들어 있음을 의미한다.

결국 아이들은 음식이나 식품이 자기들 입맛에 맞고 맛의 강도가 확실하면서 기분이 좋은 맛이 나면 그것이 가장 우수하고 좋은 식품이라고 믿고 있다.

3. 한꺼번에 많이 먹지 않고 조금씩 먹는 것은 해롭지 않을 것이다.

아이들은 어른처럼 식품첨가물에 대한 지식이 거의 없다. 실제 아이들을 대상으로 만든 가공식품은 식품첨가물을 많이 사용하지 않을 수 밖에 없다. 그것은 그만큼 식품을 잘 보이도록 만들기 때문이다. 따라서 식품첨가물의 사용은 어쩔수 없다. 다만 문제는 아이들이 가공식품에 들어가는 식품첨가물에 대해서 별로 대수롭지 않게 생각한다는 점이다. 또 매일 가공식품을 먹고 있으면서도 매일 먹지 않고 있다는 생각을 가지고 있으며 가공식품에 들어가 있는 정도라면 별로 문제될 것이 없다는 표정이다. 물론 어른들도 이 점에 대해서는 아이들과 거의 같은 생각을 가지고 있다.

물론 먹는 양이 적으면 문제가 되지 않는다. 그러나 아이들은 체형과 건강상태, 그리고 먹는 식품의 종류와 양이 아이들에 따라서 다르기 때문에 별로 문제될 것이 없다고 생각하기도 한다. 실제 문제가 되지 않는 경우도 많다. 그러나 식품첨가물 속에 들어 있는 물질이나 성분이 체내에 측적되어 만성적 장해를 일으킨다면 그것은 건강에 커다란 위험을 주는 것이다. 그래도 아이들은 한꺼번에 많이 먹지 않으면 크게 문제될게 없다고 믿고 있는데 이런 현상은 매우 위험한 생각이며 이 생각대로라면 아이는 곧 건강에 치명적인 문제를 안게 될 것이다.

4. 어린들을 위해서 전문가들이 만드니까 안심해도 될 것이다.

아이들 식품은 아이들의 건강과 신체조건, 정서, 선호도, 영양성, 안전성 등을 고려하여 만들어야 한다. 특히 영양적 측면과 함께 안전을 우선적으로 고려하여 만들어야 한다. 그것은 아이들이 성장하는 시기이며 아이들은 면역성이 어른들과 다르기 때문이다. 그러나 현실은 그렇지 못하다. 아이들은 먹는 식품 등이 어른들이 만든 것이므로 틀림없이 안전하다고 믿고 있으며 음식이 아이들에게 좋은 것이라는 생각을 가지고 있다. 물론 어른들이 아이들을 위해서 정성껏 안전하게 만드는 경우가 많지만 일부는 그야말로 아이들을 속이는 가짜 식품을 만들고 있기 때문이다. 아이들이 어른들이 만든 식품이 좋을 것이라고 믿는 이유는 어른들이 자기들을 아끼고 사랑하기 때문이라는 단순한 생각을 하며 곧 어른들은 모든 것을 정직하게 한다는 생각을 갖기 때문이다.

식품은 전문가에 의해서 만들어 지고 있다. 물론 그렇지 않는 경우가 있긴 하지만 식품이 전문가에 의해서 만들어지지 않으면 식품은 소비자들에게 선택되지 않게 된다. 그런데 문제는 이런 전문가에 의해서 대부분의 식품이 부정식품으로 만들어 진다는 것이다. 전문가들은 아이들의 소비심리를 알기 때문에 교묘히 이를 이용하여 맛이 좋고 보기가 좋은 부정식품을 만들어 아이들의 참된 식품의 선택을 흐리게 만든다. 문제는 전문가의 양심적 행동이다.

5. 먹지 못할 것은 팔리가 없을 것이다.

먹을 수 없는 것은 몸에 해롭다는 뜻이다. 따라서 먹을 수 없는 것은 그 속에 사람이 먹으면 안 되는 것들이 들어 있다는 뜻이므로 결국 부정이나 불량식품을 의미하는 것이다. 불량식품에 대해서 아이들은 단순하게 생각하고 있는 것 같다. 그 생각 중의 하나는 시중에 팔고 있는 식품은 모두 좋은 것들이며 먹지 못하는 것은 절대로 팔리가 없다고 믿는데 있다. 실제 그래야만 되는 것인데 그렇지 못한 실정이다. 아이들은 먹을 수 없는 가짜식품을 판다는 자체를 이해하지 못할 것이다. 지금껏 수많은 식품들이 그렇하였지만 먹을 수 없는 불량식품들이 얼마나 많이 만들어졌고 유통되었는가? 먹지 못하는 것은 아예 팔 수 없도록 제도적으로 조치를 취하지 못하는 것도 문제지만 생산자의 도덕적인 가치 기준도 문제가 되고 있다.

아이들의 생각대로라면 불량 원료, 불량 식품첨가물, 불량 상표와 표시, 편법 제조방법 등 각종 부정행위는 존재할 수 없을 것이다. 그러나 실제는 그와는 정반대인 경우가 너무나 많다. 먹지 못하는 원료를 첨가하거나 섞는 일은 흔히 있는 일이고 유통기간이 지난 원료의 사용, 불순 원료를 사용하거나, 공업용 원료를 식용으로 사용하거나, 원료 중 일부를 제외하고 다른 원료로 대체하기나, 불량기구나 기계를 사용하여 제조하거나, 주위환경이 오염된 상태에서 제조, 보관, 유통하거나, 사용하지 못하는 식품첨가물을 과용 또는 제품의 결점을 은폐하기 위해 사용하는 약품 등은 모두 아이들의 건강과 정신적 문제를 심각하게 야기하는 것들이다.

6-3. 부모들의 가공식품과 식품첨가물에 대한 개념

1. 가격이 비싼 것이면 안전하고 영양가치가 많을 것이다.

가격이 비싸다는 의미를 우선 알 필요가 있습니다. 가격을 정하는 가장 기본은 재료와 기술이다. 그 중에서 가격에 큰 영향을 미치는 것은 재료의 가치이다. 당연히 재료가 비싼 것이라면 그것을 원료로 하여 만든 식품 또한 비싸지 않을 수 없다. 비싼 재료란 희귀하거나 재료를 만들 수 있는 기술이 독특하거나 인체에 유익한 것이거나 신선한 것들인데 그렇다고 비싼 재료라고 해서 반드시 좋은 식품이라고만 말할 수 없다. 재료가 비싼 것과 그

재료로 만든 식품이 반드시 좋다고 하는 것은 아니므로 이를 혼동할 필요는 없다. 일반적으로 그렇다는 것이다. 제조기술도 식품의 가치를 높이는 중요한 요소이다. 좋은 기술, 훌륭한 제조 방법, 안전한 유통과 저장 등에 관한 제반 기술이 우수할 경우에는 다른 제품과의 차별성이 부각되어 그 가치가 높아지게 된다. 이런 경우에는 식품의 가격이 높아질 수 있다. 이런 경우에는 기술적 가치가 그대로 식품의 가격에 영향을 미치게 된다. 그러나 가격이 비싼 식품이라고 해서 모두 안전하거나 영양가가 많다는 것은 아니다. 가격과 안전성은 관련이 있지만 반드시 그런 것만은 아니다. 가격이 비싸다고 해서 반드시 영양가가 많은 것도 아니다. 그런데 어른들은 가격이 비싸면 안전하고 영양적 가치가 많거나 뭔가 몸에 유익한 것들이 많이 들어 있을 것이라고 생각한다. 가정에서 만든 음식의 경우에는 가공식품과는 다르지만 가격이 싼 재료로 아이들의 영양과 건강에 좋은 안전한 음식을 얼마든지 만들 수 있다. 따라서 무조건 가격이 비싸다고 좋다는 생각은 매우 식품의 선택을 혼동하는 사고방식이다. 따라서 가격이 비싼 이유를 정확하게 이해하고 따라서 그 식품의 진정한 가치를 스스로 결정하는 것이 중요하다.

2. 식품첨가물은 너무 적게 들어가니까 조금 씩 매일 먹는 것인데 문제가 없을 것이다.

일반적으로 사람들은 식품첨가물에 대한 지식이 많이 부족한 편이다. 단순한 지식 정도로 식품을 판단하는 경우가 많은데 그것은 식품첨가물에 대한 지식이 부족하기 때문이다. 실제 식품첨가물이란 식품에 사용 가능한 물질로서 법적으로 허용한도내에서 첨가하도록 되어 있다. 즉 허용한도내에 첨가할 경우에는 별로 인체에 해가 되지 않는다는 의미를 가지고 있다. 실제 허용한도란 매우 적은 양을 의미한다. 이러한 기준에 있어서 중요한 사항은 허용한도라는 용어이다. 식품첨가물이 많이 들어가거나 적게 들어가는 것이 중요한 것이 아니라 허용한도를 잘 지키느냐가 중요한 것이다. 식품첨가물이 적게 들어간다고 해서 몸에 해롭지 않을 것이라는 생각은 매우 위험한 것이며 곧 그 증상이 나타나지 않는다고 해서 안전하다고 생각하는 것도 매우 위험한 생각이다. 식품첨가물은 그 자리에서 문제를 야기하는 것들이 아니다. 농약과는 다르다. 그러면 문제가 되는 것은 무엇인가? 그것은 인체내에 축적 여부와 관련이 있는 것이다. 만약 첨가한 것이 인체에 축적했을 때 문제를 야기할 수 있다면 그것은 훗날 치명적인 위해의 원인이 될 수도 있다. 유감스럽게도 많은 식품첨가물은 인체내 축적되는 것들이 많다.

또 다른 문제는 섭취하는 식품첨가물의 양이 적다고 생각하지만 특정음식을 좋아하거나 편식하는 사람이라면 장기적인 관점에서는 다량 섭취하는 격이 된다. 하루하루 섭취되는 양을 모두 계산한다면 그것은 결코 적은 양 섭취한다고 생각할 수 없다. 사람들은 일인당 연간 6~7㎏의 식품첨가물을 섭취하고 있다고 한다. 식품첨가물은 식품의 본래성분이 아닌 미량성분이면서 음식물을 통해 일생동안 섭취하기 때문에 인체에 끼치는 영향이 크다

식품첨가물은 약품과 같은 것이다. 물론 농약도 약품의 일종이다. 따라서 약품을 매일 먹는다는 기분을 갖는다면 식품첨가물이 얼마나 인체에 유해가 될 수 있을 것이라는 생각을 하게 된다.

3. 방부제, 착색료이외에는 별로 해로운 것이 없을 것이다.

요즈음 음식은 그 맛과 색, 향이 더욱 화려해지고, 다양해지고 있다. 더욱 더 자극적인 맛을 찾는 식탁은 첨가물맛으로 변해가고 있으며 첨가물맛에 길들어져 있다. 사람들은 하루에 약 30-80여가지의 식품첨가물을 매일 먹는다고 하며 일인당 연간 6㎏의 식품첨가물을 섭취하고 있다고 한다. 실제 식품첨가물 중 안전성이 인정된 식품첨가물은 320종에 불과하고 나머지 150종은 안전성에 대한 의문이 제기되고 있고, 70종은 일부 사람에게 알레르기나 부작용을 초래할 수 있으며, 30종은 장기적으로 상당한 해를 끼칠 수 있는 것으로 알려져 있다. 그 중에서 가장 사람들의 관심의 대상은 방부제와 착색료이다. 방부제는 말 그대로 부패를 방지하는 약제인데 용어 자체는 방부에 쓰이는 약제를 의미할 뿐 특정한 화학물질을 지칭하지는 않지만 식품이나 의약품, 섬유, 목재 등 우리 생활 곳곳에 사용되고 있다. 방부제에 대해서는 대부분의 소비자가 몸에 해로울 것이라는 생각을 갖고 있다. 물론 방부제를 과량 섭취하면 해로운 것만은 사실이다. 그러나 소비자들은 방부제가 어떤 식품에 얼마만큼 들어 있는지에 대해서는 아예 모르고 지내고 있다. 식품에만 방부제를 사용하는 것은 아니다. 예를 들면 약국이나 일반 수퍼에 많이 판매되고 있는 일반 드링크제에도 안식향산나트륨이라는 방부제가 거의 다 들어가 있다. 이 방부제는 체내에서 유전자를 파괴하거나 변이를 일으켜 암을 유발시키기도 하며 상용 또는 과도하게 섭취하면 눈점막의 자극, 신생아 기형유발, 천식, 두드러기 등 피부염 등을 일으킨다는 사실도 알려져 있다(공인 식품의약품안전청 공인기관에 의뢰한 음료의 안식향산나트륨 함유량은 '비타500'이 음료 1㎏에 290㎎, '비타파워'가 260㎎/kg, '비타1000 플러스' 240㎎/kg, '콜라겐 5000' 220㎎/kg, '미에로화이바' · '튼튼한' · '제노비타'가 170㎎/kg, '컨디션'이 140㎎/kg, 유럽연합의 안식향산나트륨 함유 기준치는 150㎎/kg). 실제로 벤젠류가 검출된 비타민 음료는 비타민 C와 방부제의 일종인 안식향산나트륨이 혼합돼 벤젠이 형성됐는데도 소비자는 이를 모르고 있다. 미국 FDA는 자체조사를 통해 비타민 C와 안식향산나트륨이 혼합될 경우 안식향산염이 감성작용(degradation)을 일으켜 벤젠을 형성시킬

수 있다는 연구결과를 발표하고 이 두 가지 성분을 조합해서 사용하지 말 것을 권고하였다. 그런데 문제는 사람들이 이 드링크제에 대해서 방부제 자체만의 첨가 유무에만 관심을 가지고 있다. 실제 식품에 들어가 있는 방부제 보다 드링크제에 함유된 방부제가 더 문제인데도 드링크제의 방부제에 대해서는 관대한 편이다. 따라서 아무런 생각없이 드링크제를 마시기 때문이다.

최근에 방부제에 대한 기사 중 비타민 음료에서 벤젠류 검출 등 식품첨가물 문제가 발생했을 때 사람들은 식품첨가물 각각에 대한 유해성만 관심을 가지다가 첨가한 것들의 상호작용에 의해서도 유해한 물질이 생긴다는 것을 인식하게 되었다. 실제 식품첨가물은 개개의 유해성 보다 복합섭취로 인한 유해성이 가장 큰 문제인데도 지금까지는 이에 관해서는 전혀 관심을 가지지 않거나 모르고 지냈던 것이 사실이다. 방부제에 대해서는 안전성 확보 차원에서 ADI(일일허용량)값을 정해 과량, 과용섭취를 경계하고 있는데도 불구하고 소비자들은 방부제에 대한 형식적인 막연한 생각으로 사건이 났을 때만 관심을 가지는 어리석은 생각을 가지고 있다.

얼마전 과자 유해 보도에 이어 햄· 소시지의 아질산염 과다 사용, 어린이 기호식품 중 타르색소 사용 등 착색료의 사용에 관해서도 소비자들은 별로 전문지식을 가지고 있지 못하다. 무조건 천연색소는 좋고 인공색소는 나쁘며 색소가 인체에 그렇게 해로운 것이라는 사실도 모르고 있다. 천연색소가 좋다고 해도 실제 천연색소를 위장한 인공색소 또는 공업용 색소를 사용하는 경우가 많은 등 유해성에도 관심을 가져야 한다. 또 소비자들은 보이는 것만을 강조하고 그 이면에 숨겨진 착색료의 사용에 대해서는 별로 의심을 하지 않고 식품을 구입하는 경향이 많다. 실제 식품첨가물은 방부제나 착색료만 있는게 아니다. 그 외에 많은 종류의 식품첨가물이 사용되고 있다. 이들 식품첨가물도 방분제와 마찬가지로 인체에 유해한 성분들이 많으므로 첨가기준을 지키지 않거나 불순물이 함유된 공업용 사용 또는 과량 사용하면 인체에 치명적인 문제를 야기시킨다. 따라서 어른들은 눈에 보이는 식품첨가물만 문제가 되는 것이 아니고 눈에 보이지 않는 대부분의 식품첨가물이 문제가 될 수 있다는 생각을 가져야 한다.

6-4. 제조업자들이 아이들 상대 가공식품을 제조할 때의 생각

1. 우선 남는 것이 있어야지

제조업자들이 아이들을 상대하는 식품을 만들려고 할 때 어떤 생각을 가지고 만들까? 이에 대한 대답은 분명 아이들이 좋아하는 식품을 만들려고 할 것이다. 좋아한다는 것은 관능적인 면 즉 모양, 크기, 색깔, 냄새 등과 영양적인 면을 고려하고 아이들이 싸게 쉽게 살 수 있는 것으로 아이들에게 유익하고 호감이 가는 것을 만들려고 할 것이다. 물론 대부분의 제조업자들은 이런 바램으로 아이들이 좋아하는 식품을 만들 것이다. 그러나 일부에서는 이익 우선으로 싼 재료와 싼 재료를 은폐하기 위한 식품첨가물을 사용하는 그런 식품을 만들 수 밖에 없을 지도 모른다. 이렇게 전부를 고려하여 최선의 식품을 만들려면 아무래도 이익이 남지 않는 경우가 있을 수 있다. 이런 경우 제조업자들은 불법으로 이익 우선 원칙을 가지고 무리하게 식품을 제조, 유통할 것이다. 이익이 남지 않는 식품제조란 있을 수 없기 때문이다.

2. 들키지 않으면 아이들이 좋아하는 것을 아무렇게나 넣어도 괜찮지

식품첨가물은 이미 설명한 바와 같이 속이려고 고의적으로 부정하게 사용할려면 소비자는 이것을 알 수가 없다. 그것은 식품첨가물을 사용할 때 소비자가 눈치채지 못할 정도로 교묘히 그 종류, 첨가 방법, 다른 첨가물과의 혼합방법 등을 모두 총 동원하여 식품첨가물의 과용과 부정사용을 은폐하므로 이를 과학적 기기분석 방법에 의하지 않고는 도저히 첨가여부를 알 수가 없다. 실제 그동안 많이 적발된 아이들용 식품을 보면 거의 대부분 조잡스런 재료를 비롯하여 각종 식품첨가물을 사용하여 겉보기만 번지르한 것들이 많았던 것이 사실이다. 물론 이런 불량식품의 부정행위를 아이들은 커녕 어른들조차 알 수 없다. 특히 눈에 보이지 않는 식품첨가물의 경우에는 과량 첨가하여도 별로 겉으로 표시가 나지 않으므로 일부 제조들이 이를 악용하였다. 예를 들면 양을 부풀기 위해 사용한 전분이나 소맥분 등은 인체에 해가 되지는 않지만 표시사항과 다르게 과잉 첨가하여 소비자들의 판단을 오도하게 하거나 실제 양보다 적게 넣은 재료를 많이 넣어 다고 한다거나 많이 넣은 식품첨가물을 적게 넣었다고 표시하는 등 많은 부정행위를 하여 만든 식품들이 유통되고 있다.

3. 갑자기 탈날 것이 없으면 되지?

식품첨가물이 들어간 식품을 먹고 바로 문제가 생기는 일은 거의 드물다. 그것은 식품첨가물을 많이 첨가하면 소비자들이 곧 식품첨가물이 과잉 첨가되었다는 것을 눈치 채기 때문이다. 특히 문제가 발생했을 경우에 식품첨가물로 인해서 문제가 발생되었다는 증상이 불명확하기 때문에 전적으로 식품첨가물 탓으로만 돌릴 수 없다.

일반적으로 음식을 먹고 탈이 나는 경우에는 배가 아프거나 매쓰꺼음, 설사, 발열, 어지러움, 두통 등 일반적인 증상으로부터 시작하는데 적은 양 첨가된 식품을 먹고 문제가 되는 경우에는 그 증상이 쉽게 나타나지 않는다. 그것은 사람이 증상을 일으킬 정도의 양을 첨가하지 않기 때문이다. 따라서 제조업자들은 이를 잘 알고 있으므로 식품첨가물을 무리하게 많은 양을 첨가하지 않는다. 따라서 식품첨가물이든 식품을 먹고 곧장 문제가 되지 않는 것은 식품첨가물의 독성이 약해서 그런 것이 아니라 대부분 체내에 축적하여 만성적 문제를 야기시키기 때문인 경우가 많기 때문이다. 일부 식품첨가물의 경우에는 급성적 증상이 나타나기도 하는데 예를 들면 MSG의 경우 한꺼번에 과량 섭취할 경우 CRS 즉 중국음식점 증후군과 같이 후두부의 작열감, 어지러움증, 매쓰꺼움 등이 일어날 수도 있다.

따라서 제조업자들이 갑자기 탈이 나지 않는다고 하여 식품첨가물을 사용하면 아이들에게는 훗날 이것이 건강에 큰 위험이 되어 나타나게 된다.

6-5. 유해한 식품첨가물의 유형과 주된 첨가 식품류

시장이나 백화점 식품매장에서 싱싱한 채소, 신선해 보이는 생선, 빨갛게 물든 고기, 산지에서 갓 올라와 싱싱해 보이는 각종 식품이나 재료들은 일부는 각종 식품첨가물로 치장된 것들이다. 식품첨가물은 그 사용을 법으로 지정, 법정허용치내에서 사용하도록 규정하고 있으나 대부분 법정허용치를 무시하든가 금지된 첨가물을 암암리에 사용하는 경우가 많아 문제가 되고 있다. 요즘은 첨가물의 사용량이 도를 넘고 있다는 게 전문가들의 지적이다.

식품제조업자들이 이처럼 첨가물을 고집하는 이유는 두 말할 것도 없이 상품성을 높이기 위해서다. 품질이 형편없이 떨어지는데도 싱싱한 것처럼 보이게 하기 위해 다양한 색소를 첨가한다. 70년대에 허가됐던 첨가물 중 무려 51종이 인체에 유해한 것으로 밝혀져 사용이 금지됐고 지금도 세계보건기구(WHO) 등은 한해에 2~3개 품목의 첨가물을 지정 취소하고 있다. 몇십년간 우리가 사는 이 세상은 양적인 팽창을 거듭했다. 그에 따라 먹거리 역시 무척 풍요로워진 듯 보인다. 가장 대표적인 하나가 식품첨가물의 유해성 논란이며 더욱 놀라운 일은 식품첨가물 사용의 일상화로 사람들의 의식마저 무감각해졌다는 점이다. 따라서 먼저 식품을 살 때 식품첨가물이 들었는지 얼마나 들었는지를 확인하는 자세가 필요하다. 우선 시중에 유통되는 가공식품에 많이 사용되고 있는 식품첨가물을 정리해 보면 인산나트륨은 보통 품질개량제라는 이름으로 첨가하고 있다. 주로 면류에 사용하거나 청량음료, 육제품, 아이스크림 등 많은 가공식품에 사용되는 식품첨가물이다. 특히 면류에 사용하는 경우는 면발의 탄력을 위해서인데 라면제조에도 첨가하는 경우가 많다. 위장장애를 비롯하여 각종 대사장애를 일으키는 물질로 알려져 있다. 질산나트륨, 아질산나트륨은 발색제라는 이름으로 육류에는 반드시 첨가하는 식품첨가물이다. 첨가하지 않으면 제품을 만들 수 없을 정도로 중요한 것이다. 체내에 들어가면 다른 물질과 결합하여 발암물질로 알려진 니트로자민으로 변하므로 문제가 되고 있다. 이산화황은 이황산염으로 방부제, 표백제용으로 사용하는 것인데 과거에는 너무나 많은 식품에 사용한 만병통치약과 같은 식품첨가물이다. 현재는 사용이 금지되어 있으나 아직도 많은 식품에 불법으로 사용하고 있는 종류이다. 이 식품첨가물은 넣을수록 제품의 품질을 높일 수 있다고 생각될 만큼 그 기능이 우수한 식품첨가물이다. 과지에 표백제로 많이 사용되고 있다. 안식향산, 안식향산나트륨은 대표적인 방부제 즉 보존료이다. 청량음료나 마가린, 시럽 등에 사용되는 것으로 냄새가 좋고 방부효과도 우수하여 많이 사용되는 것이다. 인체에 유해하지만 대체할 만한 방부제가 없기 때문에 아직도 사용되고 있는 것이다. 소르빈산, 소르빈산칼륨은 어묵이나 맛살, 잼 등에 방부제로 사용되는 것으로 흔히 볼 수 있는 종류이다. 산도가 높은 식품(신맛음식)에 사용할수록 그 기능이 우수하므로 주로 pH가 낮은 식품에 사용한다. 치아벤다졸은 오렌지, 바나나 등 수입과일의 항균제로 사용되는데 농약의 성분이다. 절대로 먹어서는 안 되는 맹독형 물질이다.

또 식품별 첨가물 유형을 보면 쌀에는 주로 방충제, 방부제를 사용하며 된장에는 품질개량제, 보존료를, 김 등에는 착색제를, 단무지에는 감미료, 착색제를, 간장에는 보존료, 단백질 분해제를, 조미료에는 글루타민산나트륨 등을, 빵에는 소맥 개량제, 팽창제, 방부제 등을, 버터에는 보존료, 산화방지제, 착색제 등을, 햄, 소시지 등에는 발색제, 보존료, 살균제, 산화방지제, 착향제 등을, 아이스크림에는 착색제, 감미료. 유화제 등을, 청량음료에는 감미료, 착향제, 유화제 등을, 껌에는 착향제, 감미료, 착색제 등을, 쇠고기, 돼지고기 등에는 발색제, 방부제 등을, 두부에는 응고제, 살균제 등을, 말린고기, 말린생선 등에는 산화방지제, 착색제, 조미료 등을 사용한다.

가끔 매우 유독한 식품첨가물이 가공식품에 검출되어 문제가 되고 있는데 우선 두부에 불법으로 사용되는 석회가루는 두부를 희게 만들거나 응고제용으로 사용하는데 일부에서는 두부의 양을 부풀리게 하기 위하여 사용하기도 한다. 또 콩나물의 성장촉진과 잔털 생성 방지, 부패방지 등의 목적으로 농약성분, 방부제 등이 검출되기도 하며 과자류의 색깔을 좋게 하기 위해 각종 유독색소나 돌가루 등을 첨가하는 경우도 있다. 단무지의 유해색소, 고춧가루의 유해색소와 이물질, 식용유의 가짜 지방 혼입, 우유에 물타기 등과 분유섞기 등은 빈번하게 소비자들의 건강을 위협하는 것으로 널리 알려진 것들이다.

이와 같이 부정, 불법 가공식품은 어느 곳에나 찾아볼 수 있으며 특히 식용첨가물을 사용하지 않고 불순물이 많고 유해한 공업용을 그대로 식용으로 둔갑, 사용하는 경우는 비일비재하다. 이제 우리들 주위에는 소비자들의 눈을 속이려는 수많은 가공식품들이 양산되고 이들 식품은 어김없이 아이들의 건강을 조금씩 망가뜨리고 있다. 이렇게 불법부정 식품을 만들어 유통시키는 제조업자들도 문제지만 가공식품을 너무 가볍게 보는 소비자들이 있는 한 이런 부류의 식품은 더욱 기승을 부릴 것이다.

7 시중에 유통되었던 유해한 식품첨가물의 유해 사례

7-1. 유해성 보존료

식품의 방부나 윤을 내기 위해서 사용되는 붕산(H_3BO_3)은 햄, 베이컨, 어묵 등에, 붕사($Na_2B_4O_7$)는 전병(煎餠) 등에 첨가된다. 붕산은 소화작용을 억제하고 소화불량, 식욕감퇴를 일으키고 또 영양소의 동화를 방해하여 체중을 감소시키며 1-3g을 섭취하면 중독을 일으켜 구토, 설사, 위통 등의 증상을 나타낸다. 붕산은 각 장기에 축적되어 장해를 일으키며 특히 뇌나 간장에 축적되기 쉽다. 치사량은 어른이 8-17g, 유아는 5-6g이다. 포름알데히드는 물에 녹기 쉽고 강한 자극취를 가진 무색의 기체인데 이것을 물에 용해시키면 포르마린(formalin, HCHO)이 된다. 방부력이 강하여 0.002%농도에서도 세균의 발육을 저지시킨다. 독성이 강해서 중독되면 소화작용을 저해하고 두통, 현기증, 구토, 호흡곤란을 일으키며 심한 경우에는 심장쇠약, cyanosis를 거쳐 사망에 이른다. 따라서 식품에 포름알데히드를 첨가해서는 안되며 식기나 포장으로부터 식품 중에 용출하는 것도 막아야 한다. 그러나 식품 중에 원래 포름알데히드를 함유하고 있는 것이 있는데 대구, 명태, 표고버섯이 그것이다. 과거에 주류, 간장, 육제품 등에 사용한 적이 있다. 뉴트로핀(urotropin)은 일명 hexamine(hexamethylene tetramine)이라고 하는데 포름알데히드와 암모니아가 결합하여 만든 것이다. 방부력이 있지만 식품에 사용할 수 없다. 의약용으로 요도살균제로 사용하고 있다.

불화수소(HF), 불화나트륨(NaF) 등은 방부, 살균력이 강하고 발효억제력이 있어서 공업용품의 방부 등에 이용되고 있으며 육류, 우유, 알코올 음료 등에 첨가한 때도 있었으나 독성이 강하여 금지되고 있다. 급성중독되면 구토, 경련, 경련 등을 일으키고 장 및 방광의 점막이 침해되며, 만성중독의 경우에는 반상치를 생성하고, 뼈의 성장을 해친다. 나프톨(β-naphthol)은 곰팡이 발생을 억제하므로 한때 간장에 사용된 적이 있다. 독성이 강하여 사용이 금지되었다. 고양이에 0.1g/kg을 경구로 투여하면 수시간만에 사망한다. 1966년 일본에서 개발되어 우리나라도 사용했던 AF_2는 1973년 발암물질로 밝혀져 큰 충격을 던져주었다. 따라서 지금 안전하다는 방부제도 언제 발암물질로 밝혀질지 알 수 없는 일이다. 그러나 현실은 더욱 심각해서 방부제는 체내에서 유전자를 파괴하거나 변이를 일으켜 암을 유발시키기도 한다.

7-2. 착색료

허가되지 않은 유해착색료는 허가되지 않은 식품첨가물로 자체가 유해하거나 제조과정 중 불순물이 함유되어 불량착색료로 구분된 것으로 장기, 혈액, 신경계, 간, 신장 등에 장애를 일으키거나 발암물질로 알려져 있는 것이 많다. 유해착색료는 비교적 염착능력이 크므로 아주 소량 사용하여도 급성중독보다 만성중독을 일으키는 것이 많다. 주요한 유해착색료는 주로 실험실에서 지시약으로 사용되는 것들이 많은데 종류를 보면 적색계인 로다민(rodamine)B, 수단(sudan)III, 푹신(fuchsin), 실크스카렛(silk scarlet) 등과 황색계인 아우라민(auramine), butter yellow O, orange II, spirit yellow, chrysoidine, picric acid, nitroanilline 등을 비롯하여, 녹색계는 malachite green, 청색계는 methylene blue, 자색계는 methyl violet, crystal violet, gentian violet, 갈색계는 bismark brown 등이 있다. 황색아우라민은 자외선에서 황색형광을 나타내는 염기성 황색색소로 염착정도가 매우 좋고 빛, 열에 안정하여 옛부터 과자, 단무지, 카레분, 빈대떡가루 등의 착색에 부정하게 사용되어 왔다. 대량 섭취시 20~30분후 두통, 구토, 사지마비, 피부반점, 맥박감소, 의식불명 등의 증상이 나타난다. 로다민 B는 자외선 하에서 등적색을 내는 염기성 색소로 색깔의 염착능력이 좋고 지속성이 많아 수분함량이 많은 식품에 사용할 경우 착색이 오래간다. 따라서 생선묵, 과자, 얼음과자 등의 착색에 사용되어 왔으나 오심, 구토, 설사, 복통 등의 증상을 비롯하여 육종을 유발하는 것으로 알려져 사용이 전면 금지된 상태이다. 피크린산은 황색색소로 300℃ 이상에서는 폭발하는 성질을 가지고 있다. 원래 성냥제조, 피혁공업, 전지배터리, 착색유리 등에 사용되는 화학물질이지만 고의적으로 탁주, 약주의 청량한 맛, 방부목적, 노란 맑은색을 부여하기 위해 사용되는 경우가 있다. 독성이 강하여 신장, 위, 피부, 혈액독 원인으로 치사율도 높은 편이다. 니트로아닐린은 황색색소로 선명한 황색을 내므로 과자류의 착색에 부정하게 사용되고 있다. 혈액독 및 신경통을 일으켜 혼수상태에 빠지고 사망에 이른다. 부정착색료 사용 관련사건 경우는 다음과 같다.

사건 1. 수입 젖꼭지 : 시판중인 수유용 젖꼭지에 현행 검사기준에는 없는 착색료가 검출됨

사건 2. 수단을 사용한 가짜 고춧가루 : 공업용 착색료인 슈단 1(주황색), 슈단 4(흑적색)를 사용한 경우인데 불량고추인 희나리에 착색료를 뿌려 만든 가짜 고춧가루를 제조, 유통시킴

사건 3. 부정 고추장 : 고추장에 사용 금지된 식용타르색소 적색 2호 검출

사건 4. 발암색소 해초무침 : 유해한 타르 발암색소를 첨가한 해초무침 검출됨(체내에서 축적돼 다량 복용시 암과 간장 및 위장질환, 혈소판 감소증, 천식 등 각종 질병을 유발할 가능성이 있음)

사건 5. 타르색소 단무지 : 일본에서 수입한 단무지 5종에 국내에서는 식품첨가물로 허용이 안된 적색 104호, 105호, 황색 4호 등의 타르색소가 들어 있음

사건 6. 시판 도토리묵 : 식용으로 사용할 수 없는 타르색소 검출

사건 7. 인공색소로 칠해진 검정쌀(흑미) : 인공색소를 이용, 검게 염색한 쌀

사건 8. 생선류 : 색소나 보존료를 넣어 싱싱한 것처럼 위장

사건 9. 멸치액젓 등 젓갈류 : 캐러멜색소와 방부제를 첨가함

사건 10. 훈제연어와 날치알 : 발암물질이 함유된 타르색소

사건 11. 붉은사탕 : 립스틱 등에 애용되던 알루미늄레이크(적색 색소3호)색소 사용

사건 12. 중국산 조기 : 치자황색소 사용함

사건 13. 우유멸치액젓 등 젓갈류 : 캐러멜색소와 방부제를 첨가함

7-3. 표백제

유해 표백제는 시중에는 식품의 색깔을 표백하기 위하여 불법으로 사용하는 경우인데 과거 문제를 일으켰던 대표적인 것으로는 롱가리트, 삼염화질소 등이 있다. 롱가리트(rongalite, sodium formaldehyde bisulfite)는 포르말린에 산성아황산나트륨($NaHSO_3$)을 축합시킨 후 환원한 것으로 원래 발염제로 사용된 염색약이다. 이 물질의 표백작용은 수용상에서 발생하는 아황산 때문이지만 이 때 formaldehyde가 많이 생성하여 식품에 잔류하여 독성을 일으킨다. 따라서 이 물질은 표백작용은 우수하지만 잔류 아황산염과 formaldehyde 때문에 1967년부터 사용이 금지되었다. 과거에 물엿 표백제로서 많이 사용되어 왔다. 삼염화질소(NCl_3, nitrogen trichloride)는 아르젠(argene)으로 불려지는 노란색을 가진 유성 액체로 자극성

냄새를 가지며 휘발성이 크다. 물에는 불용이며 빛에 의해 분해된다. 밀가루 표백제로 사용하여 문제를 일으킨 적이 있다.

7-4. 감미료

사카린은 백색 결정으로 1879년에 미국 존 홉킨스대학의 Remsen과 Fahlberg에 의해서 유기합성 실험 중 우연히 발견되어 1959년 미국 FDA에서 GRAS로 지정하였다. 높은 농도에서는 쓴맛을 가지며 절임식품류(김치류 제외), 어육연제품, 청량음료(유산균음료제외), 특수영양식품(이유식 제외) 등에 0.02~0.03% 사용하며 그 외 어떠한 식품에서도 사용할 수 없다. 특히 주류인 희석식 소주에 첨가하던 사카린을 1990년 7월 1일부터 사용 금지하였다. pH 3.8이하에서는 불용성이 되고 수산, 주석산, 구연산, 초산 등이 존재하면 가수분해되므로 과즙 등에 사용할 때는 주의해야 한다. 과거에 사카린을 사용한 식품에는 청량음료, 감미료, 아이스크림, 초콜릿음료, 푸딩, 과일통조림, 샐러드드레싱, 껌 등이 있었으며 현재 사용되고 있는 식품은 시중에 유통되고 있는 단무지정도이다. 사카린은 발암물질이라는 사실이 확증적으로 밝혀진 후 규제를 가하고 있지만 현재까지 사카린을 대체할 만한 감미료가 없으므로 당분간 조건부로 이를 사용하도록 하고 있다. 과거 미국에서 1972년 사카린의 사용이 한때 금지되었으나 식품별 사용기준을 정하여 재사용하도록 허가하였고 1975년부터 홀수해(年) 5월에 사카린의 재사용여부를 심의, 결정하여 사용여부를 결정하는데 아직까지는 계속적으로 사용하고 있다. 사카린의 잠정적인 ADI는 0~2.5mg/kg·체중이다.

아스팔탐(aspartame, APM)은 미국 Searle사가 1969년 개발한 아미노산형 감미료로 페닐알라닌(phenylalanine)과 아스팔산(aspartic acid)이 결합한 디펩타이드(α~L~asp~L~phe의 메칠에스테르)이다. 처음 1965년 소화기계 위장분비 호르몬인 게스트린(gastrin)의 저해제가 궤양치료제로서의 가능성이 있는지를 연구하던 중 우연히 발견된 이후 미국 FDA에서 1974년 7월 조건부로 사용이 허가되고 1981년 안전한 식품첨가물로 판정되면서 분말 및 건조식품에 사용하게 되었다. 아스팔탐의 아스팔산이 뇌조직의 손상을 유발할 뿐만 아니라 아스팔탐의 분해산물인 diketopiperazine도 인체에 나쁜 영향을 미치는 것으로 알려져 있다. 또 뇌에서의 아미노산 조성변화로 인한 내분비계통의 문제점을 비롯하여 알레르기반응, 신경장애, 두통, 어지러움, 위장장애 등도 보고되고 있고 페닐알라닌 대사를 하지 못하는 페닐케톤증 환자에게는 섭취를 금지하도록 권고하고 있다. 보통 1일 섭취량을 체중 1kg당 40mg으로 제한하고 있다.

7-5. 알코올류와 유화제

이소프로필 알코올, 프로필렌 글리콜, 에틸렌글리콜 등은 가끔 식품에 사용하여 문제가 된 것들이다. 이소프로필 알코올(Isopropyl Alcohol)은 용해제나 변성제(물질이 가지는 자연성질을 다른 형태로 바꾸는 독성물질)로 흔히 사용되며, 헤어 린스, 바디 스크럽, 핸드 로션, 애프터 쉐이브 로션, 향수 등 여러 화장품에서 쉽게 볼 수 있는데 부동액이나 니스 용해제로도 사용된다. 이 물질을 섭취하거나 증기를 흡입하면 두통, 홍조, 어지러움, 정신쇠약, 메스꺼움, 구토, 혼수상태 등을 유발시킬 수 있다고 한다. 프로필렌 글리콜(PG: Propylene Glycol)은 계면활성제, 수분 에이전트나 용해제로 사용되며 부동액의 주요 성분이기도 한다. 이상적으로는 곡식을 발효하여 얻어지는 에틸알코올과 식물성 글리세린을 혼합하는 방법으로 자연에서 얻을 수 있다. 일반적으로 이 화학물질은 습윤제로 사용되는 석유계 화합물로 메이크업, 헤어케어제품, 로션, 애프터쉐이브, 방취제, 치약 그리고 구강 청정제의 구성성분으로 널리 사용된다. 이 물질은 뇌, 간 그리고 신장 계통에 알레르기와 독성반응을 일으키는 것으로 알려져 있다. 에틸렌글리콜(ethylene glycol)은 자동차의 부동액으로 사용되는 무색의 액체인데 그 수용액은 감미가 있으므로 설탕이 부족할 때 감미료로 사용한 적이 있다. 일본에서는 이 화합물을 다섯배 정도로 물에 희석하여 먹고 호흡곤란, 구토 의식불명 및 체온저하, 경련, 거동불안 등의 증세를 나타내어 3명이 사망한 식중독 사고가 있었는데, 그 중독기작은 이 화합물이 체내에서 산화되어 수산이 되고, 이 염류가 뇌나 신장에 축적하여 신경장해 등을 나타내기 때문이다.

유화제는 식품을 비롯하여 화장품, 세정제 등에 필수적으로 사용되는 첨가물이다. 그런데 대부분의 사람들은 유화제에 대해서만은 매우 우호적인 태도를 보이고 있는데 이것은 매우 잘못된 생각이다. 실제 유화제는 공업용과 식용으로 대별하지만 값싼 공업용을 사용할 가능성이 많고 또 유화제를 과용하게 첨가하는 경우가 많기 때문이다. 최근 유화제는 각종 알레르기는 물론 심각한 질환의 원인이 될 수도 있다는 경고와 함께 시중에 유통되는 대부분의 식품에 유화제가 잠재적인 위협 물질이라고 지적한 바 있다. 경우에 따라서는 탈모증, 기억력 상실, 잔주름 증가, 신경기능 저하, 조기 유산, 만성 피로, 백혈병 등을 유발시킬 잠재성이 있을 것으로 보고 있다. 유화제는 일반적으로 체내 흡수가 빠르고 인체의 조직에 축적 가능성이 많은데 이런 결과로 세포의 퇴화 또는 노화가 일어날 수 있다. 식품에는 사용하지 않지만 세정제나 화장품에 사용하는 공업용 유화제인 SLS(Sodium Lauryl Surfate)와 SLES(Sodium Laureth Sulfate)는 다른 화학 물질과 쉽게 반응하고 결합하여 인체에 심각한 악영향을 끼치게 된다. 소디움 라우릴 설페이트(SLS: Sodium Lauryl Sulfate)은 계면활성제, 세정제로 사용되는 화학물질로 자동차 세척제, 차고 바닥 크린너, 엔진 그리스(기름) 세척제에 흔히 들어 있는 성분이다. 시중 유통되는 화장품, 치약, 헤어컨디셔너 그리고 약 90% 이상의 샴푸, 거품세제의 주요 성분으로 보다 광범위하게 사용되며, 모든 퍼스널케어 화장품에 들어가는 화학성분 가운데 가장 위험한 요소이기도 하다. 연구에 따르면 SLS 및 SLES는 다른 화학물질과 쉽게 반응, 결합하여 잠재성 발암물질인 니트로자민으로 전이되며, 음식물로 섭취하는 양보다 높은 수준의 질산염이 피부를 통하여 흡수된다고 한다. 미국 대학 독성학 연구보고서에 따르면 SLS와 SLES는 피부를 통해 쉽게 침투하여 심장, 간, 폐 그리고 뇌에 일정 수준을 유지하면서 체내에서 5일 정도 머무른다고 한다. 이 물질이 샴푸와 각종 클렌징(세정)제품, 치약 등에 광범위하게 사용되면서 인체 건강에 미치는 잠재적 위협이 심각한 사회문제로 대두되고 있다.

7-6. 기타

과거에 많이 사용되었으나 유해성이 판명되어 사용금지된 대표적인 인공감미료는 dulcin과 cyclamate인데 아직도 여기에 대해서 많은 논의가 계속되고 있다. 둘신(dulsin)은 설탕의 250배나 달며 사카린나트륨과 병용하면 단맛이 증가되고 설탕과 비슷한 맛을 내므로 한때 많이 사용되었으나 오랫동안 사용할 경우 혈액독, 간장 또는 신장장해 등을 나타내고 동물시험 결과 간종양이 발생하는 사실이 밝혀져 1966년 11월부터 사용이 금지되었다. 둘신 분말을 먹고 수 시간 후에 의식불명, 탈력감, 경련 등을 일으키고 사망한 예가 있다.

사이클라메이트(cyclamate)는 수용성인 무색의 결정성분말인데 감미도는 설탕의 40-50배로 청량감이 있고 설탕과 비슷한 단맛을 가져 한때 많이 사용되었다. 독성이 아주 낮아서 위생상 별 문제가 없는 것으로 인정되어 왔으나 최근에 발암성 문제로 우리 나라에서는 1970년부터 사용이 금지되었다.

톨루이딘(ρ-nitro-o-toluidine)은 본래 화약, 염료 등의 원료로서 scalet G base 라고 불리는 황색결정 또는 분말인데 설탕의 200배의 단맛이 있어서 제 2차대전 후 일본에서 사용되어 많은 중독사고가 발생하였다. 중독증상은 섭취 후 2-3일 만에 위통, 메스꺼움, 권태, 미열 등의 증상이 나타나고 이어서 혼수상태에 빠져 사망하게 된다. 그 밖에도 ρ-nitro-o-toluidine과 같은 *n*-nitroaniline계 화합물로서 강한 단맛을 갖는 ρ-nitro-o-aminophenyl ether류가 있는데 그 감미도는 구조식 중의 R의 위치에 따라 달라진다. 이들 화합물 역시 간장독이 있는 물질이다.

페릴라틴(perillartine)은 자소유 중의 성분인 페릴알데히드(perillaldehyde)에서 만들며, 설탕의 2,000배의 감미를 갖는다. 이 화합물은 옥심(oxime)기를 갖고 있어서 불안정하므로 침에 의해서도 쉽게 알데하이드로 분해된다. 체내에 흡수되면 신장을 자극하여 염증을 일으킨다.

8 아이들이 잘 먹는 시중 가공식품의 식품첨가물의 실제 해부

아이들이 잘 먹는 가공식품은 어디에서나 쉽게 찾을 수 있다. 동네 구멍가게를 비롯하여 대형 수퍼마켓에 이르기까지 아이들의 가공식품은 많이 진열되어 아이들과 어머니들의 유혹을 기다리고 있다. 가공식품이 종류와 유형, 가격, 포장상태 등도 다양하고 내용물을 홍보하는 관능적인 기교는 아이들의 마음을 사로잡을 정도로 전문화되었다. 특히 학교 주변에 팔리고 있는 가공식품들은 모두 아이들의 구매 충동을 일으킬 정도로 가격이 싸고 그 유형 또한 아이들이 좋아하도록 만들어져 있다. 본절에서는 아이들이 많이 접하면서 많이 먹고 있는 가공식품들이 어떤 것이 있으며 무엇이 문제인지를 해설, 그 실체를 밝히고자 한다.

8-1. 사탕류

1. 시판 제품의 소개

가공식품명 01 : 아폴로 초코맛과자

식품의 유형: 사탕류

가격 : 100원

주성분 및 식품첨가물 : 포도당 81.3%, 식용색소 혼합초코색 0.018%, 향료 0.038%, 물 18.4%,

제조회사 : 서울 아폴로 제과(서울)

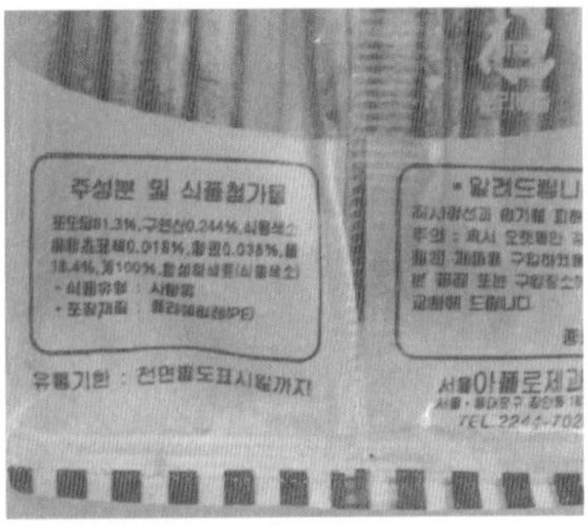

가공식품명 02 : 아이스투투멜

식품의 유형: 사탕류

가격 : 100원

원재료명 및 식품첨가물 : 물엿, 정백당, 식물성크림(우유), 식물성유지, 젤라틴, 사과산, 합성착색료(청색 1호), 혼합과일향, 밀가루(밀)

제조회사 : (주) 라이온제과(부산)

가공식품명 03 : 꿀캔디 레몬맛

식품의 유형: 사탕류

가격 : -

원재료명 및 식품첨가물 : 설탕, 물엿, 꿀 2.1%, 구연산, 비타민 C(100g당320mg함

유), 식용색소황색 4호

제조원 : (주) 청우식품(경기 남양주)

가공식품명 04 : 쭈쭈

식품의 유형 : 사탕류

가격 : -

원재료명 및 식품첨가물 : 물엿, 정백당, 탈염유청분말(우유, 대두), 식품성 유지(팜올레인 경화유), 구연산, 사과산, 유화제(글리세린지방산에스테르), 젤라틴, 이산화티타늄, 아라비아검, 식용색소(적색3호+청색 1호), 합성착향료, 포도향, 재염

제조원 : 국제식품(부산 사하구)

판매원 : (주) 라이온제과(부산 사하구)

가공식품명 05 : 달라스캔디

식품의 유형 : 사탕류

가격 : -

성분 및 함량 : 설탕, 글루코오스, 구연산, 합성향료(사과향 0.22%), 합성착색료(황색 4호, 청색 1호)

제조자 및 원산지 : 인도네시아(피티하와이 과자제조회사)

수입업소 : 베스트트레이딩(부산 중구)

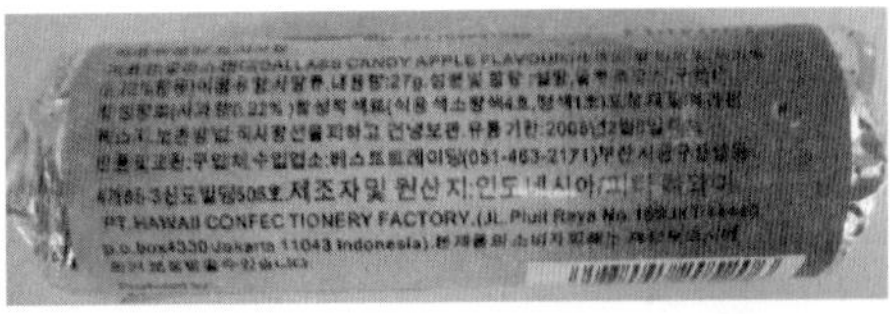

가공식품명 06 : 둘리조아

식품의 유형 : 사탕류

가격 : -

주성분 : 포도당, 백설탕, 사과산(합성산미료)

식품첨가물 : 포도향, 사과향, 오렌지향, 콜라향(합성착향료), 합성착색료(적색 40호, 청색 1호, 혼합녹색, 황색 5호, 카라멜색소

제조원 : (주) 건영제과(충북 옥천군)

가공식품명 07 : 포도맛캔디

식품의 유형 : 사탕류

가격 : -

주성분 및 식품첨가물 : 정백당, 포도당, 합성착향료(포도향), 구연산, 합성감미료(아스팔탐)

제조원 : 이노벨제과(부산 사하구)

판매원 : (주)라이온제과

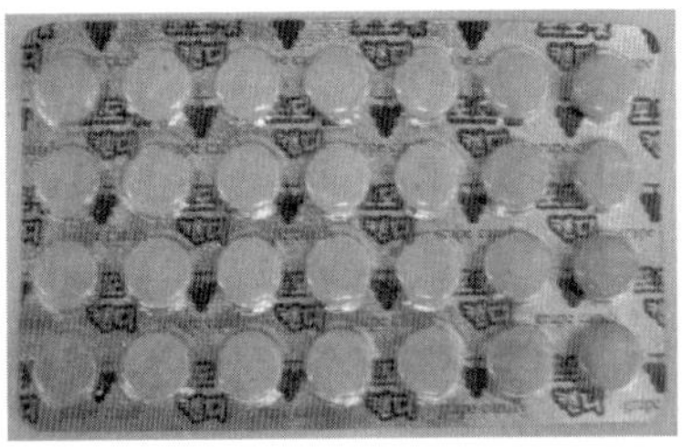

가공식품명 08 : 퍼니맘마캔디(방귀대장 뿡뿡이)

식품의 유형 : 사탕류

가격 : -

원재료명 : 포도당, 이소말트, 자일리톨, 해조칼슘(1.47%), 구연산, 천연색소, 포도엑기스분말

식품첨가물 : 포도향분말, 포도향(착향료), 아스팔탐(페닐알라닌 함유), 스테아린산 마그네슘(가공제)

제조원 : 달곰제과(경남 김해시)

판매원 : (주)서영홀딩스(경기 수원시)

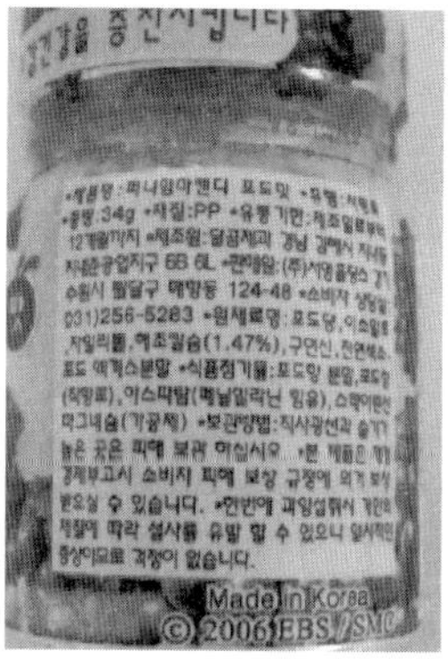

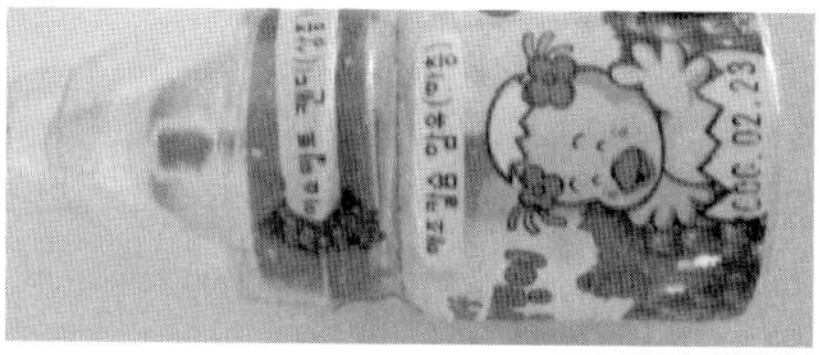

2. 시판 제품의 식품첨가물 해설

아폴로 초코맛 과자는 사탕류이다. 사탕의 유형은 딱딱한 것인데 거의 포도당으로 만들어져 있다. 포도당은 인체에 필요이상의 것을 섭취할 필요가 없다. 그것은 보통 아이들은 밥이나 빵을 먹기 때문에 탄수화물인 포도당의 섭취량은 너무나 충분하기 때문이다. 따라서 포도당으로 만든 사탕은 아이들의 비만으로 직결되는 첩경이며 따라서 이런 종류의 사탕을 아이들이 자주 먹는 것은 문제가 될 수 있을 가능성이 높다. 둘째 고려할 점은 색소와 향료로 맛을 낸 점이다. 실제 아이들은 관능성이 간단하여 관능적으로 좋은 것이면 찾게 마련이다. 좋고 나쁜 것을 구분하기 이전에 우선 자기 취향에 맞는 것을 선택하게 된다. 따라서 상기 사탕도 아이들을 유혹할 만한 관능적 요소를 가진 사탕이다. 문제는 혼합초코색은 어떤 색소가 얼마나 들어 갔는지에 대한 정보를 전혀 알 수 없으므로 혼합색소의 구성비율을 밝히도록 조처하여야 한다. 실제 색소란 그 분자량이 무겁고 상호 반응성이 크므

로 인체내 축적 또는 다른 성분과 서로 반응하여 제 3, 제 4의 유해물질을 만들 가능성이 많기 때문이다. 판매가격 100원으로 더 좋고 양질의 사탕을 요구하는 것은 무리이지만 어른들은 100원 가치가 어떤 의미를 가지고 있는지를 한번 쯤은 곰곰이 생각할 필요가 있을 것이다.

아이스투투멜은 당류에 각종 식품첨가물을 첨가하여 아이들의 기호에 맞도록 만든 사탕류이다. 우선 새콤-단맛이 좋고 부드럽고 씹을 때 조직감이 우수하며 색깔이 좋고 과일향이 나므로 아이들을 유혹할 만한 제품이다. 우선 제품의 식품첨가물 첨가형태를 보면 크게 당첨가, 조직개량 및 맛완화를 위한 유지류 첨가, 그리고 관능적 완화를 위한 착색료 및 착향료 등으로 되어 있다.

사탕을 만드는 주 원료는 설탕이나 물엿이다. 거의 대부분이 당류로 아이들의 건강에 문제가 될 수 있는 부분이 많다. 그리고 제품의 단순한 맛완화 및 조직감 개선을 위해 유지류를 사용하고 쫄깃쫄깃한 조직감을 위한 젤라틴 첨가, 신맛의 사과산, 그리고 착색료와 향료 등도 모두 제품의 맛을 은폐 또는 개량하고 조직감을 좋게 하기 위함이며 영양적 보강을 위해서 첨가한 것은 아니다. 실제 사탕류에 유지류를 첨가하는 것은 아이들의 맛을 길들이기 위한 가장 좋은 방법이다. 합성착색료로 사용한 청색 1호는 청자색의 분말로 소화기관에서 흡수가 매우 나쁘므로 미분해 상태로 변으로 배설된다. 현재까지 동물실험에서 발암성에 대한 증거는 없지만 과량 섭취시 알레르기 및 천식 유발, 체중 감소, 설사, 결막염 등의 증상을 유발할 수 있다. 혼합과일향은 인공착향료로 추정되는 조합향료로 많은 화학물질로 이루어진 혼합물이다. 따라서 어떤 종류가 얼마나 들어있는지는 알 수 없으나 화학물질이 향을 내기 위해 첨가하고 있다는 것만은 이해하여야 한다. 전부가 과일로 부터 추출한 것이 아니라는 사실을 알고 있어야 한다. 본 제품에 밀가루를 첨가한 것은 매우 이례적인데 양을 많게 하기 위해 첨가하거나 색소나 향료의 침착과 안정을 위해 첨가한 것으로 보인다.

꿀캔디 레몬맛은 일반적인 사탕류인데 꿀을 첨가하였다고 선전하여 아이들에게 몸에 좋다는 인식을 심어주는 그런 부류의 가공식품이다. 설탕을 원료로 하여 여기에 색소를 넣어 색깔을 낸 가장 흔한 제품류이다. 색소 황색 4호는 이미 설명한 바와 같이 가장 많이 사용되는 색소로 알레르기와 아토피성 피부염 천식 등의 원인물질이며 가려움이나 두드러기성 구진을 비롯하여 과잉행동증후군을 일으키는 것으로 알려져 있는 색소이다. 아직 사용되고 있지만 곧 사용이 중지될 것으로 보이는 색소류이다. 상기 제품에 특이한 것은 레몬 맛을 강조한 나머지 식품의 제목이 꿀캔디 레몬맛으로 되어 있지만 실제 레몬의 향이나 맛을 내는 어떠한 식품첨가물도 들어가 있지 않다. 따라서 이 제품은 표시사항에 문제가 있거나 실제 향료를 첨가하였지만 표시를 하지 않았는지 알 수가 없다. 만약 구연산이나 비타민 C를 첨가하여 레몬맛을 낸다고 했다면 그것은 잘못된 것이다.

우선 쭈쭈의 표시사항에 틀린 곳이 있어 보인다. 식물성 유지를 식품성유지로 표시한 부분이다. 상기 제품은 사탕류치고는 너무 많은 식품첨가물이 들어간 경우이다. 첨가한 것을 종류별로 분류하면 당류(물엿, 정백당), 맛보조제 및 조직유연제(탈염유청분말), 유지류(팜올레인 경화유), 산미료(구연산, 사과산), 유화제(글리세린지방산에스테르), 조직변형제(젤라틴, 아라비아검), 착색료(이산화티타늄, 식용색소), 착향료(향료, 포도향), 조미료(재염) 등이다. 우선 아이들에게 유해한 것으로 생각되는 것은 착색료이다. 특이한 것은 이 제품에 이산화티타늄을 첨가한 것으로 이 식품첨가물은 색깔을 낼 때 색깔을 잘 내게 하기 위한 착색베이스 역활을 하는 흰색 물질인데 주로 식품, 의약품, 치약, 화장품, 페인트 등에 사용한다. 물론 식품첨가물로 허용되어 있으나 착색료를 사용할 때 색깔이 잘 나게 하는 하나의 보조 착색료이다. 과잉 섭취시에 유해한 물질이다. 식용색소 적색 제 3호는 장관에서 흡수율이 매우 낮으며, 구성 성분 중 요오드가 생체 내에서 떨어져 나가 이것이 갑상선의 기능에 다소 영향을 주는 것으로 알려져 있으며, 최근 발암가능성에 대한 우려를 나타내는 물질로 주목받고 있다. 적색 제 3호와 청색 1호를 같이 섞으면 초콜릿색을 만들 수 있다. 청색 제 1호는 발암성에 대한 증거는 없지만 과량 섭취시 알레르기 및 전식 유발, 체중 감소, 설사, 결막염 등의 증상을 유발할 수 있다.

달라스캔디는 인도네시아로부터 수입한 가공식품이다. 아이들이 좋아하도록 구연산, 향료, 착색료를 첨가하여 만든 사탕으로 제품이 조잡스럽고 맛이 강한 것이 특징이다. 색소황색 4호와 청색 1호의 혼합은 매우 흔한 일로 아이들의 건강에 유해할 정도로 첨가되었는지 첨가한 양을 알 수 없어 과량 사용 여부를 확인할 수 는 없지만 수입한 식품의 의도로 보아서는 매우 값싼 제품으로 제품자체의 정보에 대해 알 수 없는 등 아이들의 기호식품종류로는 조금은 우려되는 바이다.

그외 사탕류에 사용한 것 중 체크할 것들은 아스팔탐(감미료), 캐러멜색소(착색료), 글리세린지방산에스테르(유화제), 스테아린산마그네슘(광택제), 이소말토(기능성 당류), 자일리톨(기능성 당류) 등인데 모두 사탕의 품질 향상을 위해서 첨가한 것들이다. 그러나 실은 이런 부류의 것들은 사탕 본래의 결함 또는 좀더 인식을 좋게 하기 위한 수단으로 첨가한 것이므로 별로 아이들의 건강에 도움이되지 않는다. 오히려 이런 것들은 아이들의 과량 섭취로 인한 문제점으로 작용될 수도 있다. 특히 스테아린산마그네슘은 광택제 또는 활택제로 사용되는 것으로 백색의 가볍고 미끄러운 감촉을 갖는 물질이다. 피부에 붙기 쉽고 약간 특이한 냄새가 난다. 마그네슘 스테아레이트(Magnesium Stearate)라고도 하며 스테아린산과 팔미틴산의 마그네슘염이다. 제약, 화장품, 식품 등에 활택제로 주로 사용되며 유연 효과가 있어 립스틱, 헤어 컨디셔너, 비누 등에 특히 많이 쓰이고 비타민 영양제의 타블렛에도 사용되고 있다. 이소말트는 환원팔라티노오스라고도 하는데 설탕보다 산뜻한 단맛을 나타내며 향을 개선시키는 이당류이다. 장내에서 일부 흡수되고 가수분해 속도나 흡수속도가 낮기 때문에 혈당치나 인슐린 분비에 영향이 적어서 당뇨병환자나 성인병환자에게 좋은 감미료이며 비우식성으로 충치의 원인이 되지 않는다. 이소말트는 흡습성이 낮기 때문에 캔디, 껌, 정과 등에 이용하면 표면이 끈적거리지 않고 타블렛원료로도 사용된다. 또한 낮은 용해도의 장점을 이용하여 의약용 캔디를 제조하면 활성성분이 천천히 유출되어 그 효과를 높일 수 있다. 유화제인 글리세린 지방산에스테르는 유화제로 사탕에 사용할 필요가 없는 식품첨가물이지만 간혹 사탕에 첨가, 조직을 부드럽게 하고 있다. 많이 섭취하면 영양소의 흡수장애, 무기질 손실과 신장장애를 일으키기도 한다.

아스팔탐은 설탕의 약 150-200배 가량의 단맛을 가지며 설탕맛과 비슷하며 뒷맛이 상쾌하고 체내에서는 일반 단백질과 같이 분해, 소화흡수되는 저칼로리(4㎉/g) 감미료이다. 칼로리가 적은 것이 특징이므로 저칼로리 건강식품(체내에서는 아미노산과 같이 소화흡수되어 혈당치 상승과는 무관하므로 당뇨병 환자, 비만증 환자들에게 이상적인 감미료)에 이용되며 아스팔탐이 들어 있는 음료수를 마신 경우에는 포만감을 느끼기 보다는 허기를 느끼는 경우가 많다고 한다. 아스팔탐(aspartame, APM)은 미국 Searle사가 1969년 개발한 아미노산형 감미료로 처음 1965년 소화기계 위장분비 호르몬인 게스트린(gastrin)의 저해제가 궤양치료제로서의 가능성이 있는지를 연구하던 중 우연히 발견된 이후 미국 FDA에서 1974년 7월 조건부로 사용이 허가되고 1981년 안전한 식품첨가물로 판정되면서 분말 및 건조식품에 사용하게 되었다. 아스팔탐의 아스팔산이 뇌조직의 손상을 유발할 뿐만 아니라 아스팔탐의 분해산물인 diketopiperazine도 인체에 나쁜 영향을 미치는 것으로 알려져 있다. 또 뇌에서의 아미노산 조성변화로 인한 내분비계통의 문제점을 비롯하여 알레르기반응, 신경장애, 두통, 어지러움, 위장장애 등도 보고되고 있고 페닐알라닌 대사를 하지 못하는 페닐케톤증 환자에게는 섭취를 금지하도록 권고하고 있다. 보통 1일 섭취량을 체중 1kg당 40mg으로 제한하고 있다.

8-2. 캔디

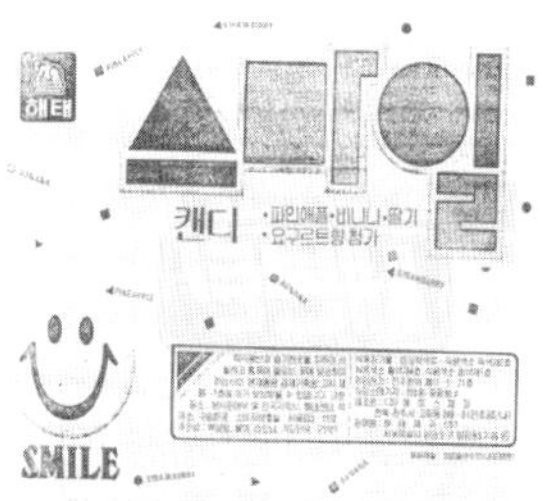

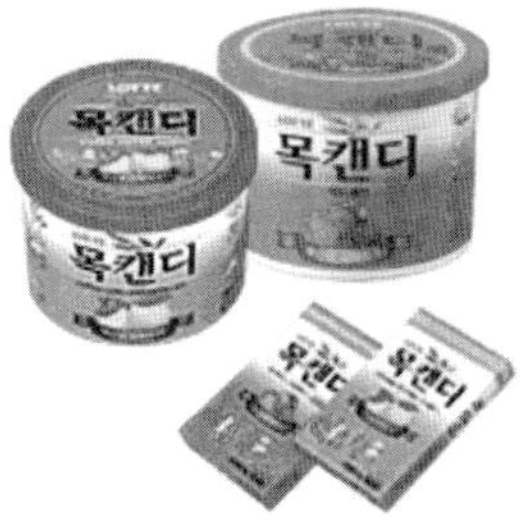

1. 시판제품의 소개

가공식품명 01 : 우주별 2(음성위 제 51호)

식품의 유형: 캔디류

가격 : 100원

주성분 : 포도당, 설탕, 구연산, 복숭아향, 커피향, 사과향, 콜라향, 합성착색료(황색 4호, 황색 5호, 적색 40호, 혼합초록)

제조원(?) : (주)건국내츄럴,

특징 : 전화번호 등 연락처 등이 없음

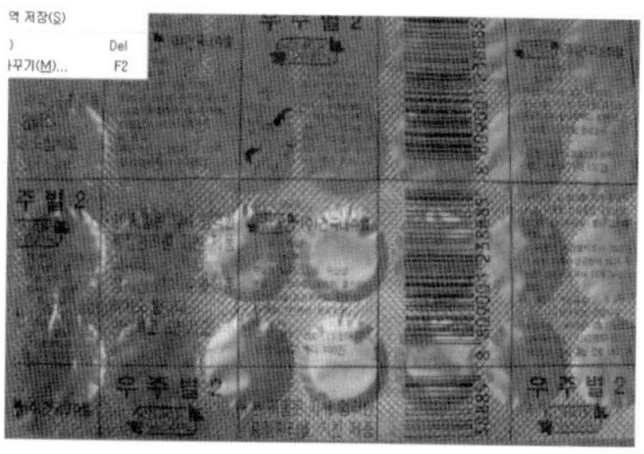

가공식품명 02 : 롯데 네거리캔디

식품의 유형 : 사탕류

가격 : 100원

원료명 : 백설탕, 맥아엿, 합성착향료, 합성착색료(식용색소 적색 40호, 황색 4호, 청색 1호), 아라비아검, 기타 전분, 글리세린지방산에스테르

제조원 : (주)삼경물산(경기도 부천시)

판매원 : 롯데제과(주)(서울 영등포구)

가공식품명 03 : BEATELES (chewy candies)

제조회사명 : 동양제과(주), 판매원은 오리온(주)

성분조성 : 주원료-백설탕, 맥아당, 정제 가공유지, 레몬과즙, 오렌지과즙, 식용색소 황색 제 5호, 합성향료, 특정성분-과즙 15% 함유

가공식품명 04 : 티피(chocolate candies)

제조회사명 : 해태제과(주)

성분조성 : 주원료-백설탕, 입힘땅콩, 정제 가공유지, 탈지분유, 코코아분말, 식용색소 황색 4호(합성착색료)

가공식품명 05 : 바니(bunny drops)

제조회사명 : 수창물산(주), 판매원은 오리온(주)

성분조성 : 주원료-백설탕, 맥아엿, 구연산, 사과산, 향료, 식용색소 황색 4호, 합성향료

가공식품명 06 : 목 캔디

제조회사명 : 롯데제과(주)

성분조성 : 주원료-백설탕, 물엿, 이소말토올리고당, 향료, 맥아엑기스, 모과페이스트, 합성향료

영양정보 : 제품(41g)당 열량 160kcal, 탄수화물40g, 올리고당1g

가공식품명 07 : 아이 플러스

제조회사명 : 해태제과(주)

성분조성 : 주원료-하이말토, 정백당, 블루베리 농축액, 구연산, 크랜베리향

포장재질 : 프로필렌수지(내포장면)

영양정보 : 제품 100g당 열량 395kcal, 탄수화물 98g, 비타민A 619㎍

가공식품명 08 : 크린(사탕류)

제조회사명 : (유)삼풍사, 판매원은 해태제과(주)

제조일자 및 유통기간 : 제조일자 및 유통기간 표시없음

성분조성 : 주원료-솔비톨, 페파민트향, L-멘톨, F-118, 슈가에스테르, 합성감미료(아스팔탐)

포상재질 : 스틸렌수지

중량 : 6.5g

영양표시 : 제품 6.5g당 열량 15kcal, 탄수화물 5g, 솔비톨 92.8%

주의사항 : 과량 섭취시(20~30g/일) 설사를 일으킬 수 있음

가공식품명 09 : 메론 캔디

제조회사명 : 해태제과(주)

제조일자 및 유통기간 : 제조일자 표시없음, 1998년 9월 19일까지

성분조성 : 주원료-하이말토, 정백당, 메론농축액, 메로향, DL-사과산, 식용색소 황색 제 4호, 합성향료

포장재질 : 프로필렌수지(내포장면)

중량 : 220g중량 : 60g

가공식품명 10 : 스마일 캔디

제조회사명 : 에이스제과(주), 판매원은 해태제과(주)

성분조성 : 백설탕, 물엿, 쇼트닝, 가당연유, 구연산, 식용색소 적색 2호, 황색 4호, 청색 1호

2. 시판 제품의 식품첨가물의 해설

과자류의 정의는 곡분을 주원료로 하여 이에 다른 식품 또는 첨가물을 가하여 굽거나 기타 방법으로 열처리하여 구운 것으로 빵, 떡류, 건빵, 캔디류, 껌, 잼, 비스켓, 웨하스, 쿠키, 크래커 등을 말한다(껌과 잼류는 식품공전에 과자로 분류하지만 본서에서는 별도로 설명함). 스낵류는 비스켓 이외의 것을 말한다.

식품공전에서의 캔디의 정의는 "식물성원료나 당류, 당알코올 등을 주원료로 하여 이에 다른 식품 또는 식품첨가물을 가하여 농축, 성형 등으로 가공한 사탕류, 캐러멜, 양갱, 젤리 등을 말한다" 라고 되어 있다. 보통 캐러멜, 드럽프스, 젤리 및 땅콩 등을 당류로 싼 것도 캔디라 한다. 물론 이것들은 설탕을 주체로 한 과자의 총칭이다. 식품위생법상에는 "캔디는 고유의 향을 가지고 이미, 이취가 없어야 하며 허용외 인공감미료나 타르색소는 검출되어서는 안된다" 라고 되어 있다.

캔디의 유래는 아라비아 용어로 sugar를 quand라 하는데 이 quand는 candy라는 말에서 유래한다. 북미에서 사용되고 있는 candy라는 용어는 초콜릿과자와 비초콜릿과자 등을 포함하는 용어지만 엄격히 구별하면 비초콜릿과자(nonchocolate confection)을 캔디, 초콜릿과자는 그냥 초콜릿(chocolate)이라 부른다. 캔디의 어원은 라틴어로 can은 설탕, dy는 형틀에 흘려서 굳힌다는 뜻이다. 캔디는 설탕을 주원료로 하고 물엿, 전분류, 유지류, 유기산, 유화제, 식용색소, 향료, 과일, 초콜릿 등을 부원료를 틀에 넣어 굳힌 사탕과자로 설탕과 물엿의 배합비, 당액의 열처리정도, 첨가하는 재료의 종류에 따라 제품을 소프트와 하드, 결정 특성에 따라 결정성 캔디와 무정형 캔디로 구분한다.

캔디의 역사는 약 B.C. 2,000년경 이집트 제 11대 Thebes왕 시대의 이집트 파피리(papyri)에서 캔디의 용어와 제조방법이 발견된 것으로 시작된다. 그 당시는 과실이나 두향, 식물 등을 벌꿀에 버무려서 단단하게 만든 과자였으나 그 후 버무린 것에 곡류분말을 섞고 치즈로 풍미를 낸 과자가 많았다. 알렉산더 대왕은 원정시 벌꿀, 향신료, 착색료를 넣어 만든 과자를 먹었다는 기록이 있고 인도 캔지스 인더스강유역 주민들이 사탕수수의 줄기에서 방울로 떨어지는 액체가 태양열을 받아 점차 단단하게 굳어진 것에 힌트를 얻어 설탕을 만들고 이것을 가지고 설탕조림과 드롭프스를 만들었다. 과일껍질과 심지를 따로 조리고, 주머니에 넣어 매달아 놓으면 그 즙이 식으면서 굳는다. 이것이 바로 젤리(불어로는 즐레)의 시

초가 되었다. 약 B.C. 1,200년경 이집트의 기록에 의하면 캔디와 사탕을 제조하기 위해 벌꿀을 채취, 정제하였다고 한다. 그 후 아랍에서는 아시아로부터 사탕수수를 가지고 와서 재배하여 설탕을 정제하여 가루설탕을 만들었다. 중세에는 사탕과자를 사치품으로 간주하고 설탕이나 벌꿀로 만들었는데 점차 캔디 형태로 발전하였다. 캔디의 시조는 설탕이나 꿀에 아카시아 수액에서 얻은 아라비아 고무를 섞어 만든 로렌지로 알려져 있는데 1,800년 초에는 캔디를 boiled sweets라 불렀다. 캔디는 드롭프스의 뒤를 이어 후르츠 캔디, 슈가 캔디, 드라제(dragee), 봉봉(bon bon : 13세기경 동방으로 원정갔던 십자군에 의해 처음 만들어짐). 누가(nougat), 타피(Toffee)와 캐러멜이 차차로 개발되었으며 현재는 하드캔디, 젤리, 캐러멜 등을 비롯한 각종 캔디가 유통되고 있다.

캔디는 아이들에게는 둘도 없는 기호식품이다. 그러나 캔디(사탕)가 비판받은 이유는 충치 때문이라고 하지만 실제 충치는 빙산의 일각이다. 캔디야말로 정제당과 첨가물 등 오직 문제있는 물질로만 이뤄졌다고 해도 과언이 아니다. 캔디의 기본은 설탕과 정제물엿을 넣고 가열 농축한 것으로 말랑말랑한 사탕은 그 속에 유화제나 경화유를 넣고 이어서 산미료나 조미료, 향료 등 첨가물을 넣고 색소를 쓴다. 물론 대부분의 첨가물과 색소는 생리기능이나 신경전달기능, 뇌기능 따위에 장애를 일으킬 가능성이 크다고 한다. 흔히 물엿을 조청과 같은 당류로 착각하나 시중의 물엿은 영양분이 거의 없는 정제당의 아류이다. 실제 정제당 70%와 향료, 색소, 유화제, 가소제, 향 보조제 등 첨가물로 만든 것이 캔디라고 생각하면 된다. 만약 과자의 겉을 초콜릿으로 코팅했다면 그것은 초콜릿이 아니고 수소첨가반응의 산물로 만든 모조 초콜릿이다. 문제는 수소첨가반응 과정으로 만든 모조 초콜릿에는 다량의 트랜스지방산이 들어 있는데 이 지방산은 심장병, 동맥경화증을 유발하고 간암, 위암, 대장암, 당뇨병과 관련이 있는 독성 물질의 원인이 되기도 한다. 과자를 부드럽게 만드는 쇼트닝 역시 수소첨가반응의 산물이다. 따라서 트랜스지방산이 많이 들어 있을 수 밖에 없다. 즉 대부분의 과자류에는 정제당류, 트랜스지방산, 식품첨가물이 많이 들어 있다고 봐도 지나치지 않는다. 롯데 목캔디를 제외한 거의 대부분의 사탕에는 황색 제 4호, 황색 제 5호, 적색 2호, 청색 1호 등의 색소가 사용되었고 해태 썬키스트와 오리온 바이오 사탕은 D-솔비톨(합성보존료)도 사용하고 있다. 구연산은 캔디의 신맛을 부여하기 위해서 첨가되었는데 부드럽고 상쾌한 캔디 고유의 맛을 부여한다. 결정성 분말로 조해성이 있어 공기 중에 흡습하여 캔디의 부드러운 조직을 갖게 하는데 기여한다. 사과산은 백색 분말로 특이한 사과의 신맛을 가지고 있는데 구연산과 매우 흡사한 신맛을 가지고 있다. 신맛의 정도는 구연산이 다소 강하지만 맛의 지속성은 다른 산미료에 비하여 매우 크다. 적색 2호는 적색 부여를 위해 첨가한 착색료로 내광성, 내열성이 좋고 유기산에 안정하나 산화, 환원에 약하고 알칼리성 조건에서는 암적색으로 변한다. 또 금속이온에 의해 퇴색한다. 우리나라와 일본, 유럽연합, 캐나다, 국제식품규격(코덱스) 등에서 식품첨가물로 일부 허용돼 있지만 미국, 태국 등 일부 국가에서는 발암성 물질인지 여부에 대한 안전성을 확인할 수 없다는 이유로 사용을 금지하고 있다. 황색 4, 5호는 캔디의 황색 부여 목적으로 사용되며 타르계색소 중 가장 안정한 것으로 내광성, 내열성에 강하고 유기산에도 안정하므로 캔디류에 사용하기 적합한 착색료이다. 그러나 알칼리성 조건에서는 붉은 빛을 띠므로 유의해야 한다. 청색 제1호는 내열, 내광, 내염성이 좋으며 유기산에 안정하며 알칼리성 조건에서도 강하다. 그러나 금속염에 의해서 퇴색, 변색되며 흡습성이 크다. 캔디의 청색발현 목적으로 사용한다. 간장, 신장을 손상할 우려가 있다. 말티톨(maltol)은 설탕과 같이 단맛을 가지고 있는 백색 또는 약간 황색 분말로 단맛과 향기를 위해 직접 첨가하는데, 파이애플, 포도, 딸기, 초콜릿 등 이외 음료, 캔디(31ppm), 아이스크림, 젤라틴, 젤리 등에 첨가한다. 아스팔탐(aspartame)은 백색 분말로 냄새가 없고 단맛은 설탕의 약 150-200배 가량으로 감미질이 설탕맛과 비슷하며 뒷맛이 상쾌한 저칼로리 감미료이다. pH가 3이하 이거나 pH가 6이상일 경우는 감미를 상실하게 된다. 아스팔탐 섭취와 암 발생, 탈모, 우울증, 치매 및 행동장애와의 연관성들이 보건 당국에서 심각하게 검토되고 있으며 특정 효소의 결핍으로 인한 대사장애의 하나인 페닐케톤뇨증(phenylketonuria)을 가진 사람들에게는 아스팔탐이 유해할 수 있다. 또 아스팔탐 섭취량이 많을수록 백혈병이나 임파선암 위험이 증가하는 것으로 쥐 실험 결과 밝혀졌다.

캔디에는 멘톨, 메로향, 크랜베리향 등 매우 다양한 착향료를 첨가하는데 모두 인공향료이다. 페파민트의 주요 성분인 멘톨은 피부와 점막을 시원하게 해 주고, 항균과 통증 완화에 효과적이어서 고대 이집트에서는 식용과 약용 및 방향제로, 고대 그리스에서는 향수의 중요한 성분으로, 그리스와 로마에서는 향수 외에도 원기 강화제와 목욕 첨가제로 사용하였다. 정신적 피로와 우울증, 신경성 발작 등에 효과가 있고, 더울 때에는 차갑게 해 주고 추울 때에는 따뜻하게 해 주는 성분이 점액의 유출을 막아주고 해열과 발한을 돕는다. 감기·천식·기관지염·콜레라·폐렴·폐결핵·식중독·신경통 등에 효과가 있다. 일부 기름을 사용한 과자의 경우 차아황산나트륨을 표백제, 산화방지제 등의 용도로 사용하고 있다. 이것은 지방의 산패를 막기 위해 사용한다.

우주별 2는 우선 제품에 너무 많은 양의 식품첨가물이 들어가 있다는 점이다. 첨가한 것들을 구분해서 정리하면 우선 당류로 포도당, 설탕이 거의 대부분이고 맛을 내기 위해 구연산을 첨가했으며 향을 내는 착향료와 색깔을 내는 착색료로 만들어진 사탕이다. 향을 내기 위한 향료로 복숭아향, 사과향, 콜라향, 커피향 등은 모두 인공향료로 천연의 것이 아닌 조합향료의 일종이다. 즉 화학물질로 생각하면 된다. 캔디에서의 향을 다양하게 하기 위해 많은 종류의 향료를 첨가한 것으로 보인다. 합성착색료는 매우 많은 종류를 사용한 것으로 보이는데 이렇게 색소를 많이 사용하는 것은 관능적인 것은 좋겠지만 아이들의 건강면에 있어서는 매우 우려될 만한 것으로 생각할 수 있다. 인공색소는 대부분 석탄타르 중에 함유된 벤젠이나 나프탈렌으로부터 합성되는 타르계색소로 소화효소의 작용저지 및 간장, 신장의 장애를 일으킬 우려가 있으며, 일부는 알레르기 유발물질로 분류되어 의무표기 대상이 되어 있는데 가장 빈번하게 사용된 색소는 황색 제 4호이고 그 다음 적색 제 40호, 청색 1호 등 순이다. 적색 제 40호는 식용색소 적색 2호 대신으로 많이 사용되는 색소로서 캔디, 음료, 샤베트, 과자류 등에 널리 사용되는 황색 또는 갈색을 띤 적색색소인데 세계적으로 발암증거가 확인되었거나 선진국에서 사용금지를 고려하고 있는 것들인데 황색 제 4호와 더불어 위, 결장, 방광의 DNA 손상을 유발한다고 한다. 경구투여시, 흡수되기 전에 부분적 아조분해 반응을 일으키는 색소로써 인체의 흡수율이 저조하며 주로 변을 통하여 체외로 배출된다. 황색 제 4호는 빙과류와 청량음료의 색을 내는데 쓰여지는데 석탄 타르 중에 함유된 벤젠이나 나프탈렌으로부터 합성된다. 이것은 일부의 사람들에게 피부민감증 반응, 즉 가려움이나 두드러기성 구진을 일으키는 착색료로 알려져 있는데 미국을 비롯하여 우리나라, 거의 대부분의 나라에서는 이의 사용을 반드시 표시하여야 하는 것을 의무화하고 있다. 급성독성은 쥐의 동물실험으로 쥐의 제중 1kg당 2,0g을 먹이면 그 반수가 사망하는 독성이다. 1975년 미국상원에서 청소년의 폭력원인으로 결론지은 문제 색소 황색 제 4호는 알레르기 유발, 과잉행동증후(hyperactivity defict disorder : HLD증) 또는 주의력결핍 과잉행동장애(Attention defict hyperactivity disorder : ADHD)을 일으킨다는 것이다. 이것은 소년이 매사에 의욕이 없어지고, 까닭없이 과격한 행동과 폭력을 휘두르는 증상이라고 한다. 이 합성착색료가 몸안에 들어가면 메틸니트로소 효소와 에틸니트로소 효소라는 유해물질이 생기고 이 물질이 인간의 뇌 가운데 뭔가 하고자 하는 의욕을 관장하는 전두엽에 상처를 입혀 의욕을 상실케 한다는 것이다. 0-3세의 유아에겐 더욱 치명적이다. 황색 제 4호는 롯데제과의 '죠스바' '디지몬테이머즈' '주물러테리어몬' 등에 사용된 적이 있으며 말린 청어알, 성게알젓 절임물 조림반찬, 사탕, 생과자, 구운과자, 음료수, 빙수의 시럽 등에 매우 폭넓게 사용하고 있다. 특이한 것은 이 색소는 단독보다는 다른 색소와 같이 사용된다는 점이다. 황색 제 5호는 황색 제 4호와 같이 알레르기와 아토피성 피부염, 천식 등을 일으킨다. 오렌지색 분말로 적색 제 3호와 청색 1호를 같이 섞으면 초콜릿색을 만들 수 있으며, 청색 2호와 섞으면 검은 색을 만들 수 있다. 급성독성으로는 쥐에게 1kg당 2g이상 먹이면 반수이상 사망하는 것으로 되어있다. 녹색색소는 캔디에 잘 사용되지 않는 색소인데 상기 제품에 사용한 혼합녹색이 인공향료인지 천연향료인지를 알 수 없으나 표기한 스타일로 미루어 인공향료로 추정된다. 인공향료는 화학약품과 같은 것으로 생각하면 된다.

상기 제품의 경우 특이한 것은 제조원의 소재에 대한 정보가 전혀 없어 만일의 사태가 발생하였을 경우 전혀 연락이 불가능하며 해당 제품에 대한 정보도 얻을 수 없다. 이런 사항들은 불량식품지도를 통해 반드시 해결되어야 할 사항이다.

8-3. 쫀드기

1. 시판 제품의 소개

가공식품명 01 : 추억의 쫀드기

식품의 유형 : 스낵과자류

가격 : -

주성분 및 식품첨가물 : 소맥분(밀:미국산, 호주산)46%, 백설탕25.5%, 정제수27.997%, 정제염0.5%, 식용색소 황색 5호, 황색 4호, 적색3호(합성착색료)

제조원 : 애플식품(대전 동구)

판매원 : (주)조은식품(경남 김해)

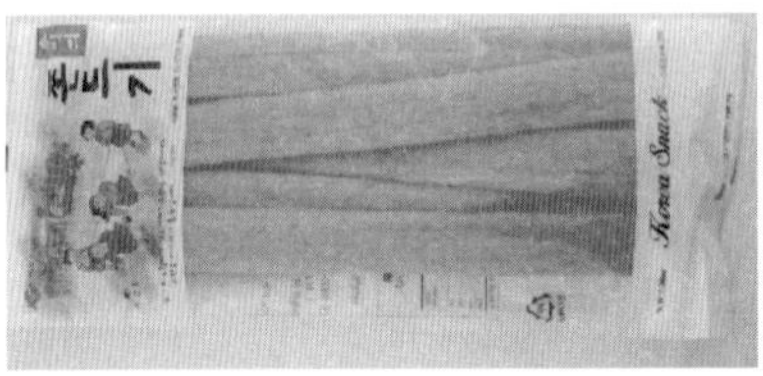

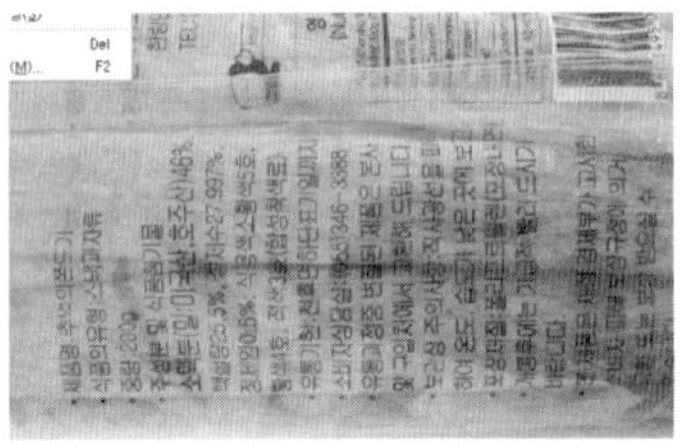

가공식품명 02 : 3색 신흥 맛 쫀드기

식품의 유형 : 스낵과자류

가격 : -

주성분 및 식품첨가물 : 소맥분(밀:미국산, 호주산), 백설탕, 솔비톨, 중탄산암모늄, 에스텔-400(혼합제제)합성착색료(식용적색 3호, 황색 4호, 황색 5호, 카

라멜색소)

제조원 : 신흥식품(부산광역시 강서구)

가공식품 03 : 쫀쫀니200

식품의 유형: - 스낵과자류

가격 : 200원

원재료명 : 맥아엿, 백설탕, 정제가공유지, 젤라틴, 포도농축과즙(고형분함량 65%) 1.13%, 구연산, 분말설탕, DL-사과산, 포도향, 자당지방산에스테르, 레시틴, 합성착색료(이산화티타늄, 식용색소 적색 40호, 식용색소 청색 1호

제조원 : (주) 정우제과(경기도 안양)

판매원 : 롯데제과(주) (서울)

2. 시판 제품의 식품첨가물의 해설

쫀드기는 쫄깃쫄깃한 맛을 가진 것으로 아이들의 선호 식품인데 우선 생각보다 여기에 식품첨가물이 많이 들어 가 있다. 쫀드기는 추억의 간식거리로 알려질 정도로 아이들에게는 널리 알려진 가공식품인데 쫀드기가 고무로 만들어져 있기 때문에 인체에 해롭다 라고 생각하는 사람이 많을 정도로 흡사 고무로 만든 식품같은 착각을 일으키게 한다. 특히 옛날에는 비위생적으로 만들어져서 불량식품이라고 말하는 사람이 많을 정도였고 고무로 만

들어 고무처럼 질기다고 겁을 주기도 한 식품이다. 그러나 실제 쫀드기는 고무로 만든 것은 아니다. 다만 고무와 같은 조직감을 가지고 있을 뿐이다. 쫀드기는 주성분이 어육(연육이나 생선살)이다. 즉 연육, 전분, 대두단백, 식염, 설탕, 물 등을 넣어서 뽑은 뒤 건조한 제품이다. 보통 구워서 먹을 수도 있고, 양념조미로 해서 살짝 구워서 먹을 수도 있다. 그러나 실제 최근에는 어육을 식품원료가 아닌 부산물(물고기에서 포를 뜨고 사료용으로 버리는 뼈)에서 채취하여 사용하는 경우도 적발되는 등 불량식품에의 가능성이 매우 높은 가공식품이다. 실제 뼈에 붙어 있는 살은 사료나 폐기용으로 버리는 것인데 이것을 원료로 사용하는 경우가 있을 수 있다.

간혹 신문에 어린이들이 좋아하는 '쫀드기' 등에 방부제를 넣은 경우가 적발되고 있다. 식품의약품안전청은 과자에 사용이 금지된 방부제 디하이드로초산을 넣어 불량쫀드기를 만든 경우가 있기 때문이다. 디하이드로초산이 첨가된 스낵 '옥수수 쫀드기', 나왔다 쫀득쫀득' 등이 그 경우이다. 디하이드로초산은 마가린, 버터, 치즈 등 일부 식품에만 제한적으로 사용하도록 돼 있는 것으로 성장기 어린이의 경우 방부제를 장기간 과다 섭취할 경우 건강에 해롭다.

쫀드기에 들어간 식품첨가물을 정리해 보면 백설탕, 맥아엿, 정제수, 정제염, 구연산, 포도향, 정제가공유지, 자당지방산에스테르, 레시틴, 젤라틴, 식용색소 황색 5호, 황색 4호, 적색 40호, 식용색소 청색 1호, 적색 3호, 캐러멜색소, 이산화티타늄, 솔비톨, 중탄산암모늄, 에스텔-400(혼합제제) 등인데 생각보다는 많은 식품첨가물이 사용되고 있다. 사용한 식품첨가물을 종류별로 분류해 보면 우선 당류(맥아엿, 백설탕), 맛-조직개량제(정제가공유지, 정제염, 젤라틴), 산미료(구연산), 향료(포도향), 유화제(자당지방산에스테르, 레시틴), 착색료(이산화티타늄, 카라멜색소, 식용색소 황색 5호, 황색 4호, 적색 40호, 청색 1호), 감미료(솔비톨), 팽창제(중탄산암모늄), 기타(에스텔-400) 등으로 구분할 수 있다. 여기에서 특히 주의할 사항은 착색료가 많이 들어 있다는 점이다. 실제 쫀드기를 보면 다양한 색깔을 가지고 있는데 이것은 여러가지 색소를 적당한 비율로 혼합하여 여러 종류의 색을 만든 것이다. 특히 착색을 깨끗하게 만들기 위해 색깔 기초제인 이산화티타늄을 첨가하였다. 아이들의 먹는 가공식품에는 이와 같이 많은 양의 식품첨가물이 들어가 있는데 그 이유는 여러 가지로 생각할 수 있으나 제품의 결점을 완화 또는 은폐하기 위한 수단으로 여러 종류의 식품첨가물을 사용하는 것으로 생각된다. 황색 4호는 식용색소 중 가장 많이 사용하는 색소 중 하나로 알레르기를 일으키고 아이들의 집중력을 떨어뜨려 과잉행동증후군을 일으키는 색소류이다. 그 외 알레르기 및 천식 유발, 과민증 발생, 장기 투여시 체중 감소, 설사 등의 증상을 유발할 수 있는 색소류이다. 황색 5호도 4호와 같이 알레르기 유발, 피부염 발생에 관여하는데 청색 1호, 청색 2

호와 잘 혼합하여 사용하고 있다. 적색 3호는 구성 성분 중 요오드가 생체 내에서 떨어져 나가 이것이 갑상선의 기능에 다소 영향을 주는 것으로 알려져 있으며, 최근 발암가능성에 대한 우려를 나타내는 물질로 주목받고 있다. 현재 독일, 폴란드 등에서는 식품사용을 금지하고 있다. 쥐에게 체중 1kg당 2g이상 경구 투여하면 그 반수가 죽고 만다. 사람의 추정치사량은 200g- 300g이다. 중탄산암모늄은 탄산수소암모늄이라고 부르며 탄산암모늄과 마찬가지로 가열에 의해 암모니아와 탄산가스를 발생하는 가스발생 팽창제로서 사용한다. 탄산수소나트륨과 산성제와 배합하여 사용한다. 급성독성으로서의 독성은 매우 높지 않아 사실상 문제가 없다고 하지만 최소량을 사용하는 것이 좋다. 제조시 증발하여 잔존하지 않으며, 일일허용섭취량의 기준은 없다. 쫀드기에 특이한 것은 에스텔-400(혼합제제)이라는 식품첨가물이다. 구체적으로 어떤 종류가 얼마나 들어갔는지는 알 수 없을 정도로 표기한 것으로 미루어 여러 가지 식품첨가물이나 식품재료가 함께 혼합된 것으로 보인다. 보다 상세한 표기가 요망되는 부분이다. 맛을 내기 위해 산미료를 첨가하고 부드럽고 유연한 쫀쫀니를 만들기 위해 유화제를 첨가하였다. 일반적으로 유화제는 유지를 사용할 경우에 유지의 분리를 막고 조직의 유연성을 도모하기 위하여 첨가하는데 상기 제품에는 정제가공유지를 넣어 조직감을 더 좋게 하였기 때문에 아마 유화제를 사용할 것으로 보인다. 젤라틴은 동물성 겔 물질로 쫄깃쫄깃한 조직감을 갖기 위해 첨가한 것이다.

8-4. 스낵과자류

1. 시판 제품의 소개

가공식품명 01 : 쫄쫄이 네모스낵

식품의 유형: 스낵과자류

가격 : 100원

원재료명 및 식품첨가물 : 소맥분(수입산/호주, 미국), 백설탕, 옥수수콘수입산), 솔비톨, 뉴슈가골드(혼합제제), 식염, 간장분말(간장 90%(탈지대두(대두/미국산, 국내가공품)소맥분(밀/미국산, 국내가공품), 덱스트린, 식염)], 대파분말(중국산), 양파분말(중국산), 쇠고기프리믹스 1회, 쇠고기 농축액(국내산), 소맥전분(수입산), L-글루타민산나트륨(수입산), 천연마

늘분말(중국산), 정제염(국내산), 액상카라멜, 합성착색료/식용색소황색 4호 0.14%,

제조원 : 신원식품

판매원 : (주) 라이온제과

가공식품명 02 : 새우깡과 기타

식품의 유형 : 스낵류(유처리제품)

유통기한 : 제조일로부터 6개월까지

주원료명 : 소맥분, 팜 올레인, 옥수수전분, 새우, 미강유.

특정성분함량 : 새우 7.0%함유, DHA 3.6mg 함유.

가공식품명 03: 해태제과 '투칸스'

제조원 : 해태산업(주)

판매원 : 해태제과(주)

식품의 유형 : 스낵류(유탕처리 식품)

주원료 : 소맥분, 식물성 유지, 옥수수전분, 감자 9%, 양파 14%

식품첨가물 : 합성착색료, 식용색소 황색 제4호

가공식품명 04 : 감자깡

제조원 : 농심

식품의 유형 : 스낵류(유탕처리 식품)

원재료명 : 증숙감자, 팜올레인유, 정백당, 탈지대두, 유청분말

2. 시판 제품의 식품첨가물의 해설

스낵의 시초는 팝콘, 포테이토칩 등이 그 시초인데 포테이토칩은 1835년 미국의 George Clum이라는 요리사에 의해 개발된 스낵의 대표적인 식품이다. 현대적 의미의 스낵은 미국에서부터 시작하여 유럽, 일본을 거쳐 우리나라에 들어왔는데 대표적인 것이 감자칩, 콘칩 등 서구적 과자의 일종이고 우리나라 제품을 억지로 예를 들면 간식용 및 손님 접대용, 술안주용, 제례용 등의 목적으로 이용되는 강정, 다식, 박상, 양과, 산자 등이 여기에 속한다. 스낵이란 넓은 의미에서는 가벼운 식사(light or casual or hurried meal), 도시락, 간식 등을 뜻하는데 snap(잽싸게 물다)이라는 용어에 그 어원이 있다. 이 어원은 중세 네덜란드 말인 snacken(깨물다)에서 나왔다고 알려지고 있는데 그것이 snac으로, 영어로 snake(한번 깨물기)로 발전하였다. 이 용어는 하루 세 끼 주식이외 가볍게 먹을 수 있는 것으로 모든 간편과자를 의미한다. 좁은 의미에서 스낵은 과자의 일부분으로 비교적 비중이 가볍고 가격이 싸고 부담없이 먹을 수 있는 것을 말하며 곡류, 감자, 고구마, 콩, 전분, 견과류 및 육류 등을 원료를 사용하여 frying, roasting, extruding, popping 등과 같은 공정을 거쳐 알코올성 또는 비알코올 음료와 같이 먹는 가벼운, 즐기기 위한 식품을 말한다. 이와 같이 스낵은 사람이 가볍게 먹을 수 있는 식품을 총칭한 것인데 허균의 도문대작에도 유밀과(약과, 산자, 약반 등), 음식지미방에는 연약과, 강정, 다식, 박산 등, 전주이씨의 규합총서에는 약과, 강정, 빙사과, 산자 등이 소개되어 지금의 스타일과는 다르지만 어떻든 스낵개념의 과자류가 상용된 셈이다. 해방이후부터 1950년대까지는 가내공업, 소규모 영세기업으로, 1960년대 초부터 비약적인 발전을 이루었으며 1960년대말 생산체제를 갖추어 껌, 아이스크림, 비스켓 등을 생산하고 1970년대 스낵의 형태를 제대로 갖추게 되었다. 우리나라에서도 옛날부터 제사용, 간식용, 손님접대용, 술안주용 등의 목적으로 현재의 스낵이나 과자류와 비슷한 조과를 만들었다.

우리나라는 1971년 농심의 새우깡을 시작으로 당시에는 스낵이란 개념으로 출발하진 않았지만 주로 캐러멜, 비스켓, 캔디, 셈빼이류 등의 간식을 비롯하여 죠리퐁(크라운제과,

1972), 꿀짱구(삼양식품, 1973), 맛동산(해태, 1975), 봄비나(롯데, 1976), 오징어땅콩(동양제과, 1976), 옥수수 계통의 인디안밥(농심, 1976), 바나나킥(농심, 1978) 등이 본격적으로 생산되었다. 1980년대부터는 양적, 질적 발달을 하여 고깔콘(롯데, 1981), 콘칩(삼양, 1984), 감자계통의 포테이토칩(농심, 1980) 등 본격적인 스낵식품이 유행하였으며 밀가루 대신 쌀을 이용한 쌀 스낵, 초콜릿을 코팅 또는 filling한 초코스낵이 식사 대용품으로 시리얼 형태로 개발되었다. 특히 1980년 중반 이후 쌀과자를 비롯한 식사대용의 시리얼 제품류가 생산되고 현재는 2축형 extruder를 사용한 스낵이 시판되고 있다. 우리나라의 스낵은 처음부터 소맥분계가 주류를 이루고 그후 계속 발전하여 콩계통, 감자계통, 쌀계통 등으로 원료를 다양화했지만 아직도 소맥분계가 다수를 차지하고 있다. 현재 식품위생법에서는 스낵제조업은 과자류 제조업으로 허가되고 있으며 그 중 건과류, 유과류에 속한다.

해태제과에서는 1945년 10월 3일 창업과 함께 캐러멜, 웨하스, 젤리 등을 만들었고 1959년 비스켓 공장을 건립, 비스켓, 건빵을 만들어 군납하였다. 그 이후 쿠키, 크래커, 파이, 건빵, 웨하스 등을 비롯하여 에이스, 칩스칩스, 구운감자, 샤브레, 버터링, 후렌치 파이, 텐더롤, 데리쿠키, 딸기파이, 루키, 코네뜨, 롤리폴리, 크림맛웨하스, 미니초코파이, 아이비, 미니에르, 사루비아, 초코픽, 크래커스, 땅콩쿠키 등과 알사탕, 자두맛 사탕, 메론맛 사탕, 허브 큐, 젤리, 캐러멜, 통키통키, 깜찍이소다(앵두, 사과), 가마솥에 누룽지맛, 자유시간, 티피, 리베 등의 과자류와 초콜릿, 스낵류를 만들어 유통하였다. 스낵은 원료와 성형방법에 따라 분류한다.

<원료에 따른 분류>

종 류	제 품	원 료	특 징
포테이토	성포테이토칩 포테이토슈스트링 성형포테이토칩	감 자 감 자 감자 가루	생감자를 튀김 생감자를 막대모양으로 절단, 튀김 감자가루를 성형해서 튀김
콘	콘 프 레 이 크 콘 칩 퍼 프 트 콘	옥 수 수 옥수수가루 옥수수그릿	호미니콘을 요리하고 압연해서 구워냄 옥수수가루를 요리해서 성형한 후 튀김 옥수수그릿을 익스트루더를 이용해서 퍼핑
기타종류	소 맥 분 스 넥 미 분 계 스 넥 고구마분계스낵	소 맥 분 미 분 고 구 마	소맥분으로 요리하고 성형해서 튀기거나 구워냄 미분으로 요리, 성형해서 튀기거나 구워냄 고구마분을 성형하거나 고구마를 저며 튀김

	원료상태	성형법	가식화공업	제품군
원료그대로 가공하는 방법	생 원 료 (종자상태)	Slice 압 연	튀 김 구 워 냄	포 테 이 토 칩 콘 프 레 이 크
조립화 원료가공	그 릿 매 쉬	압 출 로 울 성 형	튀 김 구 워 냄	퍼 프 트 콘 성형 포테토칩 고 구 마 스 넥, 센 베 이, 콘 칩
미립화 원료가공	옥수수가루 소 맥 분 미 분	압 출 기 로 울 성 형	튀 김 구 워 냄 염 초	콘 칩 퍼 프 트 콘 소 맥 분 스 넥 고 구 마 스 넥 미 분 스 넥

간혹 스낵을 세대별로 구분하기도 하는데 제 1세대 스낵(옥수수粒, 쌀粒, 감자슬라이스 등을 사용하여 가공한 스낵, 팝콘, 라이스퍼프, 포테이토칩, 콘프레이크), 제 2세대 스낵(큰그릿, 쌀가루 등을 압출기로 직접 압출시킨 제품), 제 3세대 스낵(곡물가루 또는 곡물粒을 익히거나, 롤러나 기타성형기에서 성형하여 건조, 에이퍼프, 튀긴 제품군, 콘칩, 콘퍼프, 성형포테이토, 소맥분계, 고구마스낵) 등이 있으며 햄버거, 감자튀김과 같은 패스트푸드, 냉동식품 등을 통털어 보통 인스턴트형 식품이라고 한다. 이와 같이 스낵식품을 어떤 사람들은 인스턴트의 본질을 가진 식품 또는 정크푸드(Junk Food)의 일종이라고 말하는 사람도 있는데 정크(junk)라는 말은 쓰레기, 넝마란 뜻이다. 정크푸드란 쓰레기 같은 식품을 뜻한다. 즉, 사람 몸에 필요한 비타민, 섬유질, 미네랄 등은 거의 없고 열량만 지나치게 높아 비만의 주범으로 꼽히고 있는 것이다. 이러한 견해는 이 식품에 함유된 지방과 인공첨가물은 성인병을 유발하고, 철분 흡수 방해로 빈혈을 일으키며, 흥분제 역할을 하는 등 정서에도 악영향을 미치고 중독성이 강하기 때문에 붙여진 이름이다. 패스트푸드에는 칼슘과 칼륨의 체내 저장을 방해하는 나트륨을 포함해 안정제, 유화제, 보존료, 살균제, 산화방지제, 착색제, 발색제, 탈색제, 감미료, 팽창제 등 각종 첨가물과 화학 조미료가 들어 있다. 칼슘과 마그네슘, 무기질이 부족하면 신경이 예민해지고 성질이 급해진다. 또 식품첨가물은 장과 간에 부담을 주고 발암의 위험을 주고 이밖에 뇌의 장애, 성장 장애, 비만, 기억력 쇠퇴, 노화, 골다공증 등을 유발할 수 있다. 인스턴트식품과 냉동식품의 경우 비타민과 미네랄의 부족을 초래해 뇌의 정상적인 대사를 방해해 두뇌발달의 저하, 기억력과 집중력 감퇴 등을 가져오고, 뇌세포를 파괴시킨다. 또한 섬유질의

부족을 초래해 장내 독소와 노폐물의 원활한 배설을 방해함과 동시에 활성산소의 양을 증가시켜 뇌에 산소공급이 원활하지 못하게 된다. 이러한 유해성 때문에 전 세계적으로 정크푸드 추방운동이 활발하게 벌어지고 있는데, 우리나라의 경우 지난 2004년 4월 2일, 아이들의 건강과 환경을 생각하는 엄마들의 모임인 '다음을 지키는 사람들'에서 '안티패스트푸드(cafe.daum.net/ antifastfood)'운동을 전개한바 있다.

스낵류에 주로 사용하는 식품첨가물은 팜올레인, 옥수수전분, 미강유, DHA, 식용색소, 조합향료 등이다. 색소의 경우 현재 황색 4호를 비롯한 23종류의 색소가 사용 허가되어 사용되고 있는데(타르계 16개, 비타르계 7개) 황색 제 4호는 식용색소 중 가장 많이 사용하는 색소 중 하나로 내광성, 내열성, 내염성에 강하나 내 산화성에 약하다. 알칼리성에는 비교적 안정하나 알칼리에 의한 적색도가 높다. 황색 제 5호는 내열, 내산, 내광성이 있으며 4호보다 더 알칼리성 용액에서는 볽은 느낌을 낸다. 그러나 황색 4호는 알레르기를 일으키고 아이들의 집중력을 떨어뜨려 과잉행동증후군을 일으킨다고 한다. 이것은 소년이 매사에 의욕이 없어지고, 까닭없이 과격한 행동과 폭력을 휘두르는 증상을 흔히 HLD증이라 하는데 황색 4호 등의 합성착색료가 몸 안에 들어가면 메틸니트로소 효소와 에틸니트로소 효소라는 유해물질을 만들어 이 물질이 인간의 뇌 가운데 뭔가 하고자 하는 의욕을 관장하는 전두엽에 상처를 입혀 의욕을 상실케 한다고 한다. 0-3세의 유아에겐 더욱 치명적이다. 그 외 황색 4호와 황색 제 5호는 알레르기 및 천식 유발, 과민증 발생, 장기 투여시 체중 감소, 설사 등의 증상을 유발할 수 있으므로 특히 알레르기 질환을 가지고 있는 어린이는 섭취를 자제하도록 권고하고 있다. 일반적인 착색료의 독성은 간, 혈액, 콩팥장애, 발암성 등으로 알려져 있다. 착색료는 다음 식품에는 사용할 수가 없다. 그 식품은 "면류, 단무지, 특수영양식품(캡슐제외), 건강보조식품(캡슐제외), 인삼제품류, 두부류, 젓갈류, 김치류, 천연식품(식육, 어패류, 과실류, 해조류, 두류) 및 그 단순 가공품(탈피, 절단 등), 벌꿀, 장류, 식초, 소스류, 토마토케찹, 잼, 고추가루, 실고추, 후추가루, 천연 향신료, 카레, 식육제품(소시지제외), 어육연제품(소시지제외), 식용유지, 버터류, 마가린류, 드레싱류, 카스테라, 레토르트식품, 즉석건조식품, 복합조미식품, 메주, 코코아버터, 땅콩 및 견과류 가공품, 스프류, 코코아분말, 조미김 등이다. 주요 사용대상 식품은 3,2산화철, 수용성아나토, 철클로로필린나트륨, 베타카로틴은 바나나(꼭지절단면), 곤약에 한하고 천연식품에는 사용하지 못하도록 하였다. 동클로로필린나트륨은 야채류 또는 과실류의 저장품, 다시마, 껌, 완두콩 통조림, 한천 등에 사용하도록 허용하였다. 파프리카 추출색소, 카로티날, 황산동, 이산화티타늄 등은 조제분유 이유식에 한하고 천연식품, 고추가루, 실고추, 김치류, 고추장 등에는 사용하지 못하도록 하였다.

<주요 색소료 사용 용도>

색소명	성상	용도용법	ADI mg/kg
식용황색 4호 (타트라인)	등황~오렌지색의 분말 또는 낱알 물 글리세린에 가용 에탄올에 난용	소금절임, 섬게 알젓, 어패, 해초 조림, 엿, 과자, 음료 등에 단용 또는 다른 식용색소와 혼합해서 사용	0~7.5
식용황색 4호 알루미늄레이크	황색의 미세한 분말 물, 유기용매에 불용	분말식품, 유지제품 등 단용 또는 다른 식용색소레이크와 배합해서 사용	
식용황색 5호 (신세트엘로FCE)	오렌지적 분말 또는 낱알 물,글리세린 등에 가용 에탄올에 난용 유지에 불용	소금절임, 어패, 해초 조림 소시지, 화양과자 음료 등 단용 또는 다른 식용색소와 배합해서 사용	0~2.5
식용황색 5호 알루미늄레이크	오렌지황색의 미세한 분말 물, 유기용대에 불용	분말식품, 당의과자 등 단용 또는 다른 식용색소레이크와 배합해서 사용	0~12.5

스낵에 사용하는 향미제는 일반 가공식품에 사용하는 향료류와는 상이한 점이 있으며 그 필요성 면에서 상당히 중요한 위치를 점하고 있다. 상업적으로 이용할 수 있는 원료들은 저장 혹은 제조 공정중의 여러 조건으로 향기 성분의 약화 또는 변형이 생긴다. 이렇게 소실된 향기 성분을 보충하기 위하여 향미제의 첨가가 필요하게 된다. 또 신제품을 제조하여 소비자의 기호도를 만족시킬 목적으로 사용한다. 사용하는 종류로는 주로 합성향료나 조합향료를 사용한다.

조합향료를 만들 때 그 골격을 소재로 하여 이용하는 것에 기초제(base), 조화제(blender), 변조제(modifier), 보류제(fixativer) 등이 있는데 ethyl alcohol, propylene glycol, 유지 등의 용제, 고급 알코올류, 계면활성제 등이 조합향료제조에 사용되고 있다.

DHA는 메가-3 고도 불포화 지방산이라고 부르는데 인간의 뇌세포에 들어갈 수 있는 몇 가지 안 되는 물질중 하나로 뇌세포 지방에 약 10%정도 함유되어 있으며, 분자구조상 세포막을 부드럽게 하여 정보의 전달속도를 높여 기억력과 학습능력을 전반적으로 향상시키고 미숙아의 원만한 뇌 발달에 관여하는 물질로 혈액순환이 잘 되며 혈전을 억제한다. 고등어, 꽁치, 참치 등 등푸른 생선과 연어, 송어 등 기름이 많은 생선과 대구 등에 많이 함유되어 있는데 DHA 함유어유는 분자 중에 많은 이중결합을 갖고 있기 때문에 불안정하여 산소, 자외선, 온도에 영향을 받기 쉽고, 특히 산소에 의해 산화가 일어나기 쉽다. 신체에서는 뇌, 신경, 망막, 심장, 정소 등에 많이 들어 있고 뇌회백질에 인지질 형태로 들어 있으며 정보전달과 관계가 있는 신경전달 세포인 시냅스나 시냅스의 소포 중에 높은 농도로 존재한다. 최근에는 DHA가 관상동맥 심장질환 발병 위험을 줄일 수 있다는 한정적 건강 효능 표시(qualified health claim)를 할 수 있는 성분으로 FDA에서는 2000년에 DHA의 오메가-3 지방산이 들어 있는 건강보조식품에 관상동맥 심장질환을 줄일 수 있다는 건강 효능 표시를 허가한 바 있다. FDA는 DHA의 오메가-3 지방산을 하루 3 g 이상 섭취하지 말도록 권장하고 있으며 건강보조식품의 오메가-3 지방산 권고 기준은 하루 2 g 이다. 그러나 DHA는 혈중 콜레스테롤치를 낮춰 동맥경화증, 혈전증, 심근경색증, 뇌경색증을 예방하고, 프로스타그란딘을 만들어 알레르기의 원인인 루코트리앤의 생성을 억제하는 작용을 한다.

미강유(제조가공보조제)는 현미를 도정할 때 얻어지는 부산물로서 현미의 약 6-8%를 차지하며, 약 1-20%의 유지와 12~18%의 단백질을 함유하고 있다. 미강유는 oleic- linoleic acid group에 속하는 반건성유로서 불포화도가 낮고, tocopherol, γ-oryzanol 및 ferulic acid와 같은 산화방지제가 함유되어 있어서 다른 식물성 기름에 비하여 비교적 산화안정성이 높으며, 또한 비타민 B를 비롯하여 여러 가지 유효성분을 많이 가지고 있어서 인체의 생리작용에 좋으며, 영양적 가치가 있는 유지이다. 그러나 미강에는 지방질 이외에도 lipase, lipoxygenase, wax 및 phospholipid 등이 함유되어 있어서 식용 미강유 제조의 정제과정에 많은 문제점이 되고 있다. 따라서 불량이나 정제가 잘 안된 미강유를 사용하거나 타 식용유와 혼합할 경우 유지의 산패를 비롯한 각종 유해물질이 잔존할 가능성이 많다.

8-5. 솜사탕류 과자

1. 시판제품의 소개

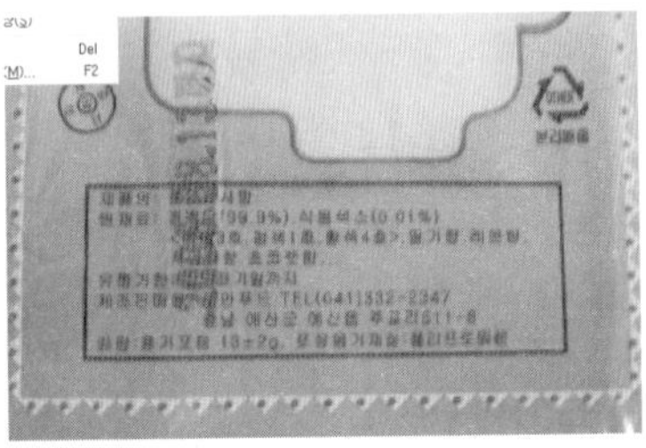

가공식품명 : 로만 도시락 솜사탕

식품의 유형: -

가격 : -

원재료명 및 식품첨가물 : 정백당 99.9%, 식용색5소 0.01%(적색3호, 청색 1호, 황색 4호), 딸기향, 레몬향, 사이다향, 초코렛향....

제조판매원 : 로만푸드(충남예산)

2. 시판제품의 식품첨가물의 해설

솜사탕은 아이들이 매우 좋아하는 사탕류의 일종으로 일반 사탕과는 그 조직감이나 스타일이 매우 다르다. 솜사탕의 본체는 매우 부드럽고 유연하며 입안에서의 순간적인 맛이 달콤하고 그 향이 좋아야 한다. 또 색깔이 있는 경우 더욱 아이들의 기호에 좋은 제품이 되므로 제조업자들은 이런 점을 고려하여 만들고 있다. 첨가된 식품첨가물은 주로 색소와 향료이다. 적색 3호, 청색 1호, 황색 4호를 사용하였는데 모두 아이들에게는.별로 도움이 되지 않는 착색료이다. 적색 3호는 위, 결장, 장관의 DNA 손상을 비롯하여 쥐의 실험에서 갑상선 종양 유발이 확인된 색소이다. 사람의 간암 발생 우려가 많은 것으로도 보고되고 있다. 청색 제 1호는 과량 섭취시 알레르기 및 천식 유발, 체중 감소, 설사, 결막염 등의 증상을 유발할 수 있다. 황색 4호는 아이들의 의욕상실과 과잉행동을 유발할 가능성이 높은 색소로 알려져 있다. 그외 향을 좋게 하기 위하여 딸기향, 레몬향, 사이다향, 초콜릿향 등 각종 인공향료를 첨가하였는데 이 향료 역시 화학약품이므로 과잉 사용은 인체에 해로울 수 있다.

8-6. 젤리

1. 시판 제품의 소개

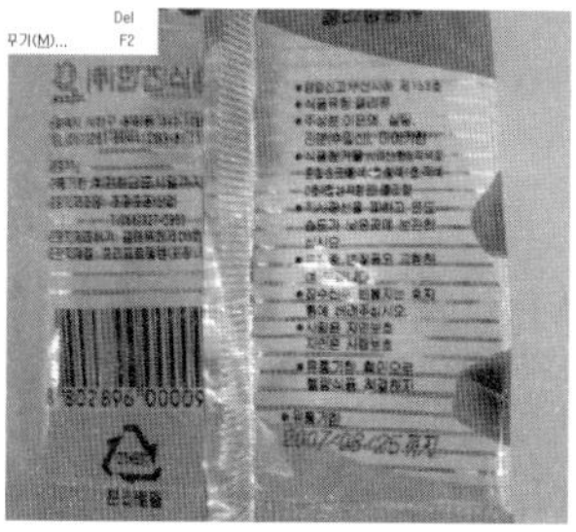

가공식품명 01 : 콜라맛 젤리

식품의 유형 : 젤리류

가격 : 100원

주성분 : 이온엿, 설탕, 전분(수입산), 마아가린, 사과산, 합성착색료혼합초코(황색 4호, 청색2호, 적색 2호), 합성착향료, 콜라향

제조판매원 : (주) 한진식품(부산 사하구)

가공식품명 02 : 모두랑젤리

식품의 유형 : 젤리류

가격 : 100원

주성분 : 설탕, 제라틴, 이온물엿, 파인향, 딸기향, 오렌지향, 합성착색료(황색 4호, 청색 1호, 적색 2호)

제조원 : 하니월드제과(충북 음성군)

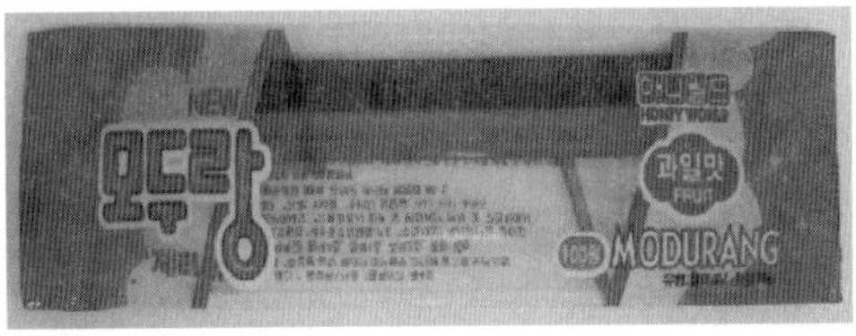

가공식품명 03 : 꼬치젤리

식품의 유형 : 젤리류

가격 : -

원재료 및 성분명 : 설탕, 포도당시럽, 한천, 말토덱스트린, 구연산, DL-사과산, 비타민C, 합성착향료(포도/딸기/사과/오렌지향), 합성착색료(황색 4호, 황색 5호, 청색 1호, 적색 2호, 적색 40호)

원산지 및 제조원 : 중국 숙주시

수입원 : 혜림상사(경기도 양주시)

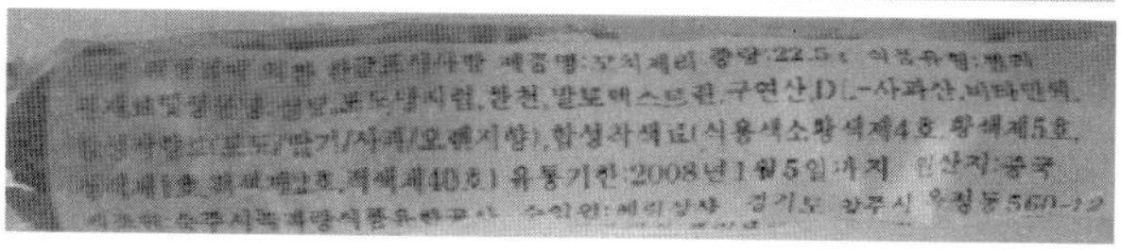

가공식품명 04 : 30년 전통 종합젤리

제조사 : 동아제과(주)

식품의 유형 : 캔디류- 젤리(소프트캔디)

종류 : 포도맛, 오렌지맛, 딸기맛, 밀크젤리, 영양갱 등

가공식품명 05 : 동양제과 젤리류

주원료; 포도과즙, 백설탕, 맥아엿, D-솔비톨액, 젤라틴

특정성분; 포도과즙 30%함유

식품첨가물; 식용색소 황색 제4호(합성착색료)

가공식품명 06 : 꼬마곰제품

성분조성 : 백설탕, 산당화 물엿, 과당, 젤라틴, 사과산, 착색료, 착향료,

제조회사: (주)크라운제과

2. 시판제품의 식품첨가물의 해설

대부분의 젤리에 사용된 식품첨가물의 종류는 구연산, 합성착색료, 합성착향료, 포도과즙, 백설탕, 맥아엿, D-솔비톨액, 젤라틴 등이 있는데 그 중 가장 많은 문제점으로 지적되고 있는 착색료에 대해서 설명하고자 한다.

(가) 황색 제 4호, 적색 2호, 청색 1호 황색 제 5호(착색료)

황색 제 4호는 일부의 사람들에게 피부민감증반응, 즉 가려움이나 두드러기성 구진을 일으키는 착색료로 거의 대부분의 나라에서 이의 사용을 반드시 표시하여야 하는 것을 의무화하고 있다. 급성독성은 쥐의 동물실험으로 쥐의 체중 1kg당 2,0g을 먹이면 그 반수가 사망하는 독성이다. 알레르기를 일으키고 아이들의 집중력을 떨어뜨려 과잉행동증후군(HLD증)을 일으키는데 관여하는 착색료이다.

젤리제품에 이와 같은 착색료를 첨가하는 이유는 첫째, 색깔의 미화로 식욕을 증진시키기 위함이다. 즉, 맛과 향기 뿐만이 아니라 색깔은 식품의 선택결정에 있어서 중요한 역할을 한다. 특히나 젤리제품의 주 고객층이 어린이들이기 때문에 착색료로서 다양하고 산뜻한 색깔을 낼 수 있어야 한다. 둘째, 가공, 저장 중에 야기되는 변색을 방지하기 위하여 첨가한다. 젤리를 만들 때 과일과즙을 이용해 식품의 색을 낸다하더라도 가공 또는 저장 중에 여러 가지의 식품성분, 즉 아미노산류, 단백질류, 당분, 향기 성분 류, 비타민류 등의 서로 상호 물리 화학적 변화를 일으켜 고유색깔을 변하게 한다. 따라서 고유색깔의 변색 또는 퇴색되는 것을 방지하거나 천연색깔을 보완, 미화시켜 젤리의 가치를 높이기 위하여 의도적으로 첨가한다. 셋째, 천연색소를 모방 및 원료를 대체하기 위하여 사용한다. 옛날에는 식품착색에 자연계에 있는 식물에서 추출한 색소를 이용하였으나 천연색소는 추출하기가 힘들고 선명도가 떨어지며 색의 종류가 다양하지 못하여 사용에 제한성이 많았으므로 손쉽게 구할 수 있고 사용에 다양한 합성색소를 개발에 사용하고 있다. 이 제품에는 사용하지 않았으나 다른 제품(참새방앗간, 이빨 빠진 드라큐라 「롯데」)에 식용색소 적색 2호, 청색 1호를 사용함으로써 과일 과즙을 넣지 않고 천연색소를 모방해 청색, 적갈색, 오렌지색 등을 낸다.

(나) 젤라틴(호료, gum류)

식품에 대하여 점착성을 증가시키고 형태를 보존하는데 도움을 주며, 한편 미각에 대해서도 점성을 부여하고 촉감을 좋게 하기 위해서 식품에 첨가한다.

(다) DL-사과산(산미료)

미각에 청량감과 상쾌한 자극을 주는 식품첨가물로 소화액의 분비나 식욕을 증진시키는 효과도 나타낸다.

(라) 딸기향, 바나나향, 바닐린(착향료)

일반적으로 향료라고 하며 상온에서 휘발성이 있어 우리들의 후각신경을 자극하므로서 특유의 방향을 느끼게 하고 식욕을 증진할 목적으로 식품에 첨가한다. 바닐린은 바닐라콩의 향기성분(2%)으로서 제과용, 음료용 향료로 사용되어 왔다. 바닐라 같은 방향과 맛이 있는 것으로 과자, 청량음료, 아이스크림, 캐러멜, 초콜릿, 비스켓 등에 단독 또는 다른 향료와 조합하여 사용된다.

8-7. 껌류

1. 시판 제품의 소개

가공식품명 01 : 아우~셔

식품의 유형 : 껌류

가격 : -

수입원 및 판매원 : 오성식품(강원도 춘천시)

원산지 : 중국

원재료명 : 포도당, 껌베이스, 포도당시럽, 구연산, 사과향, 합성착색료(황색 4호, 청색 1호)

가공식품명 02 : 해태 쭈욱짜봐

식품의 유형 : 껌류

가격 : 500원

원료명 및 식품첨가물 : 물엿, 껌베이스, 정백설탕, 글리세린, 구연산, 딸기향

제조원 : (주)개미식품(경기도 성남시)

판매원 : 해태제과(주)(서울 용산구)

가공식품명 03 : 해태 추잉껌

주원료 및 식품첨가물 : D-솔비톨, 껌베이스, 말티톨 시럽, 자일리톨, 튜티후르티 향, 감미료 (아스팔탐), 페닐알라닌 함유

해태제과(주)/충남 천안시 성거읍 문덕리 173ⓐ

가공식품명 04 : 노-타임껍

제조회사명 : 롯데 제과(주)

성분조성 : D-솔비톨, 껌베이스, 만니톨, 박하향, 동클로로필린나트륨, 파라치노오스

2. 시판제품의 식품첨가물의 해설

추잉껌의 발상지는 멕시코, AD 2세기 마야문명에서부터 유래한다. 인간은 항상 무언가를 씹고자 하는 충동이 있으며 이러한 습관은 기원전부터 있었던 것으로 생각된다. 기록상으로는 AD 2세기경 멕시코의 마야족 동굴 벽화에 무언가를 씹는 모습이 있으며 일부 아메리칸 인디언들에 의해 나무의 수액으로 껌과 비슷한 것을 만드는 방법이 전해져 왔다. 오늘날의 추잉껌과 같은 제품은 1880년대 미국의 토마스 아담스(Tomas Adams, Sr.)에 의해 상품화되었는데, 멕시코에서 자라나는 사포딜라 나무의 라텍스인 치클(Chicle)을 뜨거운 물속에 넣어 부드럽게 한 다음 손으로 동글게 반죽하여 1 페니(Penny)에 2개씩 약국에서 판매한 것이 추잉껌의 원조가 되었다.

추잉껌이 공업적으로 본격 생산된 것은 1890년대 초반 윌리엄 위그리(William Wrigley, Jr.)가 회사를 설립하여 미국 전역에 판매하면서부터인데 소비자들로부터 Wrigley 추잉껌을 인식시켰다. 껌을 씹으면서 풍선도 불 수 있는 풍선껌은 1928년 회계사인 월터 다이머(Walter E. Diemer)에 의해 최초로 개발되었는데, 분홍색 색소를 첨가한 풍선껌은 껌의 대중화에 지대한 공헌을 하였다. 제 2차 세계대전이 일어나기전 추잉껌과 풍선껌은 오직 미국에서 생산되었으며 미군들에 의해 유럽 및 세계 각국에 전파되어 대중화되었다. 그러나 제조기술의 비밀로 여러 번의 실패 끝에 마침내 유럽에서도 자생적으로 제조회사가 하나, 둘씩 생기기 시작하여, 덴마크의 Dandy, 네덜란드의 Maple Leaf, 독일의 OK-Kaugummi & Hitschler, 프랑스의 Hollywood 및 이탈리아의 Perfetty 등이 껌 제조업체로 탄생하게 되었다. 한편, 동구권은 추잉껌에 대한 수요가 크지 않았지만 네덜란드 Maple Leaf의 기술이전으로 폴란드, 유고슬라비아 그리고, 체코슬로바키아에 껌공장이 세워졌고, 1978년부터 1980년 사이에는 소련에도 4개의 껌공장이 서독의 껌제조업체 지원으로 모스크바 올림픽때 생겨났다. 이에 따라 추잉껌의 기본이 되는 껌베이스도 Wrigley 자회사인 미국의 Dreyfus를 비롯하여 스페인의 Cafosa, 이탈리아의 Gum Base Company, 터키의 Kimpak 등에서 전문적인 생산이 이루어지게 되었다. 한국에서는 주한미군의 주둔이후 껌에 대한 폭넓은 수요가 일어났다.

껌을 씹으면 열량(칼로리) 소비를 촉진시켜 체중 감량에 도움이 된다고 하는데 껌을 씹을 경우 매 시간당 11칼로리의 열량이 소모되는 것으로 나타났으며 하루 일과중 매 시간마다 껌을 씹을 경우 1년간 약 11 파운드(약 5kg)의 체중이 줄어드는 것으로 나타났다. 껌은 소화기능 촉진(타액분비를 촉진), 신진대사촉진(씹는 운동은 턱을 움직여 귀밑샘을 계속 자극시키기 때문에 귀밑샘에서 분비되는 호르몬 파로틴 분비를 촉진), 졸음방지(신경기능 자극의 역할로서 껌을 저작하면 뇌세포를 자극), 스트레스 해소(턱관절을 움직일 때 자극이 대뇌피질에 전달되어 그 자극으로 몸과 마음의 긴장을 풀어주기 때문에 기분 상쾌해. 이때 β(베타)엔돌핀이란 호르몬이 많이 분비돼 스트레스가 해소), 치아 및 치근 강화, 턱근육 단련, 입냄새 제거 등이다.

껌의 식품공전상의 정의를 보면 "껌이라 함은 천연 또는 합성수지 등을 원료로 한 껌베이스에 다른 식품 또는 식품첨가물을 가하여 가공한 것"으로 타르색소는 사용할 수 없도록 하였다 사용된 식품첨가물의 종류로는 감미료로는 D-솔비톨, 말티톨 시럽, 자일리톨, 아스팔탐, 향료로는 튜티후르티향, 기타 페닐알라닌 등을 비롯하여 경우에 따라 산화방지제인 BHA, BHT, TBHQ 등을 사용하도록 허용하고 있다.

(가) 껌베이스(수지)

껌의 주성분은 수지인데, 치클·젤루통·소르바 등의 천연수지와 아세트산비닐수지·에스테르 등의 합성수지가 있다. 처음에는 치클 덩어리를 껌의 재료로 많이 사용하였으나, 제 2차 세계대전 후 여러 종류의 밀랍, 플라스틱, 합성고무가 추잉껌 제조에서 치클 대신 쓰이고 있다. 껌베이스에는 치클검, 초산비닐수지 등을 많이 사용하고 있다. 이것을 껌 기초제라고도 부른다. 기초제의 피막 강화를 위하여 에스테르수지, 타액에 의한 지나친 연화방지와 한냉시에도 경화되지 않도록 폴리이소부틸렌, 폴리부텐 등을 첨가하고 아세틸리놀레산메틸은 가소제, 탈크, 탄산칼슘은 치감을 좋게 하고 만니트는 점착 방지의 목적으로 사용한다. 그리고 추잉껌에 습기가 없어지면 배합성분간의 결착상태가 불량하여지고 제품이 부러지거나 부스러지기 쉽기 때문에 습기보유를 위하여 보습제를 첨가하여 준다. 보습제로는 글리세린, 솔비톨 및 솔비톨-프로필렌글리콜의 혼합용매가 사용되고 있다. 껌베이스의 원료는 적절한 탄력성을 가지고 있으며 타액과의 친화성이나 체온에 의해 연화되는 성질을 적절히 가지며 치아에 달라붙지 않는 성질과 무미무취이고 타액에 용해되지 않아 저작 후에도 입안에 남으므로 최종 껌제품의 품질에 결정적인 영향을 가지며 장시간 저작하여도 일정한 굳기와 탄력성을 그대로 지녀야 하므로 시스형-탄성중합체와 트렌스형-소성중합체의 조합 균형 및 수지류의 친수성물질과 소수성 물질의 조합균형이 껌베이스의 특성을 결정하는 중요한 조건이다.

(나) D-솔비톨, 말티톨시럽, 자일리톨, 아스팔탐(감미료)

감미료에는 D-솔비톨, 말티톨시럽, 자일리톨, 아스팔탐 등 다양하게 사용되고 있다. D-솔비톨은 대표적인 당알코올로 부드럽고 시원한 단맛을 가지며 점성조절, 딱딱함 방지, 건조방지, 중량감소방지, 노화방지 목적으로 사용한다. 말티톨시럽은 보습성을 좋게 하고 식품의 색, 향 및 신선도 유지에 효과가 있다. 충치방지에도 좋다. 자일리톨은 당알코올류로서 당뇨병 환자의 대용 당을 비롯하여 입안에서 청량한 감을 부여하고 인슐린 비의존성이기 때문에 충치예방에 좋다. 아스팔탐은 쓴 뒷맛이 없어 깨끗하며 고감미 감미료 중 설탕과 가장 유사한 감미질을 나타낸다.

(다) 페닐알라닌(영양강화제)

페닐알라닌은 필수아미노산으로 널리 분포되어 있는 것으로 생리적으로 티로신과 관련성이 있어 갑상선호르몬, 모발, 피부의 멜라닌 색소와 관계가 있다. 아스팔탐의 문제점(페닐케톤뇨증)을 보완하고 영양강화목적으로 사용한다. 이것은 필수아미노산의 하나인 페닐알라닌에서 불필수 아미노산인 티로신으로의 산화를 촉진하는 효소인 페닐알라닌하이드록실라아제가 선천적으로 결여되기 때문에 혈중에 페닐알라닌이 증가하고 요중에 페닐케톤인 페닐피루브산이 배출되므로 이 이름이 붙었다. 1934년에 처음 보고되었는데, 보고자의 이름을 따서 펠링병이라 부른다. 아스팔탐의 경우에는 페닐알라닌 대사이상 환자에게 치명적이어서 주의문구를 표시토록 하고 있다

(라) 박하향(착향료)

껌에서 가장 위험한 것은 0.1g정도 들어가는 착향료다. 착향료는 ppt(1조분의 1)단위에서도 활성화하는데, 체중 50kg인 사람이 껌하나를 씹으면 향료의 체내 농도는 무려 200만ppt에 이른다고 한다. 껌에는 이와 같이 각종 인공착향료를 사용하고 있다. 향료는 상온에서 휘발성이 있어서 코를 자극하여 향기를 느껴 식욕을 느끼게 하기 위해 첨가하는 물질로, 동물실험 또는 사람에 대한 조사에서 지속적으로 식욕을 자극하여 비만을 일으키는 것으로 알려져 있다. 또한 향료성분에 부가적으로 사용되는 용제와 유화제, 안정제, 부형제 등의 위험이 있다. 유럽연합에서는 2004년부터 착향료 사용을 규제하고 있는데, 우리의 경우는 그와 반대이다. 조미용 향료의 사용증가로 인해 향료와 추출물, 향신료, 조미식품의 업종경계가 모호해져 있는 실정이다. 껌에는 주로 인공 과일향을 많이 사용하고 있다. 박하향은 입속을 시원하게 하는 향료로 멘톨 에스테르, 캄펜, 멘톤, 피넨, 리모넨 등의 성분을 함유하고 있는 에센스형으로 아주 미량 사용한다.

(마) 환원파라치노오스(기능성 감미료)

환원파라치노오스는 백색결정(용해도는 38.4%)으로 설탕 감미도의 40~50%정도이다. 내열성이 좋고 내산, 내알칼리성 때문에 인정한 편이다. 충치균에 의해서 분해되지 않으므로 충치염려(충치균이 설탕을 분해하여 덱스트란을 생성하여 치아표면에 둘러싸게 하면 이것이 균에 의해 분해되어 유기산을 생성하여 이 유기산이 치아의 에나멜질을 용출시켜 치아에 구멍을 만들게 한다)가 없으며, 소화성도 없다. 따라서 본품에서도 충치예방을 위한 감미료로 첨가하였으며 아울러 껌의 단맛을 저하할 목적으로 사용되었다. 그 외 부분의 기능은 D-솔비톨과 비슷하다. 첨가량은 0.1-1% 정도이다.

(바) 동 클로로필린 나트륨(착색료)

타르색소의 사용을 금지하고 있으므로 비타르색소를 첨가한 것이 이런 경우이다. 첨가이유는 녹색을 내기 위하여 첨가하였다. 이 첨가제는 엽록소의 마그네슘을 구리로 치환시킨 안정한 첨가물로 나쁜 냄새제거는 물론 껌이 쉽게 녹는 것을 방지하는 기능을 가지고 있다. 산성식품이나 칼슘을 함유하는 식품에 사용하면 침전이 생기므로 제품제조에 유의해야 한다. 또 센물에 의해서는 불용성염으로 석출한다.

8-8. 비스켓과 크래커

1. 시판 제품의 소개

가공식품명 01 : 에이스 크래커

식품유형: 비스켓류
제품명: 에이스 크래커(1974년 첫 출시)
제조회사명: 해태제과(주)
성분조성: 소맥분, 쇼트닝, 팜유, 백설탕, 소프트텐, 팜유
식품첨가물: 표백제(산성아황산나트륨)

가공식품명 02 : 세븐틴 크래커

제조회사명 : 동양제과(주)
유통기간 : 제조일로부터365일
성분조성 : 소맥분, 식물성 유지, 쇼트닝, 백설탕, 가당연유, 차아황산나트륨

2. 제품에 들어 있는 식품첨가물의 해설

'Biscuit' 이란 단어는 '두번 요리된'이라는 의미가 있는 라틴어로 'bis coctus' 또는 옛 프랑스어 'Bescoit'(Concise Oxford Dic. 1975)부터 유래한다(크래커라는 이름은 미국의 한 제빵업자가 먹을 때 깨지는 소리가 유난히 시끄럽다고 해서 크래커(cracker)라고 지었다고 함). '두 번 굽는다'라는 뜻으로 먼저 뜨거운 오븐에 제품을 굽고 그 다음에 그것을 더 차가운 오븐에 가져가서 건조처리 시킨다는 뜻이다. 이 두 단계 굽기 과정은 대체적으로 18세기경에 영국에서 사용되었다. 미국에서 '비스켓'이란 단어는 화학적으로 발효된 빵타입의 제품이라고 설명되

어 왔으며, 이 형태의 제품을 영국에서는 '스쿠운(scone)' 으로 더 잘 통한다. 영국에서 '비스켓'이라고 알려진 제품은 미국에서 쿠키와 크래커로 알려졌다. 전반적으로 비스켓이란 단어는 비스켓, 쿠키 그리고 크래커를 포함한 일반적인 용어로 사용한다.

비스켓에는 질적인 특성에 따라 하드 비스켓과 소프트 비스켓으로 나뉘는데 하드 비스켓은 크래커류를, 소프트 비스켓은 쿠키류를 말한다.

고대 이집트(B. C. 1175년경)의 벽화에서 쿠키형태의 것이 발견되고 고대 로마(B.C. 200년경) "Pastsllarium"이라는 제과업자 협회가 존재(남자들이 빵과 과자를 만드는 직업으로서 형태를 띰)하였다고 한다. 1500년대 후반 엘리자베스 여왕이 궁전에 biscuits oven을 만들어 biscuits을 제조토록 하였으며 1600년대 중반 Biscuits의 소비가 폭발적으로 증가하였다(새로운 무알콜음료 :차, 커피의 도입영향), 1801년 Biscuits의 대중 제조가 시작되고(Water Crackers : 세계적인 비스켓회사 나비스코의 전신) 1900년대 상업적 모의 비스켓 생산이 시작되었다. 식품위생법상 비스켓류는 건빵, 비스켓, 웨하스, 쿠키, 크래커 등의 과자나 이에 다른 식품 또는 식품첨가물을 가한 것을 가리킨다. 수분(%) 15.0% 이하(비스켓류, 스낵과자류에 한하며 잼, 크림, 팥앙금 등을 가한 것은 제외한다), 과산화물가 40.0 이하(유탕 또는 유처리 식품에 한한다), 산가 2.0 이하(유탕 또는 유처리 식품에 한하며, 유밀과는 3.0 이하)이다.

크래커와 같은 튀김식품은 고열처리된 것이기 때문에 탄수화물의 입자가 작고 성글어 체내 흡수가 빨라 혈당치를 급상승시키는 작용을 하는 등 문제를 야기할 수 있는데 주요한 식품첨가물을 해설하면 다음과 같다.

(가) 산성아황산나트륨(표백제)

소맥분의 표백은 소맥 숙성을 수반하여 촉진하게 되므로 넓은 의미에서 표백제라 할 수 있다. 식품 가공에서 표백제는 색소와 발색성 물질을 무색의 화합물로 변화시키기 위하여 사용하거나 보존 중에 일어나는 갈변, 착색 등의 변화를 억제하기 위하여 사용하는 첨가물로 사용상 산화표백제와 환원표백제로 나눈다. 아황산계 표백제는 모두가 환원력이 강한 아황산을 발생하고 이것이 황산으로 산화되는 과정에서 착색물질을 환원하는 강한 표백작용을 나타낸다. 아황산 표백은 아황산이 소실되면 복원되기 쉬우므로 식품 중에 잔존하지 않을 정도로 사용하여야 한다. 이것을 과다 섭취할 경우 복통과 피부 점막 세포의 자극, 호흡기 장애를 일으킬 수 있으며 천식환자의 경우 더욱 치명적이다.

(나) 차아황산나트륨(표백제)

차아황산나트륨 백색분말로 유황가스 냄새가 나는 강한 환원작용을 가진 표백제로 중성

용액에서 안정하다. 습기, 산소, 산성조건, 가열에 의해 불안정하여 분해하며 75-80℃에서는 자가분해한다. 크래커의 경우 소맥분의 색소를 표백하는 목적으로 첨가하는데 안토시안, 마이얄반응에 의한 갈색색소, 폴리페놀의 산화에 의한 갈색색소, 기타 갈색과 잡색색소에 대한 표백이 가능하지만 클로로필, 카로티노이드, 혈색소 등의 표백은 어렵다. 일반적으로 차아황산나트륨에 의한 식품의 표백은 특정한 천연색소의 탈색보다는 위의 몇 가지 잡색소를 분해하여 생지(dough)의 색조를 선명하게 하는데 주 목적이 있다. 또 그의 환원작용을 이용하기도 하는데 희석용액을 과산화수소 등과 같은 산화표백제의 후처리용으로 사용되기도 한다. 기준은 이산화황으로서 0.03g /kg 이하이다. 제품에 따라 산성아황산나트륨을 표백제로 사용하는 경우(롯데 칸CY 초코과자의 경우)도 있다.

8-9. 초콜릿과 초콜릿 과자

1. 시판 제품의 소개

가공식품명 01 : 네스퀵 초콜릿 맛

제조사 : 네슬러
원재료명 : 코코아 분말 20%(미국산), 설탕, 레시틴(대두), 식염, 탄산칼슘, 바닐린 등

가공식품명 02 : 롯데크레용

식품의 유형 : 쵸코릿류
가격 : 500원
원재료명 : 백설탕, 식물성 유지, 전지분유(우유), 코코아메스, 코코아분말, 유당,

유화제(대두), 합성착향료

제조원 : (주)정우제과(경기도 안양시)

가공식품명 03 : 레전더스낵쵸코볼

식품의 유형 : 쵸코릿가공품

가격 : 300원

원재료명 및 식품첨가물 : 백설탕, 정제가공유지, 쌀(미국산), 전지분유(우유), 유당, 레시틴(대두), 식용색소 황색 4호

제소원 : 흑량산업(수)(전북 군산시)

판매원 : 롯데제과(주)(서울 영등포구)

가공식품명 04 : 꼬마또

상자 A : 마블쵸코볼(코코아가공품)

식품의 유형 : 쵸코릿가공품

원재료명 및 식품첨가물 : 쵸콜릿, 정백당, 옥수수전분, 이산화티타늄, 물엿, 탈지분유(우유), 전지분유(우유), 유청분말(우유), 땅콩분말(땅콩), 대두레시틴(대두), 식용황색 4호

상자 B : 칼라껌

식품의 유형 : 껌류

원재료명 및 식품첨가물 : 정백당, 껌베이스, 포도당, 물엿, 구연산, 식용황색 4호

상자 C : 비타캔디

식품의 유형 : 사탕류

원재료명 및 식품첨가물 : 정백당, 포도당, 말토덱스트린, 구연산, 젤라틴, 식용황색 4호

제조원 : 대영식품(충북 보은군)

판매원 : (주)크라운제과(서울 서초구)

2. 시판 제품의 식품첨가물의 해설

식품공전에 초콜릿류는 "테오브로마(Theobroma cacao) 카카오나무의 종실에서 얻은 코코아원료(코코아버터, 코코아메스, 코코아분말 등)에 다른 식품 또는 식품첨가물 등을 가하여 가공한 것을 말한다" 라고 되어 있다. 따라서 식품유형은 초콜릿(코코아원료 함량 20%이상(코코아버터 10%이상인 것)), 밀크초콜릿(코코아원료함량 12%이상, 유고형분 8%이상), 준초콜릿(코코아원료함량 7%이상인 것 또는 코코아버터 2%이상 함유하고 유고형분 10%이상), 초콜릿 가공품(nuts, 캔디류, 비스켓류 등 식용 가능한 식품에 초콜릿, 밀크초콜릿이나 준초콜릿을 혼합, 피복, 충전, 접합 등의 방법으로 가공한 것) 등이 있다. 모두 타르색소는 사용할 수 없다.

초콜릿의 원료인 카카오나무의 열매는 럭비공 모양으로 색깔은 흰색-밝은 노란색에 이르며 열매 안의 씨가 주 원료이다. 품종은 3종류로 크레올레빈, 포레스테로빈, 트리니타리오빈인데 신들의 열매로 불리며(초콜릿은 그리스어로는 테오브로마 즉, 신의 음료(beverage of the God) 로 예찬됨) "갈색 금"으로 화폐 역할까지 한 적이 있다.

초콜릿 기원은 3천여년 전 멕시코, 중앙아메리카지역의 올멕인들이 카카오나무를 처음으로 재배한 사람들로 여겨지고, 마야인들은 최초로 카카오빈을 쓴 음료로 이용하였다. 18세기 스웨덴의 식물학자인 린네(Linnaeus)는 신의 음료라는 의미의 테오브로마 카카오로 학명을 지었다. 1519년 헤르난 코데스는 카카오빈의 음식으로서의 가치는 물론 화폐 가치도 빨리 인식하여 화폐로 통용되었으며 스페인 식민지였던 멕시코, 에쿠아도르, 베네수엘라, 페루, 자마이카, 도미니카공화국에서 생산되어 전 세계로 퍼져나갔다. 1580년 스페인에 처음으로 카카오나무가 심어지고 그 이후로 유럽전역에 퍼져 17세기초 네덜란드는 자바, 수마트라를 거쳐 필리핀, 뉴기니, 사모아, 인도네시아로 전하였고, 프랑스는 1660년, 브라질은

1677년 전파하였다. 19세기말 독일은 카메룬으로, 영국은 스리랑카로 전하였으며 동남아시아와 말레이시아는 현재 세계적인 초콜릿 생산국 중에 하나가 되었다. 사용된 식품첨가물의 해설과 건강상 예상 문제점은 다음과 같다.

(가) 바닐린(착향료)

초콜릿과 비슷한 달콤한 향기가 나는 향료로 주로 초콜릿·아이스크림·캔디·푸딩·케이크 및 음료향료로 널리 사용되고 있다.

(나) 레시틴(유화제)

본 제품에서는 유화제로 사용되었지만 원래 대두유의 부산물의 생산된다. 레시틴은 과잉의 지방과 콜레스테롤을 분해시키고 뇌의 지질대사와 혈액순환을 촉진하므로 순환기 질환, 지방간, 고혈압, 뇌졸중, 동맥경화, 고지혈증 등에 좋다고 하는데 나이가 들면서 필수지방산의 섭취가 부족해질 수 있고 레시틴의 체내 존재량이 줄어들 수 있으므로 고의로 보충하는 성분이다. 본 제품에서는 유화목적과 영양강화, 지방의 체내 분해를 돕는 목적으로 첨가한 것이다. 마가린, 빵, 아이스크림, 초콜릿, 라면 등에 사용하며 특별한 사용기준은 없지만 다른 유화제와 함께 사용되고 있다.

(다) 탄산칼슘(응고방지제)

백색 미세 분말로 알칼리제, 응고방지제, 반죽개량제, 연화방지제, 영양보강제, yeast food 성분으로 사용되고 있다. 빵(0.25%), 된장(0.8%), 과자(≦1%), 소시지, 추잉껌, 비스켓, 주스, 어묵, 두유 등에 사용한다.

라) 초콜릿의 중독성

초콜릿의 부정적 측면을 말할 때 흔히 얘기되는 것 중의 하나는 '초콜릿 중독'이다. 초콜릿의 향정신성 성분인 아나다마이드(anandamide)가 테트라하이드로칸나비놀(THC, tetrahydro cannabinol, 대마초의 주성분) 수용체를 활성화시켜 대마초를 흡입했을 때 느끼는 행복감과 같은 느낌을 받는다는 등 중독성을 염려하기도 한다. 또 초콜릿은 약 100g당 530kcal 이상의 열량을 내는 열량식품"이며 "이는 간단한 아침식사로부터 얻을 수 있는 열량"이다. 한편 카카오콩의 껍질에는 구강내 박테리아의 성장을 방해하는 성분이 있다고 하지만 밀크초콜릿에는 순수 초콜릿 성분이 15%밖에 들어 있지 않고 나머지는 당분 등이어서 치아에 해롭다는 것이다. 그러나 일부에서는 초콜릿의 성분 중 하나인 플라보노이드는 혈액 응고를 지연시키는 효과를 갖고 있고, 따라서 심장마비나 심장발작 등을 예방하는 효과가 있다고 한다. 그러나 일부에서는 초콜릿의 지방 성분이 심장병과 비만을 유발할 가능성이 높다고 한다. 이와 같이 초콜릿은 두 얼굴을 가진 식품이다. 따라서 초콜릿도 과도하게 섭취하면 반드시 부작용이 나타난다고 한다. 또 초콜릿을 먹을 때 어두운 색인 다크(dark) 초콜릿이 밀크초콜릿보다 코코아의 함량이 많기 때문에 혈액 속의 고밀도 콜레스테롤(HDL)의 농도를 높일 수 있으므로 좋다고 한다. 개나 고양이 등의 애완동물에게는 초콜릿을 함부로 줘선 안 된다. 초콜릿의 테오브로민 등의 성분은 인간에게 무해한 양이라도 개에게는 치명적일 수 있기 때문이다.

초콜릿은 흔히 '사랑의 묘약'으로 불린다. 감정을 흥분시키고 편안한 상태로 만들어 긴장감을 풀어주며 생리전 증후군을 완화시키는 기능을 하는 마그네슘이 들어 있다. 마그네슘이 부족해지면 짜증이 나고 우울하며 감정이 예민해지는 등의 생리전 증후군을 유발한다. 또 초콜릿에는 중추신경계를 자극하는 카페인도 소량 들어 있다. 카페인은 커피에도 함유된 물질인데, 잘 알려진 대로 뇌를 자극해 각성 효과를 나타낸다. 초콜릿의 성분 중 초콜릿의 트립토판 아미노산(초콜릿 엑스터시'로 불림)은 세로토닌이라는 신경전달물질을 만드는데 이용되는데 고농도의 세로토닌(serotonon)은 기분 좋은 상태, 심지어 황홀경(ecstasy)을 만드는 것으로 알려져 있다. 또 초콜릿의 페닐에틸아민(phenylethylamin)이라는 성분은 '초콜릿의 암페타민'이라 불린다. 암페타민은 대뇌피질을 각성시켜 사고력과 기억력, 집중력 같은 것을 순식간에 고조시킨다. 강렬한 각성작용과 쾌감작용 때문에 미국과 유럽 등에서는 철저한 관리하에서만 처방할 수 있으며 고농도의 암페타민은 중독성이 있다. 한때 '스피드'라고 불렸던 마약의 주성분이 암페타민이다. 성교시 오르가즘을 느낄 때 페닐에틸아민(phenylethylamin) 농도가 최고치를 나타내는 것으로 알려져 있다. 독일 제과기업 Adolf Andersen에서는 행복감을 주는 초콜릿의 phenylethylamin성분과 위험으로부터 신체세포를 보호하는 polypenol을 이용한 노화방지초콜릿을 개발하였다고 발표하기도 하였다.

8-10. 조미건어포류

1. 시판 제품의 소개

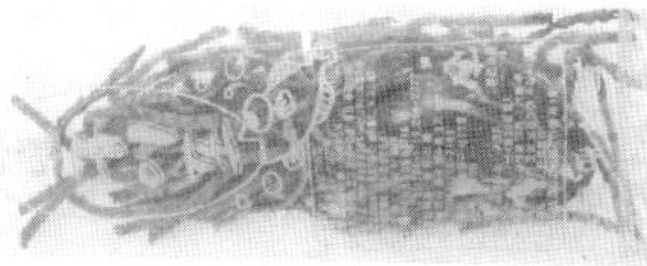

가공식품명 01 : 진짜쥐치포(원적외선 쥐포구이)

식품의 유형 : 조미건어포류

가격 : -

성분 및 함량 : 쥐치87%(베트남), 설탕9%, 솔비톨(감미료)2%, 소금1%, L-글루타민산나트륨(조미료)1%

제조원 : 베트남

수입원 : 한영통상(부산 동래구)

가공식품명 02 : 양념구이포

식품의 유형 : 조미건어포류

성분 및 함량 : 호끼, 조기, 잡어(수입산), 명태(중국산), 설탕, 소금, 식용유, 혼합양념0.5%(국산고추40%, 중국산 혼합양념60%), D-솔비톨0.1%(감미료), 소르빈산칼륨0.01%(합성보존료)

제조원 : 신성식품(부산 사하구)

2. 시판 제품의 식품첨가물의 해설

조미건어포류에는 건조식품인데도 불구하고 많은 종류의 식품첨가물이 들어가 있다. 식품첨가물의 종류를 구분해 보면 감미료(설탕, 솔비톨), 혼합양념류(소금, 식용유, 혼합양념, L-글루타민산나트륨), 방부제 등이 첨가되어 있는데 주목해야할 사항은 혼합양념이다. 원래 혼합양념이란 여러 종류의 양념이나 조미료를 같이 혼합한 것이지만 실제는 그렇지 못하고 다대기에 고추가루, 식염, 전분 등을 넣고 여기에 색소, 예를 들면 수단색소, 적색 5호, 카프리카색소 등을 혼합하여 만든 것으로 실제 제품에는 그 구성 성분이나 재료에 대한 자세한 정보를 밝히지 않고 있다. 특히 이 속에 첨가한 다양한 색소 등은 건강에 문제를 일으키는 성분이기도 하다. 일부 혼합양념을 조미고추가루 또는 다대기라는 이름으로 판매하는 경우도 있으므로 유의하여 구매하여야 한다. 이와 같이 원래 혼합양념이란 고추가루 40%정도와 마늘, 양파 등이 함유된 양념 혼합물인데 시판되는 고추장의 대부분은 중국산 혼합양념을 수입해 만들어 지고 있는 등 혼합양념에 대한 문제가 현재 자주 위생문제로 등장하고 있다.

그 다음은 방부제의 첨가이다. 이것은 식품의 보존을 위해서 첨가되었으나 첨가함량에 대해서는 일관된 정보가 없어(0.01-2%) 인체의 유해여부를 가름하기는 불충분하다. 대부분의 건어포류는 미생물에 의한 부패가능성이 높기 때문에 삼투압을 높이거나 방부제를 첨가하지 않을 수가 없는데 상기 제품에도 예외가 있을 수 없다. 소르빈산칼륨을 과잉 섭취할 경우 중추신경마비, 출혈성위염, 발암성 등의 위험성이 나타날 가능성이 높다.

8-11. 라면

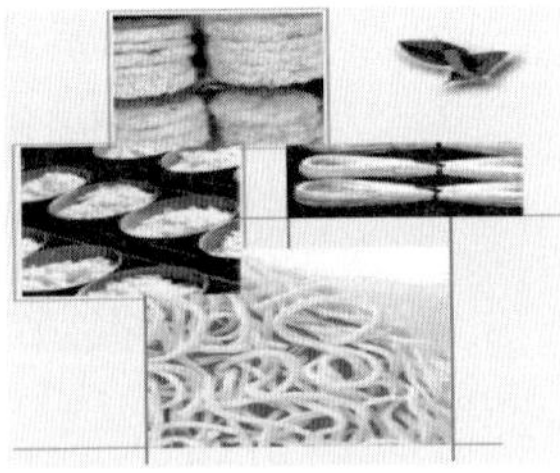

1. 시판 제품의 소개

가공식품명 01 : 너구리 라면(얼큰한 맛)

유통기한 : 제조일로부터 5개월까지
제조년월일 : 측면에 표기, 포장재질: 프로필렌 수지
유통기한 : 제조일로부터 5개월까지
주원료명 및 원산지 : 면/소맥분(호주산), 팜유. 감자전분, 초산전분, 유화유지, 스프/정제염, L-글루타민산나트륨, 건미역, 조미양념분 5호, 건다시마

가공식품명 02 : 진라면 (순한맛)

제품명 : 진라면 순한맛

유형: 유탕면류

제조년월일: 포장지 전면 또는 측면에 표기

유통기한 : 제조일로부터 5개월까지

원료명 : 면 ; 소맥분(미국산, 호주산), 팜유, 감자전분, 초산전분, 정제염

스프 ; 정제염, 정백당, L-글루타민산나트륨, 조미양념베이스4호, 스프베이스 1호

가공식품명 03 : 사천짜장면

식품의 유형: 유탕면류

제조년월일 : 측면에 표기

유통기한 : 제조일로부터 5개월까지

주원료명 및 원산지

면 : 소맥분(호주산), 팜유, 감자전분, 정제염.

스프 : 사천짜장풍미베이스, 사천짜장풍미오일, 분말, 캐러멜2호, 정백당, 비프맛단백

특정성분 : 과립스프중 춘장 7.5%(건물기준)함유

가공식품명 04 : 사무파마 湯麵

제조년월일: 측면에 표기

유통기한 : 제조일로부터 5개월

주원료명 및 원산지

면 : 소맥분(수입산), 팜유, 감자전분, 초산전분, 정제염.

스프 : L-글루타민산나트륨, 정제염, 비프맛갈릭베이스(6.12%, 국내산), 동결건조파2호(5.99%, 국내산), 양지무우베이스분말(5.03%, 국내산)

가공식품명 05: 辛라면

제조년월일: 측면에 표기

제조원 : 농심

유통기한 : 후면 기일까지

원재료명 및 원산지

면 : 소맥분(미국산), 팜유, 감자전분, 초산전분, 정제염.

스프 : 엠2브로스, L-글루타민산나트륨, 정백당, 건파, 소맥분(밀), 탈지대두(대두), 돈지(돼지고기)

가공식품명 06 : 삼양 청춘라면

제조회사명 : 삼양식품공업(주)

유통기간 : 제조일로부터 4개월

성분조성 : 면(소맥분, 우지, 팝유, 정제염, 구아검), 스프(정제염, 포도당, 고추가루, 당근, 미역

2. 시판 제품의 식품첨가물의 해설

식품업계가 낳은 20세기 최대의 걸작인 라면은 21세기에는 반드시 사라져야 할 식품'이라고 말할 정도로 가공식품계의 일대 혁신을 가져온 식품이다. 근대적인 의미의 라면은 1937년에 발발한 중일전쟁때 처음 일본에 전래된 것으로 알려져 있다. 일설에 의하면 라면은 이때 중국군의 전투비상식량으로 사용되었는데, 일본군에게 생포당한 중국군 포로들의 짐꾸러미에서 라면이 발견되었다고 한다. 중국에는 예로부터 기름에 튀긴 요리가 발달하였으므로, 그들은 식품을 튀기게 되면 식품이 건조되어 저장성이 좋아진다는 것을 알고 있었다. 라면이 중국군인들의 비상식량으로 상용된 것은 바로 수분이 적어 가볍기도 할 뿐더러 기름을 함유한 고칼로리 식품인데다 급할 때는 끓이지 않고 과자처럼 먹을 수도 있기 때문이었을 것이다. 이것이 일본인에게 전해진 것이데, 이렇게 하여 초보적인 튀김라면은 비상식량, 전쟁식량으로서의 가치를 인정받으며 일본으로 전파된 것으로 추측된다. 한편 중국에는 이부면(伊府麵)이라는 것이 있는데 밀가루와 계란을 반죽하여 기름에 튀긴 것으로 제조원리는 인스턴트라면과 같으나 상용화되지는 않았다. 2차세계대전후 일본은 현대사회에 들

어오면서 편리성, 신속성, 경제성을 요구하는 소비자들의 요구에 따라 종래의 라면을 개량 발전시켜 인스턴트 식품화하였다. 이 과정에서 라면은 즉석라면으로 상용화되었는데 일본인들이 즐겨먹는 (생)라면을 가정에서도 편리하게 먹을 수 있게 할 방법을 연구하다가 덴뿌라에서 제조방법 힌트를 얻었다고 한다. 즉, 생면을 유탕에서 튀기게 되면 생면속에 들어있던 수분이 날아가고 작은 공극이 생기는데 이 틈으로 기름이 들어가는 소위 급속유열건조법에 의한 것을 만들어 재래의 라면에 비해 수분이 적고(수분 10%미만이면 저장성이 좋다) 면의 공극으로 저장성과 복원성이 좋아 간편하게 끓여 먹을 수 있도록 하였다. 바로 이 제품을 즉석라면(인스턴트 라면)이라고 하여, 재래의 라면과 구별하는 것이다.

이 즉석라면은 1945년 특허를 출원하여 1958년 8월 닛신식품에서 치킨라면으로 생산하게 되었는데 그 당시의 특허 골자는 익혀서 알파화시킨 면을 끓는 기름으로 단시간에 후라이건조한다는 것이었다. 이것이 일본에서 면 제조업의 일대 혁신을 가져온 라면의 탄생이다. 라면의 개발 초기 일본 유통업계 내에서는 냉담한 반응을 받았으나 소비자에게는 의외로 좋은 반응을 얻게 되어 '2분이면 OK' '마법의 라면' 등 조리가 쉽고 빨리 먹을 수 있다는 광고 내용이 소비자들의 적극적인 반응을 이끌어 내므로 대중적인 인기를 얻게 된 제품이 되었다. 국내 라면의 역사는 1963년 삼양식품이 제품생산에 들어간 것이 그 시초로 기록되고 있다. 1965년 9월 롯데공업(주)이 라면제조업에 뛰어들고 1978년 롯데공업이 회사명을 (주)농심으로 바꾸면서 라면을 생산하고 1983년 한국 야쿠르트가 라면을 제조하였다. 또 1985년 청보식품이 라면을 제조하기 시작했으나 1987년 오뚜기식품으로 이관되었고, 1986년에는 빙그레 식품에서 기존 라면업계의 아성에 도전하기도 하였다.

라면이란 면을 증숙시킨 후 기름에 튀긴 유탕면을 말하는데 면류의 종류를 식품공전상의 유형기준에 준하여 제조규격에 따라 분류해 보면 4가지 유형으로 나누어 볼 수 있다. 면발을 익힌 후 유탕 처리한 '유탕면', 면발을 호화한 후 건조한 '호화건면', 면발을 성형하고 찌거나 삶은 다음 밀봉 포장한 후 가열 살균하여 상온에서 장기보존이 가능하게 한 '개량숙면', 그리고 면발을 익힌 후 냉각수에서 급속하게 냉각시킨 후 급속 냉동(-15℃)시킨 `냉동면' 등이 있다. 현재 라면의 유익성 여부는 항상 화두가 되고 있는데 주로 타이틀은 1) 영양성 여부 2) 장기간 섭취할 경우의 문제점 3) 열량은 높으나 비타민 무기질의 불균형 여부 4) 튀김 기름의 건강 유익성 여부 5) 저장, 유통 중의 지방 산패에 의한 건강상의 유해 여부 6) 인스턴트 라면의 상용에 따른 청소년들의 신체적, 정신적 영향 등에 관한 문제점을 거론하고 있는 실정이다. 라면의 보급과 관련된 식생활의 일대 변화를 인정하면서도 라면의 탄생으로 인한 정신적, 환경적 영향은 아직도 풀리지 않는 숙제로 남겨 두고 있다.

라면은 고열처리 과정을 거친 밀가루의 탄수화물이 입자가 작고 성글어서 소화흡수가 비정상적으로 빨라 혈당치를 급속히 증가시켜 우리 몸의 인슐린 분비 세포에 타격을 가한다고 하는데 보통 인스턴트 라면에는 인공조미료, 향료, 색소, 유화제, 안정제, 산화방지제 등을 첨가하는 등 종합적인 식품첨가물 창고로 보는 사람도 있다. 일반적인 라면의 영양성 분표는 다음과 같다.

영양성분표(120g)기준

열량	단백질	지방	탄수화물	나트륨	칼슘
520㎉	10g	18g	79g	2050㎎	126㎎ (1일권장량의18%)

제조회사에 따라 조금씩 재료와 식품첨가물의 종류가 다르지만 일반적으로 라면에 관련된 제료와 식품첨가물은 다음과 같다.

a) 라면 자체의 식품첨가물 관련 물질
퇴김기름면/소맥분(호주산), 팜유, 감자전분, 초산전분, 유화유지, 구아검

b) 스프관련 식품첨가물
스프/정제염, 정백당, L-글루타민산나트륨, 건미역, 조미양념분 5호, 건다시마, 비프맛갈릭베이스(6.12%, 국내산), 동결건조파2호(5.99%, 국내산), 양지무우베이스분말(5.03%, 국내산), 조미양념베이스4호, 스프베이스 1호

(가) 전분류(조직개량제)

라면에 사용한 전분류는 주로 감자전분과 초산전분이다. 감자전분은 감자로부터 전분부분을 분리, 분말화한 것이며 초산전분은 전분을 산(acid)으로 처리하여 전분보다 기능성이 더 좋게 만든 것이다. 인체에 무해하지만 초산전분의 경우 처리한 산의 과잉 잔존 여부를 확인할 수 없는 것이 소비자의 입장이다. 라면제조시 감자전분, 초산전분을 섞어서 라면의 면발을 좋게 한다(탄력성, 신축성, 흡습성, 쫄깃쫄깃한 조직감 등)

(나) 유화유지(유연 및 유화제)

라면제조시 면발에 광택을 주고 건조함을 막고 탄력을 좋게 하면 거칠고 갈라지는 문제점을 해결하기 위해 유화된 유지를 첨가한다. 이 유지는 유화한 것이지만 유지류로 취급한다. 인체에 영향을 미치지 않는 것으로 생각한다. 우선 튀김유에 관한 안전상의 문제이

다. 첫째는 튀김유가 어떤 것인가 하는 점이다. 현재 라면공업에서는 튀김류를 거의 대부분 튀김유로 팜유를 사용하고 있으나 과거에는 동물성 유지와 식물성 유지를 혼합하여 저장 중 유지의 산패 우려가 발생하였다. 튀김유가 가지는 문제점은 유통과정 중에 발생하는 산패에 대한 우려이다. 산패물질은 암을 유발하는 물질을 포함 인체의 노화를 촉진하는 각종 물질을 함유하고 있으므로 건강에 문제가 될 수가 있다. 따라서 라면의 유통기간과 유통과정에서의 적절한 취급이 요구된다.

(다) 정제염(맛개량과 조직 강화)

소금은 라면의 면제조와 스프에 동시에 사용된다. 면에 사용할 경우에는 신축, 탄력, 보습, 맛 등을 위해서 사용하며 스프의 경우에도 맛을 조화시키기 위해 첨가한다. 라면의 인체상 유해 여부를 거론할 때 소금이 스프에 과잉 첨가된 것으로 지적되고 있다. 건강상 문제가 될 수 있는 부분이다. 라면 1개당 염분함량이 2.82～6.3g으로 세계보건기구(WHO)나 미국 식품의약국(FDA)의 1일 염분 섭취권장량 10g과 비교해 볼 때 너무 많은 양이다. 라면을 하나 먹으면 그것으로 하루 소금 섭취량을 초과하는 셈이며 김치나 반찬 등과 함께 먹는다면 과다한 염분을 섭취하게 된다. 염분을 과잉 섭취하면 나트륨 성분이 소변으로 빠져나갈 때 칼슘도 함께 나가게 되므로 칼슘 부족현상을 유발한다. 나트륨 성분은 소금 외에도 화학조미료, 베이킹 파우더 등 각종 식품첨가물에 흔히 들어 있으나 이런 것들은 소금과는 달리 짠 맛이 나지 않기 때문에 자신도 모르는 사이에 나트륨이 과잉 섭취되고, 다른 미네랄은 부족해서 고혈압, 동맥경화 등 성인병에 걸리기 쉬워진다. 소금에는 원염(原鹽)·분쇄염·식염·정제염·특급정제염·식탁염(食卓鹽) 외에도 특별한 용도로 쓰이는 각종 가공염이 있는데 주로 식염을 사용한다. 식염은 염화나트륨 순도 99% 이상으로서 요리의 조미, 절임 등에 널리 사용된다.

(라) L-글루타민산나트륨(MSG)(맛개량제)

마술적인 순수한 흰색 결정의 조미료는 연간 세계 수요가 약 110만 톤에 이르며 그 중 70%는 태평양 연안 국가들이 차지하고 나머지는 남아메리카(약 15%)와 유럽 및 북미(약 15%)가 차지하고 있다. MSG의 일본 Imperial University of Tokyo의 화학교수이며 Ajinomoto사의 창사자인 Kikunae Ikeda에 의해 1908년에 발견되었다. 보통 MSG(Monosodium L-Glutamate), 미원라고 말하는 일반적인 화학조미료인데 맛을 좋게 하게 위해 첨가하며 식품 전반에 지나치게 많은 양 들어있는 것으로 알려져 있다. MSG의 과잉으로 인한 건강상 문제점은 이미 여러 분야에서 확인되고 있으며 이의 사용규제를 위해 1년에 한번씩 조미료를 사용하지 않는 전세계적 운동도 벌어지고 있다. 중국 음식점 증후군(CRS)이라고 총체적으로 불리는 MSG에 대한 부정적인 반응의 보고들은 1960년대 말부터 나오기 시작하였다. 가슴통증에서부터 편두통에 이르는 증상들이 MSG에 의한 것으로 주장되었다. 그러나 일일 섭취 허용량은 지정하지 않고 있다. 미국에서는 MSG를 포함하는 식품일 경우, 함유 성분에 표기하도록 되어 있다. 그러나 MSG 성분 표기가 없다고 해서 그 식품에 L-Glutamate가 전혀 없다는 뜻은 아니다. 아미노산류 화학조미료로 식품의 감칠맛을 부여하는 물질로 과량섭취시 CRS를 유발하기도 한다. 이미 지적한바 같이 유해성에 대해서는 찬반이 있지만 과잉 섭취는 인체에 유해할 것으로 사료된다.

(마) 구아검(조직개량제)

과거의 일부 라면에는 구아검(guar gum)을 첨가하였다. 그 이유는 면발을 증강하고 기름이 잘 빠지며 작업성 향상을 위함이다. 그 밖에 풍미개량, 라면의 노화방지 및 산패방지에도 도움을 준다. 특별하게 라면에 구아검만을 넣는 특별한 이유는 없으며 약 0.1% 정도 첨가하면 조직 및 품질개량, 졸깃졸깃한 맛을 유지하는데 좋다. 특히 글루텐 형성시 구아검은 조직을 향상시켜 주는데 기여한다. 제품에 따라 다르나 품질개량제, 면류개량제라는 이름으로 첨가되고 있다. 제품 특성을 고려하여 전분, 유화제 등을 첨가하는 제품이 많다.

(바) 기타 조미료(맛개량제)

현재 스프에 들어있는 조미양념은 조미양념분 5호, 건다시마, 비프맛갈릭베이스(6.12%,국내산), 동결건조파2호(5.99%, 국내산), 양지무우베이스분말(5.03%, 국내산), 조미양념베이스4호, 스프베이스 1호 등 자체 회사들 고유의 개발재료들이다. 그러나 이러한 조미양념속에는 천연재료이외 MSG가 들어 있는 것도 많이 있으므로 스프에 함유된 전체적인 조미료 함량은 그 종류는 물론 첨가 양도 많을 것으로 추정되어 장기간 편식으로 섭취할 경우 건강에 위해를 일으킬 수 있을 것으로 예상되는 바이다. 또 어떤 경우에는 혼합양념이란 이름으로 첨가된 것도 있는데 이런 경우에는 소비자가 제품의 구성 재료 또는 성분을 잘 살펴 보아야 한다. 그것은 여러 종류의 양념이나 조미료에 고추가루, 식염, 전분 등을 넣고 여기에 색소 예를 들면 수단색소, 적색 5호, 카프리카색소 등 불량색소를 혼합한 경우가 많기 때문이다. 일부 혼합양념도 조미고추가루 또는 다대기라는 이름으로 판매하는 경우도 있으므로 유의하여 구매하여야 한다. 그것은 원래 혼합양념이란 고추가루 40%정도와 마늘, 양파 등이 함유된 양념 혼합물인데 시판되는 고추장의 대부분은 중국산 혼합양념을 수입해 만드는 등 국적 불명의 조미제품이 판매되고 있어 주의를 하여야 한다.

기타에 사용하는 스프에 함유된 각종 조미성분에는 각종 조미재료가 들어가 있으나 특히 소금, MSG 등이 과량 함유되어 이중삼중으로 문제가 되고 있다.

세계라면협회(IRMA)에 따르면 해마다 세계에서 팔리는 라면은 약 550억 개. 그 중 38억 개의 라면을 한국인이 먹고 한 사람당 일년에 84개를 먹는다고 한다. 일본의 건강 저널리스트 이마무라 고이치는 자신의 저서를 통해 아무리 건강한 사람이라도 인스턴트 라면을 3주간 계속 먹으면 뇌와 정신에 이상이 생긴다고 전하며 라면은 21세기에 꼭 없어져야 할 음식이라고 비난한 바 있다. 영양학 전문가들이 흔히 말하는 라면의 문제점은 라면이 중량에 비해 칼로리는 높지만 비타민, 무기질, 식이섬유 등이 다른 식품에 비해 부족하다는 것이다. 또 인스턴트 라면은 인공조미료, 유화제, 안정제, 산화방지제 등의 화학 첨가물을 한꺼번에 먹도록 만들어 치명적이라는 것이다. 게다가 라면의 고열 처리된 탄수화물은 입자가 작고 성글어 소화흡수가 비정상적으로 빠르기 때문에 혈당치를 증가시켜 몸의 인슐린 분비 세포에 타격을 가한다고 지적한다. 특히 라면의 가장 큰 문제는 무엇보다 L-글루타민산나트륨인 MSG"이다. "라면의 감칠맛을 내는 MSG의 과다섭취는 단백질 합성, 항체, 호르몬, 신경전달물질 같은 생리작용에 절대적으로 필요한 비타민 B_6(피리독신)의 결핍을 가져와 무력감, 두통, 발열 등의 증상뿐 아니라 뇌손상, 전식 같은 질환 및 암을 유발 할 수 있다"고 지적하기도 한다. "이는 뇌신경전달물질생성, 인슐린 합성에도 관여하기 때문에 청소년들이 특히 조심해야 할 부분이라고 강조하며 심할 경우 우울증, 자폐증, 저혈당증, 과잉행동증, 면역력저하를 동반하기도 한다"고 경고하였다. 라면업계에서 라면의 유해성을 줄여가도록 노력해야 하며 소비자들도 화학조미료 맛에 의존하지 않도록 변해야 한다.

라면은 라면 자체와 스프로 나누어 생각할 수 있다. 스프에 첨가되는 각종 건조 야채류 등은 중국 등지에서 수입된 것을 사용하는 경우도 있어 농약오염과 위생상에 문제가 있을 수 있다. 면은 기름에 튀기지 않은 건면이나 생면을 괜찮지만 튀김 라면발은 식품첨가물의 도움을 받지 않을 수 없다.

과거 비식용 우지를 튀김 기름으로 사용해 온 것이 밝혀져 우리를 놀라게 한 일이 있는데 지금 사용되고 있는 튀김기름의 안전성 여부도 확신할 수 없다. 또한 튀김기름은 산패되기 쉬우므로 산화방지제를 사용한다. 몇년 전에는 BHA, BHT 같은 산화방지제가 해로운 것으로 밝혀지기도 하였는데 현재 사용되고 있는 산화방지제가 과연 안전한 것인지 아니면 몇년 후 해로운 것으로 밝혀져 다시 금지시킬지는 알 수가 없다. 라면은 염분 함량이 높은 편이다.

8-12. 빵

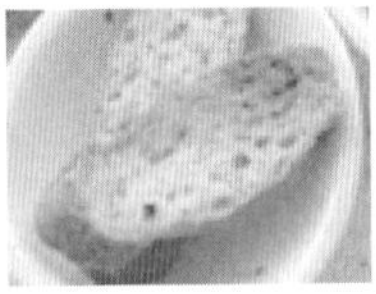 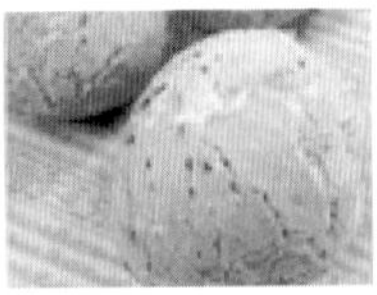 

1. 시판 제품의 소개

가공식품명 01 : 삼립호빵

제품명 : 삼립호빵

제조회사명 : (주)기린

유통기간: 제조일로부터 4일간

성분조성 : 소맥분, 설탕, 마가린, 이스트, 쑥분말, 프로피온산 칼슘, 착색료

가공식품명 02 : 아쏠로 라이트 페스츄리(무설탕)(ASOLO LIGHT PASTRY)

수입업소명 및 소재지 : 네플

원산지 : 이탈리아

제조회사 : ASOLO DOLCE S.A.S

원료명 및 함량 : 밀가루(밀)25.26%, D-말티톨3.27%, 소금0.7%, 마아가린22.3%(대두유(대두), 글리세린지방산에스테르, 소금, 구연산), 사과잼 33.17% (D-솔비톨, D-말티톨, 아세설팜칼륨(합성감미료), 사과잼 40%, 인공사과향, 구연산, 펩신, 변성전분(아세틸아디핀산이전분))

영양성분(100g당) : 열량 375kcal, 탄수화물 59g(18%), 지방 17.9g(36%), 단백질 5g(9%), 나트륨 400mg(12%)

* ( )안은 1일 영양소 기준에 대한 비율임

2. 시판 제품의 식품첨가물 해설

아이들이 좋아하는 빵과 온갖 종류의 과자들은 밀가루와 흰설탕, 흰소금에 경화유를 넣어 원하는 모양대로 만들어 시중에 팔리고 있다. 문제는 빵과 과자에 들어가는 경화유다.

경화유는 빵과 과자뿐 아니라 아이들이 좋아하는 아이스크림, 버터같은데도 들어가는데, 사람이 섭취하게 되면 세포에 흡수되지 않고 여기 저기 떠돌아 다니다가 핏줄에 달라 붙어 심장병이나 동맥 경화증을 일으키기도 한다. 이전 시대에 비해 아이들이 더 많이 심장병에 걸리고, 심지어 동맥경화에 걸리는 이유가 여기에 있다. 인류의 문화가 수렵생활에서 농경, 목축생활로 옮아 가면서 빵의 식문화가 일어 났다고 볼 수 있다. 초기에 인류는 곡식으로 미음을 끓여 먹었다. 이것이 죽→납작한 무발효빵→발효빵으로 발전해 온 것이다. 빵은 기원전 6000-4000년으로 발생지는 이집트로 추정된다. 또한 동양에서는 양자강 연안에서 기원전 5000년에 만들어 졌다는 설도 있다. 그러나 소맥분의 원종이 이란 평원에서 발견됐다는 것은 빵의 발생이 이집트나 중국, 즉 아시아·아프리카였다는 점에는 틀림이 없다. 기원전 2700년 빵은 이집트에서 아시리아, 바빌로니아를 거쳐 그리스, 로마로 들어 왔다. 이 무렵부터 가정에서 만들어 졌던 빵이 직업으로 만들어지게 됐다. 고대 이집트 사람들은 최초로 누룩을 넣은 빵, 즉 매빈 밀가루를 사용하여 만는 누룩을 저장해 두었다가 빵반죽에 넣어 빵을 부풀게 했다. 켈트족은 맥주에서 나오는 효모거품을 사용해 밀가루 반죽을 부풀려 빵을 구웠다. 그 후 각 지방의 전통이나 기호에 따라 오랜 역사 속에서 원료, 제법, 맛, 먹는 방법 등의 차이에 따라서 많은 종류가 생겨났다. 특히 로마에서는 제분, 제빵기술이 크게 발달하였는데 로마가 멸망하고 기독교가 전파됨에 따라 제빵기술도 함께 유럽 각지로 퍼져 나갔다. 하지만 빵은 그때까지 일부 특권층만이 먹을 수 있는 음식이었다. 이집트에서 발생한 빵은 15세기 르네상스 시대에 이르러서야 비로서 빵은 대중 속으로 파고 들 수 있었다. 빵을 부풀리는 효모균이 발견, 정식으로 발표된 때는 17세기 후반이다. 그 뒤 1857년에 프랑스의 파스퇴르가 효모의 작용을 발견하였다. 5000년의 역사를 갖는 제빵 비밀이 과학적으로 밝혀진 것은 빵을 만드는 기본배합재료이다.

시중에 유통되고 있는 빵류에는 크게 두종류가 있다. 하나는 발효빵이고 다른 하나는 베이킹파우더를 이용한 무발효빵이다. 식빵을 비롯한 일부의 빵류는 발효에 의해서 조직을 형성한 후 베이킹하지만 거의 대부분은 무발효에 의한 간편 제조로 만든 무발효빵이다. 빵은 빠르게 변질하는 특성을 가지고 있어 유통기간이 짧은 편이 특징인데 그 이유는 수분함량과 빵이 가지고 있는 영양성의 우수함 때문이다. 빵자체가 가지고 있는 영양적 성분은 물론 수분함량의 함량이 미생물의 생육에 적당한 조건을 가지고 있기 때문이다. 특히 저장과 유통이 상온에서 이루어지고 있기 때문에 더욱 미생물에 노출, 변질될 가능성이 많은 것이다. 우리는 쌀을 주식으로 하는 문화권에 속해 있어서 빵과 인연을 맺게 된지는 그리 길지 않지만 예전에 비해 많은 식생활의 변화가 일어나고 있고 특히 여성들이 빵을 애용하고 있으며 점차 주식의 개념으로 자리 잡아가고 있다. 빵에는 밥 못지 않은 영양소가 들어 있으며 뇌세포 성장을 도와주는 DHA 등이 첨가된 기능성을 가진 빵도 만들어지고 있다. 그리고 밀과 더불어 보리, 옥수수 등 순수한 곡식을 이용하여 만든 건강빵과 우리땅에서 자란 우리밀로 만든 우리밀빵도 만들어지고 있다.

빵에 사용하고 있는 원료는 소맥분, 소맥분을 개량하기 위한 각종 면류개량제, 우유·가공버터·정백당·생이스트, 프로피온산나트륨 등이다. 이것은 유통기간이 짧은 것을 말하는데 유통기간에 따라 첨가하는 식품첨가물도 다르다. 시중에 유통 중인 식빵에서는 첨가물의 첨가가 표기되어 있지 않았다. 소맥분에 표백제도 사용하지 않았고 방부제의 사용도 없는 것으로 표기되어 있다. 그러나 실제 유통되고 있는 것을 보면 유통기간이 긴 것들은 식품첨가물을 사용하지 않고는 잘 보존할 수가 없다. 따라서 식품첨가물에 다른 건강상의 예상 문제점을 지적하면 다음과 같다.

(가) 프로피온산칼슘(보존료)

보존료로서 첨가하며 효력은 소르빈산보다 약하지만 곰팡이, 호기성 포자형성균에는 효과가 있다. 본 제품에는 0.25% 이하 첨가할 수 있다. 효모와 함께 동시에 물에 녹이면 효모의 작용이 약화되므로 따로 첨가하는 편이 좋으며 방부효과 증대를 위해 제 1 인산칼슘과 혼용한다. 나트륨염은 염기성 때문에 빵효모의 활성을 저하시키므로 칼슘형을 반드시 사용하여야 한다. 식빵을 몇일간 유통할 경우에는 반드시 곰팡이를 비롯한 각종 미생물의 번식을 우려하지 않을 수 없다. 이미 빵은 미생물이 살아가는데 최적의 양식이 되므로 유통시 주의해야 한다. 곰팡이(rope균, Bacillus mesentericus)가 피어 있어도 어떤 수준까지는 사람의 눈으로 볼 수 없다. 빵의 미생물 번식을 막기 위해 보통 사용하는 보존료(방부제)는 프로피온산나트륨, 프로피온산칼슘(프로피온산으로 2.5g/제품 1kg 이하) 등이다. 특히 제분율이 높은 밀가루를 사용하거나 공장 안이 불결할 때 균의 번식이 잘 일어나는데 빵의 실제 유통기간은 보통 3-4일 정도이다. 섭취시 눈과 피부의 점막을 자극하여 질환 유발 가능성이 많은 보존료이다.

(나) 식용색소 청색 제 1호, 황색 제 4호(착색료)

착색목적으로 첨가한다. 청색 제 1호는 타르색소 중 염착력이 좋다. 황색 제 4호는 순수 착색목적으로 사용하며 보통 다른 식용색소와 배합하여 사용한다. 본 제품에는 청색 제 1호는 0.0005%. 황색 제 4호는 0.0008% 첨가하였다. 황색 제 4호는 알레르기를 일으키고 아이들의 집중력을 떨어뜨려 과잉행동증후군(HLD증)을 일으키는 원인 색소이다. 이 인공색소는 석탄 타르 중에 함유된 벤젠이나 나프탈렌으로부터 합성되는 것으로 천식 유발, 알레르기성 비염, 아토피성 피부염, 피부과민증 발생, 장기 투여시 체중 감소, 설사, 결막염 등의 증상을 유발할 수 있고 과다 섭취하면 발암물질로 작용한다.

(다) 과산화벤조일과 과황산암모늄(면류개량제)

빵의 원료가 되는 밀가루는 천연 그대로의 밀가루가 아니다. 제분과정에서 각종 첨가물에 의해서 처리, 최종제품으로 유통되는 것이다. 제분과정에 관련된 것들은 각종 면류개량제 즉 변성전분, 강화제, 소맥분 개량제 등인데 실제 밀가루자체는 문제가 없지만 소비자들은 빵을 만드는 밀가루가 많은 식품첨가물에 의해서 만들어 졌다는 사실을 알 필요가 있다. 밀가루 개량제로 사용되는 과산화벤조일은 밀가루, 압맥에 0.3g/kg이하를 사용하도록 규제하고 있으며 과황산암모늄도 밀가루 0.3g/1kg이어야 한다. 가끔 브롬산칼륨(KBr)을 첨가한 밀가루도 빵의 원료로 사용되고 있다. 과황산암모늄염은 강한 산화제로 기도, 피부와 눈의 자극을 일으키는 물질로 알려져 있는데 보통 모발 염색제로 사용되는 물질이다.

(라) 말티톨과 솔비톨(감미료)

말티톨은 포도당+솔비톨 구조를 하고 있는 백색 분말, 당알코올로서 빵의 보습성과 딱딱해짐을 방지하고 식품의 색, 향 및 신선도 유지를 도와준다. 저감미, 내갈변성, 보습, 광택 등에 영향을 미치는 비소화성으로 온화한, 설탕맛에 가까운 단맛을 가지고 있다. 세균이 이용하지 못하며 특히 구강내 세균이 이용하지 못하므로 충치방지에 좋다. D-솔비톨은 청량감(fresh cool taste)이 있는 설탕의 60-70%정도 단맛을 가지고 있는데 입안에서 청량감을 느끼게 한다. 습윤조정 또는 보습, 유연, 광택 등에 도움을 주는데 특히 빵의 신선도와 유연성을 유지하고, 건조, 균열, 중량손실을 방지하여 품질 및 저장성을 향상시켜 준다. 당뇨병 환자들에게 좋은 당이다. 그 외 빵의 퇴색방지, 세균발육억지 등의 기능도 가지고 있다.

(마) 글리세린지방산 에스테르(유화제)

백색-황색이며, 약간 쓴맛을 가지고 있는 유화제의 일종으로 빵에 부피 증가 목적이외 부드러움, 보습, 유연성, 신축성, 탄력성 증가 등의 목적으로 사용하고 있다. 그러나 과잉 사용시 영양소의 흡수장애, 무기질 결핍현상, 신장장애 등을 일으킨다.

(바) 구연산(산미료, 맛개량제)

파인애플과 감귤류에 함유된 유기산의 일종으로 맛이 부드럽고 상쾌하여 향미 증가 목적으로 사용한다. 특히 빵의 경우에 보존료(방부제)를 사용하지 않을 경우 소금 또는 구연산의 함량을 높여주는 경우가 많다.

(사) 아세설팜칼륨(감미료)

아세설팜칼륨(Acesulfame K)은 1988년에 FDA에서 새롭게 인가된 대체감미료로서 설탕의 180-200배에 달며 체내에서 대사되지 않으므로 열량가는 없다. 아스팔탐의 단맛과 비슷하다. 사카린 감미의 약 반정도이다. 많이 넣으면 쓴맛이 난다. 저칼로리 목적으로 이용할 때 사용하며 주로 무설탕캔디와 빵에 감미료대신에 첨가한다. 인체에 유해여부에 관해서는 아직 확실하게 알려져 있지 않다. 체내에서 대사되지 않고 미변환체로 뇨로 배설되는데 생쥐와 개에게 장기간 복용실험한 결과 발암성, 돌연변이원성의 특징은 관찰되지 않았다. 그러나 WHO에서의 1일 권장량은 체중 1kg에 대해 15 mg(LD50(Rat, IP) : 2.2 g/kgL, D50(Rat, Oral) : 0.9-8.0 g/kg)이다. 보통 빵에는 솔비톨, 폴리덱스트린, 검 등과 적당히 혼합하여 사용한다.

(아) 아세틸아디핀산이전분(전분류, 조직개량제)

천연 찰전분을 원료로 하여 특수 제조된 개량전분으로 기계교반에 의한 반죽 개량을 비롯하여 빵의 품질 향상 목적으로 사용하였다. 특수한 탄력성, 부드러운 식감도 동시에 준다.

8-13. 카스테라

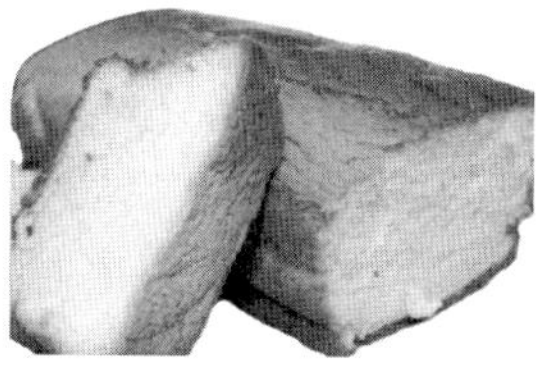

1. 시판 제품의 소개

가공식품명 : 모르나 카스테라

제조회사 : 기린(주)

제조일자 및 유통기간 : 198년 9월 3일, 제조일로부터 6일간

성분조성 : 소맥분, 백설탕, 계란, 베이킹 파우더, 자당지방산 에스테르, 프로피온산 나트륨

2. 시판 제품의 식품첨가물 해설

카스테라에 들어간 중요 식품첨가물은 베이킹 파우더(팽창제), 자당지방산 에스테르(유화제), 프로피온산 나트륨(보존료) 등인데 보통 집에 만들어 먹는 카스테라에는 박력분, 계란, 생우유, 버터, 백설탕, 베이킹 파우다 등을 넣는데 대량으로 만들어 시중에 판매되고 있는 것과는 다소 차이가 있다. 주요 식품첨가물을 보면 다음과 같다.

(가) 베이킹 파우더(팽창제)

효모(yeat)를 사용하지 않는 빵에 사용하며 사용량은 밀가루에 대하여 0~2% 정도이다. 팽창역할을 하며 다공질, 유연조직을 만들어 스폰지와 같은 감촉을 느끼게 하는데 기여한다. 주성분은 중탄산나트륨인데 어독성 A류에 분류된 것이다. 보통 흰가루병, 잿빛곰팡이병, 탄저병, 겹둥근무늬병, 흰비단병(백견병), 녹색곰팡이병(귤 녹점병), 검은점무늬병(흑반병) 방제 효과가 있는 물질인데 베이킹 파우더의 원료로 물론 제산제, 알칼리제, 설파제 복용시의 부작용 억제제 등 의약품으로 사용되고, 나트륨염의 제조원료, 가루비누의 배합제, 양털 등의 세척제, 거품소화제, 청량음료의 탄산가스 발생제 등 용도가 매우 다양한 편이다. 과잉 섭취시 위장장애를 비롯하여 현기증 등을 유발하고 생리대사를 교란시킨다.

(나) 자당지방산 에스테르(유화제)

O/W형 유화제로 사용되며 유화 안정효과가 크다. HLB값이 7.0-14.0 정도인 유화제이므로 카스테라의 요구 HLB 11인 유화제로서는 적당하다. 노화방지, 팽창안정화, 기포촉진에 관여하며 설탕의 결정생성을 억제한다. 카스테라에는 제품의 0.1%를 밀가루에 섞어서 다른 원료와 혼합하거나 소량의 물과 섞어서 첨가한다. 분말형인 경우 일단 물이나 유지와 혼합한 것을 온수에 분산시켜 사용한다.

(다) 프로피온산 나트륨(보존료)

흡습성이 있는 보존료로서 카스테라는 빵효모를 이용하지 않고 베이킹 파우더를 이용하여 제조한 빵 종류이므로 반드시 나트륨형을 사용한다. 그것은 칼슘형이 팽창제의 중탄산나트륨(중조)과 반응하여 불용성 탄산칼슘을 생성하여 탄산가스 발생을 저해하기 때문이다. 보존기능이외 pH조정제 역할을 하여 미생물의 생육을 간접적으로 저해시켜 준다. 다른 제품에 비하여 당분이 많으므로 곰팡이와 로프균(rope)의 생육저해를 위해 0.09-0.33% 정도 첨가한다.

8-14. 두유(베지밀)

1. 시판 제품의 소개

용량: 200ml 180ml 1000ml

가공식품명 : 베지밀 에이

식품의 유형 : 두유, 멸균제품

원재료명 : 두유액 95.18%(대두고형분 7%이상, 미국산), 정백당, 대두유 1.46%(미국산), 글리세린지방산 에스테르, 젖산칼슘, 비타민 D3(강화)

2. 시판 제품의 식품첨가물 해설

70년대 우리나라 개발의 열풍이 불기 시작하면서 값싸고 영양가 높은 콩을 원료로 한 음료인 두유가 국내 최초로 개발하였고 베지밀 A라는 상표로 시판하였다. 단백질·지방 등의 함유율이 우유와 거의 비슷하여 예부터 보건음료로 인정되었으나 콩냄새를 싫어하는 사람이 많아서 보급되지 못하였다. 오늘날에는 냄새를 제거한 조제두유를 유통시키고 있다. 두유는 과다한 유제품의 섭취로 인해 생기는 건강 문제에 대응하는 기능을 가지고 있는데 유제품이 몇몇 질병의 주원인이 되는 반면 두유는 여러 가지 질환과 증상을 예방할 수 있는 잠재 능력 즉 예방 기능이 있는 화합물이라는 의미의 「화학적 예방(chemopreventive)」용 음료이다. 그 이유는 두유 속에 아이소플라본, 올리고당, 섬유질, 사포닌, 레시틴, 프로테아제 억제제 등 건강 촉진 성분이 많이 들어 있기 때문이다. 사실 10-30%의 신생아와 유아들은 우유 섭취시에 설사, 발육부진, 위장염, 복통, 복부 팽만, 가스, 피부 발진, 습진, 밤에도 울음을 그치지 않거나 구토, 호흡 곤란 등의 거부 반응을 보인다. 그러나 두유를 이용한 유아식으로 바꾸면 이러한 증상의 90% 정도는 감소시킬 수 있었다고 한다. 대두 유아식은 우유 제품에 대한 거부 반응을 예방하는 것 외에도 우유 유아식에 비해 영양적으로도 우수하다. 우유 유아식과 두유 유아식을 비교한 연구는 뼈의 조성 단계인 무기질 침착(mineralization)에 있어 이들 유아식이 중요한 차이가 있다고 밝히고 있다. 두유를 어릴 때부터 먹으면 특정 알레르기, 고혈압, 소아 관절염, 암, 골다공증, 폐경 증후 및 다른 만성질환을 예방하는 잠재력도 갖게 된다. 두유에는 리놀렌산으로 불리는 오메가3 지방산의 전구물질인 DHA가 인식 기능을 포함한 두뇌 활동을 증진시키며, EPA는 항염 기능과 심장혈관 기능에 이로운 것으로 알려져 있다. 이와 같은 두유의 지방은 대부분 불포화 상태로 암과 심장혈관질환을 예방하는 중요한 역할을 한다. 우유는 평생 중요한 칼슘 흡수에 있어 우월하지만, 두유는 칼슘과 비타민 D를 강화해 이러한 약점을 보완하고 있다. 두유의 또 다른 단점은 트립신 억제제라는 성분이었는데, 최근 연구발표에 의하면 이 성분은 결장암, 유방암, 구강암을 예방하는데 중요한 역할을 하기 때문에 오히려 건강에 도움을 준다고 밝히고 있다. 사용된 식품첨가물의 해설과 건강상의 예상 문제점은 다음과 같다.

(가) 정백당(감미료)

원당의 색깔은 노란색-암갈색이다. 정제 과정을 거쳐 처음으로 나오는 것이 순도 99.9%의 흰설탕(정백당)이다. 이 정백당을 시럽화하여 재결정 과정을 거치면 열에 의해서 갈변화되면서 정백당안에 있던 원당의 향이 되살아나게 되는데 이것이 황설탕(중백당)이다. 두유에 정백당은 단맛을 부여하기 위해 사용한다.

(나) 글리세린지방산 에스테르(유화제)

천연의 유지(식물성유, 동물성지방 등)는 모두 글리세린지방산 에스테르로 되어 있다. 이 중 많이 사용되는 것은 글리세린지방산 에스테르인데, 주로 모노글리세라이드가 유화제로서 사용된다. 모노글리세라이드는 독성이 없고 사용하기 간편해 유화제로서 뿐만 아니라 거품억제제, 녹말의 노화방지제로서 빵이나 케이크에 흔히 사용되는데, 시간이 경과하면서 입에 닿는 촉감이 나빠지는 것을 방지하는 구실을 한다. 두유에는 유화제로 사용되는데 콩에는 지방의 함량이 높아 글리세린지방산 에스테르와 같은 유화제를 사용하여 분산, 안정화에 기여한다. 유화제는 영양소의 흡수장애를 일으키고, 무기질 손실과 신장장애를 일으키기도 한다.

(다) 젖산칼슘(칼슘강화제)

L형 젖산으로부터 발효공법에 의해 만들어진 복합다당 형태의 젖산칼슘은 이온화되기 쉬워 흡수가 어려운 칼슘의 특성을 극복하여 체내흡수 이용율이 높은 양질의 칼슘원료이다. 칼슘강화용으로 사용하며 영양보강제(칼슘제)로서 각종 식품(과자류, 청량음료, 된장, 두부, 분유, 빵 등) 및 의약품 등에 첨가된다. 조직 보강제로서 각종 농산가공 통조림, 단무지 절임 등에 사용되기도 한다. 사용기준은 칼슘으로서 식품의 1%이하이다.

8-15. 단무지

1. 시판 제품의 소개

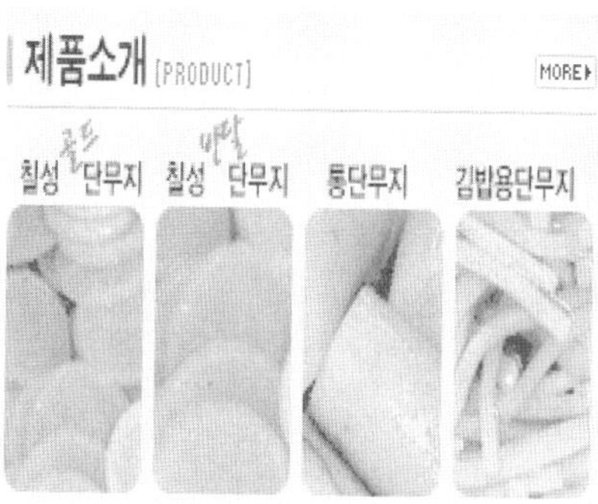

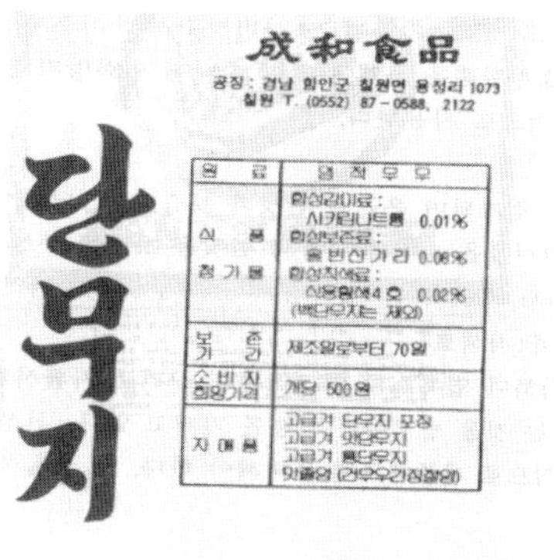

가공식품명 01 : 하선정 알단무지

식품의 유형 : 절임식품류(단무지)

주성분 : 절임무우91.16%(국산) , 식염

식품첨가물 : 소르빈산칼륨(합성보존료), 사카린나트륨(합성감미료), 유기산, 글리신

가공식품명 02 : 맛 단무지

제조일자및 유통기간: 제조일로부터 3개월

제조회사 :성화식품

성분조성 : 무, 사과식초, 소르빈산칼륨(0.1%), 식용황색 제 4호(0.m%), 사카린 나트륨 (0.03%), 소금(M.7%), 구연산(0.03%), DL-사과산 나트륨(0.1%), L-MSG(0.1%)

가공식품명 03 : 논개 꼬들단무지

제 품 명 : 논개 꼬들단무지

제품유형 : 절임류

영업허가 : 경남 진주 제 181호

제품구성 : 무우(국산) 95%, 합성 보존료 (소르빈산칼륨), 합성감미료 (사카린나트륨), 합성산미료 (빙초산), 차자황색소.

중 량 : 500g

제품설명 :

2. 시판 제품의 식품첨가물 해설

단무지는 일본식 김치인 「다쿠안」의 우리말 이름이다. 건조시킨 무를 쌀겨와 소금을 혼합한 쌀겨 소금에 절인 것이다. 일본의 대표적인 김치로, 우리나라의 짠지와 비슷하며, 장기간 보존이 가능하다. 단무지의 역사와 배경은 주원료인 무의 역사적 배경을 통해 좀더 쉽게 알 수 있다. 무는 십자화과에 속하는 식물로서, 우리나라에서는 옛날부터 재배되어 왔으며, 근채류 중 가장 중요한 것이다. 여기서 근채류란 뿌리 또는 뿌리에 해당되는 부분을 식용하는 채소를 말하며, 넓은 의미로는 고구마, 감자, 토란 등의 감자류도 여기에 속한다. 무의 원산지설은 많이 있는데, 코카샤스의 남부설, 서부아시아설, 지중해 지방에 야생하는 "하마무우"라는 설, 또는 유럽의 원산지설도 있다. 무의 재배지역은 상당히 넓으며 품종도 많으나 분포지역에 따라 상당한 형태적 차이가 있다.

십자화과에 속하는 무는 여러 나라에서 식용을 목적으로 재배하는데 이집트에서는 잎을 먹고 아랍국가들은 역시 잎줄기를 이용한다. 인도에서는 열매꼬뚜리를 이용한다. 동양에서는 사료용과 겨울 저장채소로 이용하고, 중국에서는 열매의 기름을 목적으로 재배하는 것도 있다. 중국, 한국, 일본에서는 식염수에 무를 절여서 이용한다. 중국에서는 수천년 동안 재배되어 동방의 나라들이 원산지로 알려져 있다. 뿌리의 외부 빛깔은 백색, 핑크색, 적색, 자색, 흑색에 이르기까지 다양하다.

무는 배추와 함께 우리 나라의 2대 채소 중의 하나이다. 우리 나라에서는 오래 전부터 재배되었으며, 주로 중국을 통하여 들어온 무가 각 지방에 토착한 재래종이 많다. 중국에서 일본을 통하여 들어온 것으로 南支무 계통이 있다. 이것에는 일본무라고 불리는 官重무, 美濃 生무 등이 있다. 또 근래에 샐러드용으로 20일 무가 재배되기 시작하였다. 절임식품인 단무지 제조원은 우선 각 생산지에서 무가 작업장으로 들어오면 세척한 후 소금을 첨가하여 물과 함께 절이는 1차 절임작업을 한다. 그런 다음 1차적으로 절인 무에 물은 넣지 않은 채 소금만을 넣어 염적 탱크에 가지런히 정리하여 저장한다. 이것이 2차 절임인데 염적 탱크에서 무는 약 1년간 보관하게 되므로 이때는 다량의 소금을 첨가해야 한다.

약 1년간 소금에 절여진 무는 탈염과정을 통해 염분을 제거하고 껍질 및 잔뿌리를 잘라내고 세척한다. 세척이 끝난 무는 제품의 특성에 맞게 분류하고 자른다. 또한 단무지 제조원은 자른 무에 색소, 설탕, 향료 등의 식품첨가물을 혼합하여 맛이 베이도록 하는 조미작업을 하는데 이 과정이 바로 무에서 단무지로 제조되는 공정이라고 할 수 있다. 그리고 절임이 완료된 식품의 맛과 향, 색을 검시한 후 포장단위에 맞게 자르고 진공 포장기에 제품을 넣어 포장한다. 제품의 저장성을 높이기 위해 소포장의 경우 대부분 진공살균포장을 한다. 포장이 완료된 단무지는 냉장창고에서 약 7～15일 정도 숙성시킨 후 출하를 하게 된다. 사용한 식품첨가물의 해설과 건강상의 예상 문제점은 다음과 같다.

(가) 소르빈산칼륨(보존료)

단무지에서 소르빈산칼륨의 역할은 곰팡이, 효모, 세균 등에 작용하여 발육을 억제시키는 보존료이다. 아질산염과 반응, 발암물질에 의해 변화되고 염색체 이동을 일으켜 중추신경을 마비시키고 간에 나쁜 영향을 미친다. 단무지는 식품공전상 절임류에 해당하며 보존료 적합기준은 소르빈산의 경우 1.0(g/kg)이하 사용하여야 하며 안식향산은 사용이 금지되어 있다. 한 조사에 의하면 소르빈산의 경우 대부분의 단무지에 0.5g/kg- 1.0g/kg 이하 사용하였고 대부분 재래시장 유통 비포장 단무지로 나타났다.

[표] 보존료, 색소 실험결과 (단위: g/kg)

구분	시료명	시험항목		
		보존료(소르빈산)	보존료(안식향산)	타르색소
비포장 재래시장유통	금호동 금북시장	0.00	0.00	검출안됨
	모래내시장 경북	0.18	0.00	검출안됨
	홍제시장	0.43	0.00	검출안됨
	가락시장 옥산식품	0.00	0.00	검출안됨
	청량리시장 털보네 환영식품	0.00	0.00	검출안됨
포장가공유통 업소용	서울식품 참맛일산	0.40	0.00	검출안됨
	양지식품 양지맛	0.34	0.00	검출안됨
	은하식품 김관	0.62	0.00	검출안됨
포장가공유통 일반판매용	두메식품 하선정통	0.27	0.00	검출안됨
	토박이식품 동원자일리톨김밥	0.48	0.00	검출안됨

식품공전상에는 살균 또는 멸균된 단무지 제품에 한하며 대장균군이 음성이어야 한다고 규정하고 있다. 소르빈산은 간종양 우려가 있는 보존료로 지독성으로 분류되어 있다. 발색제의 일종인 '아질산염'과 반응하면 돌연변이를 일으키기도 하는 물질이 생성된다.

(나) 사카린(감미료)

사카린 나트륨은 단무지의 감미를 증가시키기 위하여 사용되고 있다. 합성 감미료는 영양가가 거의 없으며 많은 양을 섭취하면 인체에 유해하므로 특별한 경우를 제외하고는 사용하지 않는 것이 좋다. 사카린나트륨 및 이를 함유하는 제제는 절임식품류(김치류 제외), 어육연제품, 청량음료(유산균음료제외) 및 특수영양식품(이유식 제외) 이외의 식품에 사용하여서는 아니된다. 즉, 식빵,이유식, 백설탕, 포도당, 물엿, 벌꿀 및 알사탕류에 사용하여서는 안된다. 사카린나트륨 및 이를 함유하는 제제는 사카린나트륨으로서 절임식품류(김치류 제외)에 있어서는 그 1kg당 1.0g이하, 분말청량음료에 있어서 2kg에 대하여 0.2g이하, 청량음료(다만, 5배 이상 희석하여 사용하는 것은 그 1kg에 대하여 1.0g이하)에 있어서 그 1kg에 대하여 0.2g이하, 어육연제품에 있어서 그 1g에 대하여 0.1g이하, 특수영양식품(이유식 제외)에 있어서 허가받은 양 이하이어야 한다. 우리가 흔히 사카린이라고 부르고 있는 것이 용성사카린 즉, 사카린나트륨이다. 물에 잘 녹으며 그 감미는 설탕의 250-500배이다. 그러나 감미는 농도에 따라 묽은 것은 감미가 강하나 진한 것은 쓴맛이 강하게 난다. 사카린나트륨은 열을 가하면,

o-sulfamino-benzoic acid로 서서히 분해하여 감미가 없어지지만, 100℃에서 2시간 가열 정도는 분해하지 않으므로 실제 조리할 때 산성 상태에서 가열하지 않는 한 분해되지 않는다. 그리고 용성사카린에 산을 가하면 물에 녹기 힘든 사카린으로 변하기 때문에 감미가 감소된다. 사카린의 독성에 대해서는 1일에 3g을 섭취하면 유해작용으로서 점막에 대한 국소 자극 작용, 소화효소의 작용저해, 신장 장애, 방광조양 등이 있으며 최근 FDA에서는 성인의 경우 1일 1g이상 섭취하지 않도록 경고하고 있다.

(다) 글리신(산미제)

글리신은 아미노산의 일종으로 정미료로 사용한다. 단맛이 약간 있으며 단무지이외 합성청주, 간장, 과자 등에 사용된다. 절임식품 청량음료수 0.2%, 햄소시지 육류 과실의 통조림에 150ppm, 염장품 0.3-0.7%, 식초절임식품 0.05-0.5% 정도 사용한다. 가장 간단한 알파아미노산으로 천연에는 대부분 모든 동물성 단백질에 함유되어 있으며 식물성 단백질에는 거의 함유되어 있지 않다. 양조용(합성청주), 식육가공, 청량음료, 인스턴트식품, 기타 식품가공에 비타민 C를 안정화시키는 효력이 있으며 또 맛, 품질, 색깔 등을 증가시키는 작용도 있다. 기타 pH의 조절에 이용된다. 의약품, 트레오닌, 기타 아미노산의 합성 원료, 사료첨가물, 화장품 원료 등으로 사용하며 새우, 문어 등의 감미는 글리신에 의한 것이 크며, 새로운 조미료로 생선졸임, 야채절임, 청량음료수, 햄, 소시지, 육류 또는 과실의 통조림 등에 사용된다. 특히 유기산을 사용하는 식품에서는 글리신이 산미를 부드럽게 한다. 또 깡통 통조림에서는 깡통의 부식성을 감소시키는 효과도 있다. 버터, 치이즈, 마아가린에 첨가하면 보존기간을 종래의 3-4배로 늘일 수 있다. 또 글리신은 정미성, 교미성이 강하고, 금속봉쇄성이 있을 뿐만 아니라 제균성이 있기 때문에 그 용도는 넓다. 최근에는 식품방면에의 수요가 증대되고 있는데 미국에서는 글리신을 사료용에만 허가하였으나, 1971년 7월이후부터는 캔디류에 0.09%까지 사용을 허가하였다.

(라) 유기산(보존료와 산미강화제)

단무지에 유기산은 맛을 내고 방부효과를 주기 위해 사용되었다. 유기산의 종류가 많지만 주로 구연산과 초산(식초)을 사용하고 있다. 유기산은 향기를 동반시키는 신맛을 내어 미각의 자극이나 식욕의 증진에 관여한다. 부드럽고 상쾌한 신맛의 부여(산미료), 방부효과 증대, 상큼한 향의 부여 등 목적으로 첨가한다. 신맛은 용액 중에 포함되어 있는 수소이온과 포함되지 않은 산 분자에 기인한다. 그러나 신맛의 정도는 수소이온 농도에 반드시 비례하지 않는다. 초산의 경우 빙초산을 사용할 가능성이 많다. 우선 가격이 싸고 효과가 좋으며 신선한 자극취를 가지고 어느 정도의 살균작용을 가지기 때문이다.

(마) 착색료

식품공전상 단무지에 타르색소가 검출되어서는 안 되는 것으로 규정되어 있다. 과거에는 식용황색 제 4호(착색료)가 단무지 착색으로 사용되었으나 현재는 허용되어 있지 않다. 가끔 치자황색소를 사용하는 경우도 있으나 이것은 일본 '식품첨가물평가일람'에서는 "위험등급 3급'첨가물로 분류하고 체중 1kg당 0.8-5g을 투여한 쥐의 경우 간장출혈이 있었다는 보고가 있다.

(바) 식염(방부 또는 맛조절제)

소금은 로마시대에는 관리나 군인에게 급여로 주었는데 봉급을 뜻하는 영어의 '샐러리(Salary)'는 현물 급여를 뜻하는 라틴어 '살라리움'에서 유래한 것이다. 또 고대 그리스 사람들은 소금을 주고 노예를 샀으며, 6,7세기까지 작은 어촌이었던 베네치아가 10세기 이후 번성한 원인도 소금 때문이다. 소금의 종류는 크게 천일염과 정제염으로 분류되고 정제염은 다시 가공염과 기계염으로 나눌 수 있다. 천일염은 서해안의 해수를 모아 태양열과 바람에 의해 수분을 증발시켜 염의 결정을 얻은 것이다. 정제염은 해수 오염과 쓴맛이 있는 간수를 제거한 천일염으로, 천일염을 분쇄한 뒤 물세척을 하여 불순물을 제거한 다음 원심분리한 것을 말한다. 이보다 매우 정제된 기계염은 바닷물을 끌어 들여 이온교환막을 통과시켜 염화나트륨만을 추출한 소금으로 대량 생산된다.

정제염은 99%가 염화나트륨으로 되어 있다. 가공염이란 성분상 또는 결정 입자가 너무 커서 사용하기에는 부적합하여 분쇄, 세척, 용융 과정을 거쳐 입자를 적게 만든 소금과 소금 성분에 다른 성분을 섞은 소금을 통틀어서 말한다. 백염·꽃소금이라 불리는 저염도 소금인 '재제염', 천일염을 세라믹 반응로에 구워 유해물질을 없앤 '구운소금', 천일염을 대나무 속에 다져 넣어 구운 '죽염' 등이 여기에 속한다. 요즈음에는 국산 천일염에 식물에서 추출한 여러 성분을 배합한 기능성 소금인 식물 소금도 있다. 종류로는 마늘소금, 녹차소금, 허브소금, 함초소금, 쑥소금, 송화소금 등이 있는데 앞으로도 여러 가지 식물 소금이 개발될 것으로 보인다. 안전성이나 건강 면에서는 기계염보다는 천일염이, 천일염보다는 죽염이 좋다. 죽염은 우리 조상들이 남겨준 또 하나의 전통 음식이라고 할 만큼 가치가 있다. 집에서 음식 만들 때 쓰는 맛소금은 정제염에 글루탄산나트륨을 입힌 소금이다. 이처럼 화학 처리를 한 맛소금 같은 것은 99.9%의 염화나트륨이다. 과도한 염분이 위 점막에 손상을 초래해 다른 발암물질이 위 점막에 침투하는 것을 돕고 염분이 소변으로 빠져나가면서 뼈

속의 칼슘까지 함께 빼앗아가기 때문에 골다공증을 유발하기도 한다. 천일염'이나 '정제염' 대신 불순물을 제거한 '자연염'에는 다음과 같은 것들이 있다.

① 호염 : 알이 거칠고 굵은 '천일염'을 말하며 일명 '정염'이라고도 한다.
② 소염 : '호염'을 볶아서 만든다. 2~3시간 정도 볶으면 소금 안에 있는 불순물이 검은 연기를 내면서 증발하여 유해성분이 제거된 것을 말한다.
③ 신염 : 천일염을 물에 녹여 불순물을 가라앉히고 '윗물'만 따로 끓이면 소금 결정체가 된다. 이 결정된 소금을 약 100도의 고열로 녹인 후 불순물을 제거한다. 이렇게 해서 만든 소금은 덜 짜고 질이 좋다.
④ 천금 : 천일염을 약 650~1,200℃에서 장시간 고열처리하여 불순물을 제거한 순수한 소금을 말한다.

(사) DL-사과산 나트륨(조미료및 맛강화제)

유기산염류 중 가장 짠맛(소금의 1/3정도)을 나타내므로 소금대용으로 단무지의 맛을 좋게 하기 위해서 첨가한다. 단용하는 것보다는 유기산과 병용하는 것이 좋으며 소금섭취가 금지된 환자들에게는 적합한 염미료이다.

8-16. 오이지(피클)

1. 시판 제품의 소개

가공식품명 : 오이지

제품유형 : 절임류/오이지

주원재료명 : 절임 오이 99.574%(국산)

식품첨가물 : 구연산, 아스팔탐, L-글루타민산 나트륨, 소르빈산 칼륨(합성 보존료), 빙초산(합성식초), 비타민 C(산화방지제), 키토산 0.001%, 구연산칼슘 0.02%

제조원 : (F1) 오케이식품

2. 시판 제품의 식품첨가물 해설

절임류라 함은 채소류, 과실류, 향신료, 야생식물류, 해조류 등의 식물성 원료를 주원료로 하여 식염, 식초, 당류 또는 장류 등에 절인 후 그대로 또는 이에 다른 식품을 가하여 가공한 식염절임, 장류절임, 식초절임, 당절임 등을 말한다. 식품 유형은 ① 식염절임, ② 장류절임(장아찌), ③ 식초절임, ④ 당절임 등이 있으며 일반적인 규격은 고유의 색택과 향미를 가지고 이미·이취가 없어야 하며 타르색소가 검출되어서는 안 된다(단, 밀봉 및 가열살균 또는 멸균처리한 오이절임, 생강절임, 매실절임제품 등은 제외한다). 기준에 적합한 보존료를 사용하여야 한다.

'지'는 오늘날 장아찌나 오이지처럼 국물을 함께 먹지 않고 짠맛이 강한 건더기만을 건져서 먹는 채소 발효식품을 지칭하는 말이었던 것으로 추측된다. 피클(pickles)은 구미 각국에서 널리 애용되는 침채류이다. 수확한 농산물의 신선도를 유지하면서 장기보관 하기 위해 만들어진 것으로 여러 가지 방법이 시도되어 왔다.

오이는 워낙 수분이 많고 조직이 연해 오래 저장하기는 어려우나 통째로 소금에 절여서 물기를 뺀 오이지나 간장을 부어 담근 오이지장아찌는 오랫동안 두고 먹을 수 있다. 오이지는 담백하고 개운해서 식욕과 입맛을 돋워 준다. 오이를 소금물에 담가 두면 시간이 지나면서 젖산균이 생겨 새큼한 맛이 나고 아삭아삭해진다. 오이지는 무엇보다 염도가 알맞아야 맛있다. 씻은 오이를 항아리에 차곡차곡 담아 짭짤한 소금물을 붓기만 하면 되는데 이 때 소금물의 농도는 10% 정도가 알맞다. 더 짜면 오래 두어도 무르지는 않지만 맛이 없고, 이보다 싱거우면 익기도 전에 물러져 버린다. 동양쪽에서는 높은 습도로 인한 곰팡이 증식을 억제하기 위하여 소금 절임 방법이 발달되었고 건조한 기후의 유럽쪽에서는 세균번식을 억제하기 위하여 식초절임이 발달하였다.

오이지 등의 절임식품 제조원 역시 야채를 선별해 물로 세척하고 일정규격으로 절단한 후 물기를 제거하고 소금, 양념 등이 혼합된 탱크에 넣어 일정시간 담근 후 침지액을 제거한다. 또한 과도한 염분이나 이물질을 제거하며 조직을 부드럽게 하기 위하여 압착기를 사용해 야채를 압착시키기도 한다. 기타 조미료, 색소, 설탕, 향료 등의 첨가물에 야채를 넣고 일정시간 침지시켜 절임이 완료된 식품의 맛과 향, 색을 검사한 후 용기에 담아 포장공정으로 운반한다. 오이지 또는 오이피클에 사용한 식품첨가물은 일반적으로 구연산, 아스팔탐, L-글루타민산 나트륨, 소르빈산 칼륨(합성 보존료), 빙초산(합성식초), 비타민 C(산화방지제), 키토산 0.001%, 구연산칼슘 0.02% 등 예상 보다 많은 양의 수의 식품첨가물이 사용되고 있다.

(가) 구연산(산미료)

구연산은 감귤류의 산미성분으로 방부효과, 신맛부여, 영양강화 등의 목적으로 사용한다. 과거 구연산염(citrate)은 혈액의 응고를 방지할 목적으로 사용하기도 하였다. 너무 신맛이 나므로 한꺼번에 과량 사용하기는 어렵지만 일상 사용하는 양으로는 인체에 무해한 것으로 나타나고 있다.

(나) L-글루타민산나트륨(합성조미료)

첨가하는 이유는 신맛, 쓴맛의 완화, 짠맛, 단맛의 상승효과를 위해서 첨가한다.

(다) 소르빈산칼륨(보존료)

보존료로써 항균작용으로 미생물의 생육 저하를 위해 첨가한다. 신선하고 질감(아삭아삭) 보호를 위해 첨가하는데 식품공전상 식품 100g당 0.1g(0.1%)이하 첨가하도록 규정하고 있다. 보존료를 첨가하지 않고 살균처리까지 하지 않으면 상온에서 미생물 증식에 의하여 부패, 팽창의 원인이 된다(냉장 0-3℃에서 어느 정도 유지됨).

<table>
<tr><td rowspan="2">소르브산
소르브산칼륨</td><td>1.0 이하(소르브산으로서, 단, 당절임, 식초절임 제외)</td></tr>
<tr><td>1.0 이하(소르브산으로서, 식초절임, 당절임(건조당절임 제외)에 한함)</td></tr>
<tr><td>안식향산나트륨
안식향산칼륨
안식향산칼슘</td><td>1.0 이하(안식향산으로서, 오이초절임에 한함)</td></tr>
</table>

(라) 스테비오사이드(감미료)

감미료로써 첨가한다.

(마) 아스팔탐

저감미 저칼로리의 감미료의 소재로 1965년 미국 Saal회사에서 발견한 것으로 설탕의 200배가 되는 감미도를 가지고 있고 아미노산을 원료로 만들었는데 아스팔탐 감미도에 영향을 주는 물질은 식염, 유기산, 사카린으로 식염과 유기산은 증강작용이, 사카린은 상승효과가 있다. 산미와 조화가 잘 이루어지므로 산성음료에 감미질이 양호한 감미료로 이용되고 풍미 증강효과를 가진다. 아스팔탐은 FDA가 1974년 7월 조건부로 인가하였고 1981년에 식품에, 1983년에 소프트드링크에 사용하도록 허가하였다. DCC(Disease Control Center)의 보고에 의하면 건강한 사람에게는 안정하나 페닐알라닌의 섭취를 제한하여야 하는 사람은 아스팔탐을 피해야 된다고 하였다. 페닐알라닌은 뇌에 영향을 주어 두통을 일으키고 중추신경계에 영향이 있다고 보고하였고 뇌, 임산부, 태아에 대한 아스팔탐의 실험이 요구된다고 하였다

(바) 착색료

경우에 따라서는 착색소를 사용하지만 피클이나 지에서 사용하지 못하는 색소는 다음과 같다.

1. 식용색소 녹색 3호
2. 식용색소 녹색 3호 알루미늄레이크
3. 식용색소 적색 2호
4. 식용색소 적색 2호 알루미늄레이크
5. 식용색소 적색 3호
6. 식용색소 적색 40호
7. 식용색소 적색 40호 알루미늄레이크
8. 식용색소 청색 1호
9. 식용색소 청색 1호 알루미늄레이크
10. 식용색소 청색 제 2호
11. 식용색소 청색 제 2호 알루미늄레이크
12. 식용색소 황색 4호

13. 식용색소 황색 4호 알루미늄레이크
14. 식용색소 황색 제 5호
15. 식용색소 황색 제 5호 알루미늄레이크
16. 아산화티타늄
17. 식용색소 적색 제 102호

(사) 빙초산(합성식초)

무색투명의 휘발성 물질로 특이한 자극 냄새를 가지고 있다. 사용기준없이 식품에 널리 사용하는데 초산을 물에 4~5% 희석하고 여러 종류의 정미성분을 배합하여 양조식초에 가까운 풍미를 갖도록 만든다. 초산 이외에 유기산 염류, 설탕, 인공감미료, 아미노산류, 식염, 착색료 등을 혼합하여 제조한다.

(아) 비타민 C(아스코르브산)

보통 품질개량제, 금속봉쇄제로 사용되는 인산염과의 병용하며 최근에는 건강보조식품의 한 성분으로서 널리 사용되고 있다. 아스코르브산은 중요한 비타민의 하나로 비타민 강화의 목적 이외에 식품의 산화방지, 선도 유지 및 식육의 발색조제, 영양보충, 맛을 내고 보존효과를 높이기 위해 사용한다.

(자) 키토산(기능 및 영양강화제)

키토산의 모체인 키틴은 지구상에 셀룰로오스 다음으로 많이 존재하는 것으로 셀룰로오스나 콜라겐 그리고 다른 조직의 다당류가 단백질과 결합되어 있는 셀룰로오스에 가까운 원생 고분자로 되어 있다. 키토산은 셀룰로오스에 아미노기를 부가한 형태로 키틴의 아세틸기를 제거함으로써 얻어지는데 이 키토산의 염산염은 수용액에서 대단한 점성을 나타내기 때문에 호료로 이용된다. 키토산을 사용하는 것은 식품보존료, 면역강화 효과, 장내세균의 성장 촉진 및 콜레스테롤치 저하 등의 생리활성을 위해서 사용하는데 식품첨가물로서의 규제는 받지 않는다.

(차) 구연산칼슘

구연산칼슘은 사용기준이 있으며 강화용 칼슘제, 수소이온 완충제, 조직응고제로 사용하며 칼슘으로서 식품에 1%이상 사용하여서는 안 된다. 본 제품에서는 칼슘강화용과 조직강화용으로 사용한다.

8-17. 딸기잼

1. 시판 제품의 소개

가공식품명 01 : 오뚜기 딸기쨈

제조희사 : 오뚜기 식품(주)
유통기간: 1989년 6월 29일, 제조일로부터 12개월
성분조성 : 딸기(45%), 백설탕(9.7%), 물엿(15.4%), 포도당, 구연산, 천연호료, 펙틴, 액상포도당, 이소말토올리고당

가공식품명 02 : 동원 딸기쨈

유별 : 쨈
원료명 : 딸기, 설탕, 물엿, 펙틴, 구연산
당 도 : 45%이상

가공식품명 03 : 튼튼잼

유별 : 쨈
원료명 : 딸기, 수삼, 이소말토올리고당, 정제포도당, 액상과당, 폴리덱스트로스

2. 시판 제품의 식품첨가물 해설

잼은 기원전부터 만들어졌던 것으로 추정되는데, 설탕이 등장하기 전에는 벌꿀이나 엿

을 감미료로 잼에 사용하였다. 설탕에 대한 기록으로는 B.C. 320년경 알렉산더 대왕이 인도를 정복하고 돌아갈 때 유럽으로 설탕을 가지고 돌아갔다고 하는데, 이 설탕을 이용해서 잼을 만들어 왕후나 귀족들이 귀하게 먹었다고 한다. 그 후 설탕을 쉽게 구할 수 있게 되면서부터 북유럽과 같이 한랭한 지역에서는 과일이 귀했기 때문에 겨울의 저장식품으로 잼을 만들게 되었다. 그 후 잼을 병이나 캔에 넣은 병조림과 통조림법이 발명되면서부터 기업화되고 상품화되기 시작했다. 잼은 "식품과실류 또는 과채류를 당류 등과 함께 젤리화 또는 시럽화한 것으로 잼, 마말레이드, 프리저브, 스타일 등이 있다"고 되어 있다. 타르색소 사용이 금지되어 있으며 보존료는 소르빈산(1.0이하), 안식향산류(1.0이하), 파라벤류(1.0이하), 프로피온산류(1.0이하) 사용하도록 허용되어 있으며 보존료를 병용할 경우 합산이 1.0이하가 되도록 하였다. 잼(jam)이란 말은 눌러 으깬다 또는 "소리내어 씹는다"라는 뜻이다.

미국에서의 잼의 규격은 원료가 과즙이 아니라 과실성분을 직접 사용하므로 가용성 고체성분이 적어도 65% 되도록 농축하여야 한다. 그러나 우리나라에서는 원료로 과실류가 40%이상 함유되어야 하며 고유의 색과 향미를 가지고 이미, 이취가 없어야 한다. 수분은 55%이하, 총당 53% 이상(전화당으로 40%이하일 경우에는 저당도, 55% 이상일 경우에는 고당도라 함), 전분 및 젤라틴은 검출되어서는 안된다. 설탕, 물엿, 포도당 등의 감미료를 원료 과일의 70~120% 사용하며 인공감미료는 넣지 않는다. 착색료는 식용적색 2호, 식용황색 제 4호, 5호 등의 타르색소는 사용할 수 없으며, 천연향 색소를 사용하는 수밖에 없다. 보존료는 다음 표의 규격에 적합하여야 하며, 이 이외의 보존료는 검출되어서는 안된다.

소르빈산 (sorbic acid) 소르빈산 칼슘 (potassium sorbate)	소르빈산으로서 0.5g/제품 1Kg 이하

산미료로는 구연산, 사과산, 주석산을 1%이하 사용할 수 있다. 때로 강화제를 첨가할 수 있다. 상품으로 표시할 때는 과실의 형태가 유지되는 것은 preserve, 과육 또는 과피의 조각이 섞여 있는 것은 마아멀레이드로 표시한다. 구연산과 인공향료를 첨가될 경우 상표에는 fantaisie 또는 arome artificial(인공향료)라는 단어를 표시하여야 하며 색소가 첨가될 경우에도 상표에 표시해 두어야 한다. 향유, 산, 색소 등이 첨가된 제품에는 과일이라는 이름을 사용할 수 없으며 product artificial(인공제품)이라는 이름하에 그리고 필요한 경우 순수당분(pure sugar)을 명시하여 판매될 수 있다. 과일이나 과일혼합물 또는 과일을 보존하기 위해 사용된 시럽(약 5% 포도당 함유)이 첨가된 마멀레이드로 만든 잼은 au sirop de fruits confits(보존된 과일 시럽)이라는 단어가 나타나 있어야 한다.

잼에 일반적으로 첨가한 식품첨가물의 종류는 백설탕, 물엿, 액상포도당, 이소말토올리고당, 구연산, 펙틴, 구연산, 보존료(제품에는 표시되지 않았으나 넣는 제품도 있음) 등이다.

(가) 이소말토올리고당

이소말토올리고당은 포도당을 원료로 전이효소를 작용시켜 만든 것으로 감미와 보습성이 좋고 장내 유익균인 비피더스균을 선택적으로 증가시키는 효과가 있으며, 매일 섭취하면 장을 건강하게 유지시키면서 변비를 개선시켜 준다. 감미도는 설탕의 약 40 %로 부드러운 감미 효과를 부며 수분보유능력이 높고 전분의 노화방지 효과가 있어 각종 식품을 부드럽고 촉촉하게 유지시켜 준다. 유익한 당류로 알려져 있으며 주요 기능이외 최근에는 알레르기성 비염이나 화분증, 집먼지에 의한 비염 등의 증상을 완화시켜 주는 것으로 알려져 있다.

(나) 펙틴

펙틴(pectin)의 어원은 "굳어진다"인데 과실이나 채소류 등(오렌지, 레몬 등 감귤류의 껍질과 사과, 사탕수수의 찌꺼기 등)의 세포막이나 세포막 사이의 엷은 층에 존재하며 적당한 산과 당이 존재하면 겔을 만든다. 펙틴은 매우 수화되기 쉬우며, 흡습성이 강하고, 물에서는 친수성 교질용액을 형성하고 그 외관상 점도는 매우 크다. 펙틴은 팽윤성이 뛰어난 수용성 식이섬유로서 인체내의 소화효소에 의해 분해 어려우며, 섭취시 포만감을 주고 칼로리는 매우 낮아서 다이어트 식품의 원료로 주로 이용된다.

(다) 구연산

구연이란 시트론 citron의 한자명이며, 시트론을 비롯하여 레몬이나 덜 익은 감귤, 복숭아, 사과, 살구 등 과일에 많으며 매실에 가장 많이 함유되어 있다. 영어명인 citric acid의 citric도 감귤류를 뜻하는 그리스어인 citrus에서 유래한다. 구연산은 TCA 회로를 구성하는 한 요소로 고등동물의 물질대사에서 중요한 구실을 한다. 체내의 칼슘흡수를 촉진시키는 작용을 하며, 칼슘이온을 포착(捕捉)하므로 혈액응고저지제, 과즙·청량음료의 맛을 내는데, 피로회복, 식욕촉진, 청량감 부여, 콜레라, 장티푸스, 인플루엔자, 파라티푸스, 발진티푸스, 이질균 등을 억제하는 효과가 있다. 구연산을 과량 복용하거나 신장기능에 문제가 있을 경우 구연산은 체내의 칼슘과 결합하여 칼슘의 흡수를 억제하여 골다공증, 혈액응고장애 등이 발생시킬 수 있다.

(라) 보존료-소르빈산염

잼류는 보존식품임에도 불구하고 곰팡이에는 약하다. 공기 존재시 온도 30℃, 습도 80%조건에서도 당도 40%인 것은 3일 정도, 60%에서는 15일 정도, 70%에서는 30일 정도에서 보통 곰팡이가 발생하므로 보존료의 사용이 불가피하지만 단기간 소비할 경우에는 첨가하지 않는 것이 보통이다. 장기 보관을 위해서는 안전상 소르빈산을 첨가하는 것이 좋지만 이것을 첨가하지 않고 당도를 높여 보존료의 사용을 은폐하는 일은 더욱 인체에 부담을 주는 행위이므로 소비자의 현명한 판단이 요구된다. 소르빈산칼륨은 보존료로써 사용되며 중추신경을 마비시키고 간에 나쁜 영향을 미칠 수 있는 방부제이다. 소르빈산은 일본 학자들이 쥐에게 15%의 고농도 소르빈산을 함유한 사료를 80주이상 먹인 결과 15마리중 11마리에 간종양이 발생했다고 하는 지독성 방부제이다.

(마) 폴리덱스트로스

폴리덱스트로스(polydextrose)는 화학적으로 합성한 식이섬유로 사람의 소화효소로 가수분해되지 않고 포도당을 주로 하는 고분자화합물이며 콜레스테롤을 저하시키며 비만, 당뇨, 변비에 탁월한 효과가 있다. 식물성 식이섬유일수록 보수성, 흡착성이 크기 때문에 혈청지질 저하와 같은 생리활성 기능을 기내할 수 있다. 또한 부피가 커지는 팽윤성을 갖고 있어서 소화되지 않고 그대로 배변과 함께 배설된다. 우리나라 식품첨가물 공전중//화학적 합성품 란에 등재되어 있다. 사람의 소화효소로 가수분해되지 않고 포도당을 주로 하는 고분자화합물이며 콜레스테롤을 저하시키며 비만, 당뇨, 변비에 탁월한 효과가 있다. 식물성 식이섬유일수록 보수성, 흡착성이 크기 때문에 혈청지질 저하와 같은 생리활성 기능을 기대할 수 있다. 또한 부피가 커지는 팽윤성을 갖고 있어서 소화되지 않고 그대로 배변과 함께 배설된다.

(바) 천연호료(gum류)

잼의 조직강화 목적으로 첨가하는 경우가 있다. 그러나 딸기잼의 경우 펙틴물질이 다량 함유되어 있으므로 따로 첨가할 필요는 없다. 그러나 포도잼 제조시에는 첨가하는 것이 좋다. 펙틴을 첨가할 경우 강한 겔이 만들어지며 안정도가 클 뿐만 아니라 수분을 조절할 수 있는 능력을 가지므로 제품 조직감을 향상시킬 수 있다. 제품에 따라 펙틴을 첨가하는 경우도 있다.

8-18. 바나나맛 우유

1. 시판 제4품의 소개

가공식품명 01 : 생생과즙 바나나 우유

성분명 : 원유, 백설탕, 액상과당, 바나나농축과즙, 치자황색소, 합성착색료

축산물가공품의 유형 : 유음료

제조원 : 해태유업

가공식품명 02 : 생큐, 메론과 우유

성분명 : 원유, 백설탕, 액상과당, 덱스트린, 메론시럽,. 메론

축산물가공품의 유형 : 유음료

제조원 : 서울우유

2. 시판 제품의 식품첨가물 해설

바나나맛 우유는 일반 시유와는 다르다. 그것은 시유에 각종 첨가물을 넣어 제조하기 때문에 우유와는 다르게 취급되는 가공우유 또는 환원우유의 일종이다. 그러나 실제 바나나맛 우유를 생각할 때 소비자들은 우유에 바나나즙을 넣은 것으로 간단하게 생각하는데 그렇지 않다. 실제 시중에 판매되고 있는 바나나맛 우유에는 많은 종류의 식품첨가물이 들어가 있다. 예상을 넘어서 색소, 향료, 당류 등이 관능적인 가치를 높여 주지만 얼마큼 들어갔는지, 착색료의 경우 어떤 종류가 얼마나 들어 갔는지 상표로만으로는 전혀 제품에 대

한 정보를 알 수가 없다. 특히 착색우유의 경우에는 착색료와 착향료를 많이 사용하고 있는데 이런 식품첨가물은 인체에 하등 도움이 되지 않는 물질로 생각하면 된다. 예상되는 첨가물질은 다음과 같다.

(가) 치자황색소(착색료)

치자나무 과실로 부터는 황색, 청색, 적색의 3종류 색소를 얻을 수 있는데, 일반적으로 사용되는 것은 황색이며 이것은 밝은 황색이 특징이다. 주색소원은 카로티노이드계의 클로신(Crocine), 클로세틴(Crocetin)으로 카로티노이드계에서는 보기드문 수용성이다. 치자황색소는 단백질에 대한 염착성이 비교적 좋아 면류, 절임류, 스낵류 등에 이용되고 있다. 치자황색소는 일본 '식품첨가물평가일람'에서 '위험등급 3급'첨가물로 분류하고 있으며 체중 1kg당 0.8-5g을 투여한 쥐의 경우 간장 출혈이 있었다는 보고가 있다. 치자색소는 합성색소보다 훨씬 가격이 비싸고 착색도 잘 되지 않아 훨씬 많은 양을 사용해야 하므로 중소식품제조회사에서는 잘 사용할 수 없다.

(나) 액상과당(감미료)

포도당을 효소에 의해 이성화 하여 과당(Fructose)과 포도당(Dextrose)이 혼합된 액당이다. 감미도가 설탕과 거의 같고 포도당의 Soft한 맛과 과당의 상쾌한 맛이 조화되어 식품공업에 널리 이용되고 있다. 과당이 다량 함유되어 있으며, 과당은 당류 중에서 삼투압이 가장 높고, 제균 효과도 있어서 노화방지, 방부효과의 효과가 있으며, 보습효과가 우수하여 제품의 신선도가 유지된다. 또한 아이스크림 등 냉과류, 가공유, 푸딩류에 사용하면 유단백과 상호작용에 의해 전체 맛을 조화시켜 향을 증진시키고 신선한 맛을 준다.

(다) 덱스트린

덱스트린은 전분이 열, 산, 효소 또는 그외의 작용에 의하여 분해된 각종의 분해생성물의 총칭을 말하는데 일반적으로 중합도 10이하의 올리고당류는 포함시키지 않는다. 보통 호정(糊精)이라고도 부르는데 배소 덱스트린은 브리티슈검이라고 한다. 전분에 비해 분자량이 작은 다당(多糖)에 속하며, 액상은 점성이 대단히 낮고 안정성은 분해도에 따라 다르며 침투성은 좋고 필름형성 능력이 약하다. 그러나 접착성이 강하고 냉수에 완전히 녹는다. 이러한 특징 때문에 가공우유에 조직개량 및 입안에서의 감촉 향상을 위해 첨가한다. 현재 식품용도로의 사용은 제한적이며, 접착제나 섬유관계, 사무용 풀 등의 공업용도로 주로 사용되고 있다. 일부 빵을 만드는 원료 등으로 쓰이는데 덱스트린을 가공우유에 사용한 것은 조금 의아한 편이다.

8-19. 초콜릿 우유와 딸기 우유

1. 시판 제품의 소개

가공식품명 01: 부산 쵸코맛 우유

성분조성 : 저지방유(15.5%), 전지분유(6.9%), 카라기난(0.015%)

제조회사명 : 부산경남우유협동조합

가공식품명 02 : 딸기우유(strawberry milk)

성분조성 : 저지방우유, 고과당, 시럽, 착향료, 소금, 변형전분, 카라기난, 식용색소 적색 40호, 비타민 A팔미테이트, 비타민 D_3,

제조회사명 : H-E-B, 센안토니오, 텍사스, 미국

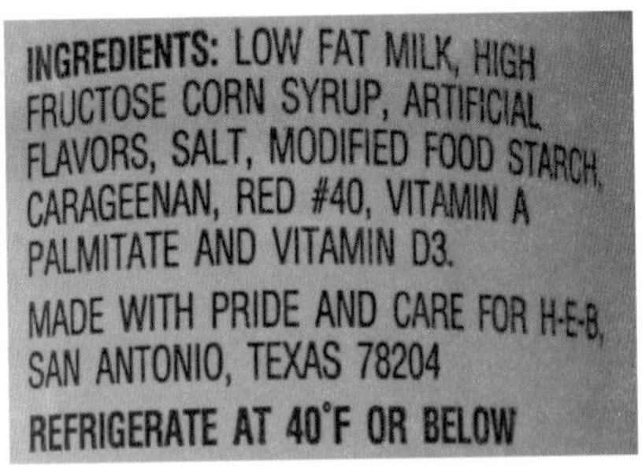

가공식품명 03 : 초콜릿 우유(chocolate milk)

성분조성 : 우유, 고과당, 설탕, 가공코코아, 탈지분유, 전분, 소금, 카라기난, 착향료(바닐린), 비타민 D_3

제조회사명 : H-E-B

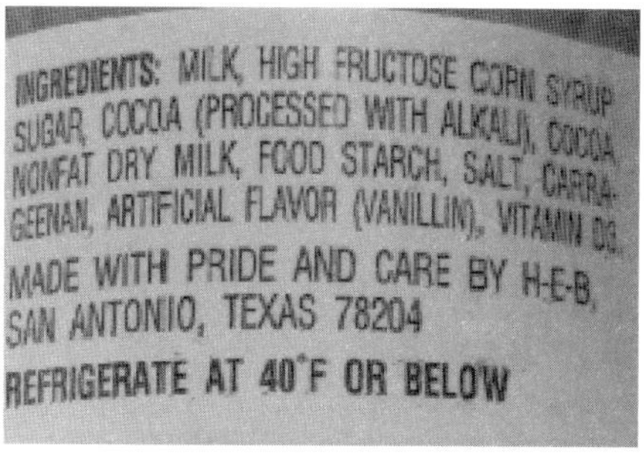

2. 시판 제품의 식품첨가물 해설

초콜릿우유와 딸기우유는 아이들이 매우 좋아하는 가공우유이다. 가공우유라 함은 우유 또는 분유를 이용하여 각종 첨가물을 넣어서 만든 조제우유로 대개 단맛을 중심으로 각종 향료, 색소 등을 첨가하여 관능성을 높여 놓은 제품으로 유통되고 있다. 따라서 아이들은 이 가공우유를 가장 맛있는 우유로 생각하고 아무런 생각없이 많이 마시고 있는 형편이다.

실제 가공우유는 많은 종류의 식품첨가물이 들어 간다. 초콜릿 우유든 딸기 우유든 단순히 우유에 초콜릿이나 딸기를 넣어 만든 것이 아니라는 사실이다. 초콜릿우유나 딸기 우유를 만들기 위해서는 많은 화학작용이 필요하며 각 성분간 서로 혼합이 잘 되고 또 안정하게 되기 위하여 식품첨가물의 신세를 질 수 밖에 없는 것이다. 결코 이러한 식품첨가물의 신세없이는 초콜릿우유나 딸기우유를 만들 수 없다. 초코우유는 일반 시중에서 유통되는 시유에 초콜릿을 첨가하여 만드는 것이 아니다. 만약 우유에 초콜릿을 첨가하였다면 초코릿우유가 만들어 지지 않는다. 그것은 초콜릿이 지방성분이므로 우유에 초콜릿의 지방성분이 위로 분리되기 때문이다. 이와 같이 초콜릿우유는 일반우유에 초콜릿을 혼합하여 만든 것이 아니고 분유를 원료로 하여 여기에 초콜릿 분말, 유화제, 착색료, 향료, 유화안정제 등 많은 식품첨가물을 첨가하여 만들고 있다. 이렇게 많은 식품첨가물을 사용하지 않고는 초콜릿우유를 만들 수가 없다.

우선 여기에서 검토한 부산쵸코맛우유는 표시가 잘못 되었거나 뭔가 첨가한 식품첨가물을 표기 누락한 것이 아닌가 생각된다. 그것은 상기에 표시된 식품첨가물만으로는 초콜릿맛을 내는 우유를 만들 수 없기 때문이다. 그러나 제품의 표기에는 당연히 초코맛이 나는 우유라고 표기하고 있다. 아마 초코향 첨가 자체를 표기에서 누락한 것은 아닌지?. 부산쵸코맛우유에 사용한 카라기난(gum류, 호료)은 첨가 목적이 품질개량제라고 표시되어 있으나 유화안정제 기능을 가진 검류(호료)이다. 이 물질은 유화제와 유화안정제의 기능을 수행하는데 이것은 초콜릿이 지용성이므로 우유와 잘 혼합되고 분리되지 않도록 하기 위하여 반드시 사용되는 물질이다. 본 제품은 환원우유의 일종으로 저지방유와 전지분유를 물에 넣어 만든 우유로 일반시유와는 다르다. 즉 유지방이 다량 함유된 관계로 분산이 불안정하고 유화가 잘 되지 않을 염려가 있으므로 분산과 유화목적으로 카라기난을 첨가한다. 카라기난은 단백질과 반응하여 유화하며 유화된 것을 안정화시키는 작용을 가지고 있으며 제품을 마실때 입안에 부드러운 조직감과 적당한 점성을 유발하므로 제품의 식감(食感)을 좋게 한다. 또 유지방 분리방지와 침전 생성도 억제해 준다. University of Iowa의 Tobacman 박사는 카라기난이 동물실험에서 대장의 궤양과 암을 유발하는 것으로 확인, 발표하였는데 일반적으로 동물실험에서 발암성이 있는 물질은 식품으로 사용할 수 없는 것이 Delany법안에 속하므로 카라기난은 식품소재로서 사용이 금지되어야 한다고 제안하였다. 카라기난은 홍조류에서 추출하는 음이온성 고분자 다당류 물질인데 식품제조에서 젤 형성제와 안정제로 많이 사용되고 있다.

딸기우유에는 저지방우유, 고과당, 시럽, 착향료, 소금, 변형전분, 카라기난, 식용색소 적색 40호, 비타민 A팔미테이트, 비타민 D_3가, 초콜릿우유에는 우유, 고과당, 설탕, 가공코코아, 탈지분유, 전분, 소금, 카라기난, 착향료(바닐린), 비타민 D_3 등이 들어 있다. 여기에서 관심을 가져야 할 식품첨가물은 착향료와 착색료, 카라기난 등이다.

8-20. 요구르트

1. 시판 제품의 소개

가공식품명 : 남양 요구르트 이-오

축산물가공품의 유형: 발효유

원료명 및 함량 : 탈지유(환원탈지유) 23.726%(국산), 액상과당, 이소말토올리고당, 포도당, 혼합탈지분1.074%(수입산), 젖산칼슘, DHA, 비타민 C, 아스팔탐(합성감미료, 페닐알라닐 함유), 우롱치 추출물

유통기한: 상단에 표기, 0-10。C「냉장보관」

영양성분: (100ml당) 열량 70Kcal, 탄수화물 16g, 단백질 1g, 지방0g, DHA 3mg, 우롱차추출물 5mg, 칼슘 42mg(1일권장량의 6%), 나트륨 15mg, 비타민 C 35mg(1일권장량의 63%)

2. 시판 제품의 식품첨가물 해설

액상요쿠르트(정식명칭은 발효유)는 주원료가 탈지유(탈지분유)로써 여기에 유산균을 배양하여 만든 제품이다. 즉 발효유는 포유동물의 젖을 유산균에 의해 발효시켜서 만드는데 발효유는 페르시아시대 이전에 지중해 동부지역에 살던 유목민들 사이에서 자연발생적으로 존재했을 것이라고 추정된다. 이 때의 가축은 주로 소, 말, 양, 염소, 낙타 등이었으며 가축의 젖은 매우 중요한 영양원이었으나 더운 기후 때문에 매우 상하기 쉬웠다. 이 당시 유목민들은 젖을 가죽주머니에 담아서 사막 지역을 돌아다녔는데 어느 날 주머니에 보관했던 젖이 특이한 냄새를 내고 순두부와 같은 하얀 커드로 변해 있는 것을 발견했다. 또한 이렇게 변한 젖은 쉽게 부패하지 않고 장기간 보존할 수 있다는 것을 발견하였는데 아마도 이것이 발효유의 기원이 아닌가 생각된다. 그 당시 젖 속에 들어가서 발효유를 만들어준 미생물은 유산균이었을 것이다. 자연의 힘으로 만들어진 그 우수성이 지역사람들에게 널리 알려지고 동부 유럽에까지 전파되어서 마침내 오늘날에는 세계적으로 그 영양적 가치와 효능이 인정되어 소비가 가장 빨리 늘어나는 유제품 중의 하나가 되었다.

한국의 발효유 역사를 보면 삼국유사와 역사의 이곳 저곳에 한우의 젖을 이용하여 발효유로 생각되는 제품을 만들어서 약으로 사용한 흔적은 있으나 일반 식품으로서의 발효유는 알려지지 못하고 오랜 역사를 보냈다. 발효유가 상품으로서 우리나라에서 제조되기 시작한 것은 1971년에 일본야쿠르트㈜의 기술과 자본 참여로 한국야쿠르트㈜는 "야쿠르트(Yakult)"라는 상품명으로 65ml의 플라스틱병에 액상발효유를 포장하여 판매한 것이 처음이라고 할 수 있다. 당시 한국에서 "야쿠르트"는 발효유의 대명사가 되었고 1981년에는 삼양식품이 호상과실 요구르트(stirred-curd fruit yogurt)를 제조하여 시판하였으며, ㈜빙그레가 냉동요구르트를 시판하였으나 소비시장을 정착시키는 데에 실패하였다. 그 후 1988년 7월에 한국야쿠르트㈜가 "슈퍼-100"이라는 상품명으로 호상과실 요구르트를 제조, 판매하기 시작하면서 한국 유제품 시장에 본격적인 요구르트의 전쟁이 시작됐다고 할 수 있다. 액상요구르트의 향미는 상당히 단순한 편이었으나 호상요구르트와 농후요구르트가 시장에 출현하면서 향미 성분이 다양화되는 경향이 뚜렷하다.

요쿠르트에 사용된 식품첨가물은 예상보다도 많고 다양하다. 첨가 물질은 보면 당류로는 액상과당, 이소말토올리고당, 포도당 등이 있으며 그 외 영양강화제로 젖산칼슘, DHA, 비타민 C, 감미료로 아스팔탐(합성감미료, 페닐알라닐 함유), 우롱차 추출물 등을 사용하였다.

(가) 액상과당

포도당을 효소에 의해 이성화하여 과당(Fructose)과 포도당(Dextrose)이 혼합된 액당이다. 감미도가 설탕과 거의 같고 포도당의 Soft한 맛과 과당의 상쾌한 맛이 조화되어 식품공업에 널리 이용되고 있다.

과당이 다량 함유되어 있으며, 과당은 당류 중에서 삼투압이 가장 높고, 제균 효과도 있어서 노화방지, 방부효과의 효과가 있으며, 보습효과가 우수하여 제품의 신선도가 유지된다. 또한 아이스크림 등 냉과류, 가공유, 푸딩류에 사용하면 유단백과 상호작용에 의해 전체 맛을 조화시켜 향을 증진시키고 신선한 맛을 준다.

(나) 이소말토올리고당

이소말토올리고당은 장내 유익균인 비피더스균을 선택적으로 증가시키는 효과가 있으며, 매일 섭취하면 장을 건강하게 유지시키면서 변비를 개선시켜 준다. 그리고 감미도는 설탕의 약 40%로 순한 감미 효과를 내준다. 수분보유능력이 높고, 전분의 노화방지 효과가 있어 각종 식품을 부드럽고 촉촉하게 유지하는 능력이 크다.

(다) 포도당

감미도는 보통 설탕의 70% 정도이며, 설탕과 포도당의 혼합물은 설탕만을 사용할 때와 비슷한 감미를 나타내며, 포도당 단독이나 설탕과 혼합하여 사용시 식품의 맛을 향상시켜 준다. 또, 발효성 당으로 효모와 미생물의 주요한 탄수화물 공급원이 된다. 단위 무게당 설탕보다 높은 삼투압을 가지고 있고, 식품에 있는 산에 의해 변성되지 않으며, 대부분 식품의 보존기간을 연장시켜 준다.

(라) 젖산칼슘

젖산칼슘은 음료, 유음료 및 가공식품의 칼슘강화의 목적으로 사용한다. 백색의 분말으로, 냄새가 없거나 미약한 특이한 냄새가 있는데 각종 칼슘염 중에서는 용해도가 높다. 요쿠르트에 영양보강제(칼슘제)로서 각종식품(그외 과자류, 청량음료, 된장, 두부, 분유, 빵 등에 사용) 및 의약품 등에 첨가하며 조직 보상제로서 각종 농산 가공 통조림, 단무지 절임 등에 사용된다. 사용기준은 칼슘으로서 식품의 1%이하이다.

(마) DHA

DHA는 두뇌지질의 10%를 차지하는 두뇌 영양소로, 뇌세포의 구성성분인 동시에 두뇌 영향에 도움을 주며 인체에 필요한 물질이지만, 체내에서 충분히 만들어지지 않기 때문에 음식물로부터 섭취하여야 한다. 인체에 꼭 필요한 필수지방산과 체내 칼슘흡수를 돕는 비타민 D_3를 많이 함유하고 있어, 뼈를 튼튼하게 해 주므로, 어린이와 노년기에 좋다. 최근 DHA에 대한 연구결과, DHA가 사람의 망막, 뇌회백질부에 다량 존재라고 모유에도 함유되어 있다는 사실이 밝혀짐으로써 더욱 각광을 받고 있으며, 유아의 뇌 발달, 시력 향상에 관한 연구가 추진되고 있다. DHA의 효과로는 두뇌 영양공급, 혈중 콜레스테롤 저하, 혈소판 응집 억제작용, 항암작용, 유방암 예방, 항당뇨작용, 항염증작용, 항알레르기 작용, 학습능력 향상, 시력 향상 등이 있다.

(바) 비타민 C

비티민 C는 영양강화 목적으로 첨가하였으나 노화나 암 예방, 면역 기능 상승, 산화방지, 선도유지의 목적도 가지고 있다. 적절한 양을 섭취하는 것이 좋으나 고용량 복용하는 경우 심각한 부작용이 발생할 수 있다. 고용량을 경구투여하는 경우 우선 설사를 하고 신부전(콩팥기능장해)을 일으킬 수도 있다. 과학전문 잡지 '사이언스(Science)'에 의하면 비타민 C가 암을 일으키는 기전 중 하나인 유전자 손상을 일으키는 물질을 많이 만들어 낸다는 것이다. 지방을 대사하는 과정에서 나타나는 '리피드 하이드로페록사이드(lipid hydroperoxide)'라는 물질이 몇몇 금속이온과 작용하게 되면 유전자를 파괴할 수 있는 물질들로 바뀌게 되는데, 비타민 C도 이들 금속이온처럼 리피드 하이드로페록사이드를 '유전자 독성물질'로 바꿀 수 있을 것이라는 생각에서였다. 실험은 매우 간단하여 이 물질에 비타민 C를 직접 첨가하여 '유전자 독성물질'로 바뀌는지 또는 방지하는지를 알아 본 결과 예측대로 유전자 독성물질을 만들 뿐만 아니라 금속 이온들보다도 그 정도가 약 2배나 되더라는 것이다.

첫째, 비타민 C를 하루에 60mg 이하로 복용하면 '괴혈병'과 같은 부족증을 일으킬 수 있으며 담배를 피우거나 스트레스가 많은 사람들, 피임약이나 스테로이드제를 복용하는 사람들은 좀더 많은 양을 필요로 한다. 하지만 많이 먹는다고 그 효과가 올라간다고 볼 수는 없다. 둘째, 비타민 C도 과량 복용하면 해로울 가능성은 남아 있다. 아직 비타민 C의 작용기전을 다 알지 못하기 때문이다. 과일과 채소를 충분히 먹는 사람들은 그렇지 않은 사람들에 비해 더 건강하고 암 발생률도 낮지만, 이것이 비타민 C 때문만이라고 말할 수는 없다. 즉 비타민 C 알약을 복용하기보다는 신선한 과일과 채소를 충분히 섭취하는 것이 좋다. 따라서 하루에 100-200mg 정도 복용하면 좋다.

(사) 아스팔탐(합성감미료, 페닐알라닐 함유)

아스팔탐은 아스팔산과 페닐알라닌을 결합한 아미노산계 감미료로 설탕의 200배에 달하는 단맛을 가진 물질로 사카린 등의 다른 인공감미료와는 달리 뒷맛이 쓰지 않으면서, 감미질이 설탕과 유사해 향미 증진 효과를 갖는 우수한 감미료로 알려져 있다. 실제 아스팔탐은 30년 이상 사용돼 왔는데 1974년엔 미국 식품의약청(FDA)의 사용 승인을 받았던 물질이다. 그러나 미국 환경보건학연구소(NIEHS)에서 발행하는 '환경보건전망(Environmental Health Perspectives)' 지 사이트에 최근 발표된 내용을 보면 인공 감미료인 아스팔탐이 림프종 백혈병 다장기종양과 같은 악성 암의 발병 위험률(사람의 체중 kg당 20mg)을 높이고 신우(콩팥 깔때기)와 요관에서 암종 발생률이 높고 말초신경의 시반 세포에서 발생하는 악성 신경초종(Schwannoma)이 발견되고 후각 상피의 전구병변(증식)이 많이 발견되었다고 한다. 그 밖에도 방광에서 암종이 확인되었다. 또한 암쥐들에서 림프종과 백혈병 발생률이 높은데 그것은 아스팔탐의 대사산물인 메탄올과 관계가 있는 것으로 메탄올은 쥐와 사람의 체내에서 포름알데하이드로 바뀌는데 이것이 사람에게 백혈병을 일으킨다. 실험 동물들에게 먹인 아스팔탐의 양이 사람에게 허용한 하루 섭취량(ADI)에 비해 훨씬 적은 결과이므로 현행 허용 섭취량을 재검토하여야 한다. 아스팔탐의 현행 하루 허용 섭취량은 미국이 50mg/kg, 유럽연합(EU)이 40mg/kg이다. 아스팔탐은 건조상태나 수용액 상태에서 모두 안정하며 체내에서 대사하기 때문에 아스팔탐은 장시간 축적되지 않는다. 아스팔탐은 주로 오랜시간 가열하지 않아도 되는 각종 조제식품에 단맛을 내는데 사용된다. 아스팔탐은 세계에서 두 번째로 많이 사용되고 있는 인공감미료이다. 현재 아스팔탐은 청량음료나 핫 초콜릿, 추잉 껌, 캔디, 디저트, 요구르트, 식탁용 감미료를 비롯해 비타민제와 기침을 멎게 하는 알약(진행정) 등 6000여종이 넘는 제품들에 사용되고 있어 전 세계에서 2억명이 넘는 사람들이 아스팔탐을 섭취하고 있다.

(아) 우롱차 추출물

맛과 향기, 기능성 보완으로 첨가되었는데 실제 우롱차에는 항충치성 물질이 들어 있어 치석발생 억제의 목적이 되기도 한다.

8-21. 햄

1. 시판 제품의 소개

가공식품명 01 : 불고기 줄줄이

제조회사명 : 진주햄

유통기한 : 99년 10월 30일까지

성분조성 : 돼지고기(국산) 46.11% 닭고기(국산) 36.9% 전분 대두단백, 식염, 소르빈산 칼륨, 에리소르빈산나트륨 아질산나트륨

가공식품명 02 : 김밥햄

제조회사명 : 제일제당(주)

성분조성 : 돈육(45.82%), 물엿(2.97%), 계육(39.%%), 대두단백, 1.99%), 간장(3.48%), 에리소르빈산나트륨, 아질산나트륨, 소르빈산나트륨

2. 시판 제품의 식품첨가물 해설

아이들이 함부로 먹어대는 소시지나 햄은 늘 선명한 색깔을 유지하고 있는데, 이것은 발색제를 사용하기 때문이다. 발색제의 주원료는 아질산나트륨이다. 그런데 아질산나트륨은 소시지 속에 들어 있는 아미노산의 일종인 '아민'과 반응해 '니트로자민'을 만들어 낸다. 문제는 니트로자민이 조금만 먹어도 곧바로 암을 일으키거나 백혈병에 걸리게 할 정도로 위험하다는 사실이다. 소시지에는 발색제를 비롯하여 방부제도 많이 들어가는데, 소시지에 들어가는 방부제는 대개 소르빈산이다. 그런데 소르빈산도 니트로자민 못지 않게 아이들에게 치명적이다. 의학계에 따르면 1년 동안 소시지를 먹인 쥐가 간장암에 걸렸다는 보고가 있을 정도다. 햄은 육가공의 일종으로 육가공이란 고기를 소금에 절이거나 훈연, 건조, 열처리 또는 고기를 갈아서 모양을 변형시키는 등, 본래 고기의 성질이나 형상, 상태를 변화시키는 공정을 말한다. 따라서 햄이란 원래 돼지의 뒷다리 고기를 원료로 염지 훈연한 것을 말한다. 사용원료가 한정되고 변화가 적으므로 종류가 많지 않다.

육가공품에 관한 이야기는 4,800년 전 고대 중국에 돼지를 사육하여 지금 햄이라고 하는 어원이 되었다. '한로우'가 있었다고 전해지고 있고, 바빌로니아, 이집트 지방에서는 소시지 비슷한 것이(우리 나라의 순대와 유사) 3,500년 전부터 있었다고 한다. 문헌 기록상으로는 호머의 '오디세이'에서 소시지가 등장한다는 것을 미루어 볼 때 육가공품의 대명사격인 햄, 소시지의 역사는 3,000~3,500년 전으로 추정되어지고 있다. 우리나라는 삼국시대 '위지'에 의하면 돼지사육을 많이 하여 그 고기를 먹고 가죽은 옷으로 입었으며, 기름은 몸에 발라서 추위를 막았다고 한다. 또한 소도 부여, 고구려, 읍루, 제주도 등에서 사육되어져 하늘에 제사를 지낼 때 도축하여 사용하였다고 한다. 소는 신에게 바치는 제물로서 어느 한 부분도 버려서는 안된다는 농경민족의 의식이 그 저변에 깔려 있었다고는 하나 수천년 지속된 미각문화가 지속적으로 발전했으므로 가능했다고 생각된다. '불고기'가 전 세계적으로 애호

되어 지고 있는 것도 한국인의 육식 미각문화를 잘 나타내 주고 있다고 사료되며, '순대', '머리고기' 등은 앞으로도 계속 즐겨 찾는 육가공식품으로 자리매김을 할 것으로 예상된다. 한국의 육가공 제조업의 역사는 1915년 일본인에 의해 설립되어 주문에 의해 소량씩 납품하는 조선축산이 그 시초라고 한다. 한국인에 의해 세워진 근강축산식품공사는 1926년에 1일 20kg 정도 주문, 생산, 납품하였다고 한다. '70년대에는 어육 혼합제품을 주 품목으로 하는 시장이 형성되었으며 어육가공품인 어육제품 생산도 병행하는 회사들이 대부분이었다. 한편, 1980년 10월 (주)롯데햄, 롯데우유가 대량 생산 체계를 갖추었으며 무균무진 포장실 등 위생적 제조설비에 투자함과 동시에 위생적인 냉장 유통과정을 추구하기 위해 냉장 쇼케이스의 무상공급 등, 콜드체인 시스템을 구축하는 전기를 마련하는 역할을 담당해 왔다. 햄은 대표적인 육제품의 하나로 돼지고기를 소금에 절인 후 훈연하여 만든 독특한 풍미와 방부성을 가진 가공식품으로 본래는 돼지고기의 넓적다리 살을 일컷는 말로 현재는 다리살 이외의 고기를 사용한 제품도 햄이라고 한다. 햄에는 프레스햄(식육의 고기를 염지한 것 또는 이에 결착제, 조미료 및 향신료를 첨가한 후 훈연하거나 열처리 한 것으로 수분 75% 이하, 조지방 20% 이하의 것)과 혼합햄(식육의 고기를 염지한 것 또는 이에 결착재료(콩, 계란, 전분 등 부재료), 조미료 및 향신료 등올 첨가한 후 훈연하거나 열처리 한 것으로 수분 75% 이하, 조지방 35% 이하의 것)이 있다.

(가) 성상 : 고유의 색택을 가지고 이미, 이취가 없어야 한다.
(나) 아질산 이온(g/kg) : 0.07이하(다만, 포장육은 제외한다)
(다) 타르색소 : 검출되어서는 아니된다.(다만, 소시지류는 제외한다)
(라) 대장균군 : 음성이어야 한다(다만, 베이컨 및 비가열 식육가공품은 제외한다)
(마) 휘발성염기질소(mg%) : 20이하(원료육 및 포장육에 한한다)
(바) 보존료(g/kg) : 다음에서 정하는 이외의 보존료가 검출되어서는 아니된다. 소르빈산칼륨 2.0이하(소르빈산으로서 기준하며, 포장육, 양념육, 분쇄가공육제품, 갈비가공품은 검출되어서는 아니된다)
(사) 세균수 : 음성이어야 한다(다만, 멸균식육가공품에 한한다)
(아) 대장균 O-157:H7 : 음성이어야 한다(원료용 분쇄육에 한한다)

햄에 사용된 식품첨가물 중 소비자의 관심 대상이며 유해 가능성이 많은 것은 보존료인 소르빈산과 산화방지제인 에리소르빈산나트륨, 그리고 발색제인 아질산나트륨, 품질개량제인 인산염 등으로 구분할 수 있다. 햄이나 소시지 가운데 목우촌이나 백설, 동원제품에는 합성보존료는 들어 있지 않았으나, 발색제인 아질산나트륨은 첨가되어 있다. 그에 비해 진주스모크 햄이나 대상 하이포크 스모크햄에는 아질산나트륨(발색제), 소르빈산칼륨(합성보존료), 에리소르빈산나트륨(산화방지제) 등이 들어 있다. 피자나 치킨바 같은 냉동식품에는 별다른 첨가물이 표기되어 있지 않아 확인할 기회가 없다. 주요 식품첨가물의 설명은 다음과 같다.

(가) 소르빈산칼륨(보존료)

보존료는 넓은 의미로는 식품의 변질 부패와 화학적 변화를 방지하여 식품의 영양가와 신선도를 유지하기 의하여 사용되는 첨가물로서 살균제, 산화방지제 등을 포함시키고 있으나 좁은 의미로는 미생물의 증식에 있어서 일어나는 식품의 부패나 변패를 방지하기 위해 사용되는 첨가물로 일반적으로 방부제라 불린다. 혐기성인 *Clostidium*은 증식하여 육질 연화와 부패취 발생을 유도하고 *Bacillus*는 주로 표면에 호기적으로 번식하여 부패취를 발생하고 표면 육질을 연화시킨다. 따라서 *Bacillus*속의 부패를 방지하기 위해 소르빈산을 첨가하게 된다. 소르빈산 칼륨 및 이를 함유하는 제제는 치즈, 식육제품, 경유제품, 어육류제품, 성게젓, 땅콩 버터가공품, 된장, 고추장, 춘장, 어패류전제품, 팥 등 앙금류, 야채나 과채의 된장절임, 식초절임, 소금절임. 알로에즙. 잼. 케찹 및 유산균 음료, 단무지, 과실주 모조치즈, 염분함량 8% 이하의 젓갈류 이외의 식품에 사용해서는 안 된다. 소르빈산의 독성으로는 아질산과의 반응으로 발암물질을 만들고 중추신경마비, 간에 나쁜 영향을 미친다.

(나) 에리소르빈산 나트륨(산화방지제)

육류 가공품들의 저장 중의 지방질 성분의 변질은 중요한 문제이므로 이것을 방지하기 위해 이 첨가물을 사용한다. 지방질 식품에서의 지방질성분의 산패는 기본적인 화학연화의 하나인 산화과정이므로 산화가 완전히 해리된 상태가 아니고서는 방지할 수 없다. 항산화제의 작용에 대해서는 확실히 알려진 바는 없으나 항산화제는 일반적으로 어떤 식용유지 또는 기타 기질의 자동산화 과정 중의 과산화물 생성과정에서 항산화제 자체가 비교적 안정된 라디칼이 되어 과산화물 생성과정의 초기반응에서 매우 불안정하고 반응성이 매우 강한 활성 라디칼을 제거함으로써 과산화물의 생성속도를 억제하는 것으로 추정되고 있다.

에리소르빈산이나 에리소르빈산 나트륨은 비타민 C로서의 영양적 효과가 없는 산화방지용으로만 사용될 수 있도록 규정되어 있다. 에리소르빈산 나트륨은 분말로 약간 짠맛을 가지고 있는데 식육제품, 어육제품, 어패류, 염장품이나 냉동품 등의 변질을 방지하고 아질산염이나 질산염과 변용하여 식육제품의 발색효과를 높이며 보존 중 색깔 풍미 변화를 방지하고 어류의 불포화지방산에 의한 어취의 발생을 방지하는데 효과가 있어 식육제품에는 1kg

당 0.5g-0.9g을 첨가한다. 보통햄과 어육 소시지에 발색제와 함께 사용하여 제품 중의 아질산 잔존량이 1kg당 0.07g 이하여야 한다(햄 0.5-0.8g 1kg당). 하루 섭취량은 무조건 1kg당 0-2.5mg 조건부로는 1kg당 2.5-7.5mg이다. 에리소르빈산 나트륨은 및 이를 함유하는 제제는 산화방지의 목적 이외 사용해서는 안된다. 에르소르빈산의 독성은 염색체의 이상을 초래하므로 변이원이 되기 쉽고 발암의 간접원인이 될 수도 있다.

(다) 아질산나트륨(발색제)

육류는 공기 중에 쉽게 산화되어 갈색의 met Mb으로 변화되고 이것이 계속적인 산화 또는 가열에 의하여 각종 갈색의 색을 가진다. 산화된 porphyrin을 생성하므로 육류의 품질이 나빠지고 고유 육류색깔이 상실하게 되는 등 문제가 야기되므로 이를 방지하기 위하여 Mb를 아질산과 반응시켜 고유의 선명한 선홍색을 가지면서 열에 의해 안정한 NO-Mb를 형성하게 하므로서 육류의 색깔을 선명한 본래 육색깔로 고정시킨다. 육제품의 제조시 첨가되는 아질산염은 열처리 후에도 육색을 고정시키며, 혐기성 세균으로써 가장 강력한 독소를 생산하는 *Clostridium botulinum*의 발육을 억제한다. 또한 비염지육 조리시 제품에서 발생하는 warmed-over flavor(WOF)는 일종의 지방 산패취로서 아질산염을 첨가하면 방지할 수 있으므로 제품의 관능적 품질을 개선할 수 있을 뿐 아니라 건강에 해로운 지방 산화물 생성을 억제하는 효과를 제공한다.

인산이나 가공 중에 생긴 젖산 등의 작용으로도 아질산으로 되고 다시 산화질소가 되어 육색소와 결합하여 발색한다. 쓴맛과 다소 매운 맛을 가진 소금과 비슷한 형태로 주로 짠맛이 강하다. 사용량은 아질산으로서의 잔류량을 기준으로 결정하므로 유의하여야 한다. 아질산 나트륨은 소금, 설탕 등과 혼합하여 발색제로 사용되며 단독으로 사용되는 일은 적고 보통 아스코르빈산 나트륨, 에리소르빈산 나트륨 등이 발색보조제 니코틴산 아미드와 혼용한다.

주요 기능은 육제품의 색깔 고정 및 안정, 육제품의 향미 개선 및 생성, 항산화 작용에 의한 지방의 산패 억제 효과, 세균의 증식 억제와 식중독균의 독소 생성 억제 등이다. 아질산나트륨은 육류 중에서 반응에 NO가 NO-Mb NO-Hb로 되어 색소 고정의 효과를 가져 온다.

아질산염은 그 자체가 독성을 나타내어 일정 농도 이상 섭취하게 되면 혈액중의 헤모글로빈이 산화되어 헤모글로빈의 산소운반 능력을 상실시키는 메트헤모글로빈을 형성하며, 심한 경우 죽음에 이르기도 한다. 이것은 산화 헤모글로빈 환원효소가 부족한 생후 6개월 미만의 유아나 가축에서 종종 발생하지만 성인에게는 큰 위험이 없는 것으로 보고되었다.

1972년 Nebraska 대학 의학 연구소에 있는 Sidney Miruish 박사가 아질산염이 발암물질인 nitrosamin을 생성하며, 이 nitrosamine이 쥐의 종양을 발생시킨다고 발표하였다. 이 발암물질은 암의 원인이 될 뿐 아니라 빈혈, 구토, 호흡기능 약화 따위들을 생기게 한다. 이러한 아질산염의 독성 문제는 실질적인 아질산염 과다 섭취에 의해서라기 보다는 야채에 많이 존재하는 질산염 과다 섭취에 의해서도 종종 유발된다. 미국의 통계에 따르면 미국인은 평균 한 사람당 하루에 100mg의 질산염과 11mg의 아질산염을 섭취하는데 질산염의 85%는 채소에서 오며, 아질산염의 75%는 침에서, 그리고 21%는 숙성시킨 육류소비에서 온다고 하였다.

현재 우리나라는 일본과 같이 아질산염의 사용기준을 육제품내 아질산 이온 잔존량으로 70ppm 이하로 규제하고 있으며, 영국, 독일 등 대부분의 나라들도 아질산염의 잔존량을 100~200ppm으로 규제하고 있다. 아질산염은 가공중이거나 육제품의 저장시에도 계속 분해 소실되며, 그 분해 소실정도는 가공시간, 온도, 식염의 농도, 아질산염과 질산염 첨가량, 육의 pH와 이화학적 상태에 따라 다르게 나타나는데 제조 공정 중 위와 같은 여러 작용에 의하여 아질산염은 계속 분해되어 소실된다. 1998년 시중의 햄과 소시지를 수거하여 아질산염의 함량을 조사한 결과 햄은 2.3mg/kg이며, 소시지는 7.8mg/kg이하인 것으로 조사되었다. 세계 보건기구에 의한 아질산염의 일일 섭취 허용량은 체중 1kg당 0.2mg이하로 규정하고 있어 체중 35kg인 어린이의 경우 1일 섭취 허용량은 7mg이하로 계산되어진다. 아질산 나트륨은 그 발색 유효량이 100ppm이므로 보통 0.01-0.02% 정도 첨가한다. 사용 기준은 아질산으로서 햄에 1kg당 0.05g이상 초과해서는 안되며 식육제품에도 1kg당 0.07g이하 이어야 한다. 하루 섭취는 무조건으로 1kg당 0-0.4mg, 조건부로 1kg당 0.4-0.8mg이며 유아품에는 사용 금지하도록 규정되어 있다. 세계보건기구(WHO) 기준에 따라 식약청이 제시한 일일섭취 허용량은 0.0~0.6mg이다. 이를 근거로 체중 20kg인 어린이의 최대 섭취허용량을 계산하면 1.2mg이다. 현재 우리나라에서 유통되고 있는 햄 한 조각(25g)에 들어있는 아질산염 잔류량 평균치가 1.19mg(12개 제품 평균치, 서울환경연합, 2004년)이므로 어린이에게 햄 한 조각 섭취는 하루 최대허용치와 같다는 결론에 이른다. 이를 체중 60kg인 성인에게 적용해도 세 조각이면 최대허용치다. 이처럼 식품첨가물의 허용치가 관대하고 그 종류는 갈수록 늘고 있는 실정이다. 동물실험에 따르면 니트로자민 0.3마이크로그램을 단 한번 투여하면 간암이나 폐암이 유발된다고 한다. 어떻든 아질산염은 헤모글로빈 빈혈증, 급성구토, 호흡기능 약화, 발암성 물질이다.

(라) 제 2 인산나트륨(무수)(품질 및 조직 개량제)

인산염에는 그 종류가 많지만 햄에 사용하는 경우는 육질의 결착력을 높이고 금속에 의한 변색을 방지하는 역할을 하며 보습성을 유지하는데 도움이 되기 때문이다. 또 색깔의 변색을 방지하고 맛을 향상을 위해서도 첨가한다. 식품분야에서는 pH완충제, 치즈유화 분산제, 우유음료의 이온봉쇄제, 면류첨가 알칼리제의 원료육가공, 수산가공 안정제 등으로 사용되며 공업분야에는 염료 및 색소 안정제, 전기도금, 금속표면 처리제, 수처리제, 염색조제, 섬유침투제 등으로 사용한다. 인산염의 사용량을 규제한 나라는 없는데 CODEX 규정, 미국 FDA, EEC 규격 등은 인체 유해에 대하여 무해함을 인정하고, 어떤 식품에도 첨가할 수 있도록 하였다. 그러나 예상되는 문제점은 한두가지가 아니다. '인산염'은 녹을 제거하는 데 주로 사용하는 물질로, 사람의 몸 속으로 들어가면 인체내 철분과 칼슘, 아연 등의 성분을 소변으로 배출시키기 때문에, 이들의 부족현상을 일으킨다. 또 산성이므로 치아를 상하게 하기도 한다.

8-22. 소시지

1. 시판 제품의 소개

가공식품명 01 : 하이킹소시지(쇠고기 7.5%혼합)

식품의 유형 : 혼합어육 소시지(어육제품)

원료 및 함량 : 냉동어육 51.04% (원양산), 돈육 18.74% (국산), 옥수수전분, 우육(국산), 대두단백

식품첨가물 : 소르빈산칼륨 (합성보존료), 에리소르빈산 나트륨(산화방지제), 황색 제 5호, 적색 제 40호(합성착색료),

제조 : 대림식품주식회사

가공식품명 02 : 몽땅 야채 소시지

식품의 유형 : 혼합어육 소시지(어육제품)

유통기간 : 198년 11월 14일, 제조일로부터 2개월

성분조성 : 연육(32.33%), 돈육30.48%), 전분(14.3%), 당근(10.3%), 시금치, 소르빈산나트륨, 아질산나트륨, 폴리인산염, 식용색소 적색 제 40호, 식용색소 황색 제 5호

제조회사명 : (주)진주햄

가공식품명 03 : 페페로니(pepperoni)

식품의 유형 : 소고기-돼지고기 혼합 소시지(어육제품)

성분조성 : 돼지고기, 소고기, 덱스트로오스, 양념, 시럽, 파프리카, 파프리카의 올레오레진, 에리소르빈산 나트륨, 착향료, 젖산스타터, 질산나트륨,

제조회사명 : H-E-B

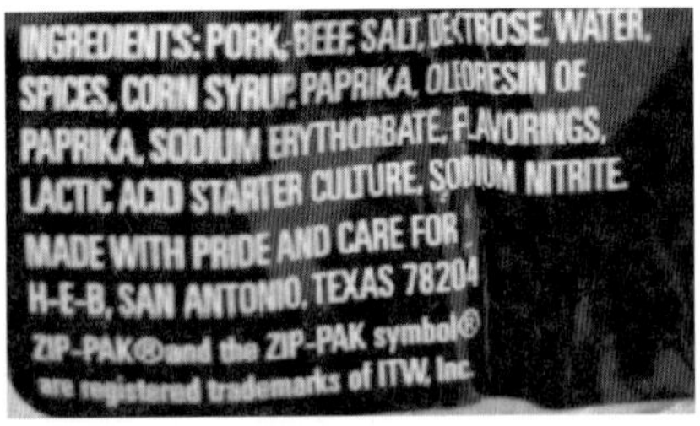

2. 시판 제품의 식품첨가물 해설

소시지에 함유된 식품첨가물을 검토하기 위하여 국내산 2점, 미국산 1점을 서로 비교하였다. 그 결과 국내산 소시지가 미국산 소시지보다 식품첨가물이 더 들어 간 것으로 나타났다. 그 중 특이한 것은 미국산은 방부제(합성보존료)와 착색료가 전혀 들어 있지 않다는 점이다. 그러나 국내산 소시지는 방부제(소르빈산염), 착색료는 물론 발색제까지 들어가 있다는 점이다. 이 결과로 미루어 미국산 소시지는 건조 소시지의 종류이거나 아니면 젖산스터

타로 미생물의 변패를 일부 방지하든가 시럽같은 당류를 첨가하여 미생물의 활동을 억제할 수 있도록 삼투압을 높여 만든 것으로 생각된다.

실제 소시지의 어원을 살펴보면, 영어의 sausage, 불어의 saucisse, 이태리어의 salsicca, 스페인어의 salchicha 등은 라틴어로 소시지를 뜻하는 salsicius로부터 유래된 말이다. 이 말은 라틴어로 소금에 절인다는 뜻의 salsicius로부터 유래된 것으로 소시지의 기원이 염지와 깊은 관련이 있음을 말해준다. 또한 슬라브 국가들에서는 소시지를 뜻하는 말이 러시아어로 kolbasa, 폴란드어로 kielbasa, 체코슬로바키아어로는 klobasa, 세르보 크로아티아어로는 kobasica인데 이 말은 히브리어로 '모든 고기'를 뜻하는 kol-basar로부터 유래된 것으로 추정된다. 이것은 당시 슬라브 국가들에 살고 있는 유태인들이 소시지나 햄을 주로 생산하여 판매함으로써 비롯되었다고 하겠다. 독일어로 소시지를 뜻하는 Wurst는 11세기부터 기록되기 시작하였으며, 이것은 아마도 소시지를 충전 후 창자를 꼬았다는 의미의 인도 게르만어인 wert나 versuert 또는 라틴어인 vertere에서 유래된 것으로 추정된다. 이와 관련하여 소시지를 이태리에서는 Wurstel, 발칸반도 지역에서는 Virstle이라고 부른다.

소시지의 가공역사는 실제로 선사시대부터 시작하였다고 할 수 있다. 수렵하여 잡은 고기가 양이 많은 경우 먹고 남은 고기를 보관하고자 하였다. 이 때 고기를 소금에 절이거나 건조시키면 오랜 기긴 보관할 수 있으녀, 이렇게 처리된 고기가 그냥 먹는 고기와는 다른 맛이 난다는 사실을 그 당시 사람들은 이미 발견하게 되었다. 기원전 9세기 경 호메르스의 시에 염지에 대하여 기술되어져 있을 정도로 훈연과 염지 기술은 고대 희랍시대 이전에 이미 존재하였다. 고대 희랍인들이 가장 좋아 했던 음식중의 하나인 소금에 절여서 훈연하면서 건조시킨 dry cured ham은 가장 오래된 육제품이다. 또한 고대 희랍 시인 호머의 영웅서사시 오디세이(B. C 7세기 경) 18장에 보면, "여기 숯불 위에 고기와 피로 채워진 염소 위가 오늘 저녁 만찬을 위해 구워지고 있네. 용맹하게 싸워서 적을 물리치고 돌아온 용사들만이 오늘 만찬에서 가장 잘 구워진 소시지를 선택할 수 있다." 라고 씌워져 있으며, 시인 아리스토판네스의 작품(B.C 425년)과 아테네 시인 페레크라테스의 작품 속에서도 소시지가 언급되어 있음을 알 수 있다. 4세기에는 콘스탄티누스 대제가, 일반 서민이 이와 같이 맛있는 것을 먹는다는 것은 사치이므로 소시지를 먹어서는 안된다고 하는 금지령을 내리기까지 하였다. 그러나 유럽의 중심부에 소시지가 들어간 것은 상당히 뒤의 일이다. 십자군 싸움에 출장한 병사들 중 많은 사람이 전사하거나 포로가 되었으나 일부는 영국으로 돌아갔고, 그 때 보석이나 직물과 함께 소시지를 가지고 돌아간 것으로 되어 있다.

중세기에 와서는 소시지가 요리책에 등장할 정도로 대중화 되었으며, 좋은 품질의 육제품은 좋은 원료육을 사용하여야 한다는 생각에서 도축과 육의 품질 검사에 대한 법이 산업정책의 일환으로 제정되기도 하였다. 13세기에 이미 집에서의 도축을 법적으로 금지하였으며, 물이 있는 강 근처의 도축장에서만 도살하도록 법제화 하였고 도살 후 고기의 품질 검사도 시행하였다. 오늘날 우리가 잘 알고 있는 후랑크 소시지는 17세기에 독일 프랑크푸르트시에 살고 있는 소시지 기술자가 처음으로 만들었으며, 그 당시 그가 만든 소시지가 사람들에게 좋은 반응을 얻으면서부터 Frankfurter라고 일컬어졌다. 미국에서의 햄 소시지 역사는 그리 오래되지 않았다. 미국으로 건너간 독일의 소시지 기술자들에 의해 독일의 많은 육제품들이 미국에 소개되었으며 이 때 알려진 Frankfurter 소시지가 미국에서는 짧게 Franks라 불리우게 되었으며 따라서 일본이나 우리나라에 후랑크로 소개되게 되었다. 마찬가지로 비엔나 소시지는 오스트리아의 수도인 Vienna(독일어: Wien)에서 처음 생산되기 시작하여 붙여진 이름이다. 실제로 비엔나 소시지는 우리나라에서 통용되는 4cm 정도 길이의 미니형 소시지가 아니라 양장에 충전된 15cm 정도 길이의 소시지로서 독일어로 Wiener라 표기하는데 일본에서는 이 제품을 일본식으로 윈너라 부르고 있으며, 윈너와 구별하여 미니형 소시지 제품을 비엔나라 부른다. 이것이 우리나라에도 그대로 전달되어 윈너와 비엔나로 구분되고 있다.

발효 건조 소시지인 살라미는 제조 공정이 길어 생산 중 제품이 상하기가 쉽기 때문에 겨울철과 날씨가 추운 지역에서 주로 생산되었다. 살라미의 역사는 약 250년 정도로 이태리 북부지방에서 처음 생산되기 시작하였으며 이것이 점차 다른 나라로 전파되었다. 그 유명한 항가리 살라미는 2명의 이태리 살라미 제조 기술자가 150년전 항가리로 이주하여 그곳에서 살라미를 생산하기 시작하면서부터 전 세계에 알려지게 되었다. 소시지는 원래 상등육(上等肉)을 얻을 수 없는 가난한 사람들에게 정육 이외의 먹을 수 있는 부분, 즉 골·혀·귀·염통·콩팥·코·창자·피 등의 부산물을 이용 가능하게 하기 위해 만들게 된 제품으로, 매우 오래 전부터 있었던 고기의 가공품이다.

소시지 중 피소시지나 간소시지 등 부산물을 이용한 제품이 소시지 중에서도 가장 오래된 제품으로 알려져 있다. 이러한 이유는 피소시지나 간소시지의 제조공정이 살라미나 후랑크 소시지의 제조 공정 보다 간단하며 쉽게 만들 수 있었기 때문인 것으로 추정된다. 다리 고기는 소금에 절여 부엌에 매달아 훈연과 건조를 시키거나 그늘진 곳이나 동굴속에 매달아 숙성을 시키는 방법으로 햄을 만들고, 나머지 고기들은 삶아서 잘게 다진 다음 피나 간을 섞고 여기에 소금과 몇가지 양념을 넣어 버무린 다음 깨끗이 씻은 창자에 담아 익히는 방법으로 피소시지나 간소시지를 만들었다.

우리나라에서도 서양의 햄, 소시지가 보급되기 이전에 이미 우리나라 전통적인 육제품인 순대가 제조되었는데, 이는 위에서 언급한 서양의 피나 간소시지의 제조와 같은 근거에서 기인한다고 보겠다. 현재는 대표적인 고기 가공품으로 일반화되어 미국에서만도 그 종류가 240종에 이르며, 생산된 고기량의 약 10%가 소시지용으로 소비되고 있다.

돼지고기나 쇠고기를 곱게 갈아 동물의 창자 또는 인공케이싱에 채운 대표적인고기 가공품이다. 보통 원료로서는 햄을 만들때 나오는 부스러기 고기를 사용하는데 여기에는 힘줄 등의 단단한 것이 함유되어 있으므로 이를 없애기 위해서 돼지기름을 많이 넣고 함께 고기 초퍼로 마쇄한다. 이와 같이 하면 유연성과 입안 촉감이 향상되고 지방질이 많은 칼로리식품이 된다. 소시지의 규격은 식품위생법상에는 수육에 조미료 및 향신료 등의 첨가제를 섞어 케이싱에 충전하고 훈연하거나 열처리한 것으로 규정하고 육함량은 70% 이상, 전분은 15% 이하, 수분은 70% 이하, 대장균은 음성이며 특히 유함량의 50% 이상 배합된(성분배합기준) 수육의 명칭을 제품명에 기재하도록 하고 있다. 소시지의 성분규격은 다음과 같다.

1. 성상 : 고유의 색택을 가지고 이미이취가 없어야 한다.
2. 아질산염(g/kg) : 0.07 이하
3. 타르색소 : 검출되어서는 안된다(다만, 소시지는 제외)
4. 휘발성 염기질소(mg%) : 20 이하(원료육 및 포장육만)
5. 보존료(g/kg) : 다음에서 정하는 이외의 보존료가 검출되어서는 아니된다. 소르빈산 혹은 소르빈산칼륨 : 2.0 이하(소르빈산으로)

상기 샘플에서 나타난 식품첨가물을 기능별로 정리하면 방부제(소르빈산 칼륨), 발색제(아질산염), 착색제(식용색소), 산화방지제(에리소르빈산염), 당류(덱스트로오스, 시럽), 결착제(전분), 품질개량제(인산염), 조미료(양념), 착향료(파프리카올레오레진) 등 다양하게 들어가 있는데 당류는 결착용으로도 작용한다. 따라서 여기에서는 중요한 것으로 보이는 것만 설명하고자 한다.

(가) 소르빈산칼륨(보존료)

소시지제품은 산소가 투과 할 수 없는 밀봉, 고온에서 열처리된 보존성이 비교적 높은 식품이지만 *Bacillus, Clostridium* 속의 내열성 포자 형성균이 잔존할 우려가 있다. 혐기성인 *Clostridium*은 증식하여 육질 연화와 부패취 발생을 유도하고 *Bacillus*는 주로 표면에 호기적으로 번식하여 부패취를 발생하고 표면 육질을 연화시킨다. 이렇게 미생물에 의해 오염되면 소시지는 곧 부패하고 냄새가 나게 되면 부패생성물질이 인체의 건강을 위협하게 된다. 특히 유해물질 중 일부는 알레르기의 원인이 된다. 소르빈산염(방부제)은 지독성으로 분류되어 있으며 아질산염(발색제)과 반응하면 발암물질(간종양)을 만들 수 있는 보존료인데 그 가능성이 소시지에서 일어날 가능성이 매우 높다는 사실이다. 그것은 소시지에는 필수적으로 방부제와 발색제가 동시에 들어가기 때문이다.

(나) 에리소르빈산나트륨(산화방지제)

항산화제인 에리소르빈산염은 강력한 환원작용을 가진 첨가물질로 지방의 산패를 방지하고 절임반응을 빠르게 하여 제조공정을 단축시키고 색깔과 풍미를 좋게 하기 위하여 첨가한다. 그러나 지속적인 사용으로 명이원성, 염색체 이상을 초래하므로 주의해야 한다.

(다) 황색 제 5호(착색료)

황색 제 5호는 알레르기 및 천식 유발, 아토피성 피부염, 과민증 발생, 장기투여시 체중 감소, 설사 등의 증상을 유발할 수 있으므로 사용상의 주의를 요하고 있으며 알레르기 질환을 가지고 있는 어린이는 섭취를 자제하도록 권고하고 있다. 오렌지색 분말로 적색 3호와 청색 1호를 같이 섞으면 초콜릿색을 만들 수 있으며, 청색 2호와 섞으면 검은 색을 만들 수 있다. 급성독성으로는 쥐에게 1kg당 2g이상 먹이면 반수이상 사망하는 것으로 되어 있다.

(라) 적색 제 40호(착색료)

아조아계 색소의 일종으로 물에 잘 녹고 유지에는 녹지 않는다. 투명을 요하는 식품의 착색에는 부적당하다. 소시지에 첨가되는 색소로서 육류 고유의 색깔 변색 방지와 색깔의 미화로 식욕을 증진시키는 데도 있다. 아질산염을 넣어 색깔을 잘 나게 하지만 부족하고 더욱 색깔을 좋게 하기 위해서 사용한다. 내열성, 내산성, 내일광성은 특히 좋으나 내환원성은 좋지 않고 염착력도 좋은 편이 아니다. 알칼리에 불안정하고 공기 중에서 수용액은 암적색을 띠므로 유의해야 한다.

인공색소는 대부분 석탄타르 중에 함유된 벤젠이나 나프탈렌으로부터 합성되는 타르계 색소로 소화효소의 작용저지 및 간장, 신장의 장애를 일으킬 우려가 있으며, 일부는 알레르기 유발물질로 분류되어 의무표기 대상이 되고 있다. 적색 제 40호는 식용색소 적색 2호 대신으로 많이 사용되는 색소로서 캔디, 음료, 샤베트, 과자류 등에 널리 사용되는 황색 또는 갈색을 띤 적색이다. 경구투여시, 흡수되기 전에 부분적 아조 분해 반응을 일으키는 색소로써 인체의 흡수율이 저조하며 주로 변을 통하여 체외로 배출된다. 알레르기 및 천식 유발, 알레르기성 비염, 아토피성 피부염, 피부과민증 발생, 장기투여시 체중 감소, 설사, 결막염 등의 증상을 유발할 수 있고 과다 섭취하면 발암물질로 작용한다.

(마) 폴리인산염(품질개량제)

소시지에 폴리인산염을 첨가하는 것은 다양한 기능을 기대하기 때문이다. 폴리인산염은 소시지 품질을 개량하는 식품첨가물로 고기의 보수성과 결착성올 좋게 하고 고기단백질의 수화력을 증진시켜 식미(食味)를 향상시킨다. 또 육색깔의 변색과 불필요한 미생물의 생육 억제효과를 가지므로 품질 보존성을 높여준다. 또 유화력을 좋게 하고 완충작용을 하며 다른 인산염과 혼합하여 사용할 수 있다. 특히 소시지에 사용할 경우에는 나트륨보다 유화능력이 큰 칼륨염을 사용하는 것이 좋다. 사용량은 제품특성에 따라 다르나 보통 0.1-0.3% 정도 첨가한다.

마) 유통 저장 중에 일어날 위생문제 및 해결 방법

포장식품의 저장, 보관, 유통과정에서 내용식품이 변질되어 상품적 가치를 저하시키는 요인중 제일 먼저 평가되는 사항이 변색이다. 포장식품에 대한 변색의 원인으로서는 산소, 빛, 습도, 포장재료에 의한 것 등이 있다. 소시지의 포장제품은 저장중 myoglobin이 산소와 일광에 의해 Fe^{+2}로 갈변한 다음 결국에는 녹변하는 경우가 많다. 이러한 생체의 포장에는 내용물의 종류와 포장량에 따라 적당한 산소의 투습성을 가지는 plastic film을 선택하여 사용할 때 내용물의 신선도를 오래 유지할 수 있다. 소시지의 경우 빛에 의해 철이온이 2가에서 3가로 변하기 때문이며 이 때는 환원제의 첨가가 유효하다. 또한 유통과정 중 차광저장을 하거나 포장재료에 유색 인쇄를 하거나 착색필름을 하여 빛의 투과를 막는다.

8-23. 치즈

1. 시판 제품의 소개

가공식품명 : 01 : 매일유업 치즈피아, 뼈로 가는 칼슘치즈

가공식품의 유형 : 연성가공치즈

성분 : 자연치즈75%(뉴질랜드산), 밀크칼슘(6.2%), 유화제, 연성가공치즈, 유청분말

영양정보(100g당) : *( )는 소아 4-6세 1일 영양권장량의 %임

열량 300kcal	지방 25g	단백질 18g	철분 5mg (50%)	칼슘 2000mg (333%)
비타민 D_3 5(μg) (50%)	비타민 B_1 0.5mg (62.5%)	비타민 E 5mg (83.3%)	나트륨 850mg	탄수화물 1g

제조회사명 : 매일유업

가공식품명 02 : 체다 슬라이스 치즈

제조일자 및 유통기간 : 제조일로부터 6개월(0-5℃)

성분조성 : 자연치즈(63.8%), 버터(13.22%), 탈지분유(3.96%), 카제인나트륨, 폴리인산나트륨, 제1 인산나트륨, 제3 인산나트륨, 구연산 나트륨, L-MSG, 소르빈산

제조회사명 : 서울우유 협동조합

2. 시판 제품의 식품첨가물 해설

우유의 발효 식품인 치즈는 우리나라 음식에는 많이 쓰이지 않지만 유럽이나 미국에서는 식사 때에 빠질 수 없는 음식이나 다름없다. 예를 들면 우리들이 즐겨 먹는 햄버거나 피자에도 치즈는 없어서는 안돼는 감초 같은 것으로 서양 음식의 거의 모든 음식에 쓰이고 있다. 이런 치즈의 역사는 400백년 전에 어느 아라비아 상인이 양의 위로 만든 물주머니에 우유를 넣어 여행하는 동안 태양열로 따뜻해진 우유가 소화 효소인 렌넷(rennet)의 작용으로 굳어져 치즈가 처음으로 만들어 졌다고 하는 이야기가 있다. 역사적으로는 BC 3500년 무렵 메소포타미아 지방에서 젖소 사육, 착유, 유가공을 했음을 나타내는 석판이 발견되었고 BC 4000-BC 2000년에 이집트, 인도, 중앙아시아 지방에서도 치즈 등이 제조되었다고 한다. 이것이 터키를 거쳐 그리스에 전해지면서 『오딧세이』에도 치즈가 기록되어 있음을 볼 수 있다. 그 뒤 이탈리아 반도에서 유럽 각국으로 퍼져 각국에 독자적인 치즈가 많이 만들어 지게 되었다. 짜낸 우유를 그대로 방치해 두면 자연적으로 젖산발효를 일으키면서 지방이 위층으로 떠오르고, 그 밑에는 단백질(특히 카세인)이 젖산으로 응고된 커드와 훼이의 세 층으로 나누어진다. 따라서 인류는 가축의 젖을 이용했던 초기 단계부터 버터나 커드를 쉽게 얻을 수 있었다고 생각되며, 그 보존을 위해서 단순한 가열이나 건조·가염(加鹽) 등의 방법이 취해졌음을 쉽게 짐작할 수 있다. 현재도 대륙 일대의 유목민의 치즈는 탈지산유를 가열하여 얻은 커드에 소금을 가해서 손으로 주물러 천일(天日)의 바람에 건조시킨 것이 많다. B.C.3000년경의 메소포타미아의 점토판(粘土板) 문서에 있는 기록을 비롯하여, 같은 시대의 오리엔트 일대의 유적에서는 작은 구멍이 많아 나 있는 치즈제조용 기구로 보이는 토기가 출토되고 있으며, 스위스의 호상주거(湖上住居) 문화유적에서도 이와 같은 목제품이 출토되고 있는 것으로 보아 산응고형의 치즈는 옛날부터 여러 지역에서 제조되고 있었던 것으로 보인다. 소나 양의 위에서 분비되는 렌넷의 발견시기는 분명하지 않지만 비교적 후세의 일로 짐작되는데, 고고학적으로는 B.C, 900년경 카프카스의 우랄토우왕국 성 안의 부엌에서 양의 위장, 곡류, 말린 포도 등의 효모가 들어 있는 토기가 출토된 것으로 보아 이 시기로 추정하고 있다. 렌넷을 이용한 제법은 발칸반도·에게해를 지나 유럽으로 전파되었고 로마제국의 발전과 함께 남쪽에서 게르만 민족에게로 차츰 전파된 것으로 보여진다.

치즈는 원료유(소·양·염소·말·낙타·순록 등의 젖)나 풍토·제법 등의 차이에 따라 세계 각지에서 많은 품종이 생산되는데, 그 종류는 600-800종에 이른다고 한다. 예를 들면 몽고에서는 5가지 가축(소·양·염소·말·낙타)의 우유에서 탈지치즈를 만들고, 프랑스에서는 소·양·염소의 젖에서 풍미가 다른 300여 종의 치즈를 만들고 있다. 서양의 치즈 만드는 기술은 와

인이나 맥주의 양조와 함께 중세 수도원의 힘에 의존한 바가 크다. 공업적 생산은 1851년에 윌리엄스가 미국의 뉴욕주에서 소규모 체다치즈 공장을 만든 것에서 부터였고, 1970년경 덴마크의 한샘이 정제 렌넷(rennet)을 시판하면서부터 공장생산이 보급되었다. 프로세스치즈는 1904년 미국의 크라프트가 제조를 개시하였고, 1916년에는 치즈를 가열·용해하여 성형하는 제법이 특허를 얻었다. 한국에서 처음에는 수입에 의존하다가 1967년 임실에서 처음으로 제조되었다.

	유고형분(%)	유지방(%)
경성가공치스	50.0 이상	25.0 이상
반경성가공치즈	46.0 이상	18.4 이상
혼합가공치즈	38.0 이상	7.6 이상
연성가공치즈	34.0 이상	6.8 이상

참고로 치즈의 특성을 보면 다음 표와 같다.

분류/치스종류	최대수분함량(%)	고형분내 최소지방량(%)	숙성방법	치스의 종류
연질치스	80	-	비숙성	카테지(Cottage)
	55	-	비숙성	크림(Cream)
	-	50	숙성	브리(Brie)
	-	50	백색곰팡이로 표면숙성	카멤버트(Camembert)
반연질치스	44	50	청색곰팡이로 내부숙성	부루(Blue)
경질치스	39	50	숙성	체다(Cheddar)
	45	46	숙성	구다(Gouda)
	41	43	숙성	스위스(Swiss)
초경질치스	32	32	숙성	파메산(Parmesan)
	34	38	숙성	로마노(Romano)
프라스틱치스 (Pasta filata)	52-60	45	비숙성	모짜레라(Mozzarella)
저지방치스	38	-		삽사고(Sap Sago)
가공치스	43	47		살균가공치스
	44	-		가공치스식품 (process cheese food)
	44-60	-		가공치스스프레드 (process cheese spread)
유청치스	18	33		미소스트(Mysost)

가공치즈라 함은 자연치즈를 주원료로 하여 이에 다른 식품 또는 식품첨가물 등을 가한 후 유화시켜 제조한 것이거나 자연치즈에 속하지 아니하는 치즈를 말한다. 치즈의 성분 규격은 다음과 같다.

① 성상 : 고유의 색택과 향미를 가지고 이미·이취가 없어야 한다.
② 대장균군 : 음성이어야 한다.
③ 유고형분 및 유지방 : 총 유고형분 중 자연치즈에서 유래한 유고형분이 50%이상 이어야 한다.
④ 보존료(g/kg) : 다음에서 정하는 이외의 보존료가 검출되어서는 아니된다.

디하이드로초산 디하이드로초산나트륨	0.5이하(디하이드로초산으로서)
소르빈산 소르빈산칼륨	3.0이하(소르빈산으로서 기준하며, 프로피온산칼슘 또는 프로피온산나트륨을 병용할 때에는 소르빈산 및 프로피온산의 사용량의 합계가 3.0이하)
프로피온산칼슘 프로피온산나트륨	3.0이하(프로피온산으로서 기준하며, 소르빈산 또는 소르빈산칼슘을 병용할 때에는 프로피온산 및 소르빈산의 사용량의 합계가 3.0이하)

국내 유통되는 치즈의 대부분을 차지하는 가공치즈에는 조미료와 향, 색소, 보존료 등 첨가물 투성이다. 치즈에 사용되는 식품첨가물 중 중요하게 취급되는 것만 설명하고자 한다.

(가) 디하이드로초산염, 소르빈산염, 프로피온산염(보존료)

치즈에는 디하이드로초산염, 소르빈산염, 프로피온산염 등의 보존료를 사용할 수 있다. 치즈는 영양성분이 우수하여 미생물이 생육하기 적합한 조건을 가지고 있으므로 보관과 유통을 잘못하면 곧 변패하게 된다. 따라서 일반적인 유통 치즈에는 보존료를 첨가하는 것이 일반적인 제조방법이다. 그러나 디하이드로초산염은 간장에 영향을 주며, 염색체의 변형을 초래하여 발암가능성을 가지고 있다. 소르빈산염은 아질산염과 반응하여 발암물질을 형성할 가능성이 있으며 중추신경을 마비시키고 간에 나쁜 영향을 미치는 것으로 알려져 있으며 프로피온산염은 눈과 피부의 점막을 자극하는 것으로 알려져 있다.

(나) 밀크칼슘

칼슘을 강화의 목적으로 첨가하였는데 일반적으로 칼슘은 우유 및 유제품, 콩류, 뼈째 먹는 생선(멸치 등), 해조류, 녹색채소 등에 많이 들어 있다. 1일 소요량은 연령에 따라 다르지만 성인의 경우 600㎎, 성장기에 있는 청소년은 800㎎ 정도이고 임신부·수유부의 경우에는 소요량이 증가한다. 인체에 2%정도 함유되어 있는데 골격 중에 99% 존재하며 나머지는 혈액 및 근육에 함유되어 있다. 골격은 칼슘의 저장고로서, 혈중 칼슘이 적어지면 골격 속에서 칼슘이 나와서 보급되며 또 여분의 칼슘은 골격으로 되돌아간다. 혈액 속의 칼슘은 거의가 혈청 속에 일정한 수준의 농도로 이온으로 존재하고 있다. 칼슘의 기능은 혈액의 응고성, 심근(心筋)의 수축작용, 근육의 흥분억제, 신경의 흥분 진정 작용, 백혈구의 식균작용 촉진, 질병에 대한 저항력 증가, 체액의 약알칼리성 유지하는데 큰 역할을 한다. 칼슘은 주로 장내(腸內)에서 흡수되며 배설은 오줌과 장내의 양쪽에서 이루어진다. 특히 흡수시에는 인 또는 비타민 D를 필요로 하는데 칼슘과 인의 비율이 1:1이나 1:2 정도의 비율일 때 흡수가 잘 된다. 칼슘의 섭취가 부족할 경우 골격의 석회화가 완전치 못하여 성장 저하, 뼈 기형 현상, 가벼운 충격에 의한 골절, 구루병을 일으킨다. 중년 부인들의 경우 골연화증, 골다공증을 일으킨다. 과잉으로 섭취하는 경우에는 결석을 형성하므로 1일 2500mg을 초과 섭취해서는 안 된다.

(다) 유화제

치즈의 부드러운 성질을 주기 위해 유화제를 첨가한다. 유화제 첨가로 인해 색깔, 향미, 광택에도 영향을 준다. 유화제를 첨가하지 않는다면 유통 저장 중에 색, 향, 광택의 변화가 일어날 것이다. 치즈의 부드러움 또한 나빠질 것이며, 색이 퇴색하거나 변색하게 되고 바람직하지 못한 향을 낼 수도 있다.

현재 사용이 허가된 것으로는 글리세린지방산에스테르, 수크로오스지방산에스테르, 소르비탄지방산에스테르, 프로필렌글리콜지방산에스테르, 대두인지질, 스테아릴젖산칼슘 등이 있다. 이 중 많이 사용되는 것은 글리세린지방산에스테르인데, 주로 모노글리세라이드가 유화제로서 사용된다. 모노글리세라이드는 독성이 없고 사용하기 간편해 유화제로서 뿐만 아니라 거품억제제, 녹말의 노화방지제로서 빵이나 케이크에 흔히 사용되는데, 시간이 경과하면서 입에 닿는 촉감이 나빠지는 것을 방지하는 구실을 한다. 천연유화제로는 달걀 노른자나 콩에 함유되어 있는 인지질인 레시틴이 대표적이다. 달걀 노른자는 일반적으로 마요네즈의 에멀전화에 이용된다. 그러나 경우에 따라서는 인체에 유해한 경우가 있다. 문제는 화장품용이나 공업용 유화제를 부정하게 식품에 사용하는 경우인데 이러한 경우는 가격이 싸고 유화기능이 우수한 것들을 대상으로 하고 있다. 최근 영국 일간지 타임스의 보도에 의하면 각종 화장품과 세정용품의 유화제가 각종 알레르기를 일으키고 피부건강을 위협하는 해로운 물질이라고 하였다. 특히 유화제의 일종인 SLS(Sodium Lauryl Surfate)와 SLES(Sodium Laureth Sulfate)는 다른 화학 물질과 쉽게 반응하고 결합하여 잠재성 발암물질인 니트로자민으로 전이되어 인체에 심각한 악영향을 끼치게 된다. 그 외 접촉성 피부염을 일으키는 주요 원인 이미다졸리디닐유레아(Imidazolidinyl Urea), 디아졸리디닐유레아(Diazolidinyl Urea) 등 화장품원료용 유화제를 식품에 사용하지 않도록 하여야 한다.

(라) 유청분말

유청분말은 유청(whey, 乳淸, 훼이)을 건조시켜 분말형태로 첨가한다. 유청에는 알부민 등 수용성 단백질이 비교적 많으므로 어린이용 분유의 원료로 많이 사용된다. 또한 훼이치즈·훼이버터·훼이분말·농축훼이 등으로 제조하여 제과원료나 발효원료로 이용된다.

(마) 카제인나트륨(호료, 강화제, 유화제)

카제인나트륨은 식품첨가물 분류에는 호료에 편입되어 있으나 실제 기능은 유화 및 품질개량 역할을 하며 강화제 기능도 수행한다. 카제인나트륨은 우수한 유화력, 보수력을 가지고 있어서 치즈의 특유 조직형성에 중요한 역할을 한다. 따라서 이것을 첨가한 치즈는 조직에 탄력이 있고 결착성도 있으며 용융특성도 양호해진다. 0.2-0.5% 정도 사용하며 사용기준량은 정해져 있지 않다.

(바) 인산염(품질개량제)

폴리인산나트륨은 다른 축합인산염과 마찬가지로 유화작용, 보수성, 결착성, 조직형성 등에 관여하여 식감(食感)을 높여준다. 나트륨염이 칼륨염보다 유화력이 크다. 사용량은 보통 0.05-0.3% 정도이다. 제품에 따라 피로인산나트륨과 메타인산나트륨을 사용하는 경우가 많다. 제 1 인산나트륨(품질개량제)은 폴리인산염과 병용하는 의미에서 첨가되며 단백질, 지방, 수분 등의 분산과 유화를 좋게 하며 제품의 조직, 색깔 등의 향상목적으로 0.4% 정도 사용하지만 경우에 따라서 가감한다. pH조정기능도 가지고 있다. 제 3 인산나트륨(양조용 첨가제)는 양조용 첨가제로 분류되어 있으나 실제 기능은 품질개량제 역할을 한다. 따라서 주요 기능은 제 1 인산나트륨과 유사하다. 식품의 결착성을 높여 씹을 때의 식감(食感)을 향상시키고 식품의 탄력성, 보수성과 팽창성을 증대시켜서 식감을 좋게 하고 맛의 조화와 풍미를 향상시킨다. 또 변질, 부패방지 효과도 있다. 그러나 과잉 섭취시 위장장애는 물론 무기질 손실과 함께 신장장애를 일으키므로 주의하여야 한다.

(사) 구연산나트륨(조미료)

산미료가 아니고 청량한 신맛을 내는 조미료이다. 치즈의 특유한 연하고 부드러운 신맛 부여 때문에 첨가하며 치즈의 고유 점탄성을 좋게 하는데도 기여한다. 보통 0.2- 0.3% 정도 첨가한다. TCA 회로를 구성하는 한 요소로 시트르산은 고등동물의 물질대사에서 중요한 구실을 하는 구연산은 레몬이나 감귤류의 과일에 특히 많이 함유되어 있는데 영어명인 citric acid의 citric도 감귤류를 뜻하는 그리스어인 citrus에서 유래한 것이다. 이것은 체내의 칼슘흡수를 촉진시키는 작용 때문에 혈액응고저지제로 사용된다(혈액응고에 칼슘이온이 필요하므로). 보통 과즙·청량음료에 첨가하거나, 의약품, 이뇨성 음료에 신맛을 내는 기능 외에 분석시약으로도 사용된다. 구연산염(citrate)을 항응고제로 사용한 것은 1915년경인데 1% 구연산나트륨도 사람에게 독성을 일으킬 수 있다.

8-24. 버터

1. 시판 제품의 소개

가공식품명 : 서울 우유 버터

제조회사명 : 서울 우유

원재료명 및 함량 : 유크림 98.98%, 식염, 천연색소(유용성 아나토), 식염 1.01%

유통기한 : 제조일로부터 0~10℃에서 3개월, 영하 20℃이하에서 12개월까지 냉장보관(0~10℃), 또는 냉동보관(영하 20℃이하)

2. 시판 제품의 식품첨가물 해설

우유로부터 분리한 지방을 세게 휘저어 엉키게 한 다음 응고시켜 만든 유제품의 하나로 풍미와 소화율과 소화속도가 양호한 영양성 유제품이다. 여행자가 유즙용기를 가지고 다니다가 우연히 개발한 것으로 알려져 있는데, 기원은 BC 3,000년경의 바빌로니아 추정설과 3,500년경의 인도의 신화에 우유를 교반(攪拌)하여 만들었다고 하는 것에 고대 인도로 추정하는 설이 있다. 옛날 그리스와 로마에서는 버터를 연고, 약품, 화장품용으로 사용하기도 하였다. 그리스·로마에서는 주로 치즈를 만들었고 소의 목축이 앞섰던 유럽에서는 버터를 만들어 유통되었다. 1848년 버터제조기인 통 모양인 천(churner, 교동기)이 발명되었으며 1871년 미국 아이오아주에 최초의 공장이, 1878년 크림 분리기의 출현에 의해 급속히 공업화가 이루어졌다. 우리나라는 1964년 처음으로 제조, 판매되었다.

유지방을 여러 조각으로 분리하여 응고시킨 영양식품으로 우락 또는 유락이라고 하며(대국어 사전) 또 우유에서 분리한 크림을 천천히 교동하면 유지방구막이 파괴되어 지방이 뭉쳐서 좁쌀과 같은 크기의 버터입자가 되는데 이것을 모아 짓이겨서 유화상태로 만든 것이다(축산식품사전). 식품위생법에는 우유에서 유지방분을 분리, 교반, 연압한 것으로 수분은 18% 이하, 유지성분은 80% 이하, 산가는 2.8 이하이어야 한다. 이러한 정의에 근거해서 만들어진 버터의 규격은 '유지방분 80.0%이상, 수분 17.0%이하 대장균군 음성'으로 되어 있다. 버터의 영양적 가치와 식품위생법상의 규격 및 기준은 다음과 같다.

[표] 버터의 영양성분 (100g 중)

성 분	함 량	성 분	함 량
수 분	15.9(g)	칼 슘	10 (mg)
단 백 질	0.6(g)	인	20 (mg)
지 방 질	81.2(g)	철	0.1 (mg)
당 질	0.2(g)	비타민 A	2400 (mg)
섬 유	0 (g)	비타민 B_1	0.01(mg)
회 분	2.1(g)	비타민 B_2	0.03(mg)

1) 타르 색소는 검출되어서는 안 된다.

2) 산화방지제 : 아래의 규격에 적합하여야 한다.

디부틸히드록시 톨루엔 (BHT) 및 부틸 히드록시 아니졸 (BHA)	0.2g / 제품 1kg 이하 (단독 또는 병용)
몰식자산 프로필 (PG)	0.1g / 제품 1kg 이하

3) 규격기준

항 목	(보통) 버터	가공버터
수 분 (%)	<18.0	<18.0
유지방분 (%)	>80.0	>50.0
산 가	< 2.8	< 2.8
낙 산 가 (지방)	20 +2	—
대장균군	음 성	음 성
보 존 료 (g/kg)	< 0.5	< 0.5
- dehydroacetate		
권장유통기한	냉장 3개월	냉동 12개월

버터에 문제가 될 가능성이 많은 것은 지방함량의 과잉, 산화방지제의 사용, 보존료의 사용이며 그 외 착색료, 착향료의 사용 등이다. 여기에서는 산화방지제와 보존료에 대해서 설명하고자 한다.

(가) BHA, BHT, PG(산화방지제)

버터에 사용하는 산화방지제(또는 항산화제)는 주로 디부틸히드록시톨루엔(BHT)이지만 부틸히드록시아니졸(BHA), 몰식자산프로필(PG) 등을 혼용하는 경우가 많다. 산화방지제는 지방질이나 비타민 A, D 등을 함유한 식품의 산패를 방지하기 위해 사용하는 식품첨가물로 지방질이나 여기에 녹는 비타민 A, D 등을 함유한 식품은 시간이 경과하면 이들 성분이 산화되어 산패라는 변질현상을 가져 오는데 이것을 사용하여 변질을 막는다. 이와 같이 산화방지제는 지방질이 자동산화를 일으키고 연쇄적으로 산화가 진행되는 것을 중단시키는 구실을 하는데 상승하는 식품과 사용량이 각각 식품위생법에 제한되어 있다. BHT가 항산화제로 처음 사용된 1940년 이후 유지에 대한 항산화작용이 인정되었지만 현재는 발암성의 의심되어 사용량에 제한을 두고 있다. BHT는 다른 항산화제와 비교해 안전성이 우수하고, 가열가공품의 효력이 높으나 지방조직에 축적되는 경향이 있기 때문에 독성가능성이 높다. 또 BHT 자체 위험성은 물론이고 다른 물질과 결합할 때 독성이 높아질 가능성이 크다.

BHA는 위암, 방광암, 체기형성 등의 위험성이 높다. BHA은 가솔린의 산화 방지제를 위해 합성된 것으로 식품첨가물로서는 1954년 BHT와 마찬가지로 산화방지의 목적으로 지정되었으며, 식용유지, 버터, 마가린 등의 식품에 폭 넓게 사용되고 있다. BHA와 BHT를 같이 사용할 경우에도 유해한 영향이 나타나는데 간과 신장의 손상, 방광암과 위암을 일으킬 수 있다. 또한 기형아 출산, 성장 결핍, 이상행동, 대사의 이상, 콜레스테롤치의 증가, 알러지, 털빠짐, 뇌의 결함 등과도 관련이 있는 것으로 여겨지고 있다.

(나) 디하이드로초산염(보존료)

이 보존료는 과자, 빵류 등에 사용이 금지된 보존료(방부제)인데 호도모양과자와 땅콩모양과자 제품에 불법 사용해 물의를 일으킨 적이 있다. 이 보존료는 간장에 영향을 주며 염색체의 변형을 유발하는 등 발암 가능성이 있는 것으로 알려져 있다.

(다) 유용성 아나토(합성착색료)

아나토(annato) 종자의 피복물을 추출하여 얻어지는 색소로서 추출용제에 따라 유용성 색소와 물분산성 색소가 있다. 유용성 색소의 주색소는 카로티노이드계의 빅신(Bixin)이고 물분산성 색소의 주색소는 노르빅신(Norbixin)이다. 열 또는 빛에 대해 비교적 안정하지만 독성이 있는 색소이다. 상표에는 천연색소라고 표기하였으나 엄밀한 의미에서는 합성착색료로 봐야 한다.

라) 유통 과정중의 특이 사항

버터는 지방질이 많은 식품이므로 장기간 방치하면 지방이 산화되어 산패를 일으키며, 냉장하지 않는 경우는 곰팡이가 발생하거나 녹아서 버터 특유의 조직감이 사라지고 풍미를 해친다. 따라서 −5℃～0 ℃의 저온에서 직사광선을 피한 깨끗한 장소에 보존해야 된다. 또 냄새를 잘 흡수하므로 냄새가 독한 물건과 같이 놓아두는 것은 피한다. 버터의 보존성은 보존 환경(온도, 습도), 품종, 포장형태 등에 따라 크게 다르다. 발효버터는 일반적으로 보존성이 낮다고 한다. 그 요인의 하나로서 감미버터에 비해서 산성이며, 곰팡이 및 효모가 번식하기 쉽고, 보존성이 저하하는 것으로 알려지고 있다. 발효버터는 감미버터 보다는 산가나 과산화물가의 증가가 높아져서 변화가 빠르다고 한다. 감미버터는 가염과 무염이 있는데, 가염버터에 사용되는 식염은 버터 속의 세균성장을 억제시키는 경향이 있어, 세균에 의한 변질을 지연시키거나 혹은 막거나 하는 성질이 있고 때로는 미생물을 사멸케 한다.

무염버터는 저온(10℃이하)에서 장기간 보존시, 때로는 불쾌치가 생기는 일이 있다. 이것은 2차오염에 의해 저온에서 증식하는 세균이 버터지방을 분해해서 불쾌취를 내게 하는 것으로 생각되고 있다. 이들 세균은 수중염분농도 6%이상에서 발육이 완전히 억제된다. 가염버터의 수상의 식염농도는 약 10%이기 때문에 보통의 세균류의 발육은 억제되는데, 보존온도가 높거나, 보존환경이 나쁘면, 곰팡이가 발생하는 일이 있어, 위생면 등에서 문제가 되는 일이 있다. 가정에서의 보존온도는 보통 10℃정도이지만, 장기보존인 경우에는 자동산화의 방지와 미생물품질의 안전성 면에서도 －20～－30℃ 에서의 보존이 바람직하다. 그러나 장기보존에서는 위생면에서 문제가 없다고 해도, 신선한 버터향기의 손실과 버터표면의 산화 등, 근소하지만 생기는 변화는 피할 수가 없다.

8-25. 어묵류(연제품)

1. 시판 제품의 소개

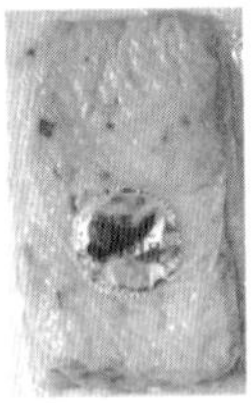

가공식품명 01 : 진사각(삼호물산의 어묵)

식품유형 : 어묵류(유탕처리식품/살균제품)

진사각(삼호물산의 어묵) - 식품유형 : 어묵류(유탕처리식품/살균제품)

제조원 : 늘푸른바다/부산광역시

판매원 : 삼호물산(주)

원재료명 및 함량 : 어육 47%(국내산), 냉동연육27%(국내산 70%, 수입산 30%), 야채, 정제염, 보관방법: 10℃이하 냉장보관

가공식품명 02 : 부산 선우 어묵

원재료명 및 함량 : 연육(미국산,캐나다산), 감자전분(국산), 두부(대두100% 국산), 소맥분(밀,국산), 식염(국산), 오징어(국산), 파(국산), 당근(국산), 채종유, 키토산 0.3%

유통기한 : 15일

보관 방법 : 10도씨 이하의 냉장보관

2. 시판 제품의 식품첨가물 해설

연제품이란 어육을 물로 씻은 후 소량의 소금(2-3%), 부재료를 넣고 갈아 으깬 연육(고기풀, meat paste)을 증숙, 건조 또는 그 밖의 방법으로 가열하여 겔화시킨 제품을 말한다. 연제품을 논할 때 surimi란 용어를 사용하는데 이것은 생선 근육을 갈아서 수세하면 풀과 같이 끈적끈적하게 되는데 이것에 냉동변성 방지제(설탕과 솔비톨)를 첨가한 후 냉동상태로 보관한 것을 말한다. 이것에 소금과 물을 첨가하여 조직감이 좋은 surimi gel을 만든다. 이 제품은 일본에서 창안된 것으로 예전에는 어유에 소금을 첨가하고 고기갈이하여 만는 고기풀을 구워서 만들었는데 그 후 가공방법의 발달로 오늘날과 같은 연제품이 만들어 졌다. 연제품은 어종이나 어체의 크기에 관계없이 원료의 사용범위가 넓고, 맛의 조절이 자유롭고, 어떤 소재라도 배합이 가능하다. 또, 외관, 향미 및 물성이 어육과 다르고, 바로 섭취할 수 있어 다른 수산가공식품과는 다른 특징을 가지고 있다.

연제품은 한천이나 젤라틴과 다르게 그 용액을 가열하면 졸이 되고 식히면 겔이 되는데 다시 가열한다고 해도 졸이 되지 않는 열불가역성 성질을 이용한 것이다. 어육을 그대로 또는 단순히 고기갈이하여 가열하면 다량의 드립이 발생되고 응고될 뿐 탄력있는 겔로는 되지 않는다. 그러나 어육에 2~3%의 식염을 가하여 고기갈이한 후 가열하게 되면 드립의 발생없이 탄력이 있는 겔로 변한다. 즉 어육을 미리 소금과 갈아서 고기풀을 만든 다음 가열해야 비로소 탄력이 있는 겔이 된다. 이와 같이 소금의 처리는 어육이나 생선이 수분을 상실하므로 단백질의 분자배열이 흩어지고 이 분자들은 서로 다시 접근하여 분자간 결합을 강화하므로 어육조직은 단단해진다. 즉 소금으로 처리하면 육질은 단단하고 탄성을 가지게 되는데 그것은 침투한 식염에 단백질이 용해하여 졸을 이 상태에서 계속 건조하면 탄성은 더욱 증가한다. 그러나 이 겔을 낮은 온도에서 천천히 가열하든가 또는 신선하지 못한 원료로 만든 고기풀일 경우에는 겔 망상구조는 풀려 탄성을 상실하게 된다. 이 현상을 되풀림이라 한다. 연제품의 원료(명태, 주치, 가자미, 도미, 대구, 뱅어 등은 널리 사용되며 고등어, 꽁치, 전갱이 등은 가끔 사용함)는 몇 종류의 어육을 배합하여 각 원료의 장단점을 보완하는 경우가 많은데 일반적으로 흰살 어류(도미, 농어)는 선도 저하에 따른 어묵형성 능력이 천천히 변하므로 사후에도 장시간 어묵형성 능력을 유지하고 있다. 그러나 붉은살 어류(방어, 고등어, 꽁치)는 그 변화속도가 빠르고 또 급속히 그 능력을 상실하는데 사후강직이 시작되려면 벌써 겔의 강도가 크게 떨어질 정도로 어묵형성 능력이 사라진다. 특별한 것은 흰살 어류인 명태는 어획 후 1~2시간만에 어묵형성 능력을 상실하는데 원래 명태의 육질은 연약하고 부패하기 쉬우며 장시간 냉동하면 액토미오신은 거의 불용화하여 식염과 같이 갈아도 점착성이 있는 고기풀이 형성되지 못해 연제품의 원료로 사용할 수 없다. 그러나, 명태육을 충분히 물로 씻어 육중에 존재하는 단백변성 촉진인자인 염류 등을 제거하고 냉동변성을 억제하는 적당한 부원료를 첨가한 후 가볍게 갈아서 냉동하면 연제품의 원료인 고기풀이 된다.

연제품은 어육에 식염만을 넣어도 되지만 품질향상을 위해 증량제(전분 및 식물성 단백질), 탄력보강제(축합인산염 및 브롬산칼륨), 풍미개량제(소금, 설탕, 물엿, 이노신산나트륨, 글루타민산소다 등), 광택제 또는 색조개량제(난백 및 색소), 보존료 등을 부원료로 사용한다. 첨가하는 부원료의 종류에 따라 무염 고기풀과 가염 고기풀의 두 가지가 있는데 무염 고기풀은 5%정도의 당류(솔비톨, 포도당, 설탕 등)와 중합인산염을 첨가하고 가염 고기풀은 당류 10%, 식염 2-3%를 첨가하고 중합인산염은 첨가하지 않는다. 이것은 가염 고기풀은 냉동 중 액토미오신의 겔화가 진행되기 때문에 이것을 방지하기 위해서이다.

'오뎅'이라는 말은 원래 '덴가쿠'의 첫 글자에 접두사 '오(お)'가 붙은 말이다. 덴가쿠는 두 가지의 뜻을 가지고 있는데 하나는 무로마치시대(室町, 1338~1573) 모내기철에 행하던 놀이의 하나로 죽마를 타고 그 위에서 추던 춤이요, 다른 하나는 꼬챙이에 끼운 두부를 된장에 발라 구운 두부 된장구이를 가리키는 말이다. 물론 후자의 이름은 그 모양이 전자인 덴가쿠 춤의 모양을 연상케 한데서 생겨난 이름이다. 이 '두부 된장 구이'가 오늘날의 오뎅으로 변하게 되었는데 대표적인 오뎅은 곤약 덴가쿠이다. 오늘날 어묵은 생선살과 전분의 비율에 따라 맛이 결정된다고 한다.

상기 제품에는 특별한 식품첨가물을 사용하지 않았는데 실제 어육제품은 수분이 많고 미생물이 생육할 가능성이 많은 식품이므로 반드시 보존료를 첨가하거나 특별한 방부 수단을 강구하여야 한다. 동원 싱싱 맛살(동원싱싱맛살은 냉동연육 74.80%, 게향첨가, 천연색소 사용), 대림 선게맛살 등 무방부제를 표방하는 몇몇 제품을 빼고는 거의 모든 어묵제품에 방부제인 소르빈산칼륨(potassium sorbate)이 들어 있다(소르빈산으로서 2g/제품1kg이하). 소르빈산칼륨은 미생물 포자의 발아와 성장과정을 억제함으로 미생물 생세포의 증식을 방지하게 한다. pH가 낮을수록 생육저해에 상승효과가 있고 항산화제, 아질산염와 병용하면 항균효과가 상승한다. 소르빈산은 간종양 발생 우려가 있는 보존료인데 특히 발색제의 일종인 '아질산염'과 함께 사용하면 돌연변이성 물질을 생성, 발암의 원인이 된다.

또 어묵을 튀겨내는 기름은 규정된 횟수보다 더 많이 사용해 산도가 기준치를 넘어서는 경우가 많다. 이런 경우 실제 보존료를 넣는 경우보다 더 인체에 유해할 가능성이 많다. 어떻튼 조리전 도마 위에 올려두고 키친타월로 여분의 기름을 빼거나 조리 전 끓는 물에 데쳐내어 표면의 식품첨가물을 제거한 후 조리하면 어느 정도의 유해물질을 제거할 수 있다.

8-26. 조미오징어

1. 시판 제품의 소개

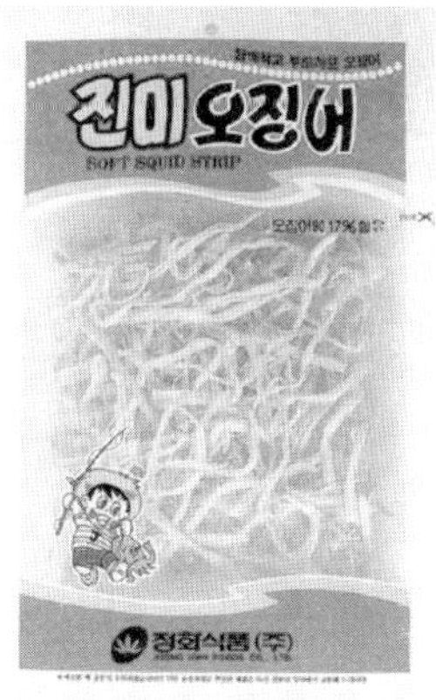

가공식품명 01 : 전기구이 진미오징어(조미건포류)

원료 : 오징어 90.17%(원산지: 국산)

첨가물 : 설탕, 정제염, 구연산, 호박산2나트륨, DL-알라닌, L-글루타민산나트륨, 소르빈산칼륨(합성보존료)0.1%

가공식품명 02 : 통 오징어 숯불구이

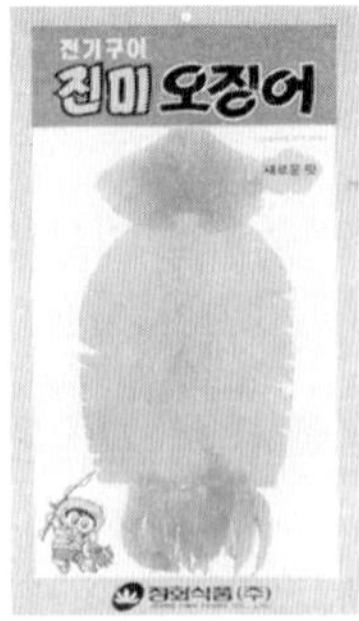

제조회사명 : 정화식품(주)

제조일자및 유통기간 : 제조일로부터 100일

성분조성 : 오징어, 설탕(7.15%), 정제염(2.14%), 호박산2나트륨, L-MSG, 구연산, 소르빈산칼륨

2. 시판 제품의 식품첨가물 해설

수산물의 가공은 실제로 선사시대부터 시작하였는데 수렵하여 잡은 고기가 양이 많은 경우 사람들은 먹고 남은 고기를 보관하였다. 이 때 고기를 소금에 절이거나 건조시키면 오랜기간 보관할 수 있으며, 이렇게 처리된 고기가 그냥 먹는 고기와는 다른 맛이 난다는 사실을 그 당시 사람들은 이미 발견하게 되었다. 옛날에는 오늘날과 같이 저장법이 발달하지 않았기 때문에 생산 즉시 소비하지 않으면 안 되었다. 건조법은 저장법 중 가장 오래된 것으로 수분함량을 낮춤으로써 미생물의 발육, 성분 변화를 억제하는 방법이다.

이런 부류의 가공품은 원료가 주로 오징어를 비롯한 일부 생선 등인데 대부분이 오징어가공품이다. 오징어의 가공품으로는 그대로 말린 것, 오징어 내장젓갈, 조림이나 구이, 냉동품, 통조림, 조미품, 훈제품 등이 있는데 일시에 많이 잡은 오징어의 부패를 막기 위해 이렇게 가공하였다. 오징어 조미 건조품은 국내에서 가장 많이 생산되는 품목으로 저장성을 주는 동시에 독특한 맛을 내게 하여 즉석으로 먹을 수 있는 간편 조미식품인데 최근에는 훈연시킨 것이 많다. 훈연은 목재를 불완전 연소시켜 발생하는 연기에 어패류를 쐬어 어느 정도 건조시켜 독특한 풍미와 보존성을 갖도록 한 제품이다. 훈연과 염지 기술은 고대 희랍시대 이전에 이미 존재하였는데 고대 희랍인들이 가장 좋아했던 음식중의 하나인 소금에 절여서 훈연하면서 건조시킨 것이 가장 오래된 제품이다. 훈연은 보존성 향상, 건조효과, 항균성 성분의 흡착효과, 항산화효과 등인데 훈연 중의 연기는 불완전연소에 의하여 생기는 물질의 혼합물이며, 수증기, 기체 미세한 고체입자 등으로 이루어져 있다. 그 중에는 200종류 이상의 화합물이 존재한다. 연기 중의 formaldehyde, phenol, creosol 등이 고기 속에 침투되어 살균작용을 하는 것은 틀림없지만 훈연의 살균성은 이들 연기성분의 살균력에만 의존되는 것이 아니고 원료육의 성상, 훈연전의 처리, 훈연시의 조건 등에 따라 달라진다. 훈연의 정도가 과도하지 않고 풍미, 색택 등을 손상시키지 않을 정도의 훈연으로는 연기 중의 phenol이나 aldehyde류와 같은 살균력을 가진 물질의 흡착량은 미량이어서 식품의 표면은 어느정도 살균되나 그 후의 세균발육을 저지할 수 있을 정도의 보존효과는 거의 없다. 따라서 훈제품의 보존성은 연기성분의 살균효과에 의하는 것은 그다지 큰 것은 아니고 건조 및 소금의 작용에 의한다고 할 수 있다.

오징어를 대상으로 한 가공식품에 사용한 식품첨가물은 대개 정제염, 구연산, 호박산 2나트륨, DL-알라닌, L-글루타민산나트륨, 소르빈산칼륨(합성보존료) 등이 있는데 이들을 사용한 이유는 다음과 같다.

(가) 정제염(조미료)

정제염은 99%가 염화나트륨으로 되어 있다. 가공염이란 성분상 또는 결정 입자가 너무 커서 사용하기에는 부적합하여 분쇄, 세척, 용융 과정을 거쳐 입자를 적게 만든 소금과 소금 성분에 다른 성분을 섞은 소금을 통틀어서 말한다. 백염·꽃소금이라 불리는 저염도소금인 재제염, 천일염을 세라믹 반응로에 구워 유해물질을 없앤 '구운소금', 천일염을 대나무 속에 다져 넣어 구운'죽염' 등이 여기에 속한다. 요즈음에는 국산 천일염에 식물에서 추출한 여러 성분을 배합한 기능성 소금인 식물 소금도 있다. 집에서 음식 만들 때 쓰는 맛소금은 정제염에 글루탄산나트륨을 입힌 소금이다. 이처럼 화학 처리를 한 맛소금 같은 것은 99.9%의 염화나트륨이다. 과도한 염분이 위 점막에 손상을 초래해 다른 발암물질이 위 점막에 침투하는 것을 돕고 염분이 소변으로 빠져나가면서 뼈 속의 칼슘까지 함께 빼앗아 가기 때문에 골다공증을 유발하기도 한다. 천일염'이나 정제염 대신 불순물을 제거한 자연'에는 호염(천일염, 정염), 소염(볶은 호염), 신염(천일염을 물에 녹여 불순물을 가라앉히고 '윗물'만 따로 끓인 소금), 천금(천일염을 약 650-1,200도에서 장시간 고열처리한 순수 소금) 등이 있다.

(나) 구연산나트륨(맛보강제)

청량한 짠맛을 가지고 있기 때문에(구연산을 상쾌한 신맛을 가지고 있음) 맛을 주기 위해 사용하며 동시에 짠맛 완충, 어육연제품의 증점제, 제품의 노화방지, 향미 보존 목적으로 첨가하며 오징어가 잘 굳어지지 않도록 하게 하기 위해 사용한다. 시중에 유통되고 있는 훈연오징어에 0.12% 정도 첨가하는데 이것은 맛을 보강하고 제품의 노화를 막고 향미를 보존하는 목적으로 첨가한다. 그러므로 구연산나트륨을 첨가하지 않을 경우, 향미 보존력이 떨어지며, 오징어의 노화속도가 증가해 빨리 굳어져 버린다. 딱딱해진 오징어는 자연히 상품가치가 떨어지게 된다.

(다) 호박산 2나트륨(맛보강제)

호박산나트륨은 호박산보다 신맛이 다소 적으나 특히 조개 국물맛이 강하다. 감칠맛은 호박산의 약 1/4정도이다. 조개 가공품, 양조식품(간장, 식초 등)기타 일반식품에 조미료로서 사용되며 어육연제품, 축산가공품 등에는 0.03~0.06%정도 사용한다. 호박산 나트륨을 단독으로 사용하는 경우보다는 MSG 또는 핵산계 조미료와 병용하는 것이 좋다. 호박산나트륨은 식품의 가공, 조리조건(pH, 가열온도, 시간)에서 분해가 전혀 일어나지 않으므로 사용상 주의할 필요가 없다. 또 결정형은 패류(대합)의 감칠맛을 가지고 있으나 분말식품에 첨가할 경우 보관 중 덩어리가 생성될 우려가 있으므로 무수물을 사용하는 것이 좋다. 신맛과 약한 떫은맛을 가지고 있으면서 조개국물 특유의 시원한 맛을 가지고 있으므로 훈연향미를 보완 또는 완화할 목적으로 첨가하며 MSG나 핵산계 조미료와 혼용하면 더 효과적이다.

(라) DL-알라닌(맛보강제)

글리신보다 단맛이 강하며 글리신과 같이 완충작용, 항산과효과와 킬레이팅 작용이 있으므로 단맛 부여 외의 목적으로 식품에 사용한다. 완충작용이 있으므로 인공감미료의 단맛, 유기산의 신맛, 짠맛 등을 조화한다. 짠맛 완화는 제품의 0.1~0.5%, 신맛 완화는 제품의 0.05~0.3%정도 첨가한다. 핵산계 조미료의 감칠맛에 대해서 상승효과가 있다. 여기에서는 특유한 단맛을 부여하고 인공감미료의 단맛, 유기산의 신맛, 짠맛 등을 조화하기 위해 첨가한다. 즉 이 제품에서 구연산의 신맛과 정제염의 짠맛을 완화, 조화를 위해 사용하는 것이다. DL-알라닌을 첨가하지 않을 경우, 짠맛과 신맛을 완화하는 기능이 상실되므로 구연산의 신맛과 정제염이 짠맛이 어떠한 조화작용없이 그대로 남아있게 되므로 자연히 맛이 떨어지게 되며 특유한 단맛도 나지 않게 된다.

(마) L-글루타민산나트륨(조미료)

L-글루타민산나트륨 즉, MSG의 맛은 육류의 맛(meaty flavor)을 가지고 있으며 단백질이 풍부한 식품에 첨가할 때 그 맛이 상승되는 특성을 가지고 있다. 또한 단맛과 짠맛에 대하여 영향을 미치는 반면 쓴맛과 신맛에 대하여는 큰 영향을 미치지 않으며 자체로도 단맛과 짠맛을 가지고 있다. MSG는 단맛과 짠맛을 증진시켜 구수한 감칠맛을 형성하고 나쁜 향미를 억제시켜 주는 기능을 가지고 있다. MSG의 이러한 맛의 변화는 맛감각 부위의 예민성을 증가하여 타액분비를 촉진시키고 입속의 향미 촉감부위를 자극함으로서 일어나게 된다. pH가 매우 낮은 산성식품(식초, 간장, 소스)에서는 정미력이 다소 상실하므로 이러한 경우에는 보통 첨가량보다 약 20~30% 더 많이 사용한다. 또 환원당을 함유하는 식품에 첨가하

고 고온 가열하면 마이알 반응에 의한 갈변이 일어난다. 여기에서는 좋지 않은 뒷맛의 제거와 향기, 색, 맛의 증진을 위해 첨가한다.

(바) 소르빈산 칼륨(보존료)

소르빈산은 미생물 포자의 발아와 성장을 억제하여 미생물 생식세포의 증식을 막아준다. 또 미생물 세포내 효소계 기능을 저해하여 정상적인 미생물의 생육을 억제한다. 특히 전자전달과 산화적 인산과 반응을 저해하고 아미노산 흡수를 억제하고 지방산대사 산화물을 촉진시켜 미생물의 정상적인 대사를 억제하므로 결국 미생물의 생육이 저해된다. 조미오징어에는 잡균의 번식을 막기 위해서이다. 소르빈산은 GRAS이고 0.1~0.2% 수준으로 쓰인다. 이러한 무해성 때문에 전 세계적으로 소르빈산을 아질산염이나 프로피온산보다 더 많이 사용하고 있다. 종종 다른 보존료와 함께 쓰이기도 한다. 최근에 소르빈산과 발색제의 일종인 '아질산염'이 한데 어울리면 산성의 상태에서 미생물에게 충격을 주거나 돌연변이를 일으켜 간접적인 발암원인물질로 알려져 있다.

8-27. 아이스크림

1. 시판 제품의 소개

가공식품명 01 : 롯데 삼강 수퍼 빵빠레

가공품의 유형 : 아이스밀크(유지방 2%)

주원료명 : 백설탕, 탈지분유조제품 10.4%(수입산), 맥아엿, 과자5.0%(소맥분 73.4% 미국산), 정제가공유지

식품첨가물 : 합성착색료, 식용색소 황색 4호

가공식품명 02 : 롯데 씩스모아 아이스크림(유지방 6%)

제조회사명 : 롯데제과(주)

성분조성 : 유크림, 정백당, 탈지분유, 아이스당, 유화안정제, 식용색소 황색 제 4호, 식용색소 황색 제 5호

2. 시판 제품의 식품첨가물 해설

식품공전에는 아이스크림류라 함은 아이스크림류, 빙과류, 아이스크림분말류, 아이스크림 믹스류 등을 냉동하였거나 냉동시켜서 섭취하는 것으로 정의하고 있으며 아이스크림류는 이 중의 하나이다. 따라서 아이스크림류의 정의를 보면 "원유, 유제품을 주원료로 이에 다른 식품 또는 식품첨가물을 가한 후 냉동, 경화 한 것을 말한다"고 되어 있다.

아이스크림의 기원은 여러 가지 설로 전해 내려오고 있는데 고대 중국인들은 기원전 3천년 경부터 눈 또는 얼음에 꿀과 과일주스를 혼합하여 먹었고 서양의 경우 B.C 4세기경 알렉산더대왕이 이집트 원정을 갔을 때 알프스의 겨울눈을 보관하였다가 과실이나 주스를 차게 하여 먹었다고 한다. 또 팔레스타인사람들은 동굴이나 계곡의 빙설을 이용하여 더위를 식혔다는 기록도 있다. 이런 여러 가지 설 중 중국에서 시작되었다는 것이 유력하며 1292년 마르코 폴로가 중국을 다녀와서 쓴 동방견문록에는 북경에서 즐겨먹고 있던 프로즌 밀크의 배합 표를 베니스로 가져가 북부 이탈리아에 전했다는 기록이 있다. 동양에서 전통적으로 먹고 있던 아이스제품이 마르코폴로에 의해 서양으로 전해져 발전되고 산업화되어 오늘날의 아이스크림으로 태어난 것이다. 아이스크림이 전 세계에 알려진 것은 1660년경 파리에서 최초로 문을 연 cafe' Procope에서 이탈리아인인 Cotelli가 오렌지나 레몬 등에 단맛을 첨가한 주스를 만들어 동결시킨 아이스캔디를 만들어 판 후 부터이다. 그러나 이 때 제품은 얼음결정이 커서 아이스크림보다는 샤베트에 가까왔다. 요즘과 같이 얼음결정이 작고 부드러운 제품이 만들어지기 시작한 것은 1774년 프랑스 루이왕가의 요리장이 처음이었다. 이 때는 크림아이스라 불렀으나 이후 유원료로 농축유, 연유, 분유 등을 사용하여 영양가치를 높이면서 비로소 아이스크림이라 불리게 되었다. 이후, 아이스크림은 프랑스를 거쳐 영국, 미국으로 전해지면서 본격적인 발전이 이루어졌다. 1851년 미국 메릴랜드주의 볼티모어에서 우유상인인 Jacob Fussel에 의해 아이스크림의 공업화가 이루어졌다. 그 뒤 1899년 균질기, 1902년 순환식 동결기, 1913년 연속식 동결기 등의 발명에 힘입어 산업화가 전 세계에 급속도로 이루어졌다. 아이스크림콘은 1904년 세인트루이스 만물박람회에서 첫선을

보였다. 한편, 우리나라 아이스크림역사는 과거 석빙고시대로 거슬러 올라가는데 그 당시 겨울 강가에 얼어붙었던 얼음을 보관하였다가 더운 여름에 사용했다는 기록이 있다. 1960년까지 원료공급이 용이한 팥앙금으로 만든 빙과류가 고작이었다. 이후, 1962년 삼강산업이 바를 만드는 기계를 도입하여 하드를 생산, 판매하던 중, 1970년 해태가 한국최초로 최신설비와 기술을 도입하여 우유를 사용하고 공기를 흡입시켜 아이스크림의 속성인 부드럽고 달콤한 맛을 가진 부라보콘 등을 개발, 생산함으로써 본격적인 서구식 아이스크림이 등장하였다. 아이스크림의 유통기간이 설정되지 않아 가끔 문제를 일으켜 현재는 아이스크림에도 유통기간이 기재되어 있다.

아이스크림에 사용되는 식품첨가물은 정제가공지방, 유화제, 안정제, 각종 착색료(식용색소 황색 제 4호), 향료 등인데 단맛을 내기 위한 정제당도 상당량 포함되어 있다. 따라서 아이스크림도 유화제를 비롯하여, 향료와 색소, 안정제, 인공감미료 등 유해 첨가물 투성인 가공식품이므로 아이스크림의 실체를 잘 파악하는 것도 중요한 일이다.

(가) 정제가공유지

기름에는 '정제가공유지', '동물성 유지', 그리고 '기름' 등이 있다. 원래 정제가공유지란 버터로 본뜬 마가린이니 동물성지빙을 닮은 식물성 쇼트닝 등이 정제가공유지의 본체이다. 즉 식물성 유지의 불포화지방산을 포화지방산으로 바꾼 것으로 상온에서 고체의 성질을 띤다. 일반적으로 쇼트닝이 여기에 속하는데 식물성 유지에 수소 등을 첨가한 것이다. 정제가공유지에 함유된 트랜스지방은 유지의 이중결합에 수소의 결합이 서로 반대 방향에 위치한 지방산을 가진 지방으로 혈액 내 나쁜 콜레스테롤(LDL)수치를 증가시킴과 동시에 좋은 콜레스테롤(HDL) 수치를 낮춰 포화지방보다 건강에 더 좋지 않은 것으로 알려져 있다. 이는 알레르기, 면역력 저하, 암, 당뇨 등 다른 질병과의 연관성이 제기되었으나 아직까지는 확정된 사실은 아니다. 트랜스지방을 2% 더 섭취하면 심장질환 발생 위험이 28% 늘어난다고 하며 간암, 유방암 등과도 어느 정도 관련이 있는 것으로 알려져 있다. 과체중, 운동부족, 외식이 잦은 직장인 등은 트랜스지방에 주의해야 한다. 이 때문에 미국, 캐나다 등에서는 모든 가공식품의 트랜스지방 함량을 표시하도록 의무화하고 있으며 우리나라에서도 2007년부터 가공식품의 트랜스지방 함량 표시를 의무화하고 있다.

(나) 안정제(Stabilizer)

안정제는 물에 용해 또는 분산되어 점조성(粘稠性) 또는 젤화성을 나타내는 친수성(親水性) 고분자물질을 말한다. 이는 물속에 분산되어 물분자와 수소결합을 하거나 단백질 혹은 그 밖의 콜로이드(Colloid)상의 물질과 분자간 결합을 통해 3차원 구조를 형성함으로써 물(특히, 자유수)의 기동성을 조절해 주게 된다. 안정제는 점도 증가, 유화안정성을 높여주며 Freezing 중 발생하는 빙결정을 커지지 못하게 억제하여 매끄러운 조직과 Body를 부여해 준다. 또 Heat shock에 견디는 힘도 높여 준다. 안정제의 기능은 다음과 같다.

- 보수효과 : 식품이 보유하고 있는 수분과 연결되어 싱싱함을 오래 유지하게 하고 조리할 때 넣으시면 시간경과에 인한 수분 유출이나 증발을 막는 역할을 하게 된다.
- 유화촉진 : 유화(물과 기름이 연결되는 작용)를 도와주는 작을 하여 부드러운 맛을 빨리 만들게 한다.
- 분리방지와 보형효과 : 물과 기름의 분리를 막고 막기 그대로의 모양을 유지하는데도 효과가 있다.

안정제의 대부분이 인산염계통이고 검류도 여기에 해당한다.

(다) 유화제(Emulsifier)

유화제는 그것 자체에 친유성과 친수성 두 가지 성질을 지니고 있어 유화 기능이외 아이스크림에 있어 유지방의 균일함을 돕고 기포형성 및 안정화에 기여하며 입안에서 녹을 때 좋은 감촉을 주며 보형성을 좋게 한다. Heat shock에 강한 성질을 부여하는데 사용량은 0.2% 이내이다. 아이스크림에 사용되는 유화제는 주로 글리세린지방산에스테르, 수크로오스지방산에스테르, 소르비탄지방산에스테르, 프로필렌글리콜지방산에스테르, 대두인지질, 스테아릴젖산칼슘 등이 있다. 이 중 많이 사용되는 것은 글리세린지방산에스테르인데, 주로 모노글리세라이드가 유화제로서 사용된다. 모노글리세라이드는 독성이 없고 사용하기 간편해 유화제로서 뿐만 아니라 거품억제제, 녹말의 노화방지제로서 빵이나 케이크에 흔히 사용되는데, 시간이 경과하면서 입에 닿는 촉감이 나빠지는 것을 방지하는 구실을 한다. 식품유화제는 인체에 무해하지만 공업용유화제를 식품에 사용하는 경우를 배제할 수 없으므로 유화제의 안정성에 관심을 가져야 한다. 또 아이스크림에는 유화안정제가 요구되는데 보통 증점안정제(일명 호료)인 젤라틴, CMC, 로커스트콩검, 알긴산나트륨 등이 사용되고 있다. 따라서 유화안정제는 유화를 좋게 하는 기능이외 부피수축, 당의 결정화 등을 방지하여 형태보유를 좋게 하고 기포 및 overrun을 안정화시킨다. 카제인 등도 유화안정제로 사용되기도 한다.

(라) 착색료(황색 제 4호)

아이스크림에 주로 사용되는 것은 황색 제 4호이다. 황색 제 4호는 타르계 색소로 인체에 해로운 것으로 알려져 있는데 노란색 타트라진과 빨간색 아마란스가 가장 많이 이용되고 있다. 이 색소는 안정된 착색 효과를 보이지만, 일부는 발암성이다. 또 천식, 습진, 두통을 일으키기도 한다. 또 이 색소를 섭취하면 매사에 의욕이 없어지고, 까닭없이 과격한 행동과 폭력을 휘두르는 증상을 보이는데 1975년 미국상원에서 청소년의 폭력이 문제가 되자 황색 4호 등의 합성착색료에 대한 유해여부를 조사한바 있다. 0-3세의 유아에겐 더욱 치명적인 것이다. 보통 황색 4호는 어린들에게 과민증을 일으키며 알레르기 반응을 일으킨다.

(라) 착향료

식품에 향기를 내고 냄새를 없애는 데에 쓰이는 데 유효성분을 천연물에서 추출한 것과 화학적으로 합성한 것이 있다. 화학적으로 합성한 것은 식품첨가물로 허가된 것 이외에는 식품에 사용할 수 없다. 착향료는 크게 나누어서 수용성향료인 에센스와 그 에센스의 방향성분을 프로필렌글리콜 등에 녹인 유성향료, 그리고 향료성분을 유화제를 사용해서 수중으로 분산·유화시킨 크라우디(cloudy)라고도 하는 유화향료, 그리고 향료성분을 유화액으로 히여 여기에 식물성고무질 등의 부형제(賦形劑)를 더해서 분무·건조시킨 분말향료 등이 있다. 수용성향료 및 유화향료는 청량음료에 쓰이고 유성향료는 과자의 크림이나 버터·치즈 등에 쓰이며 분말향료는 햄·소시지·분말주스 등에 쓰인다. 유해여부는 매우 다양한 착향료가 있으므로 일괄적으로 설명할 수 는 없지만 과량 사용하면 인체에 유해한 향료가 많이 있으므로 유의해야 한다. 특히 향미를 가진 향료가 많으므로 이를 적절히 사용하여야 한다.

8-28. 빙과류

1. 시판 제품의 소개

고과당시럽, 과일쥬스, 구연산, 푸말산, 인공향료, 천연향료, 안식향산염, 소르빈산염, 합성착색료 식용색소 황색 5호(우리나라는 4호), 황색 6호(우리나라는 5호), 적색 40호, 청색 1호

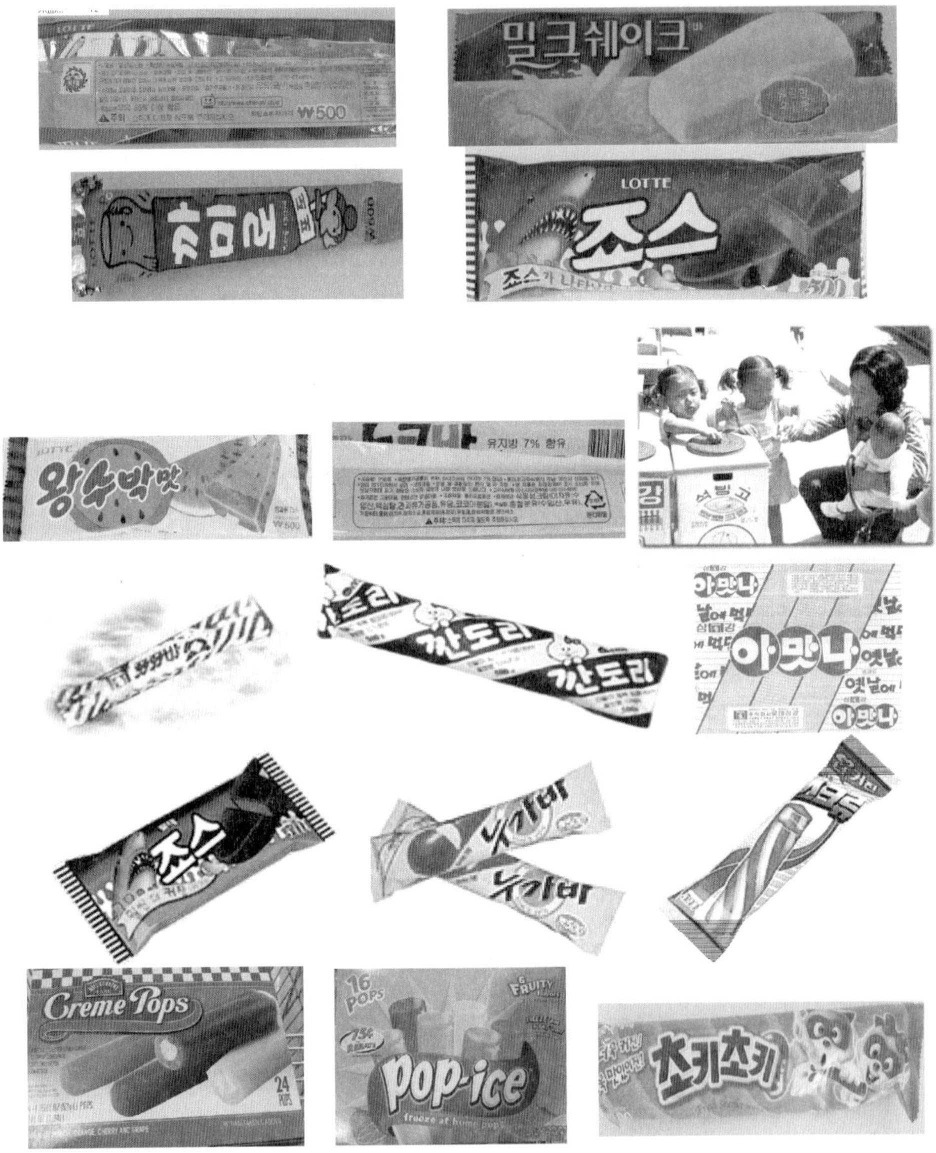

가공식품명 01 : 더위사냥 400

주요 원재료 : 백설탕, 액상 과당(과당 55), 인스턴트 커피, 커피 크리머, 커피향

식품첨가물 : 합성착색료, 식용색소 황색 4호(합성착색료)

성분표시 : 냉동건조 커피 0.6%이상 함유

제조업소 : (주)빙그레

보관상 주의 : 영하 18℃이하에서 냉동보관

가공식품명 02 : 꿀바밤바

제조원 : 수창물산(주)충남 연기군 남면 종촌리 63-2

판매원 : 해태제과(주)/서울특별시 용산구 남영동 131-1

식품의 유형 : 빙과류

주원료 : 정백당. 밤다이스7%. 백앙금. 액상과당. 물엿. 꿀 0.2%.

식품첨가물 : 합성착색료 식용색소 황색 4호

가공식품명 03 : 죠스바

제조원 : 롯데제과

식품첨가물 : 합성착색료, 식용색소 황색 4호, 액상과당, 딸기잼, 오렌지농축액

가공식품명 04 : 왕수박맛

제조원 : 롯데제과

식품첨가물 : 합성착색료, 식용색소 황색 4호, 초콜릿가공품, 액상과당, 멜론농축액

가공식품명 05 : 누크바(아이스크림)

제조원 : 롯데제과

식품첨가물 : 합성착색료, 식용색소 황색 제 4호, 유크림, 야자유, 혼합분유, 물엿

가공식품명 06 : 칼라 빙하시대(파인, 빙과류)

제조원 : 롯데제과

식품첨가물 : 합성착색료, 식용색소 황색 제 4호, 합성감미료(아스팔탐), 액상과당, 파인애플농축액, 혼합분유

가공식품명 07 : 붕어싸만코(비유지방, 아이스크림)

제조원 : 빙그레

식품첨가물 : 합성착색료, 식용색소 황색 제 4호, 통팥시럽, 정제 가공유지, 혼합 탈지분유

가공식품명 08 : 아맛나(빙과)

제조회사명 : (주)롯데 삼강

유통기간 : 제조일로부터 6개월임

성분조성 : 백설탕, 이성화당, 적두(赤豆), 물엿, 옥수수전분, 착색료, 합성호료

가공식품명 09 : 폽스아이스(pops ice)

주요 원재료 및 식품첨가물 : 고과당시럽, 과일쥬스, 구연산, 푸말산, 인공향료, 천연향료, 안식향산염, 소르빈산염, 합성착색료 식용색소 황색 5호(우리나라는 4호), 황색 6호(우리나라는 5호), 적색 40호, 청색 1호

제조업소 : The JEL SERT Company(시카고, 일리노이즈)

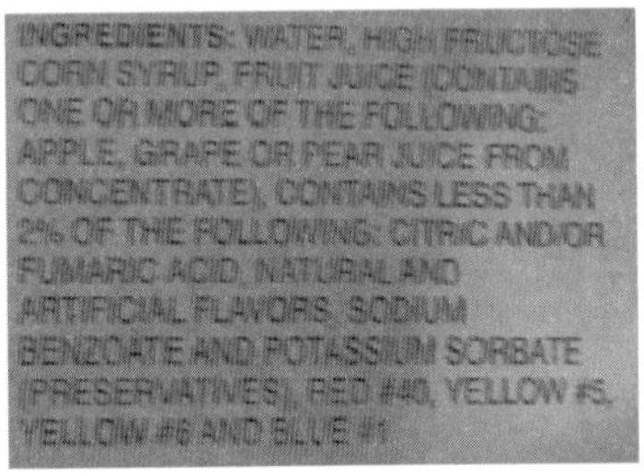

가공식품명 10 : 크림폽스(creme pops)

주요 원재료 및 식품첨가물 : 설탕, 시럽, 고과당, 구연산, 천연향료, 인공향료, 구아검, 카라야검, 아스코르빈산, 식용색소 황색 6호, 적색 40호, 청색 2호, 적색 3호, 저지방아이스크림(우유, 탈지분유, 설탕, 시럽,

버터밀크, 셀룰로오스 겔, 셀룰로오스 검, 천연향료, 인공향료, 바닐라향, 모노-디글리세라이드, 폴리솔베이트 80, 카라기난, 식용색소 황색 5호, 황색 6호, 적색 40호)

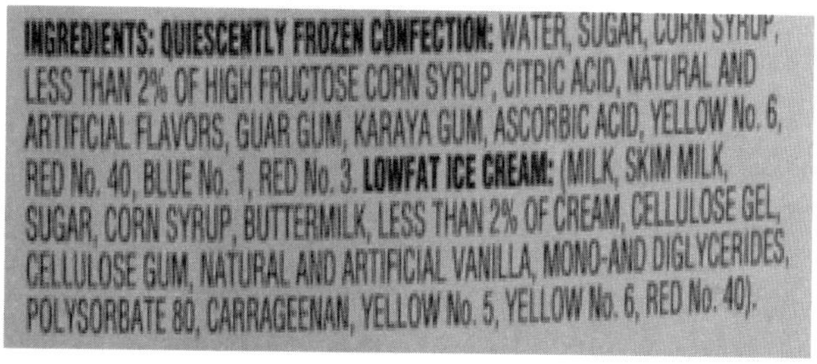

제조업소 : H-E-B, 센안토니오, 텍사스

상기 폽스아이스와 크림폽스를 중심으로 식품첨가물을 다시 정리해 보면 폽스아이스에는 고과당시럽, 과일쥬스, 구연산, 푸말산, 인공향료, 천연향료, 안식향산염, 소르빈산염, 합성착색료 식용색소 황색 5호(우리나라는 4호), 황색 6호(우리나라는 5호), 적색 40호, 청색 1호 등이, 크림폽스에는 설탕, 시럽, 고과당, 구연산, 천연향료, 인공향료, 구아검, 카라야검, 아스코르빈산, 식용색소 황색 6호, 적색 40호, 청색 2호, 적색 3호, 저지빙아이스크림(우유, 탈지분유, 설탕, 시럽, 버터밀크, 셀룰로오스 겔, 셀룰로오스 검, 천연향료, 인공향료, 바닐라향, 모노-디글리세라이드, 폴리솔베이트 80, 카라기난, 식용색소 황색 5호, 황색 6호, 적색 40호) 등이 들어 있는데 실제 빙과류에는 상상도 하지 못할 만큼 많은 종류의 식품첨가물이 들어 있다. 이것을 종류별로 알기 쉽게 다시 정리해 보면 다음과 같다.

당류 : 단맛부여 : 설탕

당류 : 단맛과 액상의 조직감 개선 : 시럽, 고과당

산미료 : 신맛부여 : 구연산

착향료 : 천연향료, 인공향료, 바닐라향

검류 : 조직개량, 입안에서의 감촉 개량, 제품의 안정성 강화 : 구아검, 카라야검, 셀룰로오스 겔, 셀룰로오스 검, 카라기난 등

착색류 : 착색 목적 : 식용색소 황색 6호(우리나라에서는 이것을 황색 5호라고 표시함), 황색 5호(우리나라의 4호), 적색 40호, 청색 1호, 청색 2호, 적색 3호

유화제 : 초콜릿의 분리 방지, 제품의 안정성 확보 : 모노-디글리세라이드, 폴리솔베이트 80

맛개량제 : 과일쥬스, 소금

방부제 : 안식향산염, 소르빈산염

2. 시판 제품의 식품첨가물 해설

신라 22대 지증왕 때 만든 것으로 알려진 이 석빙고는 일종의 얼음 창고이다. 조선 초기에도 얼음 창고로 용산의 동빙고와 서빙고가 있었다. 이때의 얼음은 주로 궁중에서만 사용되었으며 서민들은 구경하기도 힘들었다. 이 때문에 궁중에서는 얼음을 쓰고 남으면 신하들에게 주곤 했다. 조선시대의 실학자 정약용은 얼음을 왕겨로 흙이 묻지 않게 처리해 두었다고 전해진다. 1960년대 초만 해도 한강변에서는 얼음을 채취하는 사람들을 볼 수 있었다. 이때만 해도 강물을 떠다 식수로 사용했던 터였고 강물 자체가 생수였기 때문에 건강에 대한 염려는 없었다. 영어에서 속어로 '아이스'는 뇌물을 뜻한다. 뇌물같이 못된 돈이나 재물은 결코 몸에 붙지 않고 얼음처럼 녹아 버린다는 데서 생긴 말인 것 같다. 우리가 흔히 ice cream(아이스크림)이라고 부르는 빙과는 프랑스어로 'GLACE'(글라세)라 불리는데 이는 얼음이라는 의미를 지니고 있다.

빙과의 역사는 고대에 음식물을 냉장시키는 것에서 유래되었다. 기원전 4세기경 알렉산더대왕이 팔레스타인의 남동쪽에다 30개의 웅덩이를 파고 눈을 넣어서 음식물을 냉장하여 먹기도 하고, 또한 이를 냉동용으로 사용했다는 기록이 남아있는데 여기서 'GLACE'의 첫 유래를 찾을 수 있다. 그 후 로마시대의 대표적인 영웅인 줄리어스 시저(B.C 100-44)가 알프스에서 운반해온 빙설로 술과 우유를 차게 하여 마시기도 했다고 전해진다. 또한 그 당시 중국인과 아라비아인도 같은 방법으로 빙설을 이용했다고 한다. 뿐만 아니라 기원전 150년경, 로마시대의 사람들은 얼음과 눈에 질산칼륨 및 소금을 혼합할 경우 온도가 떨어진다는 사실을 발견하게 되면서 단지 차게 하는데 그치지 않고 냉동시키는 것이 가능하다는 것을 알게 되었다. 중세의 십자군 등에 의하여 아라비아와 페르시아로부터 이런 기술이 이탈리아에 전해지게 되었고, 프랑스에는 피렌체의 명가, 메디치가의 딸 카타리느 드 메디씨스가 앙리 2세와 혼인하게 되면서 전해지게 되었다고 한다. 이것을 계기로 유럽각지에 기술이 펴져 나가게 되면서 점차 정착되었다. 단 그때까지만 해도 아이스크림이라기보다는 오히려 샤베트라 보아야 옳을 것이다. 18세기가 끝나갈 무렵부터 프랑스의 궁전에서는 이 GLACE가 단골 메뉴로 각광받기 시작하였고, 미국은 영국을 통하여 들어오게 되었는데, 기존의 수동식으로 제조하는 이탈리아의 제법과는 달리 제조 공정의 기계화를 이룬 것에 힘입어 큰 발전을 하게 되었다. 일본은 1582년 4명의 소년사절이 로마를 방문할 때에 처음 빙과에 대한 내용을 접하게 되었고, 그 후 1615년 가신(家臣)이 로마황제를 방문하게 되면서 단순한 빙과에서 발전된 양주와 럼주를 함유한 아이스크림 디저트라는 것을 알게 되었다. 이 시기의 디저트를 접하게 되었다.

우리나라는 1945년 해태제과의 <부라보콘>, 1962년 출시된 <삼강하드>, 75년 <비비빅),

1980년대 <죠스바('83), <스크류바('85)>, <캔디바(빙그레,'86)>, <메로나('92)>, 서주산업이 80년대 초에 런칭한 <서주아이스주>, 롯데삼강의 <빠삐코('81)>, <깐돌이바('83)> 등이 유행하였다.

빙과류라 함은 "먹는 물에 식품 또는 식품첨가물을 혼합하여 냉동한 빙과류, 유산균 함유빙과류, 비유제품 아이스크림을 말하며 유지함유의 아이스크림류에 속하지 아니하는 것을 말한다"라고 되어 있다. 이러한 빙과류에는 일반적으로 유화제(안정제)를 비롯하여 각종 착색료와 감미료, 착향료 등이 첨가되어 관능적으로 매우 좋게 만들어져 있다. 주요한 식품첨가물에 대해서 설명하면 다음과 같다.

(가) 액상과당 55, 아스팔탐, 사카린 나트륨(감미료)

감미료는 보통 백설탕, 액상과당 55, 아스팔탐을 사용한다. 아스팔탐은 고급 빙과에만 사용한다. 과당55는 포도당을 효소에 의해 이성화하여 과당(Fructose)과 포도당(Dextrose)이 혼합된 액당으로 감미도가 설탕과 거의 같고 포도당의 Soft한 맛과 과당의 상쾌한 맛이 조화되어 식품공업에 널리 이용되고 있다. 과당55는 그 중에는 과당이 많이 함유되어(55%) 있어서 감미가 한층 높은 것인데 농도가 진할수록 감미가 높다. 또 이것은 삼투압이 가장 높고, 제균 효과도 있어서 노화방지, 부패방지의 효과가 있고 보습효과가 우수하여 제품의 신선도가 유지한다. 빙과류의 경우 전체 맛을 조화시켜 주고 신선한 맛을 준다. 과당은 우리 몸안에서 지방을 합성하는데 이용되어 고지혈증을 유발시키기도 하므로 크게 추천할 만한 대체 감미료는 아니다. 아스팔탐은 인공감미료인데 포도당이나 설탕이 들어 있는 음료수는 배고픔이나 음식을 먹고 싶다는 욕망을 덜 느끼고 포만감을 크게 느낀 반면, 아스팔탐(인공감미료의 일종)이 들어 있는 음료수를 마신 경우에는 포만감을 느끼기보다는 허기를 느끼는 경우가 많다고 한다. 사카린의 경우 과거 많이 사용하였으나 현재는 일반화되지 않고 있으며 일부 빙과에서 검출되고 있는 실정이다. 사카린은 1977년에 수컷 쥐에게 과량의 사카린을 섭취시키는 실험 결과 방광에 종양이 발생한다는 사실이 확인되어 식품의약국(FDA)은 미국 의회에 사카린 사용 금지를 요청했으나 사용 금지 요구를 유예시키고 있다. 사카린은 첨가할 경우 가열처리하면 효과가 없으므로 가열처리 후 첨가하는 것이 좋다. 또 0.02-0.03% 이상 사용할 때 쓴맛이 강해지므로 다른 감미료와 혼용하는 것이 좋다. 아맛나 빙과에는 함유되어 있지 않지만 많은 빙과류 속에 감미료로서 사용되고 있다(롯데 제과(주) 제품인 바로그의 경우). 사카린 나트륨은 첨가한 후에 가열처리하면 효과가 없으므로 가열처리 후 첨가하는데 0.02-0.03% 이상 사용시 쓴맛이 강해지므로 다른 감미료와 혼용하여 사용되어 왔다.

(나) 식용색소 황색 제 4호와 제 5호(착색료)

황색 제 4호는 착색목적으로 사용되는 인공타르색소로 내광성, 내열성이 강하고 빛에 쉽게 색깔이 흘러 내리지 않는 안정한 색소이다. 특히 황색 제 5호는 빙과에 첨가하는 구연산이나 주석산 존재에도 안정하므로 빙과에 많이 사용되고 있다. 황색 제 4호는 인체에 해로운 것으로 알려져 있는데 일부는 발암성이며 그외 천식, 습진, 두통을 일으키기도 한다. 또 이 색소를 섭취하면 까닭없이 과격한 행동과 폭력을 휘두르는 증상(HLD증)을 비롯하여 과민증을 일으키며 알레르기 반응을 일으킨다. 따라서 미국 식품의약국(FDA)은 황색 제 4호와 황색 제 5호가 알레르기 및 천식 유발, 과민증 발생, 장기투여시 체중 감소, 설사 등의 증상을 유발할 수 있으므로 사용상의 주의를 요하고 알레르기 질환을 가지고 있는 어린이는 섭취를 자제하도록 권고하고 있다. 1975년 미국상원에서 청소년의 폭력이 문제가 되자 황색 4호 등의 합성착색료에 대한 위해문제를 제기하였다. 롯데제과의 '죠스바' '디지몬 테이머즈' '주물러테리어몬' 등은 황색 제 4호를 사용했던 제품들이다.

(다) 카아복시메칠 셀룰로오스 나트륨(CMC-Na)(호료)

호료로 사용되며 적당한 점성, 안정성, 보호 콜로이드성 목적으로 첨가한다. 용해성이 좋아 빙과에 사용하며 조직을 좋게 한다. 특히 분산성이 좋으며 열에 대한 충격을 최소화시키며 균질하고 매끄러운 조직, 적당한 경도, 안정한 형체유지, 쉽게 녹아 흘러 내리는 것을 방지하는데 기여한다. 0.3-0.5% 정도 첨가한다.

라) 시민단체에서 조사한 빙과류와 음료의 착색료 분석

제품명	제품종류	제조회사	주원료	식품첨가물(색소)	포장재질
캔디바	샤베트	빙그레	원유(국산), 백설탕, 함수결정포도당, 물엿, 복합호료	합성착색료	폴리프로필렌
키스베리	빙과류	빙그레	딸기과육시럽, 물엿, 백설탕, 딸기시럽, 액상과당(과당55), 레몬	합성착색료, 수크랄로스 (합성감미료)	폴리프로필렌
뽕따	빙과류	빙그레	백설탕, 액상과당(과당55),물엿, 정제가공유지, 유청분말	합성착색료	용기-폴리에틸렌
붕어싸만코	비유지방 아이스 크림	빙그레	통팥시럽[적두: 중국산, 팥앙금(적두: 중국산)], 붕어모양과자(소맥분: 미국산), 백설탕, 정제가공유지, 혼합탈지분유	합성착색료, 식용색소황색제4호	폴리프로필렌
빅비비빅	샤베트	빙그레	원유(국산), 당통팥(적두: 중국산), 백설탕, 물엿, 팥분말		폴리프로필렌
더위사냥	빙과류	빙그레	백설탕, 액상과당(과당55), 커피크리머, 인스턴트커피, 캐러멜색소	캐러멜색소	폴리에틸렌-내면
쌍쌍바	아이스 밀크	해태제과	백설탕,생크림(국산), 혼합탈지분(네델란드산), 해태다크초콜릿,코코아분말	합성착색료	폴리프로필렌-내면
구슬동자	빙과류	해태제과	액상과당,백설탕,물엿,야자경화유,D-솔비톨액	합성착색료 소다향	용기-폴리에틸렌
누가바	아이스 크림	해태제과	누가코팅(야자유: 수입산, 옥배유: 미국산), 백설탕, 혼합탈지분(네델란드산), 가공버터, 물엿	합성착색료식용색소황색제4호	폴리프로필렌-내면
아이스가이 블루	빙과류	해태제과	백설탕, 레몬농축액, H, 믹스후르츠향, 결정과당, 구연산	합성감미료: 아스팔탐 (페닐알라닌함유) 합성착색료	폴리스틸렌, 왁스수지(LID내면)
탱크보이	빙과류	해태제과	가당배퓨레, 액상과당, 물엿, 백설탕, 야자경화유, 배과즙		폴리에틸렌-내면
빠삐오 300 (초코맛)	빙과류	서울우유 아이스크림	백설탕, 과당, 코코아분말 (싱가폴), 구아검	합성착색료, 식용색소 혼합쵸코	프로필렌수지 용기-에칠렌수지
킹파워 (파인애플맛)	빙과류	서울우유 아이스크림	정백당, 액상과당, 물엿, 혼합가공탈지분유(국산)	합성착색료	프로필렌수지
뚝따 (소다맛)	빙과류	서울우유 아이스크림	정백당, 고과당, 물엿, 혼합 가공탈지분유(국산), 야경유	합성착색료	프로필렌수지
메론바	아이스 밀크	서울우유 아이스크림	백설탕, 유크림(국산), 물엿, 가공탈지분유(국산), 야자경화유	합성착색료	프로필렌수지

제품명	제품종류	제조회사	주원료	식품첨가물(색소)	포장재질
거북알Ⅲ	아이스밀크	롯데삼강	유크림(국산), 백설탕, 코코아프리퍼레이숀(네덜란드산), 액상과당, 액상솔비톨		폴리프로필렌, 용기-천연고무
뉴알초코바	샤베트	롯데삼강	백설탕, 맥아엿, 가당연유(국산),탈지분유조제품(수입산), 초콜릿가공품		폴리프로필렌
돼지바	샤베트	롯데삼강	초콜릿가공품(옥배유: 미국산), 비스켓(소맥분: 미국산, 옥수수분말: 미국산), 맥아엿, 백설탕, 유크림	합성착색료 식용색소황색제4호	폴리프로필렌
옛날 아맛나	빙과류	롯데삼강	백설탕, 적두, 맥아엿, 액상과당, 정제가공유지		폴리프로필렌
패션플럼 맛바	빙과류	롯데삼강	맥아엿, 백설탕, 액상과당, 황도과육시럽, 사과농축액	합성착색료	폴리프로필렌-내면 스틱-폴리스틸렌
빠삐코	샤베트	롯데삼강	액상과당, 백설탕, 유크림(국산)코코아프리퍼레이숀(네덜란드산), 정제가공유지		폴리에틸렌
골드서주 아이스주	아이스밀크	서주(효자원)	생크림(국산), 정백당, 맥아이온엿, 혼합탈지분유(수입산), 액상솔비톨, 밀크향		폴리프로필렌-내면
본젤라또바 딸기	아이스크림	기린	유크림(국산), 백설탕, 혼합가공탈지(프랑스산), 딸기(국산), 전지분유	합성착색료	프로필렌수지
쿠우 오렌지	과실음료	한국코카·콜라 보틀링	오렌지과실즙(미국산), 액상과당, 구연산, 글루콘산칼슘, 젖산칼슘, 구연산삼나트륨, 비타민C, 베타-카로틴		PET
쿠우 복숭아	과실음료	한국코카·콜라 보틀링	복숭아과실즙(이스라엘산), 액상과당, 구연산, 글루콘산칼슘, 젖산칼슘, 구연산삼나트륨, 비타민C, 베타-카로틴	질소충전	알루미늄 캔
쿠우 포도	과실음료	한국코카·콜라 보틀링	포도과즙,액상과당,구연산,글루콘산칼슘,젖산칼슘,구연산삼나트륨,비타민C,베타-카로틴		PET
헬로팬돌이 블루	혼합음료	해태음료	설탕, 구연산, 향료, 구연산나트륨, 메타인산나트륨	합성착색료	PET
헬로팬돌이 옐로우	혼합음료	해태음료	설탕, 구연산, 향료, 구연산나트륨, 메타인산나트륨	합성착색료 식용색소황색제4호	PET

제품명	제품종류	제조회사	주원료	식품첨가물(색소)	포장재질
헬로팬돌이 레드	혼합음료	해태음료	설탕, 구연산, 향료, 구연산나트륨, 메타인산나트륨	합성착색료 식용색소황색제4호 적색제2호	PET
헬로팬돌이 솜사탕맛 (핑크색)	혼합음료	해태음료	설탕, 구연산, 향료, 구연산나트륨, 메타인산나트륨	합성착색료	PET
히야 포도	과실음료	롯데칠성음료	포도과즙(미국산)액상과당, 구연산, 글루콘산칼슘, 향료, 젖산칼슘		PET
히야 오렌지	과실음료	롯데칠성음료	오렌지과즙, 액상과당, 구연산,글루콘산칼슘, 향료, 젖산칼슘		PET
이쁜깜찍이 소다 (핑크색)	착향탄산 음료	해태음료	액상과당, 탄산가스, 설탕, 구연산, 딸기향	합성착색료	PET
람보깜찍이 (보라색)	착향탄산 음료	해태음료	액상과당, 탄산가스, 설탕, 구연산,	합성착색료	PET
왕눈이깜찍이 (파랑색)	착향탄산 음료	해태음료	액상과당, 탄산가스, 설탕, 구연산,	합성착색료	PET
리틀짜리 오렌지맛	착향탄산 음료	한국야쿠르트	정백당, 자일리톨, 탄산가스, 구연산, 젖산칼슘	합성착색료 식용색소황색제4호 황색제5호	PET
리틀짜리 복숭아맛	착향탄산 음료	한국야쿠르트	정백당, 자일리톨, 탄산가스, 구연산, 젖산칼슘		PET

빙과류는 냉동으로만 보관·유통할 경우 품질의 변화가 거의 없으며, 이를 감안하여 동 제품에 대한 유통기한 및 제조일자의 표시는 영업자의 자율적인 사항으로 하였으나 최근 운반·보관 중 취급 부주의로 인한 해동과 냉동의 반복으로 품질저하가 우려됨에 따라 일부 빙과류 제품에 대하여 유통기한 또는 제조일자의 표시를 의무표시로 개선하였다.

종 전	개정 내용
○ 빙과류 제조일 표시: 영업자의 자율	○ 일부 빙과류의 제조일 표시: 의미 – 제조일: "연월"만을 의미 – 판매업소에 공급하는 제품의 경우 → 최소 유통단위별 용기 · 포장에 표시

8-29. 사이다

1. 시판 제품의 소개

가공식품명 : 착향 탄산음료

유통기한 : 제조일로부터 12개월까지
원재료명 : 설탕 또는 액상과당, 탄산가스, 구연산, 레몬라임향, 구연산나트륨, 인산염(본 제품에는 무첨가됨)
제조자 : 한국 코카콜라 보틀링 주식회사
용기재질 : PET

2. 시판 제품의 식품첨가물 해설

사람의 몸은 70%가 물로 되어 있다. 따라서 물을 제대로 마시지 않고는 사실 건강하게 산다는 것은 남의 이야기나 마찬가지다. 아무리 아이들에게 자연식을 먹이고, 머리가 좋아지는 건강식을 먹인다고 해도 오염된 물을 함부로 마시게 하면 결국 몸의 70%가 탈이 나면서 건강에 이상이 생기고 만다. 콜라로 대표되는 온갖 청량음료들이 문제가 되는 것은 그 안에 들어 있는 탄산가스, 카페인, 유기산을 비롯한 온갖 감미료, 착향제 같은 첨가물 때문이다. 이들 첨가물들은 아주 적게 들어가 맛을 내는 것인데, 아무리 적은 양이라도 먹게 되면 인체에 쌓이게 되고, 일정양이 쌓이면 탈을 일으키고 만다.

사이다(cidar)란 용어는 무색 또는 담색의 감미가 있는 탄산음료의 총칭이지만 원래 영어 cidar의 어원은 사과의 과즙을 알코올 발효시킨 사과술을 말하는데 우리나라에서 말하는 사이다는 엄밀한 의미에서 소다수에 단맛을 가한 soda pop이라 말할 수 있다. 사이다의 유래는 그리스와 로마시대 천연의 광천수를 약용으로 이용한데서 비롯되었으며 1767년 영국의 과학자 조셉 프리스틀리가 인공 탄산수를 만든 것이 최초의 공업적 제조였으며 1780년부터 사이다가 제조되었다.

인공적으로 제조된 탄산음료는 대한제국말기, 일본인들에 의해 처음으로 우리나라에 전해졌다. 일제 시대에는 '금선사이다'와 '미츠야사이다'가 소화기린맥주, 대일본맥주를 통해 수입 시판되었다. 그러나 수입품만으로는 불어나는 수요를 감당할 수 없게 되자 평양과 인천에 '금강사이다'와 '경인합동사이다' 공장을 일본인이 세웠고 민족 차별정책을 추구해온 일제는 '금강사이다'를 일본인에게, '경인합동사이다'를 한국인에게 분리, 판매하였다. 1930년경부터 남북한 각 지역에서 여러 가지 상표명으로 생산, 판매되었으나 대량생산을 하기 시작한 것은 1950년 동방청량음료에서 칠성사이다(상표명)를 판매하기 시작함으로써 본격적인 사이다 시장이 형성되기 시작했다. 그 당시만 하더라도 칠성사이다와 서울사이다 서로 쌍벽을 이루면서 소비자의 입맛을 돋우어 왔다. 그 후 서울사이다가 그 자취를 감춤으로써 70년대 중반에는 칠성사이다의 독무대가 되었다. 그 후 해태음료에서 1976년에 해태사이다, 코카콜라에서는 킨사이다, 1977년에 동아식품의 나랑드사이다가 등장하여 경쟁이 치열해지면서 시장 또한 급속히 성장하였으나 90년대에 들어와 칠성사이다의 지명도에 모두 눌리자 해태사이다는 84년에 미국의 유명한 7-UP을 도입함에 따라 사이다 시장은 로컬브랜드와 외국브랜드와의 한판 승부의 격전장이 되었다. 87년 일화(스파클)에서 천연사이다를 발매하여 꾸준히 성장을 지속하였는데 90년대에 들어서는 우유탄산음료 다음으로 시장 성장을 주도하였다.

초기에는 탄산수소나트륨이나 탄산나트륨에 산을 첨가하여 얻었지만 현재는 원래의 나트륨에서 직접 얻으므로 그 이름이 소다라 붙여지게 되었다. 소다수(soda water)는 청량음료의 하나로 정제, 살균한 물에 탄산가스를 혼합하여 충진하고 밀봉한 것으로 천연 광천수가 탄산가스를 함유한 데서 고안하였다. 이때 탄산가스를 만들기 위해 소다를 사용하기 때문에 소다수라 불렀다. 여기에 다시 설탕, 향료, 산, 색소 등을 가하여 2차 가공한 것이 사이다, 레모네이드, 시트론 등이다. 사이다는 결과적으로 물, 산, 당, 탄산가스, 향료, 색소 등을 사용하기 때문에 거의 영양가가 없는 empty calory food이다. 그런 소다수 성분이 영양적으로 중요하지 않지만 청량감, 위자극 등을 통한 식욕증진과 기분전환의 계기가 되므로 많이 이용되고 있다.

- 탄산음료
  - 탄산수
  - 탄산음료
    - 과즙탄산음료 • • • 탐스, 써니텐
    - 곡류탄산음료 • • • 비비콜, 맥콜, 보리텐, 보리보리
    - 우유탄산음료 • • • 밀키스, 암바사, 크리미
  - 착향탄산음료 • • • • • • • • • • • 사이다, 콜라, 미린다, 환타, 오란씨

사이다에 공통적으로 들어있는 재료는 주요 원료 이외에 구연산, 사과산과 같은 유기산류, 탄산가스, 백설탕, 비타민 C, 착향제, 착색제 등이었다. 그 중에서 아이들이 즐겨 마시는 환타와 스포츠 건강음료로 알려진 게토레이와 데미소다에는 합성착색료가 더 첨가되어 있다. 또 컨피던스라는 음료에는 L-페닐알라닌, L-트리오닌, L-이소로이신 등이 들어가 있으며 특히 어린이 음료로 선전되고 있는 제티 바나나맛과 제티 레몬맛 속에는 합성착색료인 황색 제 4호와 황색 제 5호가 들어가 있다. 청량음료는 엠티 칼로리(empty calorie) 식품이라고 부를 정도로 칼로리는 있지만 영양소는 들어 있지 못하다. 따라서 체내에 흡수된 당이 에너지화하는데 필요한 비타민, 무기질 등의 영양소가 없어 오히려 몸 안의 영양소를 빼앗는 결과를 가져온다.

사이다에 사용한 식품첨가물은 유기산(구연산, 구연산 나트륨), 향료(레몬 라임향), 감미료(설탕 또는 액상과당), 탄산가스 등이다. 주요 식품첨가물의 첨가 이유는 다음과 같다.

(가) 구연산(유기산)

주로 구연산을 사용하는데 백색 분말로 강한 산미를 가지고 있다. 구연산은 유리상태 또는 염류로 식물 중에 널리 존재하고 특히 감귤류 산미의 주성분으로 알려졌다. 구연산의 산미는 타르타르산, 말산에 비하여 순하여 산미료로 널리 사용하고 있으며 항산화제와 병용하면 효력증진제(synergist)역할을 하여 산화방지효과를 증진하는 성질이 있다. 청량음료수에 신맛 부여 및 상쾌한 맛 부여를 위해 0.13～0.3% 첨가하고 맛을 부드럽게 하기 위하여는 구연산 나트륨과 병용하는 경우가 많다.

(나) 구연산 나트륨(유기산)

구연산(sodium citrate)의 염에는 구연산 칼슘, 구연산 나트륨 등이 있으나 구연산 칼슘은 불쾌한 맛을 가지고 있고 구연산 칼슘은 다른 염류와 같이 영양강화제로서 사용되기 때문에 식품에 사용되는 염류는 구연산 나트륨만이 조미료로서 사용되고 있다. 구연산 나트륨은 청량한 짠맛을 가지고 있기 때문에(구연산은 상쾌한 신맛을 가지고 있음) 청량음료에 구연산의 신맛을 완화하기 위한 신맛 완충제로서 사용되며 1941년부터는 혈액응고 방지용 의약품으로도 사용되어 왔다.

(다) 과일향(착향료)

착향료는 향미를 부여하기 위해 첨가하는데 주로 과일향을 주로 첨가한다. 착향료에는 합성향료, 천연향료, 농축과즙이 사용되는데 주로 인공 착향료를 사용하므로 과잉 사용시 문제를 야기할 수도 있다.

(라) 액상과당(감미료)

액상과당은 단맛을 부여하기 위해 사용한다. 액상과당은 포도당을 효소에 의해 이성화하여 과당(Fructose)과 포도당(Glucose)이 혼합된 액당을 말한다. 감미도가 설탕과 거의 같고 포도당의 부드러운 맛과 과당의 상쾌한 맛이 조화되어 식품공업에 널리 이용되고 있다. 액상과당은 다른 설탕 종류와는 달리 복잡한 분해 과정을 거치지 않고 간에 직접 도달한 후 처리된다(이것을 대사단락이라고 함). 따라서 액상과당이 포함된 음료를 많이 섭취하면 비만의 원인이 된다. 탄산음료에는 1캔 기준으로 25-32 g 내외의 당이 포함돼 이를 과다섭취하면 영양소 불균형, 비만 등을 유발시킬 수 있다.

(마) 탄산가스(맛개량제)

톡 쏘는 상큼한 맛을 부여하는데 산성도가 높기 때문에 치아를 손상하게 하거나 과량이면 혈액과 폐에 저장되어 문제를 일으킨다. 또 위장을 상하게 하는 경우도 있다. 식후 음료를 많이 마시면 위는 위산을 더 분비하게 하기 때문에 궤양의 원인이 된다. 또 그 자체에서 가스가 나와 위벽을 자극하여 위산이 분비되게 한다. 그러므로 소화의 첫 단계인 위산분비를 촉진하므로 소화에 도움을 줄 수 있지만 속이 비었을 때에 위가 헐 수도 있다.

(바) 인산염(품질개량제)

탄산음료에 주로 중합인산염을 사용한다. 이것은 물에 함유된 금속이온과 결합하여 가용성 착염을 형성하고 금속이온의 활동을 봉쇄하여 물에 탄산가스가 균일하게 용해하도록 하는 소위 가스 보지력을 증가시켜 준다. 또 금속이온 활동을 봉쇄하여 음료수의 산화, 변패, 색조의 변화를 방지하고 제품의 안정성을 높여 준다. 비타민 C를 강화할 경우에는 산화분해를 방지하기 위하여 첨가하며 탄산가스의 강렬한 자극을 완화시켜 온화한 맛을 내게 한다. 인산은 아이들의 정신건강을 위협하는 행동독리학상의 물질이라고 한다.

어린이 음료의 경우 당분함량이 많고 원재료 함량표시도 실제와 차이를 보이는 경우가 많다. 한국소비자보호원은 2005년 9월부터 4개월간 시중에서 판매 중인 어린이 음료 11종과 발효유 9종을 대상으로 비타민 C, 칼슘, 당류 등의 영양성분함량과 식품 표시 관련 허위·과장여부 등을 조사한 결과 어린이 음료 11종의 「당류」(설탕, 과당, 포도당 등) 함량의 조사 결과, 100ml당 평균 당류 함량이 12.9g으로 콜라(12.6g), 사이다(10.3g) 등 탄산음료보다 많은 것으로 나타났다. 제품별로는 한국코카콜라보틀링 「쿠우포도」가 40.8g으로 당류 함량이 가장 많았으며, 롯데칠성음료 「히야 오렌지」 37.2g, 한국야쿠르트 「뿌요소다 블루베리맛」 27.9g 등의 순이었다. 원재료 또는 성분함량에 비타민 C가 표시된 15개 제품의 실제 비타민 C 함량을 시험한 결과, 조아제약의 「튼튼한 짱구는 못말려」는 비타민 C가 함유돼 있지 않았고, 100ml당 비나빈 C가 27.5mg 함유된 것으로 표시된 해태음료 「비타썬 혼합비타민(사과)」에는 표시량의 61% 수준인 16.8mg이 함유된 것으로 나타났다. 어린이 발효유 9개 제품 중 3개 제품은 당류(액상과당, 포도당 등)가 함유돼 있음에도 「무설탕」, 「설탕 무첨가」 등으로 표시해, 소비자로 하여금 해당 제품에 당류가 함유돼 있지 않거나 그 함량이 매우 낮은 제품으로 잘못 인식하도록 할 우려가 있는 것으로 나타났다. 또 수소이온농도지수(pH)의 경우 어린이 음료가 평균 pH 3.4, 발효유가 평균 pH 3.8로 나타나 음료를 자주 섭취하거나 입안에 오래 머금을 경우 충치유발 우려가 있는 것으로 나타났다.

<설탕 관련 표시 발효유의 당류 함량>

제품명	당류함유				100ml 당 총량	1인분 용량	1인분 총당량	설탕 관련 표시사항
	설탕	과당	포도당	유당				
앙팡플러스 사과	–	5.8	4.4	1.6	11.8g	80ml	9.4g	설탕을 넣지 않았습니다
이오 하이	–	6.1	5.6	1.4	13.1g	80ml	1.5g	무설탕

8-30. 콜라

1. 시판 제품의 소개

가공식품명 01 : 코카콜라

제품유형 : 착향탄산음료
유통기한 : 제조일로부터 12개월까지
원재료명 : 액상과당, 탄산가스, 캐러멜, 인산, 향료
제조자 : 한국 코카·콜라 보틀링 주식회사.

가공식품명 02 : 펩시콜라

제품유형 : 착향탄산음료
원재료명 : 액상과당, 백설탕, 탄산가스, 캐러멜, 인산
제조자 : 롯데칠성음료(주)

2. 시판 제품의 식품첨가물 해설

코카콜라가 최초의 콜라음료이다. 1886년 미국의 애틀랜타의 약제사 존 펨버턴(1831-1888)이 아버지의 술주벽을 고치기 위해 오랜 연구를 하던 끝에 코카나무의 잎사귀에서 즙을 뽑아내어 마시기 좋은 약으로 만들어 낸 것이 바로 코카 콜라의 시초이다. 펨버턴은 이 음료가 코카나무의 잎으로부터 코카인을 추출하고 콜라나무의 열매로부터 충분한 양의 카페인을 추출했다는데 기초해 이 음료를 자양 강장제라고 선전했다. 코카인은 중요한 마약이므로 음료에 함유되는 것 자체가 허용되지 않으므로, 1905년부터는 코카나무 잎에서 추출한 코카인은 사용되지 못하게 되었다. 펨버튼 박사가 단지 맛있는 음료라고 칭한 이것을 만들어 낸 뒤, 그 약국의 경리 사원이었던 프랑크 로빈슨은 두 개의 C자가 어울린 독특한 스펜서체를 사용, Coca-Cola라는 이름을 지어내었다. 1888년 펨버튼 박사는 코카콜라에 대한 권리를 조지아 출신의 사업가인 아사 캔들러에게 매각하였다. 코카콜라가 한국에 처음 선을 보인 것은 1950년대 초였으나, 국내 생산이 시작된 것은 1968년부터 였다. 1974년부터는 국내에서 생산되는 모든 코카콜라사 제품의 원액은 한국 코카콜라(주)가 국내에서 생

산, 공급하고 있다. 코카콜라에 관한 유무해에 관한 논란이 가중되고 있지만 일부에서는 콜라를 상습적으로 음용하면 만성피로, 여드름, 당뇨병, 비만, 집중력저하, 척추만곡증, 체력저하, 성장장애, 동맥경화증, 지방간, 충치 등의 우려가 생길 수도 있다고 경고하고 있다.

코카콜라에 사용된 식품첨가물은 액상과당, 탄산가스, 캐러멜, 인산, 향료 등이다. 주요한 것에 대한 해설은 다음과 같다.

(가) 액상과당과 아스팔탐

액상과당은 맛을 좋게 하고 입안에서의 감촉을 좋게 하기 위해서 사용한다. 액상과당은 단맛을 부여하기 위해 사용한다. 액상과당의 감미도는 설탕과 거의 같고 포도당의 부드러운 맛과 과당의 상쾌한 맛이 조화되어 널리 이용되고 있다. 액상과당은 다른 설탕 종류와는 달리 복잡한 분해 과정을 거치지 않고 간에 직접 도달한 후 처리된다(이것을 대사단락이라고 함). 따라서 액상과당이 포함된 음료를 많이 섭취하면 비만의 원인이 된다.

현재는 건강과 관련하여 설탕대신 아스팔탐이나 무설탕의 제품을 출시하고 있다. 예를 들면 코카콜라 제로'의 경우에는 설탕 대신 인공감미료 아스팔탐을 사용하여 기존 제품과 거의 동일한 맛을 내는데 아스팔탐의 열량은 g당 4㎉로 설탕과 같지만, 설탕의 200분의 1만 넣어도 똑같은 단맛을 내기 때문에 열량을 크게 줄일 수 있다. 하지만 미국내에서는 발암성 논란이 계속이어지고 있고, 온도가 30℃ 이상이 되면 아스팔탐이 분해되면서 생기는 메탄올이 포름알데히드로 바뀌고, 다시 개미산으로 변화되어 혈액의 산성화를 일으킨다. 메탄올의 독성은 모두 난치병으로 알려져 있는 다발성 경화증과 낭창의 증세와 유사하다. 다발성 경화는 콜라를 탐닉하는 사람에게서 흔하다고 하는데 메탄올의 독성은 매일 12온스짜리 콜라캔 3-4개 마시는 사람에게서 자주 발생한다. 또한 아스팔탐은 분해되어 생기는 메탄올이 눈의 망막 속에서 포름알데히드로 변화되어 시력 상실의 주원인이 된다. 포름알데히드는 청산염이나 비소화합물과 같은 정도로 유독하고 인체의 지방층에 저장되어 침묵의 살인자로 불리워진다. 만일 아스팔탐을 복용하면서 두통과 현기증, 관절통증과 우울증, 공격성 등을 비롯한 근섬유 통증을 갖고 있는 사람은 "아스팔탐 병"이라 할 수 있다고 보고하고 있다. 그 뿐만이 아니라 아스팔탐은 당뇨환자의 망막질환을 초래할 뿐만 아니라 일부 당뇨환자에게 기억 상실을 초래하고 뇌 신경물질을 변화시켜 경련을 일으켰으며, 태아에게서는 기형을 유발한다고 전해지고 있다.

(나) 탄산가스

콜라의 톡 쏘는 상큼한 맛은 바로 탄산 때문이다. 그만큼 탄산은 입안에서는 톡 쏘는 맛과 개운한 맛을 부여한다. 탄산의 산성도가 치아를 손상하게 하는 원인이 된다. 탄소와 산소의 화합물이 탄산가스이다. 색깔과 냄새가 독성이 없으며, 공기보다 무겁고 공기 중에서 약 0.003%가 들어 있다. 독성은 없지만 그 양이 증가하면 혈액과 폐에 저장되어 문제를 일으킨다.

(다) 캐러멜

캐러멜은 설탕, 포도당, 시럽, 전분 등의 당류를 가열하여 중합 발색한 것인데 코카콜라에 사용되는 캐러멜 색소는 설탕과 기타 탄수화물류를 주어진 조건하에서 가열하여 상업적으로 제조한 것이다. 캐러멜색소는 코카콜라 특유의 이미지를 부여하며 코카콜라가 시작될 때부터 사용되어 왔는데 캐러멜 색소 없이는 코카콜라를 생각할 수 없으며 다른 색소와 마찬가지로 캐러멜색소는 미식품의약국에서 승인한 것이다. 캐러멜(caramel)은 가장 널리 사용되는 식품색소로서, 사용되는 모든 식품색소 총량의 98%를 차지한다. 음료, 주정, 제빵산업에 쓰여진다. 이 색소는 당을 캐러멜화하는 과정에서 나온다. 일반적으로 캐러멜은 50%의 소화가능한 탄수화물, 25%의 소화되지 않는 탄수화물 그리고 25%의 PAHs를 포함하고 있다. 이것은 볶은 커피나 빵류의 표면과 비슷한 수준이다. ADI는 쥐(rat)에서의 연구를 토대로 100㎎/kg으로 정해졌으며, 무영양수준(NOEL)은 10,000㎎/kg이다(Vettorazzi, 1980).

(라) 인산(품질개량제)

무색투명한 시럽상태의 액체로 묽은 액은 거의 독성이 없지만 진한 용액은 피부와 옷을 부식시키므로 취급에 주의하여야 한다. 사용기준은 없지만 톡 쏘는 상큼한 맛을 부여하는 이것은 인체내 철분과 칼슘, 아연 등의 성분을 소변으로 배출시키기 때문 칼슘결핍을 초래할 수 있다.

(마) 안식향산나트륨(보존료)

몇몇 코카콜라사 제품에 사용되는 보존료는 안식향산나트륨이다. 음료의 변질을 막기 위하여 안식향산나트륨이 사용될 경우, 음료제품의 나트륨 함량이 약간 증가한다.

(바) 카페인(각성제)

톡 쏘는 맛의 콜라에는 카페인이 많이 들어 있어 성장기 어린이의 뇌신경세포에 해를 준다. 콜라는 콜라나무의 카페인 성분이 함유되어 있는데 카페인을 많이 먹으면 불면증, 구토, 두통, 정서불안을 일으킬 수 있고, 심하면 일시적인 정신착란까지 일으킨다. 또 수면을 방해하거나 교감신경계를 자극해 스트레스 증가의 요인이 되기도 한다. 사람들이 피곤할 때나 권태감을 느낄 때 적당한 양의 카페인은 정신을 맑게 하고 기분을 진작시킬 수 있는 순한 자극제인데 이것의 효과는 개인에 따라 다르다. 카페인은 특유의 쓴맛을 가지고 있으며 냄새가 없는 백색의 침상 결정으로 자연계 내의 63종 이상의 식물에 존재하는 메칠크산틴이라는 화합물 그룹 중의 하나로 '1,3,7-트리메칠크산틴(1,3,7-trimethylxanthine)'이라는 이름으로 불리고 있다. 1820년 커피콩에서 처음 발견되었으며 이어 1827년 찻잎 중에 카페인 성분이 있다는 사실이 밝혀졌다. 사람에 대한 카페인 경구치사량은 약 10 g 정도이며, 카페인은 중추신경을 자극하며, 섭취한 양에 따라 신체 여러 부분에서 효과를 나타내기도 한다. 카페인은 심장박동과 기초대사율, 소변 량을 증가시킨다. 또한 어떤 혈관은 팽창시키고 어떤 혈관은 수축시키며, 근육운동의 능력을 증가시키는 역할을 한다.

8-31. 혼합음료류

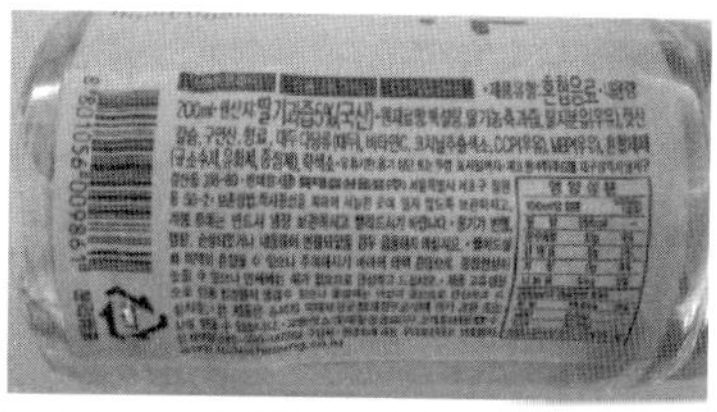

1. 시판 제품의 소개

가공식품명 : 뼈장군

식품의 유형 : 혼합음료류

가격 : -

원재료명 : 백설탕, 딸기농축과즙, 탈지분유(우유), 젖산칼슘, 구연산, 향료, 대두다당류(대두), 비타민C, 코치닐추출색소, CCP(우유), MBP(우유), 혼합제제(규소수지, 유화제, 증점제), 락색소

제조원 : (주)푸드웰(대구 달서구)

판매원 : 롯데칠성음료(주)(서울 서초구)

2. 제품에 들어 있는 식품첨가물의 해설

8-32. 환타

1. 시판 제품의 소개

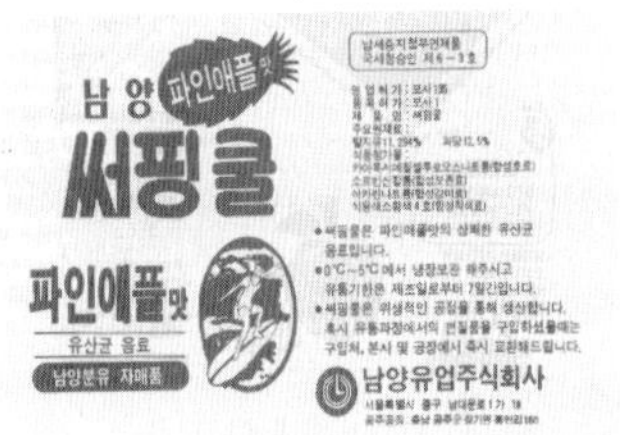

가공식품명 01 : 환타류(오렌지맛, 파인애플맛)

제품유형 : 착향탄산음료

원재료명 : 액상과당, 탄산가스, 구연산, 아라비아검, 오렌지향, 합성착색료(β-카로틴)

제조자 : 한국 코카콜라 보틀링(주)

가공식품명 02 : 써핑쿨

제조회사명 : 남양유업(주)

유통기간 : 제조일로부터 7일간

성분조성 : 탈지유, 과당, 호료, 보존료, 착색료, 감미료

2. 시판 제품의 식품첨가물 해설

환타는 1960년 독일에서 탄생한 이후 전 세계 젊은 층의 폭발적인 사랑을 받으며 성장한 지구촌 젊은이의 음료로 세계 70여 나라에서 생산, 판매되는 청소년들의 대표적인 착향탄산 음료이다. 환타류는 1975년을 전후로 롯데칠성 음료에서는 롯데탐스와 미린다, 코카콜라는 환타, 동아는 오안씨를 내놓았는데 그 당시에는 소비자의 기호가 착향음료를 선호하는 경향이 매우 컸지만 80년대 중반부터 착향음료보다 천연지향 음료가 각광을 시작하였다. 착향탄산음료(환타류)는 pH가 2.4-2.9인 산성음료인데 대부분의 음료가 거의 이런 부류

에 속한다(콜라류 : 2.5, 사이다류 : 2.6-3.2, 스포츠음료 : 2.9-3.4, 당근주스 : 2.9-4.3, 100% 오렌지 음료 : 3.3, 식혜음료 : 5.3-6.2이다).

환타에 사용되는 식품첨가물은 주로 액상과당, 탄산가스, 구연산, 아라비아검, 착향료(파인애플향, 오렌지 향), β-카로틴 등이다. 다른 탄산음료와 흡사하지만 특별하게 탄산음료에는 들어가지 않는 것들이 있는데 그것들을 정리하면 다음과 같다.

(가) 아라비아검

열대건조, 고지대에서 자라는 아카시아나무에서 얻은 수액분비물인데 정제가 잘 안된 것은 잔존 탄닌 때문에 불쾌한 맛과 냄새가 난다. 이것은 검물질로 주로 점도조절, 농후제, 안정제, 유화제 등으로 사용되는 것인데 음료에서는 입안에서의 맛감각을 좋게 하고 액상을 다소 진하게 만들어 관능성을 좋게 한다.

(나) β-카로틴

베타카로틴은 감귤·살구·복숭아 등 과일류와 호박·시금치 등 녹황색 채소에 많이 들어 있는 성분으로 분자 1개가 비타민 A 2개 분자로 나눠질 수 있는 비타민 A의 전구체(前驅體)인데 인체내에 이미 존재해 있는 비타민 A의 양에 따라 적당량만 비타민 A로 바뀌고 나머지는 그대로 저장되므로 약간 많은 양이 들어가도 인체에 유해하지 않다. 베타카로틴은 인체의 정상적인 성장과 질병 저항력을 강화하는 비타민 A의 기능을 그대로 가지며 독자적으로 암과 심장질환, 노화방지에 효능이 있는 것으로 알려지고 있다. 즉 세포 및 조직내에 축적되어 세포 대사성 면역기능을 활성화시켜 면역력 강화 효과가 뛰어나다. 최근 비타민 A의 과잉섭취가 피부·눈·소화기관 등에 손상을 가져올 수 있고 뼈의 기형, 간 기능 손상 및 심한 경우 임산부에게 치명적인 부작용을 가져올 수 있다는 연구 보고가 있어 베타카로틴은 비타민 A의 안전하고 유효한 대체 물질로 각광받고 있다. 환타에서는 착색료로서 사용되어 관능적인 가치를 높여준다.

다) 카르복시메칠셀로오스나트륨(합성호료)

음이온계 고분자 전해질 호료로 냉수에 잘 녹아 점성을 띠고 보호콜로이드성이 우수한 합성호료이다. 그러나 금속이온에 의해서 응고되며 가열, 강산 또는 강알칼리, 자외선에 의해서 점도가 떨어지는 등 다소 불안정한 호료이다. 본 제품에 첨가한 것은 내산성 CMC로 고형성분의 침전을 방지하고 적당한 점성, 균일한 분산성, 부드럽고 온화한 미각을 부여하기 위함이다. 값이 싸고 용해성, 함수성 등 장점 때문에 사용한 것으로 사료된다.

8-33. 오렌지주스

1. 시판 제품의 소개

가공식품명 01 : 델몬트 100%오렌지 주스

분류 : 천연과즙음료(농축과즙희석)

원재료 : 오렌지농축액 .액상과당. 구연산. 비타민 C 오렌지, 인산염(본 제품에는 무첨가) 오일, 식용황색 제 5호

원산지 : 오렌지과즙100%(브라질산)

가공식품명 02 : 스콜

제조일자 및 유통기간 : 제조일로부터 7일

성분조성 : 이성화당, 설탕, 탈지유, 탈지분유, 구연산(결정), 구연산나트륨, 비타민 C, 사카린나트륨, 규소수지, 식용색소 황색 제4호, 5호

제조회사 : 해태유업(주)

가공식품명 03 : 선키스트 모닝

성분조성 : 오렌지과즙농축액, 액상과당, 구연산, DL-사과산

제조회사 : 해태음료

2. 시판 제품의 식품첨가물 해설

우리나라 음료산업은 1950년 5월 동방청량음료가 "칠성사이다"라는 브랜드로 사이다를 생산, 판매하면서 시작했다. 그 후 60년대까지 레몬라임향을 첨가한 통상 "사이다"라고 불리는 제품이 60년대 말까지 100여종 난립하였다. 1968년 코카콜라가 한양식품과 손잡고 국내시장에 상륙했으며, 1969년에는 펩시콜라가 뒤이어 들어왔다. 이 두 회사의 경쟁은 탄산음료 시장을 급팽창시키는 기폭제 역할을 하게 되었다. 국가의 경제규모가 빠른 속도로 확대되기 시작한 1970년대 이후 음료의 소비패턴도 훨씬 다양화되었다. 1971년 들어 '환타' '오란 C' 등의 착향 탄산음료가 개발되었으며, 70년대 중반 '유색음료 유해론'이 대두되어 이들 음료에 대한 수요는 곧바로 개발된 '써니텐'이나 '탐스'등의 과즙탄산음료나 과실음료로 흡수되었다. 1975년 해태제과에서 '해태주스'를 시판하기 시작하면서 본격적으로 등장한 과실음료는 79년 롯데칠성에서 '롯데오렌지 스카시', '롯데 오렌지 주스' 등을 생산하였다

우리나라에서 생산되는 과실주스로는 오렌지주스, 사과주스, 포도주스, 엘더베리주스 등이 있는데, 그 중에서 오렌지주스가 제일 많이 소비되고 있다. 과실 주스의 종류로는 원료 과실의 종류에 따라 또는 과실주스의 상태에 따라 분류될 수 있다. 과실에서 착즙한 그대로의 농도를 갖는 천연 과실주스, 천연과실주스를 여러 가지 방법으로 농축한 농축과실주스, 이를 건조하여 분말상태로 만든 분말과실주스, 농축과실주스를 냉동하여 포장한 냉동과실주스, 과실주스에 당분이나 과실 향료 등의 첨가물을 섞어서 만든 과실음료가 있다.

오렌지주스에 사용된 식품첨가물은 액상과당, 구연산, 비타민 C, 오렌지 오일, 식용황색제 5호 등이다. 특히 오렌지오일은 착향료로 오렌지 향을 내기 위한 인공 향료이다. 일부 무가당 주스의 경우 실제 상당량의 당이 들어 있으므로 당뇨환자가 당이 전혀 없는 것으로 생각하고 함부로 마시면 해로울 수밖에 없다.

(가) 오렌지 오일(착향료)

오렌지나무는 중국과 인도에서 나기 시작하여 17세기 유럽으로, 다시 이스라엘과 미국 등지로 옮겨져서 지금은 미국과 이스라엘 등지에서 대부분 재배되고 오일도 생산하고 있다. 시트러스 오일(citrus oil)이라고도 하는데 특징적인 향은 한가지 화합물에 기인하는 것은 아니고 테르펜(terpene) 생합성의 대사산물이나 고급의 불포화지방산의 2차 대사산물의 복잡한 혼합물이다. 대부분의 시트러스 오일의 주 성분은 (+)-limonene인데 이 오일은 마음을 안정

시켜 주는데 도움을 주는 알데히드 성분이 소량 들어 있고 식욕 증진, 부드러운 향 등을 부여하여 식미감을 증진시키는 향료이다. 이 향료는 오렌지주스의 맛과 향을 더욱더 증강시키기 위해 사용한다.

(나) 식용색소 황색 제 5호(착색료)

분홍색의 분말로 물에 용해되어 오렌지색을 나타낸다. 글리세린 프로필렌글리콜에 용해되고 알코올에 용해되기 어려우며 기름에는 용해되지 않는다. 물에는 21℃에서 25.3g/100㎖로 용해되는데 내열, 내산, 내광성이 있으며 알칼리성 용액에서는 붉은색을 나타낸다. 사용기준이 있으며 식용타르색소의 제한 사용품에 대하여 제한 사용할 수 있다. 과자, 구운 제품, 전병, 청량음료수, 절임, 조림 등에 단품 또는 혼합으로 5-100ppm정도 사용한다. 오렌지주스의 착색에는 거의 이 색소가 사용된다. 식용타르색소 중에서 많이 사용되는 것 중의 하나다.

(다) 인산염(품질개량제)

음료류에 인산염을 사용하는 것은 여러 가지 기능 때문이다. 우선 맛을 좋게 하고 저장성을 높여 준다. 또 좋은 색깔을 제품에 부여하고 퇴색방지, 비타민 C 파괴 방지, 변취 방지, 침전 방지 등에 효과가 있다. 특히 다른 인공착색료의 퇴색 및 변색방지 뿐만 아니라 갈변방지에도 효과가 있으며 특유의 맛과 냄새도 제거할 수 있다. 또 입안에서의 상쾌한 맛을 가져다 줄 수 있기 때문에 음료류에는 반드시 이것을 사용할려고 한다. 그러나 체내 칼슘의 소비를 증가시켜 칼슘의 부족현상을 유발시키며 신장장애를 일으킬 가능성이 많다. 따라서 제조업자들은 가능한 한 많이 첨가하려고 하지만 소비자의 입장에서는 분명히 과잉 섭취시 문제가 되는 첨가물이므로 주의를 하여야 한다. 음료류 이외 각종 육제품에도 과량 첨가되어 있으므로 인산염에 관한 사전 지식을 가질 필요가 있다.

(라) 구연산(산미료)

구연산은 tribasic으로 100년 이상 미국에서 사용되어 온 산미료로 맛이 부드럽고 상쾌하여 다른 산미료의 신맛과 비교하기 위한 표준 산미료로서 사용되어 왔다. 신선한 레몬과 감귤류의 짜릿한 맛은 citrate 이온이 존재하기 때문으로 산미료로서는 높은 용해도와 신맛 자체 그리고 금속과의 chelating 작용의 장점 때문에 많이 사용되고 있다. 구연산은 결정형과 무수형이 있으며 K와 Na염은 GRAS로 분류된다. 모두 무색투명한 결정 또는 분말로서 냄새는 없지만 특유의 강한 신맛을 가지고 있다. 물, 알코올에는 잘 녹고 그 외의 유기 용매에는 잘 녹지 않는다. 결정형은 공기 중에서 흡수 조해하여 고화되기 쉽지만 무수형은 흡습성이 적고 잘 굳어지지 않아서 결정형보다는 안정한 편이다. 산미료로서 신맛 또는 특유한 맛을 부여하기 위하여 청량음료(0.13-0.3%), 과일주스, 과일젤리, 채소 통조림, 유제품, 비탄산음료, 마요네즈, 샐러드드레싱, 후렌치드레싱 등에 구연산나트륨과 병용 또는 단독으로 0.1～1% 가량 첨가한다. 향미증강 또는 보존목적으로 치즈(0.2～0.3%)를 비롯한 각종 유제품, 탄산음료, 잼, 젤리, 소스 등에 첨가한다. pH조절 목적으로 잼, 젤, 소스 등에 첨가한다. 금속과의 chelating 능력을 가지고 있으므로 냉동과일의 비타민 파괴방지(0.001-0.05%), 유지식품의 항산화제 상승제, polyphenol oxidase작용에 의한 수산식품의 black spot방지, 바나나 갈변방지에 사용된다. 포도주의 혼탁방지, 산화방지, 과자류의 설탕석출 및 결정방지 및 산화방지 목적에 사용된다. 보존료로서의 기능을 가지고 있으므로 햄, 소시지의 피복에 이용된다. 무수형 구연산은 결정형과 달리 흡습성이 적으므로 분말 소다수, 분말주스, 껌 등에 사용되는데 특히 수분이 적은 식품에서는 고형 산미료로 사용하면 좋다. 구연산의 기능과 식품에의 응용을 요약하면 다음과 같다.

(마) 비타민 C(영양강화제)

비타민 C는 항괴혈병인자로서 ascorbic acid라고 한다. 감귤류, 고추, 일반 녹황색 채소, 과실에 많고 곡류나 두류는 적지만 발아하면 많아진다. 또 호박, 당근, 오이 등에는 환원형 비타민 C를 산화형으로 바꾸는 ascorbinase효소가 있기 때문에 섭취시 고려해야 한다. 비타민 C가 결핍되면 혈관 벽의 시멘트 구실을 하는 콜라겐이 감소하여 출혈이 쉬워지고 이빨의 잇몸구조가 변화하여 괴혈병에 걸리게 된다. 또 치근, 점막, 피부의 출혈이외 섬유조직, 뼈, 상아질 등에 겔화 물질이 형성하지 못하므로 골격과 치아가 약해진다. 발육저지, 빈혈이나 전염병에 대한 저항력이 감소되며 색소의 침착으로 자반병에 걸리기도 한다. 사람은 체내에서 합성할 수 없으므로 반드시 식품으로 섭취하여야 한다. 강화할 경우 L-ascorbic acid 또는 sodium-L-ascorbyl palmitate형태로 이용하는데 하루 필요한 양은 최소 성인의 경우 35㎎, 약용량은 50-150㎎이다(L-ascorbic acid 0.894g은 sodium-L-ascorbate의 1g에 해당). 과일주스(0.02-0.04%), 과일통조림(0.03%), 잼(0.1%), 맥주 산화방지(0.003%), 기타 음료에(0.1%) 첨가하며 유아용 식품에 0.005-0.01%정도 강화하고 있다. 특히 잼, 캔디, 분말주스 등에 0.1% 첨가하여 신맛을 부여하는 유기산 대용으로, 마가린에는 비타민 A의 안정을 돕기 위해 비타민 E와 함께 첨가한다. 그 외 육류제품의 변색방지와 발색보조제 용도로 0.01-0.1%정도 사용한다. 비타민 C는 강화용 이외에 산화방지제, 신선도유지, 발색보존료, 변색방지용으로도 사용되고 있으며 sodium형은 우유, 햄, 소시지 등의 색, 향, 맛을 증진시키며 5'-이노신산나트륨의 정미상승 효과에도 이용하고 있다.

(바) 규소수지(가공보조첨가제)

규소수지는 영어로 실리콘 또는 실리콘수지라고 부르는데 식품첨가물 분류상 소포제로 분류되고 있다. 따라서 거품생성을 억제하는 목적으로 보통 과즙음료제조 중 농축공정에 첨가하여 작업의 능률화, 제품의 균일화에 기여한다. 소포목적 이외에는 사용할 수 없다.

(사) 액상과당(감미료)

액상과당은 온도가 낮을수록, 농도가 진할수록 감미가 높게 나타나므로 차게 먹는 빙과, 청량음료, 과일통조림 등에 사용하면 좋다. 과당55는 과당이 다량함유 되어 있으며, 과당은 당류 중에서 삼투압이 가장 높고, 제균 효과도 있어서 노화방지, 방부효과의 효과가 있다. 또 과당55는 독특한 Flavor효과가 있어 다른 맛을 증가시키는 효과가 있고 보습효과가 우수하여 제품의 신선도를 유지시켜 준다. 빵, 카스테라, 케이크, 쿠키류에는 색깔, 식감, 노화방지, 방부효과 등 목적으로, 양과자류, 크림류에는 제품의 신선도를 위해서, 버터 크림류에는 청량감과 신선감을 부여해 준다. 청량음료수, 과일 음료, 과즙류에는 맛 증강 목적으로, 아이스크림 등 냉과류, 가공유, 푸딩류에는 유단백과 상호작용에 의해 전체 맛의 조화를 위해, 절임류, 액체 조미료류에는 균일한 맛과 저장성 향상을 위해 첨가한다. 보통 시중 가공식품에는 과당 42, 55, Cola당이 사용되고 있다. 아직 인체에 유해한 것은 아니지만 빠른 흡수로 일시적인 혈당 상승을 초래할 수 있고 당뇨환자들에게는 전혀 도움이 되지 않는 당류이다. 일반 설탕과 같이 생각해도 무방할 정도로 일반적인 당류이다.

8-34. 알칼리성 스포츠 음료

1. 시판 제품의 소개

가공식품명 01 : 게토레이

제품명 : 게토레이 레몬맛(레몬향 함유)

제품유형 : 혼합음료

원재료명 : 설탕, 포도당, 구연산, 사과산, 솔트믹스춰

유통기한 : 병마개 또는 용기상단부 표기일까지

제조원 : 제일제당 주식회사

가공식품명 02 : 포카리 스웨트

제품유형 : 청량음료(혼합음료)

원재료명 : 백설탕, 액상과당, 그레이프후르츠농축과즙, 구연산, 구연산나트륨, 염화나트륨, 염화칼륨, 젖산칼슘, 염화마그네슘.

유통기한 : 제조일로부터 6개월까지

제조회사명 : 동아오츠카

2. 시판 제품의 식품첨가물 해설

스포츠 음료건강 알칼리성 음료는 청량음료 중 혼합음료에 속하며 식품공전에 "유용수에 식품 또는 식품첨가물을 가한 것으로 따로 기준 및 규격이 제정되지 아니한 음료를 말한다."라고 정의되어 있다. 일반적으로 격렬한 운동을 하는 선수는 2시간에 약 2.5L의 땀을 분비한다고 한다. 이들 운동선수는 운동 중 물을 마시지 않는 것이 상식이다. 그러나 최근에는 수분의 결핍에 의한 피로와 열사병이 있게 되어 이의 방지를 위해서 운동 후 스포츠 음료를 마시게 된다. 이 스포츠 음료의 성분인 나트륨과 칼륨, 포도당은 운동 중일 지라도 체내에서 흡수가 빠름을 알게 되었다. 그 후 스포츠 음료의 개발이 미국으로부터 시작되었다. 운동 중 땀의 배설로 인해 소실된 나트륨이나 칼륨 등의 무기질(즉 전해질) 및 운동 중 피로회복에 필요한 당질, 비타민 B_1, B_2, C가 포함되며 마시기 쉽도록 조미료 등이 첨가된다.

인류가 최초로 마신 소프트드링크는 꿀물이고 그 다음이 과즙이었다. B.C 6000년 경 바빌로니아에서 레몬 과즙을 마셨다는 기록이 전해지고 있다. 스포츠 음료는 처음에 천연 레몬이나 라임(Lime)향을 함유한 냉수 상태로 시작되었고, 다음에 체액 중에 함유된 무기질의 균형을 잃지 않도록 만들어진 등장액(Isotonic Fluid) 음료를 시작으로 스포츠 음료가 발달하였다. 최근 스포츠 음료는 스포츠를 즐기는 많은 젊은 층의 사람이나, 운동선수들 사이에 관심을 갖게 된 음료이다.

스포츠 음료라고 하는 이온음료는 1965년 미국 플로리다 국립대학의 미식축구선수 20명이 경기 중 열사병으로 사망한 사건이 일어남을 계기로 물에 나트륨, 칼륨 등의 전해질과 포도당 등 당분을 일정 비율로 첨가하여 체액과 같은 삼투압을 갖는 등장성음료를 공급하면 열사를 방지하고 운동기능을 유지시킬 수 있다는 데에 기원하고 있다. 1967년 Robert Geto 박사가 개발하였고 1967년에 미국의 스톡클리밴 캠프사가 미국인에 적합한 스포츠 음료인 'Getorate'라는 상품명으로 미국에서 시판되면서 세상에 알려지기 시작했고. 그 후 1988년 올림픽을 계기로 우리나라에서 몇 개의 스포츠음료(게토레이, 포카리스웨트, 아쿠아리스, 스포테라, 아오니카, 마하세븐 등)가 등장하였다.

우리나라에서 스포츠 음료는 1983년 명성식품에서 노르웨이 Collit Marwell Hauge사와 기술 제휴하여 'XL-1'을, 태평양화학에서 'Sela-X'를 발매함으로써 시작되었으나 그 당시만 하더라도 소비자가 건강에 대한 인식이 별로 없었고 기존 청량음료와 맛이 판이하였기 때문에 별로 관심을 받지 못하였으며 해태음료에서도 그해 말에 '헬스펀치'라고 하는 유사 스포츠 음료를 발매하였다. 그 후 생체기능에 맞는 스포츠 음료는 우리나라 시장에서 사라졌다가 1987년 5월부터 동아식품이 일본 대봉제약과 기술 제휴하여 '포카리스웨트'를, 제일제당은 '게토레이'를, 코카콜라에서는 '아쿠아리스', 롯데삼강은 '스포테라'라고 하는 제품들을 한꺼번에 국내시장에 내놓았다. 그 결과 최근 3년간 연평균 100%를 웃도는 폭발적인 신장을 거듭하였으며 특히 88서울 올림픽을 치르면서 본격적인 대중화 시대에 접어들게 되었다. 그러자 1991년 4월 롯데 칠성음료가 '마하쎄븐'을, 해태음료가 '이오니카'를 각각 자체 개발해 시판하였다. 또한 1992년에는 기존의 그레이프 후르트 맛에서 탈피하여 레몬 맛을 잇달아 개발하였다. 이같이 스포츠음료 시장이 큰 폭으로 신장하고 있는 것은 소비자들이 이 제품을 기능적 음료로 인식하고 있기 때문에 스포츠 음료를 마심으로 해서 격한 운동 등을 할 때 땀으로 배출, 손실되는 대량의 신체조절 이온을 보충할 수 있다는 생각과 신세대 주음용층의 멋과 감성에 의해 실제수요량보다 확대되어 있기 때문으로 풀이된다.

포카리 스웨트란 힘찬 건강을 보호하는 이온 음료의 영문자 표기인데 PO는 POWER(힘), CAR는 Health CARE(건강보호), I는 Ion electrolyte(전해질))를 가르킨다. 스포츠음료에 사용된 식품첨가물은 설탕, 포도당, 구연산, 사과산, 솔트믹스춰 등인데 중요한 것은 솔트믹스춰(salt mixture, 무기질혼합물)이다.

(가) 솔트믹스춰

인체 등장액의 성분과 동일하게 무기질을 배합하여 첨가하였다. 무기질은 주로 염화나트륨, 염화마그네슘, 염화칼륨, 젖산칼륨, 제 1인산칼륨 구연산, 구연산나트륨 등이다. 운동으로 1L의 땀이 증발하면 인체에서 600Kcal 정도의 열량 손실을 보게 되고, 탈수로 인하여 체온이 41℃까지 상승하면 졸도(heat stroke)가 일어나게 되며, 체중의 2% 정도에 해당하는 급작스런 탈수는 원만한 경기를 할 수 없게 한다. 탈수에 의하여 혈장의 부피가 감소하면 대부분 갈증을 느끼게 되나, 심하지 않으면 별로 느끼지 못하는 경우가 있다. 그러나 열의 발산 속도가 느려지고 경기력이 감퇴되는 현상이 일어난다. 이를 미연에 방지하기 위해서는 적당한 방법으로 수분을 공급하여 주고, 체표면을 식혀줄 필요가 있다. 운동을 시작하게 되면 혈장으로부터 근육으로 수분이 이동되며, 혈장부피는 작아지면서 혈장 삼투압이 증가된다. 따라서 혈관 외부로부터 혈관 내부로 수분이 흘러 들어오게 된다. 탈수현상을 동반하는 운동에서는 외부로부터 수분의 공급이 절대로 필요한데, 영양과 무기질을 함유한 물은 탈수에 의한 운동기능의 장해를 막아줄 수 있다. 10℃ 정도의 음료수는 체온의 저하에도 도움이 된다. 그런데 음료수의 섭취가 직접적인 혈관으로의 유입은 불가능하고, 장관을 통하여야 하는데 장기관은 운동과 관계없는 부위이기 때문에 장관에서 빠른 흡수를 할 수 있는 상태의 음료라야 한다. 땀에는 비교적 많은 무기질과 전해질이 함유되어 있으며, 운동에 의하여 많은 양의 땀을 방출하게 되므로 운동의 지속성을 유지하기 위해서는 땀으로 방출된 성분을 계속적으로 보충하여 줄 필요가 있는 것이다. 나트륨의 역할은 소화기관에서 수분이 빨리 흡수될 수 있도록 도와주며 운동도중이나 운동 후 회복기간동안 혈액량을 유지하는데 도움을 준다. 장시간 동안 심한 운동으로 땀을 과도하게 흘린 경우 수분만 공급해 주면 세포외액의 삼투압이 낮아져 수분이 세포내로 이동하여 혈액량 감소, 혈압강하 현상이 나타나 허약감, 근육경련 등을 일으킬 수 있다.

스포츠 음료에 함유된 기타 전해질의 역할을 살펴보면, 스포츠 음료에 함유된 전해질을 알칼리이온이라 하는데 이는 원소주기율표에서 맨 왼쪽에 있는 리튬, 나트륨, 칼륨 등의 원소를 가리키는 알칼리족 원소에 기인한 말이다. 알칼리족 원소들이 물에 녹으면서 전자를 하나 잃어버리면 알칼리이온이 되는데 이들은 인체의 신진대사에 아주 중요한 역할을 하는 전해질이다. 전해질은 삼투압작용에 의해 세포와 세포 간에 물질을 이동시키거나 신경전달의 주요한 매체이다 이 전해질이 없으면 신진대사가 떨어지며 심하면 죽게 된다.

운동 중이거나 더운 환경에서 하루에 땀으로 3~9g의 나트륨과 0.15~2.70g의 칼륨이 상실되고, 칼륨의 상실은 정신신경계에, 철의 부족은 빈혈증 등이 수반된다. 그러나 염화칼륨을 다량 섭취할 경우에는 순화기장애, 장관자극, 설사 등을 일으킨다. 염화마그네슘은 백색 결정으로 마그네슘이온 제공으로 알칼리화의 목적으로 이용되는데 다량 복용하면 설사를 일으킨다. 젖산칼슘은 백색 분말로서 냄새가 없고 맛이 없지만 체내 흡수율이 가장 좋고 산미료와 칼슘 보충용으로 또는 이온화목적으로 첨가한다. 이것의 최대사용량은 Ca으로써 1%정도를 사용하도록 하고 있으며, 식품의 제조 또는 가공상 필요 불가결한 경우 및 영양의 목적으로 사용하는 경우이외에는 사용해서는 안 된다.

(나) 당류

사용되는 당류는 주로 과당, 포도당, 프락토올리고당 등인데 근육이 사용할 수 있는 탄수화물 에너지를 제공해 준다. 포도당은 운동중에 산화대사, 즉 에너지화의 50~60%를 맡게 되고 운동 시 근육 글리코겐의 감소를 막아주는 직접적인 자원이 된다. 운동을 하는 도중 수시로 포도당액을 섭취하면 혈중 포도당은 소진됨이 없이 유지되고, 근육 글리코겐의 소비량도 아주 적게 감소된다. 그리고 분명한 것은 주된 탄수화물의 산화는 혈중 포도당으로부터 유래된다는 것이다. 체내에 흡수된 탄수화물은 효소 분해에 의하여 단당화되며, 이들은 나트륨이온의 작용으로 세포막을 투과한다. 포도당의 흡수는 나트륨 이온의 존재로서 촉진되고 있는 것이다.

스포츠 음료들은 대개 설탕, 포도당, 과당, 맥아, 덱스트린 같은 포도당 중합체 중 2-3가지를 포함하고 있다. 포도당 중합체는 단순 당질들이 사슬형태로 연결된 것으로 스포츠 음료에 포도당 중합체를 첨가하는 이유는 삼투압의 증가를 최소화함으로서 위에서 머무르는 기간을 지연시키지 않은 채 보다 많은 양의 포도당을 공급할 수 있을 것이라는 이론에 근거한다. 또, 포도당이 첨가된 음료는 물보다는 맛이 좋기 때문에 보다 많은 양을 마시게 되고 따라서 수분을 다량 보충할 수 있다는 것이다. WHO에서도 경구 투여액의 성분 중 나트륨은 90meq/L, 포도당은 20g/L를 권장하고 있다. 그리고 포도당은 과당, 설탕보다 위장에서 쉽게 흡수되는데, 이들도 농도가 높으면 느린 속도로 이동하므로 농도가 낮은 묽은 용액이 좋다.

(다) 유기산

주로 사용되는 유기산은 구연산, 사과산 등인데 구연산은 신맛 또는 특유한 맛 부여, 보존의 목적하기 위해 나트륨형으로 사용된다. 유기산도 염의 형태로 첨가되므로 솔트믹스쳐의 기능도 수행한다. 구연산의 염에는 구연산칼슘, 구연산나트륨 등이 있으나 구연산칼슘은 영양 강화제로 주로 사용하며 다소 불쾌한 맛을 가지고 있다. 그러나 구연산나트륨은 조미료로서 사용되고 있는데 주로 2분자의 결정수를 가지고 있는 것과 5분자의 결정수를 가지고 있는 것 중 상온에서 안정한 2분자 결정수를 가진 구연산나트륨을 사용하고 있다. 구연산나트륨은 백색분말로 청량한 짠맛을 가지고 있으며 수용액(1 → 20)의 pH는 약 알칼리성으로 7.6-8.6이며 물에 잘 녹으므로 청량음료에 구연산의 신맛을 완화하기 위한 신맛 완충제로서 사용되며 가공식품, 잼, 젤리, 청량음료, 캔디, 치즈 등의 pH조정제로 사용된다. 스포츠 음료에서는 구연산나트륨은 부족하기 쉬운 운동 후에 염분 보강용으로 사용되었다.

(라) 비타민류

비타민 C, 비타민 B_2, niacin 등이 사용되는데 모두 영양강화 목적으로 첨가한다.

(마) 착향료

농축된 천연 과일 향 또는 인공향료를 사용하는데 음료를 먹기 좋게 하고 향을 좋게 하기 위해 첨가한다. 대부분 인공향료를 사용하고 있는 편이다. 사용된 향료는 extracts인데, 이것은 건조과실을 물-알코올 혼합용매로 처리한 후 약간 농축시킨 것으로 착색물질을 가지고 있다.

8-35. 마가린

1. 시판 제품의 소개

가공식품명 01 : 청정원 식물성 마가린

식품의 유형 : 마가린

주원료 : 식물성 식용유지, 정제염, 버터향, 대두 인지질, 글리세린 지방산 에스테르

식품첨가물 : 디하이드로초산나트륨(합성보존료), EDTA-칼슘-2-나트륨(산화 방지제)

제조원 : 미원(주)

판매원 : 대상(주)

가공식품명 02 : 솔로몬 골드 마가린

식품의 유형 : 마가린

주원료 : 정제가공유지, 식물성유지, 프리페어드에다블팻, 유크림, 식염, 데이드로초산나트륨

제조원 : 서울하인즈(주)

2. 시판 제품의 식품첨가물 해설

마가린은 버터 대용품으로 나폴레옹 3세 때 1869년 프랑스의 무리에(Hippolyte Mege Mouries, 1817.10.24~1880.5.31)라는 화학자에 의해 발명되었다. 나폴레옹이 천연의 버터를 대신할 새로운 식품을 만들어 달라는 부탁으로 고심 중 면양의 위액으로 분리한 순수한 쇠기름에 우유를 넣고 착색제, 향료, 식염 등을 혼합하여 버터와 비슷한 인조버터를 만드는데 성공한 후 1870년 파리 교외에 세계 최초의 인조버터공장이 세워졌다. 맛이나 향기, 그리고 색깔 등이 마치 진주 같다고 하여 '진주와 같은(marties)'이라는 뜻을 가진 마가린이라는 용어를 사용하게 되었다. 그 후 프랑스에서는 쇠기름·돼지기름 외에 야자유 등의 식물유를 이용해 마가린을 대량생산하게 되었다. 영국의 빅토리아 여왕으로부터 받은 British Letter patent NO. 2157은 유명하여 이것을 수령한 1869.7.17이 마가린의 공식 탄생일로 되고 있다.

마가린에 첨가된 식품첨가물에는 정제염, 착향료(버터향), 대두인지질, 글리세린 지방산에스테르, 데하이드로초산나트륨, EDTA칼슘2나트륨 등이 사용되었다. 다른 제품의 경우 크림유, 탈지유, 디부틸히드록시톨루엔, 레시틴 등이 더 첨가된 것도 있었다. 그 외에도 β-카로틴, 청색색소 2호와 및 그 알루미늄레이크류가 착색료로 사용된 것도 있었다.

(가) 산화방지제(항산화방지제)

항산화제(antioxidants)는 활성산소로 인해 우리 몸이 노화되고 손상되는 것을 막아주는 물질인데 인체 내에 자연적으로 존재하는 SOD, 글루타치온, 페록시다제 등 효소, 요산, 빌리루빈 등을 비롯하여 외부에서 투여해 주는 것으로 비타민 E, C, 베타카로틴, 셀레니움 등이 관련 물질이다. 그 밖에 멜라토닌 같은 호르몬, 녹차에 많이 들어 있는 플라보노이드 성분과 적포도주에 들어 있는 폴리페놀, 벌집을 구성하는 성분의 하나인 프로폴리스 등이 대표적인 항산화제 들이다. 그러나 식품첨가물로 사용하는 것은 허가된 것은 BHA, BHT, TBHQ PG(proply gallate), EDTA-Ca-2Na 등이다. 현재 BHT, BHA는 맹독성으로 칼슘부족,

뇌기형, 유전자손상, 콜레스테롤상승, 염색체이상 등을 일으키는 것으로 알려져 있다. EDTA-칼슘-2-나트륨은 드레싱에서 언급하였는 것과 같이 이것은 킬레이트제제로 엄밀하게는 항산화제가 아니라 금속제거제 즉 산성 시너어지스트들(acidic synergists)의 하나이다. 유지식품의 변질의 원인이 되는 금속이온을 봉쇄하므로서 항산화작용을 나타낸다. 특히 드레싱의 주성분이 식물성 유지이므로 지방산패 우려가 있고 또 원료 속에 함유된 각종 금속이온들에 의해 지방산패가 촉진되므로 이를 방지하기 위하여 금속제거제를 첨가하게 된다.

(나) 데하이드로초산나트륨(보존료)

다양한 보존료가 있으나 마가린에는 데하이드로초산나트륨을 사용한다. 이것은 백색 분말이고 무취이며, 약간의 산미를 나타낸다. 버터, 마가린에 가염을 할 때에 첨가한다. 데하이드로초산은 비교적 높은 pH의 식품에서도 항균작용을 나타내지만 비교적 독성이 높아 유럽에서는 사용허가가 되어 있지 않고 미국에서는 일부 식품에 대해서 잔존량을 65mg/kg 이하로 규정하고 있다. 이것은 중추 신경을 마비시키고 출혈성 위염, 천식 등을 일으키고 염색체 이상을 일으켜 암을 유발할 가능성이 높은 물질로 알려져 있다.

(다) β-카로틴(착색료)

β-카로틴은 지용성이므로 버터, 마가린, 치즈 등의 유성식품의 착색에 이용되는데 야채, 과실, 곡류, 난황, 버터, 마가린 등 자연계에 널리 존재하는 황색계의 자연색소로 비타민 A의 효력을 갖고 있다. β-카로틴은 착색료로 합성품의 쪽이 경제적이고 영양가치, 색조의 안정화 등의 면에서 우수하다고 할 수 있다. 인공색소는 1953년 로슈사(스위스)에서 공업적 만들어진 이후 1957년 유럽을 중심으로 한 12개국에 허가된 식용색소이다. 일본에서도 1960년에 지정되어 현재까지 사용량의 제한 없이 사용되고 있다. 저농도에서는 황색을 나타내고 고농도에서는 등색을 나타낸다. 이것은 산화억제효과, 암, 특히 폐암에 대한 위험 경감효과, 일광과민증 완화 효과 등을 가지고 있다. 비타민 A로 전환되어 시각형성, 성장, 세포분열 및 증식, 생식 그리고 면역체계의 보존에 관여하며 비타민 A와 달리 과잉 섭취에 따른 부작용이 거의 없어 매우 안전한 형태의 비타민 A로 불린다. 비타민 A로 전환되지 않은 β-카로틴은 체내에서 독립적으로 항산화제의 역할을 수행하는데 이러한 항산화 작용은 비타민 A로서의 작용이상으로 중요하게 대두되고 있다. 즉 세포내의 1차 항산화 작용을 담당하는 비타민 E는 비타민 C에 의해 재생되고 비타민 E는 β-카로틴이 산화되는 것을 막아준다. β-카로틴은 첫째 협심증, 심근경색증, 뇌졸중 등의 심혈관계 질환을 예방한다. 심혈관계 질환의 주요 위험 요인 중 하나인 고콜레스테롤혈증은 콜레스테롤을 운반하는 지단백질

인 LDL의 산화를 촉진함으로써 동맥경화를 일으키는데 이것이 LDL 분자의 산화를 초기에 억제한다. 둘째, DNA의 산화적 손상으로 인한 초기의 세포변형을 최소화함으로써 암의 발병 및 진전과정을 억제해 줄 수 있다. 셋째, 특정 면역세포 수를 증가시켜서 신체의 면역기능을 증진시키는 것으로 알려져 있는데 AIDS의 예방적 측면에서도 좋은 효과를 가지고 있다. 넷째, 시력저하의 원인이 될 수 있는 백내장, 황반변성 등 노화로 인한 퇴행성 눈 질환에 대해서도 예방 및 지연 효과가 있다.

(라) 글리세린 지방산에스테르(유화제)

글리세린 지방산에스테르는 천연 유지 중에 존재하며 과잉의 글리세린과 지방산과의 반응에 의해서 만들어 진다. 백색-황색이며 분말과 반유동형, 끈끈한 액체형 등이 있는데 약간의 쓴맛을 가지고 유화성과 분산성이 크다. 마가린에서는 유화, 분산, 분산 식품의 안정화 등의 기능을 수행한다. 대두인지질은 천연 유화제로서 담황색이나 갈색의 투명 또는 반투명의 점조성 물질로 영양성 유화제이므로 사용하기가 좋다

(마) 버터향(착향료)

유지계 버터 대용품인 마가린의 향미는 향기위주의 유용성 향료와 정미위주의 수용성 향료를 병행하여 이용하는 천연의 버터향기를 가깝게 재현한 인공조합 향료를 사용하고 있다. 그러나 버터향을 내게 해주는 다이아세틸이라는 화학물질은 폐나 호흡기에 치명적인 손상을 주는 것으로 알려져 있다. 시중에서 버터에서 추출한 천연버터향 오일을 사용하여 만든 고급 버터향을 첨가하는 경우도 있으나 마가린에는 사용하지 않고 있다. 고급버터향은 내열성이 뛰어나 제빵이나 제과의 고온 공정 후에도 본래의 향을 보유하게 된다.

8-36. 마요네즈

1. 시판 제품의 소개

가공식품명 01 : 골드 마요네즈

유형 : 골드 마요네즈

내용량 : 300g

원료 및 식품첨가물 : 식물성식용유, 계란, 양조식초, 백설탕, 정제염, 디티에이칼슘 2 나트륨(산화방지제)

유통기한 : 유통기간 : 제조일로부터 8개월

제조회사 : 오뚜기 식품(주)

2. 시판 제품의 식품첨가물 해설

마요네즈(Mayonnaise)의 기원에 대해서는 몇가지 설이 있으나 가장 신빙성을 지닌 것은 지중해에 있는 미놀카 섬의 마혼(mahon)이라는 지방에서 유래되었다는 설이다. 이 도시 부근에 많이 생산된 달걀과 올리브 기름으로 만들어진 것이 시초다. 1756년경 프랑스와 영국이 7년 전쟁을 치루고 있던 당시 리슐리에(Richelieu)공작이 지휘한 프랑스 군대가 지중해 연안의 미놀카 섬(현재는 스페인령인 menoria)의 수도인 마혼(mahon)항에서 영국군을 물리치고 축하연회를 베풀었다. 이때 원주민이 제공한 고기요리를 먹어본 공작은 그 맛에 매료되어 비결을 알아본 결과 계란과 기름으로 만든 소스를 넣어 요리했다는 얘기를 듣고 그 배합과 제조법을 기록해 두었다. 전쟁이 끝난 다음 본국으로 귀국한 리슐리에(Richelieu)공작은 그 별식을 기억해 내 마혼의 소스(salsade mahon)라는 이름을 붙여 프랑스에 소개한 것이 오늘날의 마요네즈의 전신이다(Mahon항의 이름에다 '~풍(風)의'라는 의미를 갖는 접미어 'aise'를 붙여 Mahonnaise라고 소개). 이후 콜럼버스의 신대륙 발견과 함께 청교도들이 대거 미국으로 건너가면서 마요네즈는 미국 전역으로 보급되었다. 1912년에는 미국 C.P.C international사에서 최초로 상업화에 성공하면서 시판에 나섰고 1차대전 중에는 식량부족 현상을 완화하기 위해 미국정부가 국민들에게 생채소류를 즐겨 먹도록 권장하게 되어 채소류에 곁들여 먹을 수 있는 마요네즈의 소비는 급격히 늘어나면서 대중에게 보급되는 계기가 되었다. 한편 일본에서는 1925년 QP사에서 상품화하여 대중에게 전파되었다. 우리나라에서는 1972년 오뚜기사에서 처음으로 상품화하여 마요네즈의 국내보급이 이루어졌다.

마요네즈에는 산화방지제로 이디티에이 칼슘 2 나트륨(calcium disodium ethylendiamine tetraacetate, EDTA-disodium으로서 0.075g/kg이하 사용)을 첨가하고 있다. 이것은 항산화 및 산화안정목적으로 첨가하는데 이것은 백색 과립 또는 백색-회백색의 분말로 약간의 흡습성과 약간의 짠맛을 가지며 체내에 축적되지 않는다. 따라서 독성도 매우 낮아서 안전한 것으로 알려져 있다. 경구투여 하면 흡수되기 전 분해되지만 인체에 필수적 미량원소의 흡수를 방해하므로 과잉 섭취는 좋지 않다. 마요네즈나 샐러드드레싱 등에 0.005%를 첨가하면 효과가 있는데 식초에 녹이거나 달걀과 함께 블렌딩하여 첨가하기도 한다.

8-37. 드레싱

1. 시판 제품의 소개

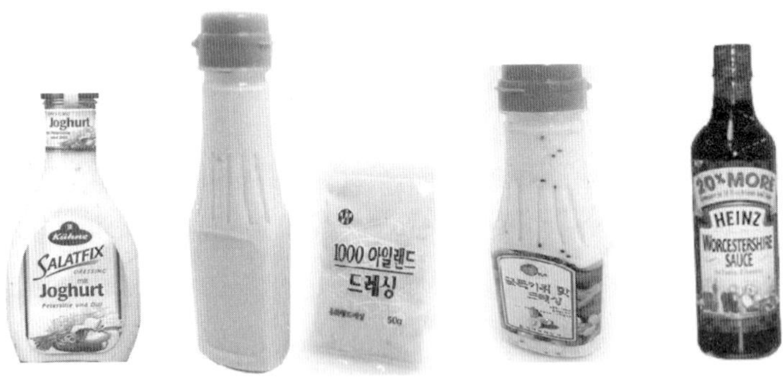

가공식품명 : 1000 아일랜드 드레싱

유형 : 유화형 드레싱
성분 : 식물성 식용유, 렐리시, 케찹, 백설탕, 양조식초, EDTA칼슘2 나트륨
제조 회사명 : (주) 오뚜기
유통기간 : 1998년 2월 18일 까지

2. 시판 제품의 식품첨가물 해설

드레싱(Dressing)이란 명칭은 원래 장식한다는 뜻을 가진 "Dress Up" 이란 단어에서 파생된 것으로, 야채 등에 첨가되어 "야채를 감싼다" 또는 "음식을 장식한다"라는 뜻에서 유래된 것으로 전해지고 있다. 이와 같은 명칭이 언제부터 사용되었는지는 분명하지 않으나, 18세기초 서양 요리 중에 드레싱이란 단어가 발견되고 있는 것으로 보아 대략 이 시기가 아닌가 추정되는데 샐러드 드레싱은 프랑스혁명 후 영국과 미국에 망명한 귀족들에 의해서 제조되었다고 한다. 드레싱은 각종 요리에 사용되는 조미료(Sauce)의 일종이며, 서양에서는 우리나라의 간장, 고추장, 된장 등에 맞먹는 전통식품으로서 정착되어 있다.

드레싱은 식품의 풍미를 돋우기 위한 목적으로 사용되는 것으로, 식용유, 식초 등을 주원료로 하여 식염, 당류, 향신료, 알류 또는 식품첨가물을 가하고 유화시키거나 분리액상으로 제조한 것 또는 이에 채소류, 과실류 등을 가한 것으로 드레스를 입히듯 음식을 감싸고 치장한다고 해서 드레싱이라고 부른다. 드레싱에는 마요네즈, 유화형드레싱, 분리액상드레싱, 샐러드드레싱, 후렌치드레싱 등이 있다. 유화형드레싱은 드레싱 중에서 반고체상 또는 유화액상으로 균질하게 유화시킨 형태의 것(식물성 식용유 10%이상이어야 한다)이며 분리액상드레싱은 드레싱 중에서 분리액상인 것(식물성 식용유 10%이상이어야 한다)을 말한다. 또 샐러드드레싱은 식물성 기름을 난황의 유화작용을 이용하여 만든 반고상 식품을 말한다.

후렌치드레싱을 간단히 드레싱이라 부르는 경우가 많은데, 식초와 식용유에 소금·후추 등을 첨가한 이것은 분리되지 않도록 잘 흔들어서 사용한다. 후렌치드레싱에 카레가루·파프리카·겨자·케첩·체리 등을 첨가해서 각각 인디언드레싱·파프리카드레싱·머스터드드레싱·사우전드아일랜드드레싱 등이라 부르며, 샐러드 외에 육류요리나 생선요리에 사용할 때도 있다. 또한 마요네즈에 전분 등을 첨가한 반고체상태의 샐러드드레싱도 판매되고 있다. 드레싱은 상온에서 저장하면서 유통시킨다. 판매하는 곳에는 실온에서 방치하지만, 가정에서 보관할 때는 냉장실에 둔다. 단지 0℃이하에서 보관만 안하면 된다. 왜냐 하면 저온에서

유화제는 냉동에 의해서 불안정하여 유화 상태가 파괴되기 때문이다. 그리고 이 제품은 유지가 주재료이기에(산화방지를 위해서) 유통 또는 저장시 햇빛이 닿지 않는 서늘한 곳에 놓아둬야 한다. 참고로 소스는 찍어먹거나 곁들여 먹을 수 있는 것이고 드레싱은 음식위에 고루 뿌려서 먹는 소스의 일종이다.

보통 샐러드드레싱에는 식용유(식물성 식용유 30%이상이어야 한다), 식초 또는 과즙, 난황, 난백, 전분, 단백가수분해물, 식염, 당류, 향신료, 유화제, 효모, 조미료(아미노산 등), 산미료, 산화방지제 등의 원료를, 후렌치드레싱에는 후추 또는 파프리카를 사용하고 식용유(식물성 식용유 35%이상이어야 한다), 식초 또는 과즙, 후추, 파프리카, 단백가수분해물, 식염, 당류, 토마토 가공품, 난황, 난백, 향신료, 향료, 유화제, 효모, 조미료(아미노산 등), 산미료, 산화방지제 등의 원료를 사용하는 것이 보통이다. 상기 제품에는 식품첨가물이 적게 들어가 있는 편이지만 유통기간 등 만약의 문제가 발생할 경우가 있을 가능성이 있으므로 관심있게 살펴 보아야 할 것이다.

(가) EDTA칼슘-2-나트륨

이것은 킬레이트제제로 킬레이트란 단어는 희랍어에서 chele란 게나 가재의 집게발가락을 말하며 중금속과 같은 이온에 강하게 흡착하여 달라붙는 물질을 의미한다. 여기에 사용한 EDTA 칼슘 2 나트륨은 유지가 많이 함유된 제품(샐러드드레싱)에서는 금속을 제거해 줌으로써 항산화제 역할을 한다. 엄밀하게는 항산화제가 아니라 금속제거제의 하나이다. 유지식품의 변질의 원인이 되는 금속이온을 봉쇄하므로서 항산화작용을 나타낸다. 특히 드레싱의 주성분이 식물성 유지이므로 지방산패 우려가 있고 또 원료 속에 함유된 각종 금속이온들에 의해 지방산패가 촉진되므로 이를 방지하기 위하여 금속제거제를 첨가하게 된다.

국제농업식량기구와 세계보건기구의 식품첨가물에 관한 합동전문위원회(Joint FAO/WHO Expert Committee on Food Additives, 1968)에서 정한 하루섭취량(ADI)과 일반적인 사용농도는 각각 0~2.5mg/kg체중과 0.01%이다. 하지만 1986년 이후로 산화방지제로서 식품에 허용되는 기준은 EDTA 2 나트륨의 무수물로서 제품 1kg에 대하여 0.075g 이하, EDTA 칼슘 2 나트륨을 병용할 경우에는 그 합계가 0.075g 이하가 되어야 한다(EDTA 칼슘 2 나트륨은 0.005g을 넘어서는 안된다).

9 식품첨가물의 남용과 인체의 영향

9-1. 식품첨가물 남용의 우려

세계보건기구에서는 "식품첨가물이란 식품의 외관, 향미, 조직 또는 저장성을 향상시키기 위해 식품에 미량으로 첨가되는 비영양성 물질"이라고 정의하고 있다. 즉, 식품첨가물이란 식품의 제조, 가공, 저장, 포장의 과정 중에 첨가되는 화학물질을 말한다. 오늘날 인류가 식품첨가물로 사용하고 있는 화학물질은 수천 가지에 이른다. 그런데 대부분의 식품첨가물은 인체 내의 생화학 반응을 교란시키거나 세포에 손상을 입히기도 하며 그것이 해독 배설되는 과정 속에서 많은 영양소를 소모하도록 만든다.

우리는 약에 대해 거의 맹목적으로 믿는 것처럼 식품의 가공 과정에 첨가되는 화학 물질에 대해서도 불감증을 앓고 있다. 물론 현재 사용되고 있는 식품첨가물들이 동물실험을 마치고 그 안정성이 검증된 것이라고는 하지만 그것은 인체라고 하는 복잡하고 다양한 시스템에서 획득된 안정성이 아니며 또한 여러 가공 식품을 복합적으로 섭취함에 따라 누적될 수 있는 식품첨가물의 양이나 화학 물질 상호작용에 의해 일어날 수 있는 문제에 대해 언급하고 있는 것은 아니다. 그렇다고 우리가 현재 인스턴트, 가공식품에 들어간 화학첨가물만 문제가 되는 세상에 살고 있는 것도 아니다. 우리가 그 동안 안전하다고 생각해 왔던 자연 식품들 그리고 조리하기 전의 식품 속에도 화학 물질이 범람하고 있다. 예를 들면 사육동물에서 얻어낸 고기, 계란, 우유 등에 농약과 화학비료, 방부제, 살충제, 항생제, 백신 등이 검출되고 있다. 우리는 버섯 전골을 즐겨 먹으면서도 버섯을 키우는데 살포되었던 살충제에 대해서는 누구도 의심하지 않는다. 그리고 어느 식당이나 똑같은 맛을 자랑하는 된장 찌개의 된장이 수입 콩으로 만들어지고 방부제에 절어 곰팡이 하나 피지 않는 된장과 고추장을 지극히 정상인 것으로 생각한다. 또한 하얀 연근과 우엉을 구입하면서 "깨끗하게 손질했구나"라고 생각하는 사람은 많아도 "표백제에 담갔구나"라고 생각하는 사람은 거의 없다. 또 고급 패밀리 레스토랑의 양상추 샐러드를 먹으며 "아황산나트륨 스프레이로 표백했구나"라고 생각하는 사람은 드물다. 그리고 새하얀 오징어채와 건어물을 먹으면서도 인체에 하등 도움이 안 되는 표백제와 방부제의 위험을 크게 깨닫지 못할 정도로 우리는 안전 불감증을 앓고 있는 것이다. 그럼에도 불구하고 많은 현대인들이 반조리 식품, 인스턴트, 가공식품, 외식을 즐기며 자신도 모르는 사이에 많은 양의 화학 물질을 섭취하고 있다. 하지만 인체의 정화기능에는 분명 한계가 있으며 이를 뛰어 넘어 무분별하게 화학물질을 섭취하면 반드시 문제가 일어날 수 밖에 없다. 식품첨가물로 인한 피해를 보면 다음과 같다.

9-2. 암에 걸릴 확율이 높다.

식품첨가물을 쉽게 설명하면 곧 화학물질이다. 식품에 사용할 수 있는 화공약품이란 뜻이다. 따라서 결코 온전하거나 절대적으로 안전하다고 단정지울 수 없다. 화학물질은 반응을 하는 물질이므로 다른 물질과 만나면 반드시 상호 반응하도록 되어 있다. 그 중에는 수용성도 있고 지용성도 있으므로 서로 상호반응도 있지만 인체내에 있는 어떤 성분과도 서로 반응하여 제2, 제 3의 새로운 물질을 형성하는 경우도 있다. 따라서 식품첨가물 자체의 위험성은 물론이거니와 반응 생성물의 인체내 위험성도 간과할 수 없다.

식품첨가물의 인체내 반응 중 가장 우려되거나 심각한 문제는 바로 발암성 여부이다. 현재 많은 종류의 식품첨가물이 인체내 발암성 물질로 판명되어 사용이 제한되고 있는데 그것은 바로 발암성 물질의 생성이 인간의 생명을 위협하기 때문이며 곧 위험 가능성을 가지고 있기 때문이다. 예를 들면 직접 암을 일으키는 식품첨가물로는 AF-2(프릴플라마이드의 상품명)는 한때 식품의 방부제로서 널리 사용되었는데, 실험용 흰쥐에서 암원성이 확인되고, 이어 사람의 림프구의 염색체에도 이상을 보인다는 보고가 나오자 식품첨가물로서의 사용이 금지되었으며 발암원성이 확인된 적색(赤色) 타르 색소, BHA(브틸히드록시아니솔) 등을 비롯하여 사카린, 아스팔탐, 아질산염(니트로소아민생성물질) 등 발암성 첨가물은 다양하다. 특히 착색료와 착향료, 유화제, 방부제, 발색제 등 식품첨가물 거의 모든 종류가 발암성 원인물질로 지목되고 있는데 발암유형도 급성인 경우도 있으나 대부분 만성 발암물질로 알려져 있다. 예로 둘신과 사이클라메이트라는 인공 감미료는 방광암 등을 일으키는 것으로 50년대 말 밝혀지고 69년에야 비로소 사용 중지됐다. 과거 노점상 빙수에 쳐서 먹던 색소들 중 일부에서 간암 유발 등 발암성이 발견돼 60년대부터 하나 둘씩 사용이 금지됐다. 식품의 변질을 막기 위해 사용됐던 살균제 중 할라존·클로라민T 등은 위암 유발 위험이 뒤늦게 발견돼 71년부터 사용이 중지됐다. 그 전까지 미국이 원조 물자를 보냈던 많은 양의 곡물이나 식품에는 부패를 막기 위해 살균제가 뿌려진 채 태평양을 건너왔다.

물질 자체로는 이상이 없으나 가열시 발암 물질로 될 수 있는 첨가물도 있는데 가공식품을 오래 보관해도 상하지 않게 하고 육류 가공 식품의 고기색을 선명하게 유지해 맛좋게 보이는 역할도 하는 아질산염이 대표적이다. 질산염이 주인 아질산염은 그 자체로는 암과 직접적인 관련이 없다. 그러나 가열하면 암을 일으키는 니트로소아민 등의 물질로 바뀌기도 하기 때문에 주의가 필요하다. 특히 아질산염은 많이 먹을 경우 빈혈, 청색증, 저혈압, 암 등을 일으킬 수 있다는 공식 연구가 나와 있다. 임산부, 4개월 미만의 유아, 빈혈을 앓고 있는 사람은 아질산 성분이 들어있는 음식을 피해야 한다. 음료용 방부제로 쓰였던 안식향산나트륨은 최근 비타민C와 반응해 발암 물질인 벤젠으로 변질된다는 위험성이 제기됐다. 이 외에도 안식향산나트륨은 워낙 다양한 음료에 널리 사용되다 보니 과다 섭취 역시 문제가 되고 있다. 임산부의 경우 많이 먹으면 기형아 출산의 위험이 있어 주의해야 한다. 몸무게가 적은 유아가 지나치게 먹으면 눈, 신체 내 점막 손상을 일으킬 수 있어 안식향산나트륨이 들어있는 식품은 피해야 한다.

자연 식품에서 섭취하는 발암 물질의 독성이 식품 첨가물의 독성보다 적다고는 말할 수 없다. 예로 채소 중에도 첨가물보다 비록 양은 적지만 자연적으로 질산염이 함유된 것이 많은데 질산염은 몸 속에서 아질산염으로 바뀌어 채소만 편식하면 결국 식품 첨가물을 먹은 것과 같은 효과를 낼 수도 있다. 채소가 항암에 좋긴 하나 이를 편식하는 것이 무조건 좋은 것만은 아니다. 또 간접적으로 암을 일으키는 식품첨가물도 있는데 이것은 각종 포장지, 포장용색소, 기구나 용기, 잔류농약과 환경호르몬물질, 방사선조사물질 등도 간접적으로 암을 일으키거나 변이원 물질이다. 암의 잠복기간은 15년 이상이라고 하는데, 급성독성과 같이 금방 알 수 있는 반응이 아니므로 자각증상도 없다.

식품첨가물에 따른 암의 위험에서 벗어날 수 있는 길은 개인이 해야 할 일과 국가가 해야 할 일이 별도로 있을 것인데, 첨가물에 의한 암의 예방은 개인 차원에서는 무리가 많고 국가 차원에서 이뤄져야 한다. 그 중 하나는 우리가 특히 많이 쓰는 첨가물이나 천연식품에 들어 있는 물질의 발암성에 대해 검토하는 방법이다. 미국의 경우 이를 위하여 발암성 등을 연구하는 독성학자가 많이 양성되고 있다. 또 식생활에서 첨가물을 완전히 따돌리는 것은 무리이지만 편식을 않고 골고루 먹으면 영양도 충분히 섭취되고 한 가지 첨가물만 집중적으로 먹는 일이 방지되고 설혹 첨가물에 문제가 있다 해도 적게 섭취해 화를 줄일 수 있다. 60년대 냉장고 보급이 암을 떨어뜨린다는 주장이 나왔는데 냉장고를 십분 활용, 신선한 식품을 고루, 다양하게 먹으면 첨가물에 의한 위험에서 벗어날 수 있을 것이다.

9-3. 신생아와 아이들에게의 악영향

이미 설명한 바와 같이 식품첨가물은 화학물질이므로 체내에 일부는 축적되어 문제를 일으킨다. 특히 지용성인 경우에는 체내 축적 확률이 클 수 밖에 없다. 특히 신생아와 아이들의 경우에는 아직 식품첨가물을 해독, 저항할 면역력이 부족하여 치명적인 문제가 야기될지도 모르는 일이며 복합적인 질환의 원인이 될지도 모른다. 만약 엄마가 식품첨가물을 섭취했을 경우 그 태아에 그 독성이 전달되어 태아의 건강에 까지 영향을 미치게 된다. 동물 실험의 경우 3세대 후에 비로소 그 영향이 나오는 식품첨가물도 발견되고 있다. 따라서 당장 식품첨가물에 대한 폐해가 없다고해서 아무런 문제가 없는 것은 아니다.

현재 각종 피부질환이나 소아암, 희귀질병으로 시달리는 아이들이 증가하고 있는데 이는 식품첨가물과 관계가 있다고 지적하는 학자들도 있다. 과거에 없었던 질병이 생기는 것은 분명 식품의 섭취와 관련이 있으며 식품의 섭취는 곧 식품첨가물의 섭취와 관련이 있기 때문이다. 이미 설명한 바와 같이 식품첨가물로 사용되는 화학물질을 다량으로 섭취하게 되면 특정 장기의 기능이 저하될 뿐만 아니라 많은 영양소의 소모를 가져오게 된다. 특히 성장과 발육의 시기에 있는 아이들에게 식품첨가물 같은 화학물질이 남용되면 성장과 발육을 저해하게 되어 인체의 구조를 완성해야 하는 시기에 질이 나쁜 인체가 형성될 수 밖에 없다. 식품첨가물의 위해는 장기적인 문제에 관련되므로 차세대에까지 그 영향이 미친다고 생각하면 된다. 따라서 이를 고려하여 자기 자신의 안전을 위해서라도 식품첨가물에 대한 경계심을 항상 가지고 있어야 한다.

9-4. 정신적 폐해를 가져온다.

식품첨가물의 상습적 사용과 과용은 정신적 폐해를 가져와 행동 발달과 심리상태의 불안전을 초래한다. 특히 청소년들의 경우에는 행동발달, 심리불안, 영양 불균형, 독성물질의 체내 축적 등으로 인한 다양한 정신적 질환을 유발할 가능성이 많다. 식품첨가물이 정신적 문제와 관련이 있다는 것은 여러가지 실험이나 임상연구를 통해서 밝혀지고 있는데 직접적인 실험을 통해서 식품첨가물의 정신적 폐해를 규명하는 경우도 있지만 간접적인 방법 즉 인스턴트식품이나 식품첨가물이 많이 첨가된 가공식품을 섭취케 하여 식품첨가물의 유해를 증명하는 경우도 있다. 일반적으로 식품첨가물이 많이 든 식품을 섭취하는 경우 심리와 정서 불안을 일으키는 경우가 많은데 예를 들면 MSG의 과다섭취는 비타민 B_6(피리독신)의 결핍을 가져와 무력감을 일으키며 청소년들의 경우 심할 경우 우울증, 자폐증, 과잉행동증 등을 동반하기도 한다. 특히 청량음료나 인스턴트식품에 함유된 인산염으로 인한 칼슘의 부족으로 아이들의 성격이 사납고 도전적이고 인내심이나 양보심이 없게 되며 정신이 불안정하여 난폭해지고 흥미 감퇴, 주의 집중저하 뿐만 아니라 이상한 행동을 하려는 경향을 나타낸다. 설탕의 과잉섭취, 비타민, 무기질 섭취의 부족 등도 정신적으로는 비행청소년이 될 가능성이 많은 것들이다. 과도하게 민감해지고 쉽게 화를 내며 자기 감정을 조절하는 능력이 저하되어 항상 초초하고 집중력이 없으며 인내심이 부족하거나 항상 긴장하여 화를 잘 내며 자기가 열등하다는 생각을 갖게 되는 것도 모두 식품첨가물 때문이다. 주의가 산만하거나 거짓말을 하거나 얼버무려버리는 성격을 가진 아이, 침착하지 못한 아이, 잘 싸우는 아이, 반항적인 아이, 난폭하게 행동하는 아이 등에게 많이 나타나는 현상인 과잉행동도 식품첨가물의 영향이 크다는 것이다.

9-5. 편식에 의한 영양 불균형 초래

식품첨가물은 식품의 가치를 높이기 위해 인위적으로 첨가하는 물질이기 때문에 일단 식품첨가물이 들어 간 식품은 그렇치 못한 식품보다 관능성과 기호성이 우수하다고 보면 된다. 따라서 어느 누구나 식품첨가물을 사용한 식품을 좋아하게 된다. 따라서 음식의 섭취능력이 부족한 아이들에게는 자칫 식품첨가물을 첨가한 식품을 단순히 더 좋은 식품으로 오인하고 이들을 습관적으로 선택하게 되는 경우가 생길지도 모른다. 즉 맛과 향기가 좋고 보기가 좋아 선택 가능성이 많아지면 잘못하면 편식으로 연결될 수 있기 때문이다. 편식이란 먹는 것에 대한 가리는 감정이 강하여 식사내용이 늘 영양적으로 불균형하여 발육이나 영양상태가 뒤떨어지는 경우이다. 즉 편식이란 먹기 싫고 맛이 없어 보이는 음식들을 꺼리는 것인데 평소 식사 때 그냥 맛있는 것만 고르게 된다. 편식이 생기는 경우는 식품의 맛, 냄새, 혀에 닿을 때의 느낌에 익숙하지 않을 경우, 부모들에게 편식이 있는 경우, 부모가 먹기 싫은 것을 강제로 먹이는 경우, 어떤 음식을 먹고 구토나 설사같은 불쾌한 경험을 했을 때, 어머니의 사회생활로 인한 아이들의 과보호, 먹어본 경험이 없는 경우 그리고 특정 음식이 자기 기호에 맞는 경우에 생기게 된다. 이러한 편식 선호 아이들은 성격형성에 문제가 생기고 뇌의 성장과 발달 지연, 육체적 성장 지연, 비만, 병에 대한 저항력 저하 등이 초래된다.

9-6. 알레르기 유발 가능성

식품첨가물이 알레르기 원인물질이라는 사실은 널리 알려진 사실이다. 물론 우리나라의 알레르기 질환 유병률에 대한 항원 물질이 집먼지진드기, 바퀴벌레, 곰팡이, 동물의 비듬 순인 것으로 밝혀졌고 또 어린이에게는 식품이 원인이 되는 알레르기 원인 식품으로는 계란, 돼지고기, 복숭아, 고등어, 닭고기, 우유, 메밀, 게 순으로 집계되었지만 식품첨가물도 알레르기의 원인물질로 알려져 있다. 최근 식품첨가물이 천식을 유발하거나 악화시킬 수 있다는 사실이 알려 지면서 음식에 대해 각별히 주의를 기울이고 있는데 아이들이 별다른 생각 없이 먹었던 가공식품과 군것질 거리에 들어 있는 식품첨가물이 아이의 천식증상에 나쁜 영향을 미친다고 한다. 식품첨가물 중에 채소, 과일, 육류 및 어패류의 신선도 유지나 색깔 변화 방지를 위해 널리 쓰이는 아황산염은 건강인에게는 해가 없다고 미국 식품의약국에서 공인하고 있지만 기관지 천식환자의 5-11%는 천식발작을 일으킨다고 한다. 아황산염은 우엉, 연근, 도라지, 샐러드 등의 변색을 막기 위해 쓰이며 오징어채, 명엽채, 쥐포채 등의 건어물과 빵, 과자 등에도 산화방지제로 폭넓게 사용되고 있다. 적색 2, 3호 등 먹거리에 널리 쓰이는 타르계 색소는 대표적인 발색용 식품첨가물인데 그 위해성에 대한 논란은 가라앉지 않고 있다. 아토피 피부염, 암, 천식 등 각종 질병을 유발하거나 악화시킬 수 있다는 경고가 있는 등 1976년 이후 미국 식품의약국(FDA)은 적색 2호 사용을 금지했다. 대표적인 표백제인 아황산염은 최근 도라지 등의 식품 표백제로 남용돼 문제가 됐다. 아황산염은 천식 환자, 아황산 알레르기를 갖고 있는 사람이 먹으면 치명적이라고 한다. 건강한 사람이라도 아황산염을 규정량 이상으로 섭취하면 두통, 복통을 비롯해 순환기 장애, 위점막 자극 등의 문제가 일어날 수 있는 등 각종 식품에 들어가는 방부제, 인공감미료, 식용색소 등의 식품첨가물과 인스턴트식품, 패스트푸드, 조기이유식, 이유시기의 단백질 조기 사용 등은 아이들에게 알레르기를 불러 일으키는 것으로 알려져 있다. 따라서 우리나라에서도 천식이나 알레르기를 유발하는 첨가물의 사용을 규제하거나 최소한 경고문구라도 표기해 스스로 조심할 수 있는 방법들이 마련되면 식품첨가물에 의한 피해를 다소 줄일 수 있을 것이다. 그러나 현실적으로 식품첨가물은 그 수가 많아서 전부에 대한 정보를 제공할 수가 없다. 현재 지정 식품첨가물은 총 614종류(화학적 합성 첨가물이 419개 품목, 천연 첨가물이 195개 품목, 일본에서 쓰이는 식품첨가물은 총 933종류, 미국의 경우 568개, 유럽연합(EU)은 296가지이다. 한국, 일본과 달리 미국, EU는 착향료를 식품첨가물의 범주에 넣지 않아 상대적으로 수가 적다)인데 예를 들면 콩나물을 두부로 만들기 위해 넣는 간수, 고기나 생선을 훈제하기 위해 쐬는 연기 등도 일종의 식품첨가물이므로 알레르기 발생여부를 가리기는 매우 힘든 상태이다.

우리나라는 2003년 5월 23일부터 알레르기 원인물질이 되는 11가지 식품원료(난류, 우유, 메밀, 땅콩, 대두, 밀, 고등어, 게, 돼지고기, 복숭아, 토마토)는 유통되는 모든 가공식품에 표시하도록 규제하고 있다. 그러나 각종 식품첨가물은 각종 알르레기의 원인이 되는 것으로 나타나 있는데 특히 어린이들의 알레르기는 사회적인 관심의 대상이 되고 있다.

10 식품첨가물이 든 가공식품의 선택과 길거리 식품

생활속에서 식품첨가물 섭취를 적게 하려면 첨가물이 함유된 식품을 가능하면 자주 먹지 않도록 한다. 비록 미세한 양의 첨가물이라도 자주 먹으면 첨가물을 섭취하는 양도 늘어나게 마련이다. 첨가물은 섭취량을 줄이는 것이 제일이다. 또 편식하지 않도록 한다. 편식하게 되면 거기에 첨가된 첨가물도 한쪽으로 편중되게 된다. 적은 양이라도 횟수가 늘어나면 위험도도 그만큼 높아지는 셈인 것이다. 지방의 섭취를 줄인다. 지방과 식품 첨가물을 함께 섭취하면 첨가물이 체내에 축적되기 쉽다. 때문에 가공식품을 조리할 때는 가능한 한 기름을 사용하지 않도록 한다. 야채는 많이 과일은 적당량 섭취한다. 비다민 A, C, E나 식물 섬유는 체내에 들어간 독성을 없애고 첨가물을 배출시키고 발암물질을 억제하는 작용이 있으므로 야채와 과일을 꾸준히 섭취하는 게 좋다. 따라서 식품 구입시 주의해야 할 점은 다음과 같다.

10-1. 표시를 보고 식품첨가물이 적은 것을 선택한다.

식품첨가물은 모든 가공식품에 대부분 들어있는 물질이므로 이를 피하거나 전혀 먹지 않을 수 없다. 그것은 식품첨가물을 사용하지 않고는 가공식품을 만들 수 없기 때문이다. 따라서 우선 식품을 구입할 때에는 항상 가공식품의 표시사항을 확인하는 습관을 가질 필요가 있다. 즉 식품의 포장에 표시된 「표시」를 반드시 체크하고 어떤 종류의 식품첨가물이 들어가 있는 지를 알고 가능한 한 적게 들어간 것을 선택하는 것이 좋다. 식품첨가물 표시가 적은 것을 선택하는 습관이 생기면 그것만으로 식품첨가물의 위해로 부터 벗어날 수 있는 가능성은 높아지게 된다. 특히 방부제. 착색료, 착향료, 표백제, 산화방지제, 유화제, 감미료, 조미료 등이 가능한 한 적은 식품을 고르면 된다.

10-2. 해독작용이 있는 식품을 먹는다.

식품첨가물은 화학물질이므로 인체내에서 축적 또는 다른 성분과 상호 반응하는 경우가 많다. 따라서 사전에 식품첨가물의 해독을 줄일 수 있는 성분들이 어떤 것이 있는지를 알고 있으면 식품첨가물의 위해를 줄일 수 있을 것이다. 예를 들면 야채나 과일의 비타민 C와 껍질에 함유된 천연 색깔과 향기성분인 피토케미컬 등은 식품첨가물에 의한 피해를 줄이고 기타 원인물질로 인한 발암물질이나 돌연변이물질의 생성을 억제할 수 있다. 또 식물섬유질도 독성을 약화시키거나 배출을 촉진시켜 주며 아미노산 또한 유해화학물질을 간장에서 해독하기 위해 필요한 물질이다. 그외 비타민 B군이 들어 있는 식품을 섭취하는 것도 식품첨가물의 위험을 줄이는데 도움이 된다.

10-3. 수입식품에 주의한다.

수입식품은 운반과정에서 신선도와 관능성을 유지하기 위해 많은 종류의 식품첨가물이나 농약, 또는 기타 제제를 사용하게 된다. 물론 운반과정에서 환경적인 요인도 조절하여 가능한 한 인체에 무해하도록 하지만 그것만으로는 충분한 보호를 할 수 없다. 따라서 대부분의 수입식품 속에는 이러한 첨가물질들이 들어 있다고 보면 틀림이 없다.. 그러므로 소비자가 수입식품을 선택할 경우에는 특히 어떤 식품첨가물이 사용되었는지를 꼼꼼히 살펴보아야 한다. 요즘에는 슈퍼 등에서도 생산지를 표시하도록 의무화되어 수입야채 등도 소비자가 알 수 있게 되어 있으므로 다소 좋아지긴 했어도 간혹 이들의 표시를 누락 또는 은폐하는 경우가 생기기도 한다. 만약 식품첨가물에 대한 의심이 있는 경우라면 다음과 같이 조리 직전 전처리를 통해 일부 첨가한 식품첨가물을 제거할 수 있다.

1. 수입과일과 채소

수입과일은 장거리 수송이 요구되기 때문에 부패, 변질을 막기 위해 농약, 방부제, 도포제 사용 등 각종 화학 처리를 거치게 된다. 오렌지, 바나나, 키위, 체리, 레몬 등 우리 주변에서 쉽게 만나는 수입과일들이 곰팡이를 죽이는 살균제와 보존제 등에 담거나 뿌려진 후 수입 된다. 또 운반되는 과정에서 배에서 상하지 않도록 살포되는 수확 후 농약(포스트하비스트)이 살포된다. 국내에 시판중인 수입과일을 대상으로 농약잔류량 실태조사를 실시한 결과를 보면 바나나, 레몬 등에서 국내에서는 잔류허용 기준치조차 없는 치아벤다졸(TBZ), OPP 등의 보존제 농약 성분이 상당량 검출되었는데 보존제 농약은 농작물을 수확한 뒤 장기 수송과정에서 일어날 부패 등을 막기 위해 사용되는 것으로 인체에 직접적인 영향을 끼칠 가능성이 높아 그동안 일본의 경우 엄격히 사용을 규제해온 것들이다. 또 수입 바나나에서는 살균제 성분인 베노밀과 치오파네이트메틸이 각각 1ppm, 0.2ppm씩 검출됐으며 수입 키위에서도 베노밀 1ppm이 검출됐다. 이 두 성분은 모두 허용기준치에는 못미친 것으로 조사됐지만 장기간 체내에 축적될 경우 피해를 유발할 가능성이 높은 것들이다. 또 레몬, 자몽, 바나나, 파인애플 등 모든 수입과일에서 잔류농약이 검출되고 있으며 특히 미국산 레몬과 자몽에서는 암을 일으키거나 기형아를 유발 할 수 있는 농약도 검출되었다. 검출된 농약 잔류량은 모두 허용기준치 이하지만 한 과일에서 여러 종류의 발암성, 기형성 농약이 함께 검출됨에 따라 인체에 심각한 영향을 끼칠 수 있는 것이다. 즉 발암물질은 상승작용이 있다는 점을 감안하면 2개 이상의 발암화학물질이 체내에서 상호작용을 통해 더욱 발암효과를 높일 수 있다. 따라서 개개의 발암물질이 허용기준치 이하라 하더라도 두 종류 이상의 농약이 함께 검출될 경우 그 허용량이나 안전량을 결코 신뢰할 수 없다. 중국 수입농산물의 경우 보존제 농약인 앨드린, 디앨드린, BHC 등 우리나라에서 금지된 농약이 뿌려지고 있는 실정이다.

이러한 종류의 수입과일은 겉면에 윤기가 많이 날수록 위험하다고 보면 된다. 농약을 뿌린 후 농약의 효과가 오래가도록 코팅제 등을 입혀 윤기가 나는 것이므로 윤기가 있는 것은 일단 의심을 가져야 한다. 겉으로는 싱싱하고 깨끗한 것처럼 보이지만 식품첨가물이나 농약, 발암물질 등이 섞여 있을 가능성이 높다. 이들은 껍질을 제거하고 먹는 과일일지라도 그 안에 어느 정도의 살충제 성분이 남아있을 수 있다. 곰팡이 방지제인 오르토페닐페놀, 치아벤다졸 등은 매우 위험한 첨가물이므로 과일이나 야채 전용 세제를 이용해 표면을 깨끗이 씻은 다음 껍질을 두껍게 벗겨 내고 사용하면 다소 이들의 위험을 감소할 수 있다.

농약과 각종 식품첨가물을 없애는 제독법은 우선 과일의 경우는 소금물에 15-20분 정도 담궈다가 흐르는 물로 씻은 다음 식초물로 헹구면 된다. 양배추·배추·양상추·양파 겉잎의 경우에는 농약이 제일 많이 남아 있으므로 겉잎을 떼내는 것이 가장 좋으며 양파의 경우에도 갈색껍질을 벗겨 내는 것이 좋다. 쑥갓·시금치·부추 등은 흐르는 물에 3-4분간 씻고 마지막 헹굴 때는 여러 번 흔들어 씻는다. 데칠 경우에 시금치는 1분 30초-2분, 다른 것은 1분 정도 처리한 후 물기를 제거한 후 요리한다. 감자는 씨눈 부분과 껍질에 유독 성분이 있으므로 반드시 제거하도록 하며 잘 씻은 후 사용한다. 토마토는 흐르는 물에 30초 정도 손으로 잘 문질러 가며 씻거나 껍질을 벗겨 먹는다. 우엉·가지는 떫은 맛이 독성이므로 물에 깨끗이 씻은 다음 껍질을 벗겨낸다. 토란·콩나물 등은 조리하기 전에 끓는 물에 식초를 약간 넣은 다음 30초 정도 데치고 껍질을 벗긴 토란을 구입했을 때는 먹기 전에 소금을 뿌려 두었다가 물로 씻어낸 뒤 다시 물을 붓고 끓인 후 물로 헹군다. 이와 같이 과실이나 채소에는 눈에 보이지 않는 많은 종류의 농약이 잔류하므로 반드시 가정에서 전처리를 한 후 섭취하는 것이 현명한 일이다. 현재 각종 원인 불명의 질병의 원인 중의 하나는 틀림없이 농약의 체내 축적에서 오는 경우이다.

2. 빵과 통조림

수입한 빵과 통조림에는 식품첨가물이 반드시 들어 있다. 특히 빵의 경우 빨리 부패하므로 방부제를 넣지 않고는 유통할 수 없다. 물론 가능한 한 수입한 빵류를 먹지 않는 것이 좋지만 만일 먹는다고 하면 우선 빵을 그냥 먹지 말고 토스트를 해 먹으면 첨가물의 유해성을 감소시킬 수 있게 된다. 통조림식품 예를 들면 통조림 콩과 옥수수 등은 선명한 색을 낼 수 있도록 식용색소와 합성감미료 등을 사용하는 경우가 많고 귤 통조림의 경우에는 내피를 벗기기 위해 수산화나트륨을 사용하는 경우가 있다. 이런 경우 통조림 액상(물)에 식품첨가물이 많이 녹아져 있는 상태이기 때문에 가능하면 물은 버리고 건더기만 먹으면 다소 식품첨가물의 섭취를 줄일 수 있다. 많은 사람들은 통조림식품의 경우 매우 안전하다고 생각하지만 실제 높은 열을 가하여 처리하므로 열에 의한 식품자체의 손실이 많이 일어난다. 따라서 이러한 열변화를 최소화하기 위해 품질개량과 관능성 향상을 위해 식품첨가물을 사용하게 된다.

3. 육제품류와 어묵

육제품에는 발색제(아질산나트륨), 보존료(소르빈산나트륨), 인산나트륨, 식용색소 등이 들어 있다. 아질산나트륨은 식중독균의 증식을 억제하지만 다른 첨가물과 만나 발암물질로 바뀔 수 있다. 슬라이스 햄을 80℃의 물에 1분간 담가두면 첨가물의 80%정도가 물에 녹아 나온다. 캔에 들어있는 햄은 윗부분에 노란 기름을 잘라내고 요리한다. 식용색소는 알레르기를 일으킬 우려가 있으므로 한꺼번에 많은 양을 먹지 않도록 하며 첨가물이 쉽게 녹아나오도록 칼집을 넣어 1분간 볶든가 뜨거운 물에 삶아내면 좋다. 다시 가열할 경우에는 삶은 물이나 기름은 버리고 새 것을 사용한다. 생선살로 만든 소시지는 보존료(소르빈산칼륨), 결착제(폴리인산염), 조미료, 식용색소 등 첨가물이 많이 들어 있지만 단지 생선살이라고 표시돼 있을 뿐 원료가 무엇인지 확실치 않은 경우가 대부분이다. 뜨거운 물을 사용하면 조직이 물러지므로 썰어서 찬물에 담가 첨가물이 녹아나오도록 한 다음 물기를 없애고 조리한다.

어묵에는 보존료(소르빈산나트륨), 인산나트륨, 식용색소(적색 제 2호, 적색 제 106호 등), 조미료(아미노산 등), 감미료 등 첨가물이 다량으로 들어있기 때문에 우선 표시사항을 꼼꼼히 살펴야 한다. 어묵에는 보존료가 많이 들어 있는데 미지근한 물에 담가두었다 끓이면 보존료 성분이 70% 정도 제거된다. 물에 담그거나 끓는 물에 살짝 데쳐 첨가물을 제거하도록 한다.

4. 맛살과 냉동 장어

게맛살은 게살이 들어 있지 않는 어육 연제품이다. 따라서 게살처럼 보이기 위해 착색제는 물론 여러 가지 첨가물이 어묵보다 많이 들어 있다. 어묵과 마찬가지로 가급적 첨가물의 종류가 적은 것을 고르고 조리할 경우에는 조리 전 더운물에 담갔다 사용하거나 먼저 자른 다음 뜨거운 물에 2-3분 데친 후 사용한다. 물론 사용한 물은 버린다.

중국에서 수입한 냉동 장어에는 발암의심물질인 말라카이트 그린(malachite green)이 들어 있어 문제가 된 적이 있는데 이 물질은 수산양식에서 특히 담수 어류 양식에서 쓰이는 수산약품으로 수조내에 있는 녹조류 즉 이끼 같은 것을 제거하는 일반 농사의 제초제나 병해충방지제와 같은 것이다. 즉 양어(養魚) 산업에서 생선의 알이나 어린 물고기를 죽이는 물곰팡이속(Saprolegnia)을 억제하는 데 사용되는 공업용 색소의 일종인데(향을 피워 모기를 쫓는 '모기향'의 색깔이 녹색인 것도 말라카이트 그린을 쓰기 때문이다) 어류를 양식할 때 수정란의 소독이나 운반·저장 과정 중에 곰팡이가 발생하지 않도록 하는 살균제로 가격이 저렴하고 효과가 좋아 많이 사용되었지만 1990년대 초 이 물질이 발암의심물질로 밝혀지면서 양식장에서의 사용이 금지되었다. 국내산 양식 민물고기 송어, 향어에서도 이 물질이 검출된 적이 있는데 원래 말라카이트 그린은 각종 섬유와 목재 등의 염색 혹은 지시약으로 사용되는 트리페닐메탄계 염료로 인체 발암성 물질이다 말라카이트 그린은 끓이거나 굽는다고 해서 그 성분이 없어지지 않으므로 선택과정에서 관심과 주의를 기울여야 한다.

10-4. 길거리 음식과 식품첨가물의 관계

길거리 음식은 가격도 부담 없고 대부분 맛도 있어서 아이들의 간식으로 자주 사게 되는데 문제는 음식을 만드는 환경이다. 거의 대부분 음식의 조리, 포장, 원료보관 등이 청결하지 못하거나 사용하는 용기가 의심되는 경우가 많다. 실제 그 속에 어떤 재료와 식품첨가물, 조미료 등이 얼마나 들어가는지에 대해서는 전혀 알 도리가 없다. 물론 길거리음식이라고 해서 다 그런것은 아니다. 다만 비위생적인 처리의 가능성이 많다는 점을 소비자는 알아야 한다. 우선 관심을 가져야 하는 것은 사용원료의 정직성과 음식의 포장비닐이다. 최근 관심이 높아지는 환경 호르몬과 관련, 과연 뜨거운 음식을 담는 비닐이 아무 문제가 없는지에 대해서는 의문을 가지지 않을 수가 없다. 특히 비닐의 종류 중 폴리염화비닐(PVC)의 사용에 대해서는 계속적인 문제 제기를 하고 있는 상태이고 보면 뭔가 안전에 관한 확실한 해답을 얻을 필요가 있는 것이다. PVC에는 프탈레이트의 성분이 함유되어 있고, 프탈레이트는 일본 노동후생성과 세계야생보호기금(WWF) 등에서 내분비계 장애물질로 규정되고 있는데 프탈레이트 성분은 열이나 기름에 약해서 뜨거운 음식을 비닐로 쌀 경우 그 성분이 음식으로 용출 될 수 있으므로 싼 가격의 PVC는 문제가 될 수 있다. 프탈레이트는 내분비계 장애물질 즉 환경호르몬이라고 하는데 우리 몸에 들어가면 배출되지 않고 내분비계에 축적되어 내분비계에서 호르몬으로 인식하고 이에 정상적인 호르몬을 방해하는 것으로 정소암이나 유방암의 원인, 기형아 출산, 유전자 변형의 원인이 된다. 특히 길거리 음식 등을 싸는 값싼 가격의 PVC의 경우 이런 문제를 야기할 가능성이 매우 높아서 우리에게 친숙한 길거리 음식은 청결 문제 뿐 아니라 "여름철, 더운 날씨와 음식의 열기로 비닐이 발암물질이나 환경호르몬 성분을 생성할 수 있을 가능성을 아이들이나 엄마들이 알아야 한다.

11 식품첨가물의 상표 표시

11-1. 식품첨가물의 상표 표시의 중요성과 방법

시중에 판매되고 있는 각종 가공식품의 식품첨가물은 어떻게 표시하고 있으며 과연 그 표시가 잘 지켜지고 있는가? 하는 의문에 대해서는 소비자들은 잘 모르고 있는 편이다. 모든 가공식품에는 식품첨가물의 사용을 표시하도록 되어 있는데 그 정도는 나라에 따라 각각 다르다. 우리나라의 경우는 미국의 표시기준을 많이 참고하여 실시하고 있는데 엄격함에 있어서는 미국보다 훨씬 뒤떨어지는 것으로 알려져 있다. 식품첨가물의 표시사항은 가공식품의 안전성과 직결되는 부분이므로 이를 잘 지키고 소비자들도 이것을 반드시 확인한 후 가공식품을 구매하는 습관을 가져야 한다.

가공식품에는 상표가 붙어 있다. 이 상표에는 가공식품에 대한 모든 정보가 들어 있다. 따라서 상표를 보면 가공식품의 모든 정보를 이해할 수 있도록 되어 있는데 아직 우리 나라의 경우는 부족한 부분이 많은 것이 사실이다. 우선 가공식품의 상표에는 원료명 또는 성분명을 표시하도록 되어있고 그 다음이 식품첨가물에 관한 정보를 상세하게 기재하도록 되어 있다. 그 정보는 대략 종류, 성분과 함유비율 등으로 우선 어떤 식품첨가물을 얼마나 첨가하였는지에 대한 정보이다. 즉 성분규격인 화학적 성분의 비율을 정확하게 밝혀야 한다. 따라서 식품첨가물은 정해진 규격기준에 맞도록 표시하여야 한다. 대부분의 식품첨가물은 합성 즉 인공화학물질이지만 천연첨가물일 경우에도 식품위생법 중 표시기준 등은 화학적 합성품과 동일하게 표시하도록 규정하고 있다. 그 종류는 약 3,000여종이다.

미국의 식품첨가물은 연방규정(Code of Federal Regulations 21, CFR 21)에 따라 직접첨가물(Direct Food additives)과 간접첨가물(Indirect Food Additives)로 대별하며(Direct Food Additives: CFR 21;172, 180, 181, 182, 184에 기재, Indirect Food Additives: CFR 21;173, 174, 175, 177, 178, 179, 180, 186에 기재) CFR에서는 대부분 성분규격을 설정치 않고 일부 식품첨가물의 사용기준, 표시

등에 대하여 규정하고 있다. 또 Food Chemicals Codex에서는 개별첨가물의 성분규격을 설정하고 있다. 세계농업기구/세계보건기구 합동 식품첨가물전문가 위원회(JECFA : Joint FAO/WHO Expert Commitee On Food Additives)의 규격기준에는 허용 대상식품에 대해 허용량, 포괄적 규격기준, 사용기준 등을 설정해 두고 있다(예: ferrocyanides of calcium, potassium and sodium). 이러한 식품첨가물의 기호표시는 EU(European Union)에서는 승인된 첨가물에 E자와 번호를 부여하고 있는데 E는 식품첨가물임을 나타내는 EU의 고유문자이고 번호는 편리하게 관리하기 위하여 만든 것이다. 또 INS는 International Numbering System의 약자로 식품첨가물의 국제번호체계이며 CAS(Chemical Abstract Service)는 식품첨가물의 화학물질 서비스번호를 나타낸다. 예를 들면 보존료인 안식향산(benzoic acid)은 E210, 또는 INS210, 또는 CAS65-85-0로 표시하면 되는데 소비자들은 이를 알 수 없기 때문에 그냥 안식향산(benzoic acid)으로 기재한다. 식품첨가물의 표시는 1992년 1월 1일부터 의무화되었는데 그 표시방법은 다음과 같다.

1) 이해하기 쉬운 명칭으로 표시
2) 적절하게 간략화된 명칭으로 표시
3) 표시 필요성이 높은 것은 물질명과 용도를 병기
4) 필요성이 낮은 것, 식품 중에 상재하는 것은 일괄명으로 표시

표. 국제식품첨가물의 기호표시 예

약자	원명	사용예	비고
E	European Union(유럽첨가물기호)	E210	benzoic acid (안식향산)
INS	International Numbering System (국제번호체계)	INS210	
CAS	Chemical Abstract Service (이화학물질 서비스 번호)	CAS65-85-0	

식품첨가물은 식품위생법 시행규칙 제 5조와 관련하여 표시대상으로 지정되어 있으며 식품 용기나 포장의 보기 쉬운 곳에 명기하여야 할 사항을 규정한 표시 기준이 있는데 크게 일반표시기준, 개별표시기준, 그리고 공통표시기준이 있다. 일반표시사항은 사용한 식품첨가물의 모든 사항을 용기 또는 포장의 보기 쉬운 곳에 알아보기 쉽도록 한글로 표시하여야 한다. 개별표시사항은 어떤 식품첨가물이 품목으로 생산, 유통되는 경우(식품에 첨가된 식

품첨가물을 말하는 것이 아님) "식품첨가물"의 표시를 하여야 하며 혼합제제 제품에 있어서는 "혼합제제"로 표시하여야 한다. 타르색소를 혼합 또는 희석한 제제에 있어서는 "혼합" 또는 "희석" 이라는 표시와 실제의 색깔 명칭을 표기하여야 한다. 공통표시항목은 다음과 같다.

(가) 제품명

제품명은 허가받은 명칭을 같은 크기의 글자로 표시하여야 하며 특정 성분을 제품명으로 사용하고자 하는 경우 성분 배합기준에 규정된 기준함량 이상이어야 하며 특정 성분을 제품명 바로 아래에 그 성분 및 함량을 4호 활자 이상으로 표시한다. 그러나 특정 성분이 들어 있지 아니하거나 원재료 배합기준 미만일 경우, 예를 들면 향(香)으로 그 특정 성분의 맛을 내게 하고 특정 성분을 제품명으로 사용하고자 하는 경우에는 그 특정 성분의 명칭 다음에 제품명과 동일한 크기의 활자로 "맛" 또는 "향"자를 표시하고 "00향 첨가" 라는 표시를 제품명 바로 아래에 4호 활자 이상으로 표시한다. 외국제품 또는 외국과 기술제휴하여 만든 제품으로 오인할 우려가 있는 내용은 제품명으로 사용할 수 없다. 화학적 합성품인 첨가물에 있어서는 식품위생법 시행규칙 제 7조의 규정에 의하여 장관이 고시한 첨가물의 명칭을 반드시 표시하여야 한다.

(나) 제조업소명, 제조년월일과 기타

제조업소명 및 소재지를 표시하여야 한다. 제조업소명 외에 판매업소명을 병기하여 표시하고자 할 때에는 제조업소명과 같거나 작은 크기의 활자로 표시하여야 한다. 제조년월일은 제품포장의 오른쪽 아래에 5호활자 이상으로 지워지지 않는 잉크 또는 각인을 사용하여 "0년 0월 0일" 또는 "0, 0, 0"로 잘 보이도록 표시하여야 하며 자동 포장기의 사용으로 인하여 표시가 곤란한 경우에는 같은 위치에 표시부위를 명시하여야 한다. 또 표시하기가 곤란할 때에는 알아보기 쉬운 밀봉된 면에 표시한다.

그 외 내용물의 용량, 중량 또는 갯수를 표시하여야 한다. 다만 갯수로 표시할 때에는 중량 또는 용량 표시를 괄호 속에 표시하여야 한다. 첨가물이 함유된 식품에 있어서는 그 함유된 첨가물의 명칭과 용도를 표시한다. 예를 들면 "식용색소 녹색 제 3호, 합성착색료"로 표시한다. 또 착향목적으로 사용되는 것을 제외한 화학적 합성품을 혼합한 혼합제제인 첨가물에 있어서는 혼합된 화학적 합성품의 명칭 및 함량(%)을 표시하여야 한다.

(다) 표시의 대상이 되는 첨가물과 표시방법

식품첨가물의 표시방법은 지정첨가물의 경우에는 식품위생법 시행규칙의 명칭(별명을 포함한다)에 따르지만 경우에 따라서 간략명을 사용할 수도 있다. 또한 동종(同種)의 기능을 가지는 첨가물을 병용하는 경우에는 간략화된 표시를 사용하여도 좋다. (예) 젖산, 젖산나트륨과 젖산칼슘을 병용한 경우 : 젖산(Na, Ca). 기존첨가물의 표시는 제시한 명칭을 따르지만 간략명 내지 유별명(類別名)을 따를 수도 있다. 천연향료는 “착향료”라는 표시를 하고 감미료, 착색료, 보존료, 증점제·안정제·겔화제·호료, 산화방지제, 발색제, 표백제, 곰팡이방지제(방곰팡이제) 등 첨가물에 대하여는 물질명과 용도명을 병기하지만 다만 착색을 목적으로 사용되는 첨가물은 “착색료”라는 표시가 되어 있는 경우에는 용도명 표시는 생략할 수 있다. 증점안정제 다당류를 2종 이상 병용하는 경우에는 간략명으로서 “증점다당류”를 사용하여도 무방하며, 이 경우 “증점제 또는 호료”의 용도명은 생략할 수 있다. 일반적으로 널리 사용되고 있는 명칭이 있는 첨가물의 경우에는 그 명칭으로서 이를 대신할 수 있다(이스트푸드, 검베이스, 간수, 효소, 광택제, 착향료, 산미료, 연화제(추잉껌)에 사용하는 경우에 한한다). 다만 조미료에 있어서, 예를 들어 아미노산만으로 구성된 경우는 “조미료(아미노산)”, 유기산만으로 구성된 경우는 “조미료(유기산)”, 주로 무기염으로 구성된 경우는 “조미료(무기염 등)”으로 표시하며 팽창제는 팽창제, 베이킹파우더라고 표시할 수 있다. 첨가물의 표시에는 어떠한 경우라도 “천연” 또는 이와 유사한 표현의 사용은 허용되지 아니한다. 아스팔탐을 함유하는 제제 또는 식품에 있어서는 L-페닐알라닌화합물이라는 내용, 또는 이를 함유한다는 사실을 표시하는 것이 필요하다.

11-2. 실제 식품첨가물 표시와 문제점

식품첨가물은 사용기준에 맞게 사용할 경우 인체에 해가 없다고 하지만 식품첨가물의 대부분이 화학합성물질이기 때문에 자체 독성을 갖고 있으므로 소량이라도 매일 섭취하면 체내에 축적되어 만성중독을 일으킬 수도 있다. 따라서 허가된 식품첨가물이라도 과용하거나 오용하면 큰 문제가 발생할 수도 있다. 우리나라 식품첨가물 규제의 대부분이 성인을 기준으로 규정돼 있어 성인에 비해 쉽게 일일 허용섭취 권고량을 초과하는 어린이를 보호하기 위해 표기법을 강화하여야 한다. 지금까지 알려진 과학적 독성을 기초로 추산한 일일 허용섭취 권고량에 따를 경우 문제가 없어 보여도 복합 섭취는 큰 문제가 될 수 있으므로 국내에서도 개인별 일일 섭취량 조사 등 깊이 있는 연구가 필요한 실정이다.

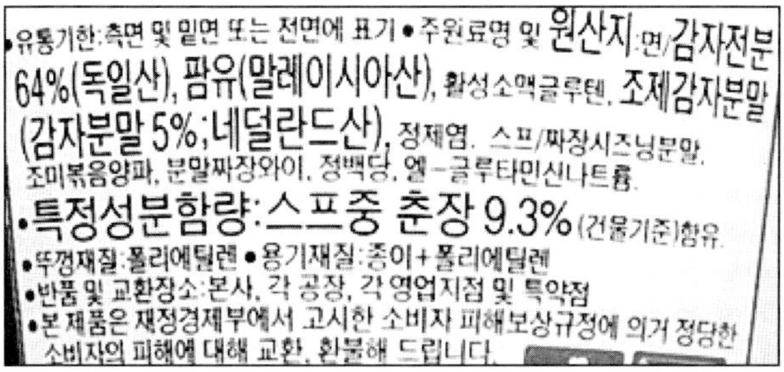

식품의 재료가 다국적인 것을 보여주는 ㄴ회사 컵라면 제품의
뒷면 식품정보 표기란. 소비자가 조금만 신경 쓴다면 자신이
구매한 식품의 위해성 여부는 스스로 판단할 수 있다. “

상기의 상표는 ㄴ회사 컵라면 제품의 상표이다. 이 라면에 들어간 주원료와 식품첨가물은 면(감자전분64%(독일산), 팜유(말레지아산), 활성소맥글루텐, 조제감자분말(감자분말 5%: 네델란드산), 정제염, 스프/짜장시즈닝분말, 조미볶음양파, 분말짜장와이, 정백당, L-글루타민산나트륨, 특정성분함량: 스프중 춘장 9.3%로 되어 있다. 상기 상표의 경우 우선 함량표시에 미흡한 것이 많다. 물론 전체를 모두 함량표시할 수는 없지만 최소한 인체와 관련이 될 것으로 생각되는 성분 예를 들면 정제염, 정백당, L-글루타민산나트륨 등에 대해서는 그 함량을 표시하여야 한다. 또 문제는 짜장시즈닝분말, 조미볶음양파, 분말짜장와이에 대한 구성성분에 대한 정보가 전혀 없다는 것이다. 실제 이들 중에는 다양한 식품첨가물이 들어 있는 것들이 많은데 그 내용을 전혀 알 수 없다는 것이다,. 각각에 대한 정보를 모두 표기하는 것이 소비자들에게 믿음과 신뢰를 주는 것이다. 특히 춘장의 경우에는 이 속에 식품첨가물이 당연히 들어 있는데 그것에 관한 정보는 없고 단순히 춘장자체의 첨가사항만 표시하고 있다는 점이다. 얼마전 일어난 ‘만두 파동’의 경우에도 속내용물에 대한 정확한 표시를 하였다면 문제는 간단히 해결될 수 있었을 것이다. 그러나 대부분의 제품에서는 만두속에 관한 자세한 신뢰할만한 정보를 제공해 주지 못했기 때문에 소비자가 불량식품, 불량재료, 불량공정 등으로 오해할 가능성이 높은 것이다. 따라서 가공식품의 상표에는 소비자가 잘 알아볼 수 있도록 식품이나 식품첨가물에 대한 표시 정보를 제대로 하여야 한다.

제조공정에 당을 첨가하지만 않으면 쓸 수 있는
표현이 '무가당'이다. 당뇨 등의 위험이 있는
사람은 반드시 함께 표기된 당 함유량을 확인해야 한다.

상기 상표는 제품에 무가당임을 강조한 상표이다. 그런데 실제 표기는 당함량이 9.3%로 되어 있다. 우선 소비자들은 당이 없는 무가당으로 우선 생각할 수 있을 것이다. 무가당 즉 sugar free라는 용어는 본래 무(無)를 뜻하므로 설탕이 전혀 포함되어 있지 않거나 영양적으로 무(無)일 때 사용하며 급식 기준당(per service size) 설탕의 1/2 이하 포함되어 있을 경우에는 sugar free라는 문구를 사용할 수 있다. 그러나 본 제품의 경우에는 이에 관한 하등의 정보가 없이 무가당이라고 표기한 것은 매우 위험한 발상이 아닐 수 없다. 따라서 소비자들을 현혹하는 표기의 대표적인 사례인 '무설탕'을 보고 제대로 된 가공식품을 혼동해서는 안 된다. 소비자가 헷갈리는 표기의 대표적인 사례인 '무설탕'이라고 표기한 제품의 경우 설탕은 없지만 감미료를 사용하거나 과당, 액상과당이 포함된 경우가 많다. '무가당'도 마찬가지다. '무가당'도 관련법상 제조·가공 중에 당을 인위적으로 첨가하지만 않으면 표시할 수 있는 표현인데 원래 당 성분이 많아도 당을 첨가하는 제조 공정만 없으면 '무가당' 표시를 사용할 수 있다. 이 경우 무가당 표시 옆에 괄호로 제품내 당 함유량을 표기하도록 하고 있다. 비만이나 당뇨인 사람들이 무가당 표시만 보고 쉽게 선택해서는 안 되는 이유가 바로 여기에 있다. 즉 설탕 이외의 감미료를 사용하거나 과당, 액상과당이 포함된 경우에도 비만이나 당뇨인 사람들이 무가당 표시만 보고 쉽게 가공식품을 선택하게 된다.

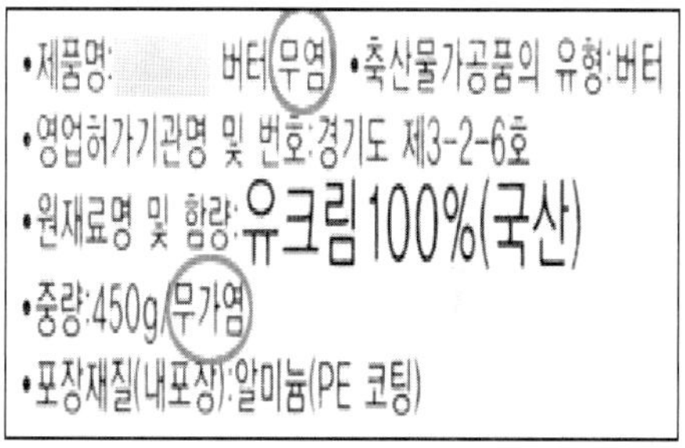

ㅅ회사 제품의 버터 식품표기. 무염과 무가염을 함께 표기하는 오류를 범하는 경우.

상기 제품은 ㅅ회사 제품의 버터에 표시된 내용이다. 이 표기에도 '무염' '무가염'이라는 표시를 하여 소비자들로 하여금 혼동을 일으키도록 만들고 있다. 실제 "무염"이라는 용어와 "무가염"이라는 용어는 다르다. 무염은 제품전체에 염에 해당하는 성분이 없다는 것이고 무가염은 제품을 만드는 공정에서 염의 성분을 첨가하지 않았다는 의미이다. 따라서 무염과 무가염을 동시에 표시하는 것은 문제가 있는 용어 선택이다. sodium free(무나트륨)는 매식당 니트륨이 5mg이하, very low sodium(나트륨 극소)은 매식당 35mg 또는 그 이하, low sodium(저 나트륨)은 매식당 140mg또는 그 이하, reduced sodium(나트륨 감량)은 보통 나트륨의 75% 감량, unsalted(가염되지 않음)는 통상적으로 가염처리되는 식품에 소금을 넣지 않고 처리된 경우를 말한다. '나트륨'(Na)은 혈압에 직접적인 영향을 주는 성분으로 염분의 최저 필요량은 3g이하로 알려져 있지만 대다수 사람들은 필요 이상으로 섭취하고 있다(염분량은 나트륨량에서 2.54를 곱하면 산출됨). "무염"은 "소금이 없다"이고, 무가염은 "소금을 첨가하지 않았다"라는 뜻으로 무염이라고 해서 나트륨이 없는 것은 아니다. 무염간장이라 해도 나트륨 함량은 매우 높은 경우가 한 예이다. "무가염"은 소금을 첨가하지 않았다는 뜻이지 소금이 천연적으로 없다라는 뜻이 아니다. 그러니까 무가염 식품에서도 소금함량, 나트륨 함량 모두 높을 수 있음을 명심해야 한다.

돼지고기 보다는 쇠고기의 원산지 표기가 말썽의 소지가 많다.
일단 수입육도 6개월 이상 국내에서 기르면 한우가 되기 때문.
한편 사진에 표기된 아질산나트륨에 대해 최근 한 시민단체는
'보존료 무첨가라는 표현으로 인체에 위해한 식품첨가물의
존재를 호도하는 것'이라고 주장하고 있다.

상기 가공식품은 불고기햄이다. 이 햄은 참나무훈연으로 만들고 무전분, 국산순돈육사용, 보존료를 첨가하지 않는 것으로 되어 있다. 또 원재료명 및 함량을 보면 돼지고기 91.50%(국산), 갈색설탕, 정제염, 유청분말, 햄스파이스, 디비-1 아질산나트륨(발색제) 등이 첨가된 것으로 기재되어 있다. 우선 이 제품에서 주목할 만한 것은 "국산"이라는 표기이다. 축산물은 태어난 곳과 길러진 곳이 다를 경우가 있는데 미국에서 들여온 소를 한국에서 길렀다면 '한우'가 될 수 있느냐는 것이다. 우리나라의 식육 기준에 따르면 검역 계류장에 도착해 6개월 이상 국내에서 사육된 수입 생우에서 생산된 고기는 '국내산 고기'로 인정한다. 일본은 수입한 날로부터 소는 3개월, 돼지는 2개월, 그 이외에는 1개월 이상 기른 것을 '일본산'으로 표기하고 있다(농산물은 원료를 3개국 이상의 국가에서 생산된 원료를 혼합해 사용했을 때, 혼합 비율이 가장 높은 원료의 '생산국명, 혼합비율'과 두 번째로 높은 원료의 '생산국명 등, 나머지 혼합비율'을 표시한다. 이 때문에 중국산 양념을 사용하더라도 국내에서 만든 김치라면 '국산'이라는 것은 좀 문제가 있어 보인다. 실제 중국산 고추, 대파, 배추와 국산재료를 섞어 만든 김치를 국산으로 판매해도 정당하게 취급하고 있는데 그것은 김치의 가공이 국내에서 이뤄졌고 주원료인 배추 89%의 원산지(중국)를 명시했다면 국산김치로 표기해도 좋다). 이와 같은 사실을 소비자가 알 수가 없다. 따라서 국산이라는 표기는 국내의 돼지를 국내에서 사육하여 햄제조 원료로 만든 것인지 외국돼지를 들여와 우리나라에서 사육하였는지를 구분할 수 없다. 둘째는 보존료의 사용에 관한 것이다. 햄은 영양적 성분이 다양하고 풍부하기 때문에 세균의 번식 가능성이 높은 가공식품이

다. 보존료는 이것을 방지하기 위해 첨가하는 것인데 과연 보존료를 전혀 사용하지 않으면 이것을 어떻게 만들었다는 뜻인지 궁금할 수 밖에 없다. 과연 보존료를 대신할 수 있는 것이 무엇인지가 매우 염려되는 바이다. 예상컨데 훈연을 지나치게 하였거나 발색제 또는 정제염을 지나치게 넣은 경우는 보존효과가 분명 있을 수 있다. 따라서 단순히 보존료를 첨가하지 않았다는 이유만으로 이 제품이 우수하거나 좋다고 판단하는 것은 매우 잘못된 것이다. 이렇게 만든 것일수록 안전에 더 많은 문제가 일어날 수 있다는 사실을 명심해야 한다. 세째는 발색제의 사용 함량이다. 돼지고기의 첨가량은 밝히고 발색제의 첨가량을 밝히지 않는 것은 보존료의 무사용과 관련하여 우려가 될 수 있는 부분이다. 가령 발색제를 많이 첨가한 경우에는 보존료를 사용하지 않아도 된다. 그것은 발색제를 과량 첨가할 경우 이것이 방부제로서의 기능을 하기 때문이다. 따라서 발색제의 단순한 첨가표시만으로 이 제품의 안전성을 믿을 수 없다. 전반적으로 표시사항을 엄격하게 적용하여 소비자들이 안전하게 제품을 구매할 수 있도록 하여야 한다.

식염절임류인데 이 제품에 '무표백제'라는 표현이 지나치게 크게 강조되어
사카린나트륨 등 여러 식품첨가물 첨가사실을 은폐하고 있다.

상기 가공식품은 식염절임류이다. 원료 및 원산지의 표기란에는 무우50%(국산), 조미액 50%(식염, 사카린나트륨, 합성감미료, 소르빈산칼륨(합성보존료), 식용빙초산(합성식초), 사과산, 포도당)와 같이 되어 있다. 우선 이 제품의 표기에 관한 문제점을 지적하면 "표백제 무첨가"라는 말을 매우 강조하여 다른 식품첨가물의 첨가 자체를 은폐하고 있다는 점이다. 언뜻 보기에는 이 제품에 식품첨가물이 전혀 사용되지 않았다는 착각을 가져다 주기 때문이다. 실제는 엄청나게 많은 종류와 양의 식품첨가물이 들어 있는데도 소비자들은 "무첨가"라는 용어에 현혹되고 마는 것이다. 실제 표백제가 어떤 목적으로 사용되었는데 어떤 이유때문에 사용하지 않았다는 것을 소비자가 이해할 수 없는 것이다. 즉 표백제의 사용여부가 이 제품에 어떤 중요한 의미를 가지고 있는지에 대한 정보를 소비자는 알 수 없다는 것이다. 마치 방부제 등과 같이 소비자가 우려하는 것들을 사용하지 않았다는 의미로 혼동하기 쉬운 표기라는 사실을 주목해야 한다. 둘째 이 제품에는 예상보다 많은 종류의 식품첨가물이 들어가 있는데 이들에 대한 구체적인 정보가 없다는 점이다. 예를 들면 조미액을 만들 때 조미액을 만들기 위해 사용된 재료들의 첨가비율이 없다는 점이다. 이 사실은 이 제품이 어떻게 만들어졌는지에 대한 어떤 정보도 얻을 수 없다는 것이다. 특히 안전성과 인체의 유해와 관련이 있는 합성보존료(일명 방부제), 합성감미료, 합성식초 등의 첨가여부는 물론 첨가량이 사람의 건강에 중요한 자료가 될 수도 있기 때문에 이것을 소홀히 했다는 것은 아마 이 제품의 결점을 은폐하기 위한 수단으로도 이용될 가능성이 많다는 것이다. 어떻든 가공식품의 식품첨가물 표기는 엄격할수록, 규정을 강화할수록 소비자들이 건강에 도움이 된다는 사실을 인식할 필요가 있는 것이다.

11-3. 식품첨가물과 유통기간 상호관계

가공식품에 식품첨가물을 사용하는 것은 유통기간(acceptability period)안에 식품을 안전하게 소비되도록 하기 위함인데 보통 식품첨가물의 사용 여부, 어떤 종류를 사용하는지에 따라 유통기간이 결정된다.

가공 식품을 살 때 상표표시를 보는 것은 이젠 소비자의 상식인데 그 중에도 제조년월일이나 상미 기간이라고 하는 표시에 관한 소비자의 관심은 높다. 또 될 수 있는 한 새로운 날짜의 물품을 사려는 사람이 많다. 그러나 한편으로는 아직 충분히 먹을 수 있는데도 상미 기간이 곧 다가온다는 이유로 소매점으로부터 메이커에 반품되는 경우가 있는데 반품된 식품은 대부분이 폐기 처분된다.

유통기간은 말 그대로 소비자에게 판매가능한 최대기간을 말하며 이 기한내에서는 공전이 정하는 기준과 규격에 적합하도록 제품을 만들어야 한다. 유통기간은 유효기간(open date), 제조일자(pack date), 유통기한(pull-date) 등으로 구분하는데 우리나라에서는 옛날에 제조일자를 표기했으나 지금은 유통기한만 표시하고 있다. 유통기간은 다음과 같이 식품을 저장한 후 유통온도 변동율, 포장시 손상정도 등을 고려하여 결정한다. 유통기간의 산출은 가공식품의 포장완료(단 포장후 제조공정을 거치는 제품은 최종공정을 마친)시점으로 하고 유통기한이 상이한 제품이 혼합된 경우에는 유통기한이 짧은 제품을 전체 제품의 유통기한으로 정한다. 유통기한(expiry date)은 최종 소비때 까지의 기간이며 상미(嘗味, 賞味))기간은 최상의 품질상태 유지 기간으로 식품의 모든 특성을 보존할 수 있는 기간이며 보장기간(guarantee fresh)은 신선도 유지기간을 말한다. "유통기간"이란 일정한 보관·유통조건하에서 소비자에게 판매 가능한 최대기간을 말한다. 따라서 포장단위가 식품 또는 소비자가 구입후 장기간에 걸쳐 소비되는 식품의 경우 마지막 소비시점까지 품질의 안전성있는 식품을 소비자가 이용할 수 있도록 구매 후 사용·보관실태 등을 고려하여 유통기간을 설정하여야 한다. 식품의 유통기간은 원료의 특성, 제조가공방법, 포장방법 및 재질, 저장온도, 계절 등 보관·유통과정에 따라 각기 다르므로 이러한 제반 요인이 당해 식품에 미치는 영향을 충분히 고려하여 합리적으로 설정하여야 한다. 유통기간 설정시에는 우리나라의 온도, 습도 등 환경과 보관·유통조건, 취급·보관방법, 제품특성, 예상 유통기간 등을 종합적으로 고려하여 적정한 저장조건을 선정한다. 상미기간이란 일본에서 사용하는 용어인데 '최고의 맛을 내는 기간' 또는 '가장 맛있게 먹을 수 있는 기간'이란 의미이며 유통기한과는 차이가 있다. 일본식품공전에 위하면 "그 음식맛과 품질 특성을 충분히 유지할 수 있다고 메이커가 인정한 기간"으로 정의하고 있다. 다시 말하면 정확히 보존한 경우에 "맛있게 먹을 수 있는 기간"인데 햄류나 잼 등 장기 보존에 적합하지 않는 24품목에 대해 표시를 의무적으로 붙이고 있으며 통조림류나 설탕 등 보존 식품으로 생각해 온 식품에는 자발적으로 표시하도록 하고 있다. 따라서 상미 기간이라는 것은 어디까지나 "맛있게 먹을 수 있는 기간"이고, 기간이 지나면 곧 즉시 먹을 수 없다는 이유는 아니다. 개개 식품의 상미 기간을 결정하는 것은 메이커이고 다소 기준이 다르지만 표시대로 보존 방법을 지키면 1.5배 정도의 기간은 괜찮다고 하는데 상미 기간을 3년 이내로 하고 있는 통조림의 경우, 실제로 맛있게 먹을 수 있는 기간은 종류에 따라 다르지만 3-4.5년으로 보고 있다. 그러나 실제 상미기간을 유통기간으로 인식하는 경향이 있으므로 상미기간을 오용하는 것은 안전에 문제가 될 수도 있다. 일본에선 유통기한 표시를 '상미기간'으로 단일화해 표기한다.

냉동식품의 포장을 보면 "use before", "best before(최소유효기간)" or "use by" date, sell by(최종판매일자) 등으로 표기되어 있는데 "use before 1995, 9. 18"은 1995년 9월 18일까지 소비해야 된다는 뜻이며 "use by 1995, 9. 18"은 1995년 9월 18일 이후에는 품질이 심각하게 변하거나 비위생적으로 변하므로 그 기한까지 소비해야 된다는 것이다. best before는 식품의 고유한 품질이 유지될 수 있는 기간을 말하며 이 기간이 3개월 미만인 경우에는 일월만 best before로 표시한다. 만약 3개월 이상인 경우에는 월, 년만을 표시하는데 이 경우에는 best before end를 사용한다.

제조자 또는 수입업자가 식품의 유통기간을 설정할 때에는 식품공전에 규정된 "보존 및 유통기준" 등 유통현실을 고려한 보관조건하에서 식품의 위해방지, 품질확보가 가능하도록 기존의 유통경험과 자체 품질관리 실적, 유통기간관련 연구문헌, 실험결과 등을 종합적으로 판단하여 합리적이고 과학적인 근거하에 설정하여야 하며 객관적·합리적 타당성이 없거나 유통현실을 고려하지 않고 보존온도를 설정함으로써 유통기간내 품질저하, 부패·변질 등이 발생하는 일이 없도록 하여야 한다.

포장일시(packaging date)는 포장에 포장한 일시를 기재하는 것으로 많은 소비자들이 식품에 포장일자를 명시하기를 원한다. 포장일시는 유통기한을 결정하는데 중요하지만 실질적 의미는 크지 않다.

모든 가공식품에는 유통기간이 정해져 있다. 함부로 그 기간을 정하는 것이 아니라 식품공전에 명기한 대로 표기하여야 한다. 이러한 유통기간의 산출에는 식품첨가물의 첨가여부, 첨가량 등이 고려되어 결정되는 것이다. 따라서 전문가들은 식품첨가물의 첨가에 관한 정보만으로 그 식품의 유통기간을 예측할 수 있는 것이다.

12 어린이의 하루 먹거리에 대한 종합적인 식품첨가물 해설

아이들은 무엇을 먹고 지낼까? 어떤 것을 가장 좋아할까? 어떤 것을 아이들이 꺼려하는가? 좋아하는 음식이나 식품은 과연 어떤 것일까? 왜 좋아하는 걸까? 왜 키가 크지 않으며 왜 공부를 못하는가? 왜 감기에 잘 걸리고 아픈 곳이 많을까? 문밖에는 무엇을 팔고 무엇이 아이들을 유혹하는가? 등 이루 헤아릴 수 없을 정도의 많은 의문들이 부모나 사회에 던져 주고 있다. 우선 아이들은 무엇을 먹고 있는 걸까? 라는 질문에 간단하게 대답할 수는 없다. 그것은 아이들에 따라 먹는 음식이나 식품이 다르고 아이들의 건강, 기호, 나이, 환경, 경제적 상황, 구매하는 장소와 구매 장소의 편리성과 유혹적 환경 등에 따라 다르기 때문이다.

저자는 이러한 질문에 대략적인 대답을 주기 위하여 우선 가상으로 하루에 아이들의 일상적인 먹거리가 되는 것들을 선택하여 이를 중심으로 아이들의 개략적인 섭취경향과 선호도, 먹는 식품의 유형 등을 중심으로 단계적으로 분석, 이 자료를 중심으로 아이들의 식사행동에 따른 문제점을 정리해 보았다. 특히 아이들이 일상적으로 먹는 식사에 함유된 것 중 식품첨가물과 관련한 것들이 얼마나 되며 이것들이 아이들의 건강에 어떤 영향을 미치는지를 추정, 이를 참고삼아 아이들의 먹거리에 대한 최종적인 결론을 얻어 내고자 한다. 따라서 여기에서는 일반적인 생활을 하는 아이들을 연상하면서 아이들의 하루 식사에 관한 정보를 중심으로 얼마나 많은 식품들이 아이들에 의해 소비되고 있는지를 가상적인 상황 등을 중심으로 설명하고자 한다. 실제는 가상이지만 이 내용은 보통 아이들이 겪을 수 있는 가능성이 큰 것들로 내 주위에 있는 아이들과 별반 다르지 않다는 점을 강조하고 싶다.

12-1. 아이들의 하루 생활 내용

▪장면 01 : 학교앞 문방구에서

여기에 등장하는 가상의 아이는 철수이다. 가장 흔한 아이의 이름은 가장 일반적인 아이들임을 강조하고자 함이다. 철수는 아침에 늦게 일어나는 습관 때문에 항상 엄마의 도움을 받아 일어나는 아이이다. 그리고 아침밥을 먹으면서 철수의 하루가 시작된다. 철수에게는 아침밥이 별로 중요해 보이지 않는다. 그것은 늦게 일어나는 습관 때문에 거의 아침밥을 먹고 다니지 않기 때문이다. 물론 엄마는 아침밥으로 우유와 씨리얼, 계란 후라이, 빵 등을 준비하지만 철수는 대부분 그냥 학교로 가곤 한다. 엄마의 마음은 안타까울 뿐이다. 철수는 학교앞에 다다라서 여기 저기를 두리번 거리더니 문구점 안으로 들어간 후 곧 철수는 손에 무언가를 들고 나온다. 그것은 "우주별캔디"라는 캔디와 어제도 사 먹은 "방귀대장 뿡뿡이 사탕"이다. 모두 철수가 좋아하는 것들이다. 아침밥을 먹지 않았던 그에게는 그 캔디와 사탕은 매우 훌륭한 먹거리였다. 그리고 철수의 발걸음은 매우 가벼워졌고 경쾌한 리듬을 탄 걸음걸이로 학교 정문을 통과하고 있다. 얼굴에는 밝은 미소와 함께 만족스런 표정을 보이면서... 모두 그 캔디와 사탕 때문이다.

▪장면 02 : 학교 식당에서

학교급식 식당에서 점심밥을 먹는 철수는 별로 학교 급식 메뉴가 마음에 들어 보이지 않는다. 그런데 오늘은 자기가 좋아하는 돈까스가 나와 그나마 밥을 먹는 것이 한결 쉬워 보인다. 돈까스를 보니까 한 개도 안되는 반 사이즈이지만 먹음직스럽게 보이며 옆에는 체다슬라이스치즈가 1장 놓여 있다. 일상적인 것이지만 밥, 김치, 감자를 넣은 감자국, 김 등이 메뉴의 전부였다. 단무지, 카레라이스, 라면과 떡볶이, 무국, 만두와 같은 냉동식품, 오렌지주스, 오이무침, 무말랭이, 계란탕, 샐러드, 콩나물국 등이 이번 주 메뉴라고 적혀 있다. 아마 이번 주에는 메뉴판에 적힌 것들을 먹어야 할 것 같다. 철수는 점심밥을 잘 먹지 않는 편이지만 돈까스와 치즈 덕분에 그래도 기분 좋은 식사가 되었다. 냉동식품과 가짜치즈 때문에...

▪장면 03 : 하교길 길거리 구멍가게 수퍼에서

철수는 우선 학교 공부가 끝났다는 데 매우 만족해 한다. 항상 그렇지만 공부는 별로 하고 싶지가 않다. 요즈음은 더욱 공부가 싫어졌다. 실제 철수는 공를 차고 싶은데 엄마는 항상 철수에게 100점을 받도록 귀가 따갑도록 이야기한다. "우선 건강이 최고"라는 말과 함께. 어떻든 하교길은 신날 수 밖에 없다. 철수는 하교길 무언가 허전함을 느낀다. 배가 고프기 때문일까 아니면 무얼까. 어제는 정말 잘 참았는데 오늘은 어쩐지 참을 것 같은 생각이 없다. 그것은 어제 아버지가 용돈을 주었기 때문이다. 호주머니에 손이 가고 철수는 곧 길거리 구멍가게 수퍼에서 캔콜라 1개와 아이스바를 고른다. 우선 아이스바를 먹고 천천히 캔콜라를 마신다. 캔콜라는 조금씩 오래도록 마실 모양인지 조금씩 마시는 모양이다. 역시 얼굴 표정이 곧 살아나는 기분이다. 학교길에서의 철수에게는 더 없는 기분전환 음료수가 된 셈이다. 철수는 콜라음료를 좋아한다. 그 음료를 마신 후로는 다른 음료는 맛이 없어 보인다. 그리고 그 맛에 길들여져 있는지 제일 선호하는 음료가 되어 버린 셈이다. 철수는 그길로 과외학원쪽으로 걸음거리가 바빠지는 듯 보였다.

장면 04 : 학원 공부 후 집에서

학원공부를 마친 철수가 곧 집으로 온다. 집에는 엄마는 물론 아무도 없다. 엄마가 일을 하기 때문이다. 6시가 넘어야 돌아온 엄마가 저녁 식사를 바쁘게 준비하는 건 보통 볼 수 있는 일이다. 엄마는 항상 미안한 생각을 갖는 듯 보이지만 철수도 엄마가 일을 나가는데 대해 조금은 불만인 듯 보인다. 냉장고문에 붙여져 있는 엄마의 메모지에는 군것질이나 불량식품을 절대로 사 먹지 말도록 하는 당부의 글귀가 적혀져 있다. 그리고 과식하지 말자는 글자도 눈에 뜨인다. 철수는 벌써 배가 고프다. 엄마를 기다리려면 한참 배고픔을 감내해야 한다. 배는 왜 자주 고프지?라고 이야기하는 것도 철수는 버릇이 되었다. 공부만 하고 나면 배가 고프다는 생각을 하기 때문에 철수는 공부가 매우 힘들다고 생각하고 있다. 공부가 곧 배를 고프게 하는 것이라는 생각을 하기 때문이다. 사실 공부하지 않아도 쉽게 배가 고픈데 하기 싫은 공부를 하니까 오죽 배가 고프겠는가. 신경쓰면서 책상에 앉아 있기란 매우 어려운 일과임엔 틀림이 없다. 공부가 하기 싫은 아이들에게는 더욱 공부는 많은 것을 앗아가는 고뇌의 시간이다.

철수는 찬장속에 컵라면 1개를 꺼내어 포트에 있는 끓는 물을 컵라면에 부어 넣고 TV를 켠 채 이리저리 채널을 돌리기 시작한다. 컵라면을 끓여먹는 일은 철수에게는 매우 익숙한 일 중의 하나이다. 초등학교 2학년 때부터 컵라면을 끓여 먹는 방법을 엄마로 부터 배웠기 때문이다. 엄마는 배가 고플 때 컵라면이라도 끓여 먹으라고 누누히 말하곤 하기 때문에 이제 이런 식사패턴은 철수에게는 습관화되어 버린 기분이다. 컵라면의 맛은 철수에게는 정말 환상적이다. 라면을 먹으면서 만화를 보는 것은 그야말로 최상의 시간이다. 철수를 행복하게 하는....

장면 05 ; 집에서 저녁 식사

오늘은 아버지의 귀가 시간이 늦어지는 모양이다. 보통 보다 조금 늦게 귀가한 엄마의 부엌일은 매우 바쁘게 이루어지고 있다. 손놀림도 빨라지고 엄마도 꽤나 배가 고파보인다. “배가 많이 고프지?”라는 엄마의 질문에 철수는 그냥 고개를 Rm덕인다. 그러나 실제는 배가 그렇게 고프지 않다. 조금전에 먹은 컵라면 덕분이다. 엄마에게 컵라면을 먹었다고 이야기하려고 했지만 타이밍을 놓친 것 같아 그대로 입을 다물려고 작정했다. 그러나 만화를 보는 콘디션은 매우 좋은 상태이다.

저녁메뉴는 밥, 오뎅국, 시금치 나물, 멸치볶음, 구운소시지, 샐러드 등인데 그 중 시금치와 오뎅은 냉동식품으로 만든 것이다. 냉동식품은 장기간 보존을 위해 얼려서 저장하는 식품인데 저온을 이용하여 미생물의 성장을 막는 것을 냉장이라 하며 그 중에서도 -15℃ 이하로 저장하는 것을 모두 냉동식품이라 한다. 인공적으로 저온을 이용한 냉동은 1838년 미국의 글로스터에서 잡은 생선을 냉동 보존한 것이 최초인데 한국에서도 1930년 동태가 시판된 후 각종 냉동식품이 식탁을 점령하게 되었다. 저녁식사는 엄마와 둘이서 할 수 밖에 없었다. 엄마의 식사 준비는 매우 빠르게 이루어 졌고 겉보기에는 식탁이 괜찮아 보였다. 골고루 먹기 위해서 준비한 것도, 건강식단을 만들기 위해서 고의로 준비한 것도 아니지만 엄마의 식탁은 채식과 육식이 함께하는 듯 보였다. 그리고 항상 허겁지겁 저녁을 먹는 습관 때문인지 엄마의 식사는 즐거워 보인다. 오늘 메뉴 중 철수가 좋아하는 것은 단연 소시지이다. 그래서 소시지를 집중적으로 많이 먹지 않을 수가 없었다. 소시지는 누가 만들었는지 철수에게는 너무나 멋진 먹거리이다. 그러나 아직 배가 고프지 않아 밥은 조금 먹고 소시지는 모두 먹어 버렸다. 그래서 기분 좋은 식사 시간이었다.

장면 06 : 집의 공부방에서

하기싫은 공부이지만 숙제도 하고 예습도 해야 하니까 어쩔수 없이 공부방에 들어갈 수 밖에 없었다. 버릇처럼 책상위에 놓여 있는, 어제 먹다 남은 비스켓을 먹으면서 공부를 한다. 가끔 냉장고 문을 열고 팩으로 사다 놓은 콜라맛젤리를 입에 문다. 그리고 껌도 씹으면서 공부를 한다. 그래도 집에서의 공부는 먹으면서 하니까 그렇게 따분해 보이지는 않는다. 정신집중력이 떨어져서 문제이긴 하지만...

■ 장면 07 : TV앞에서

엄마는 TV연속극에 정신이 없다. 아마 아버지가 귀가 하지 않은 탓인지 더욱 엄마에게는 TV가 좋아 보인다. TV탁자위에는 새우깡이 놓여져 있다. 엄마가 좋아하는 스낵이다. 엄마는 물론 그 스낵을 먹으면서 TV를 보고 있다. 슬그머니 철수도 엄마옆자리에 앉아 TV를 보기 시작하였다. 나도 모르게 새우깡에 손이 가고 맛도 괜찮은 편이다. 입안이 마른지 냉장고에서 환타 음료를 꺼내 마신다. 이 동작은 반복되어 일어나며 새우깡과 환타음료도 조금씩 그 양이 줄어 들고 있다. 이런 행동은 싫증이 날 때까지 이루어지거나 아버지가 귀가하면 일시적으로 중단된다. 거의 매일 반복되는 광경이다. 그렇게 해서 철수의 하루는 끝나게 된다.

12-2. 아이가 먹은 주요한 먹거리의 실례

아침식사 : 먹지 않음
등교시 : 학교앞 문구점에서 군것질을 한다. "우주별캔디" 와 "방귀대장 뿡뿡이 사탕" 등을 각각 1개씩 사서 먹음
점심시간 : 학교에서 돈까스(돈까스 소스를 바른)를 주 메뉴로 체다슬라이스치즈도 먹음(과식함)
하교길 : 캔콜라와 아이스바를 사 먹음
오후시간 : 공부하고 집에 와서 간식으로 컵라면 1개를 먹음
저녁시간 : 밥맛이 없어 밥은 약간 먹고 반찬으로 나온 소시지를 많이 먹음
전날 먹다 남은 비스켓, 콜라맛젤리를 먹음. 그리고 껌을 씹음
잠자기 전 : 간식으로 새우깡과 같은 스낵을 먹고 환타음료를 마심

12-3. 아이가 하루동안 먹은 식품 중의 식품첨가물의 요약

철수가 하루동안 먹은 음식이나 식품은 이미 정리가 되었는데 과연 하루동안 먹은 식품이나 음식속에 어떤 식품첨가물이 얼마나 들어 있는지에 대해서 요약하면 다음과 같다. 실제 요약한 식품이나 음식 이외에 상당량의 음식이나 식품을 먹었지만 그것은 여기에서 생략

하고 중요하다고 생각되거나 많이 먹었다고 생각되는 것만 정리하였다.

(1) 우주별 캔디 : 포도당, 설탕, 구연산, 복숭아향, 커피향, 사과향, 콜라향, 합성착색료(황색 4호, 황색 5호, 적색 40호, 혼합초록) 등 11종류

(2) 방귀대장 뿡뿡이 사탕 : 포도당, 이소말트, 자일리톨, 해조칼슘(1.47%), 구연산, 천연색소, 포도엑기스분말, 포도향분말, 포도향(착향료), 아스팔탐(페닐알라닌 함유), 스테아린산 마그네슘(가공제) 등 11종

(3) 돈까스 : 유지, 유화제, 유연제, 점착제, 인산염 등 5종

(4) 돈까스 소스 : 조미료, 식염, 향신료, 착향료, 간장, 식초, 액상과당, 토마토페이스트, 사과퓨레, 방부제 등 10종

(6) 체다슬라이스치즈 : 자연치즈(63.8%), 버터(13.22%), 탈지분유(3.96%), 카제인나트륨, 폴리인산나트륨, 제1 인산나트륨, 제3 인산나트륨, 구연산 나트륨, L-MSG, 소르빈산 등 9종

(5) 캔콜라 : 액상과당, 탄산가스, 캐러멜, 인산, 향료 등 5종

(6) 아이스바 : 식용색소 황색 제 4호, 합성감미료(아스팔탐), 액상과당, 파인애플농축액 등 4종

(7) 컵라면과 스프 : 면에 들어 있는 것 : 소맥분(미국산, 호주산), 팜유, 감자전분, 초산전분, 정제염, 스프에 들어 있는 것 ; 정제염, 정백당, L-글루타민산나트륨, 조미양념베이스4호, 스프베이스 1호 등 9종

(8) 비스켓 : 소맥분, 쇼트닝, 팜유, 백설탕, 소프트텐, 팜유, 표백제(산성아황산나트륨) 등 7종

(9) 젤리(콜라맛) : 이온엿, 설탕, 전분(수입산), 마아가린, 사과산, 혼합초코(황색 4호, 청색 2호, 적색 2호), 콜라향 등 9종

(10) 소시지 : 냉동어육 51.04% (원양산), 돈육 18.74% (국산), 옥수수전분, 우육(국산), 대두단백, 소르빈산칼륨(합성보존료), 에리소르빈산 나트륨(산화방지제), 황색 제 5호, 적색 제 40호(합성착색료) 등 6종

(11) 껌 : 포도당, 껌베이스포도당시럽, 구연산, 사과향, 합성착색료(황색 4호, 청색 1호) 등 7종

(12) 쫄쫄이 네모스낵 : 소맥분(수입산/호주, 미국), 백설탕, 옥수수콘(수입산), 솔비톨, 뉴슈가골드(혼합제제), 식염, 간장분말(간장 90%(탈지대두(대두/미국산, 국내가공품)소맥분(밀/미국산, 국내가공품), 덱스트린, 식염), 대파분말(중국산), 양파분말(중국산), 쇠고기프리믹스 1회, 쇠고기 농축액(국내산), 소맥전분(수입산), L-글루타민산나트륨(수입산), 천연마늘분

말(중국산), 정제염(국내산), 액상카라멜, 합성착색료/식용색소황색 4호 0.14%, 등 15종

(13) 환타 : 액상과당, 탄산가스, 구연산, 아라비아검, 오렌지향, 합성착색료(β-카로틴) 등 6종

12-4. 하루에 먹는 식품첨가물에 대한 상세 해설

아이가 하루에 먹은 총 식품첨가물 수는 114종에 이른다. 이 숫자는 실제 아이가 먹는 식품첨가물수보다는 훨씬 적은 양으로 생각된다. 그것은 실제 착향료는 그 속에 너무 많은 화학성분이 들어 있고 양념, 조미료, 맛액, 씨즈닝, 혼합초코, 양념베이스 등에는 너무나 많은 식품첨가물이 들어가 있기 때문이다. 따라서 아이가 하루에 먹는 식품첨가물 수는 대략 100~140여종으로 추산할 수 있다. 일본 교토 바이오사이언스 연구소의 연구 결과에 따르면 현대 사회에서 한 사람이 보통 하루에 60-80여종의 식품첨가물을 섭취한다. 이를 1년으로 환산하면 무려 6-7kg에 이르는 양이다.

실제 위의 경우에 하루에 아이가 먹는 식품첨가물의 종류와 수는 이렇게 많은 것이 사실인데 그 양은 먹는 사람에 따라 다르다. 위의 경우 아이가 하루에 먹는 식품첨가물을 종류별로 구분해 보면 보존료, 산화방지제, 착색료, 착향료, 조미료, 산미료, 염미료, 산미료, 조직개량제, 유화제, 가공보조제, 당류, 검류 등 식품첨가물 거의 대부분이 아이 몸속으로 들어 가는 셈이다. 이와 같이 식품첨가물을 매일 섭취하는 경우 아이들은 서서히 식품첨가물에 습관화되고 자기 자신도 모르는 사이에 인체에 문제를 일으키게 된다. 우선 각각의 식품첨가물에 대한 유해함은 말할 것도 없고 섭취한 식품첨가물이 체내에서 상호 반응, 제2, 제3의 물질을 형성, 이것이 인체에 유해한 경우는 너무나 많다. 따라서 식품첨가물의 위해는 식품첨가물 자체가 아니라 이것들의 상호반응에 의해서 형성되는 각종 유해물질의 생성이 문제가 될 것으로 생각된다. 아이들은 식품첨가물이 해롭게 느껴지지 않는다. 그것은 식품첨가물을 넣은 식품이 맛있게 보기 좋고 향기롭고 영양가가 많아 보이며 잘 변하지 않고 그대로의 색상과 모양을 가지고 있기 때문에 식품첨가물이 해롭다고 생각하지 않는다.

실제 하루동안 아이들이 먹는 식품첨가물은 그 종류가 너무 많고 수도 많아서 모두 헤아릴 수가 없을 정도라는 사실을 우리는 알아야 한다.

햄버거를 먹으면서 콜라를 먹고 콜라를 먹으면서 아이스크림과 튀김감자를 먹는 요즈음 아이들의 몸속에는 그야말로 식품첨가물로 오염되어 있다는 사실을 기억하여야 한다. 즉 햄버거에 있는 고기에는 방부제, 발색제, 인산염류가 들어있고 햄에는 전분 대두단백, 식염,

소르빈산 칼륨, 에리소르빈산나트륨, 아질산나트륨, 물엿, 간장 등 7가지가 들어 있다. 만약 햄버거빵이 수입밀가루로 만든 것이라면 그 속에는 표백제, 면류개량제, 소금, 방부제 등이 들어 있다. 청량음료 중 사이다에는 설탕 또는 액상과당, 탄산가스, 구연산, 레몬라임향, 구연산나트륨, 인산염 등이, 콜라에는 콜라엑기스, 액상과당, 백설탕, 탄산가스, 캐러멜, 인산 등이 들어 있으므로 결국 총 20여종이 넘는 식품첨가물을 한꺼번에 섭취하는 셈이 된다.

또 어떤 사람이 식사로 낙지덮밥에 반찬으로 콩나물무침, 오징어젓갈, 게맛살계란말이 등을 먹었다고 했을 때 이것은 과연 안전한 것인가? 이 속에는 식품첨가물이 얼마나 들어 있을까하고 생각해볼 가치가 있다. 우선 이것을 이해하기 위해서는 낙지덮밥에 양념으로 쓰이는 각종 양념들에 관한 내용을 정리해볼 필요가 있다. 낙지덮밥 양념에 사용한 고추장에는 방부제, 감미료, 양조용 첨가물이, 콩나물무침에 사용된 간장에는 방부제, 착색료, 소포제 등이, 오징어젓갈에는 식염, 고추가루, D-솔비톨, 마늘, 설탕, 물엿, 참깨, L-글루타민산나트륨, 맛액, 복합씨즈닝, 아스코르빈산나트륨, 레그색소(코치날추출색소, 락색소) 등이, 게맛살에는 조직개량제, 인산염, 착색료, 착향료, 방부제 등이 들어 있다. 그래서 낙지덮밥 식사로 인체내로 들어가는 식품첨가물은 그 숫자가 많을 수 밖에 없다. 추정컨데 한끼의 식사에 약 30여종의 식품첨가물을 먹게 되는 셈이다. 엄청난 식사임엔 틀림이 없다.

상기의 예로 보듯이 사람들은 하루에 이것만 먹겠는가? 이와 같이 사람들은 생활습관 속에서 수십 가지의 식품첨가물을 몸에 받아들이면서 사는데 앞선 사례처럼 1차 농·수산물을 재료로 사용해도 양념으로 가공 된장과 고추장, 간장, 화학조미료 등을 사용하면 식품첨가물의 양은 훨씬 배가 된다. 우리의 식탁에 오르는 식품첨가물은 모두 610여종에 이르는데 식품을 제조·가공·보존하는데 부득이 사용되는 것이지만 식품의 본래성분이 아닌 미량성분이면서 음식물을 통해 일생동안 섭취하기 때문에 인체에 끼치는 영향이 큰 것은 사실이다.

13 결론

13-1. 아이들을 제자리로 돌려 놓아라.

아이들은 오늘도 씩씩하게 뛰어놀지 못하고 공부에 찌들어 쉴새없이 학교와 학원을 오가며 생활하고 있다. 닥치는대로 음식을 사 먹고 구미에 맞는 것만 먹는게 이제는 버릇이 되었다. 약해질대로 약해진 정신력과 육체의 강인함은 이미 없어지고 이기적이고 시기하고 경쟁적이고 욕심이 많은 자기 중심적 아이로 변해가고 있는 느낌이 들어 그저 안타까울 뿐이다. 먹거리를 사는 주부들도 값이 싸면서 싱싱한 것을 찾을뿐만아니라 이것저것 들었다 놓았다 하면서 무언가 마음에 끌리는 것들을 찾고 있다. 그러나 먹거리를 다루는 주부들은 농부들과 마찬가지로 본능적으로 건강한 식품과 아닌 것을 구별하는 센스를 가지고 있다. 영양학적으로는 차이가 별로 없을지 몰라도 그들의 눈에는 건강함에는 차이가 있음을 알기도 한다. 그들은 아이들의 건강을 생각하기 때문이다.

눈부신 과학기술의 발전을 토대로 한 급속한 산업화, 도시화가 진행되면서 아이들의 식탁문화가 너무 변화되었다. 녹색혁명이라 불리우는 농사법은 농약과 제초제가 뒤범벅이된 먹거리 생산에 다름 아니었고, 편리하다는 이유로 인스턴트 식품이 범람하여 아이들을 그들로부터 보호할 수가 없게 되었다. 더구나 외국으로부터 우리의 밥과 반찬, 과일의 원료들이 막대한 양, 오랜 시간을 수송하여 수입되어 수퍼마켓, 상점 어디를 가나 쉽게 이것들을 구입할 수 있다. 그 속에 들어있는 방부제, 농약, 화학조미료 등 보이지 않는 유해화학물질이 아이들의 건강을 위협하고 있다. 아이들에게는 보이지 않는 위험요소가 너무나 많다. 문제는 위험한 것들이 아이들의 눈에 보이지 않기 때문에 쉽게 피하거나, 막을 수가 없으며 어른들 또한 아이들에게 그 많은 부정식품에 대한 계도를 할 수 없는게 현실이다. 넘쳐나는 음식들로 배부르게 먹고 운동하지 않은채 혼자서 생활하는 아이들이 자기도 모르게 병들어가고 있으며 조금씩 주위를 오염시키고 있다. 그 오염은 아이들에게 비만이나, 암, 당뇨, 뇌졸중 등 성인병을 일으켜 음식이 역설적으로 병을 키우는 격이 되고 있다. 예전에는 "음식은 생명이다." 라고 했지만 요즈음은 아이들에게 음식은 독이 될 수도 있는 것이다. 환경친화적인 먹거리 문화가 정착되지 않는다면, 지금까지의 잘못된 식사습관을 바꾸지 않는다면 아이들은 건강을 찾을 수 없다. 아이들에게 먹거리는 가장 기본적이고 중요한 요소이다. 하지만 연이어 발생한 가공식품의 파동을 볼 때 먹거리는 여전히 아이들에게 불신으로만 남게 되었다. 사먹는 음식, 중국산 먹거리, 불량 학교급식 식재료 등도 아이들의 건강을 해치는 예외일 수는 없다. 성장기 학생들에게 건전하고 신선한 농산물을 공급해 심신의 발달을 도모하여야 한다. 그러나 아이들 급식에 유전자 변형 원료가 제공되고 있다. 이처럼 무방비 상태에 놓여 있는 먹거리를 우리 아이들에게 선별없이 먹인다는 것은 매우 위험한 일이다. 우리 아이들에게 안전하고 신선한 먹거리를 제공하는 일은 이들이 건강하게 성장해 나갈 수 있는 기본적인 환경을 조성해 주는 일이다. 경제적으로는 풍요롭고 부족함이 없는 시대가 되었지만, 정작 우리가 원하고 지켜 나가야할 좋은 먹거리들은 차츰 사라져가고 있다. 이러한 세태속에서도 올바른 먹을거리로 건강한 가족식탁을 찾으려는 뜻있는 노력이 이루어지고 있다. 가공식품과 인스턴트식으로 난잡해진 식생활의 피해자는 한창 공부하며 자라는 성장기 청소년들이고, 먹을거리 문제는 결국 이들을 키우는 엄마들의 주된 관심사가 될 수밖에 없다.

어느 어머니는 "어느 날 아이들의 도시락을 구경하고 싶어 유치원 아이들의 소풍 길을 따라갔어요. 점심시간에 아이들이 펼쳐 놓은 도시락을 보는 순간 안타까움이 앞섰습니다. 온통 가공식품뿐인 도시락을 보며 우리 고유의 어머니 손맛이 사라진 것을 실감하고 마음이 아프더군요." 라고 말한다.

아이들은 원래 자리에 있지 않다. 마음껏 먹을 수 있고 놀 수 있고 공부할 수 있는 세상에서 멀어져 있다. 아이들이 피폐해지기 전에 누군가는 아이들을 제자리로 돌려 보내야 한다. 아이들의 희망이 곧 어른들의 삶자체이기 때문이다.

13-2. 아무것이나 먹여 키우든 가두어서 키우든 결정하라.

부모나 어른들은 그들이 저지른 짓을 잘 알고 있을 것이다. 특히 아이들에게 어떻게 하였으며 아이들을 위하여 무엇을 가져다 주었는지를 반성할 시간이 되었다. 먹는 것보다 입는 것, 먹는 것보다 노는 것, 집에서 밥보다 외식으로부터의 즐거움, 간단하게 조리하여 아이들에게 내민 인스턴트 음식, 배달전화에 익숙해진 어른들의 빗나간 음식 의식, 아이스크림, 스낵, 과자, 햄과 소시지, 피자, 기름진 음식 등은 결국 아이들의 미래를 망쳐 놓을 수 있는 것들이라는 사실을 어른들은 깨닫지 못하고 있다. 아이들이 요구하는대로 아이들이 원하는대로 아이들의 기분만을 생각하고 만든 음식이 진정한 아이들을 위한 사랑의 음식을 만들어야 한다. 아이들은 단순하다고 했다. 하는 것은 신중하지 못하고 인스턴트식 생각을 하면서 별로 먹거리에 대해서 심각하게 생각하고 있지 못하다. 이런 점은 어른들도 마찬가지이다.

어떻게 하는 것이 좋은 방법인지는 아무도 모른다. 어떤 상황에서 어떤 묘안을 가지고 이 문제를 해결해야 하는지에 대해서는 모범답안이 없다.

몸에 좋은 것은 그 맛이 쓰고 몸에 나쁜 것은 그 맛이 단것처럼 아이들의 입맛을 고치는 것도 여간 어려운 일이 아니다. '악화가 양화를 구축한다'는 말이 아이들 입맛에 딱 들어 맞는다. 가공한 맛이 자연스런 맛을 이긴다는 게 어쩌면 당연할 지 모르겠다. 일단 그 맛에 길들여지면 아무것도 들어있지 않은 자연 그대로의 맛을 느낄 수 있는 힘을 잃게 된다. 조금의 편리함을 제쳐두고서라도 내 아이가 건강하게 자랄 수 있도록 간식거리에나마 있는 그대로의 맛을 느낄 수 있도록 배려하는 엄마가 많지 않다. 주스보다는 과일자체를, 새하얀 식빵보다는 통밀이나 잡곡이 든 식빵을 설탕 대신 꿀이나 조청을, 식용유 대신 참기름이나 들기름을, 튀김보다는 찌거나 굽는 조리법을 그리고 제땅에서 나는 유기농산뉼로 할 수 있다면 그것은 곧 혁명이다. 요즈음 아이들은 덜 먹어서 병이 걸리지 않는다. 오히려 많이 먹어서 병이 나고 죽게 된다.

식품 첨가물이나 농약잔류가 많은 농산물이 범람하는 식생활 속에서 심신의 건강을 잃고 있는 아이들은 먹거리를 소홀히 다루는 엄마들이 오히려 아이들의 학습장애, 비행행동, 동급생 괴롭히기, 난폭아로 방치하는 꼴이다.

인스턴트식품에 익숙해진 아이들은 영양불균형에 놓여있다. 금방 보아서는 그렇게 심각해 보이지 않지만 이 상황이 축적되면 서서히 아이는 병들어 가고 성인이 되어 이 상황을 안고 있게 된다. 주위에서 흔히 보는 아이들의 영양불균형의 전형적인 것으로는 비타민의 부족과 불균형이다. 흰밀가루 제품, 흰설탕 제품, 흰조미료가 과다하게 들어간 음식, 그 중에 여름의 각종 청량음료류, 단 과자와 아이스크림 등 주된 인스턴트 식품을 좋아하는 아이들은 반드시 영양불균형에 이어 정신적인 불안정도 함께 일어날 것이다. 간혹 무감동, 착란증, 정서불안, 우울, 피로현상을 나타내는 아이들을 보면 그 아이는 아마 비타민 B_1이 결핍되었을 지도 모른다. 공포감, 근심걱정, 두통, 지각이상을 나타낸 아이들은 비타민 B_3가 결핍된 아이이고 히스테리, 정서적 혼란을 나타내는 아이들은 비타민 B_6가 결핍된 아이이다. 기분동요, 기억력 저하, 두뇌 집중과 학습 장애를 나타내는 아이들은 비타민 B_{12}가 결핍된 것이고 기억력 저하, 무감동, 화 잘냄, 자폐현상 등을 나타내는 아이들은 엽산 결핍 아이들이다. 화를 잘 내거나 경련, 착란증 등의 증상을 보이는 아이들은 칼슘이 부족한 아이이고 미각상실, 원형탈모증, 정자고환 이상, 무감동 등의 증상을 나타내는 아이는 아연이 부족한 아이이다. 정신집중 곤란, 기억력 저하, 우울증, 현기증, 무력감 등의 증상을 나타내면 전분 결핍 아이이고 우울, 기분의 급격 변동, 기억력 저하, 학습장애 등의 증상을 나타내면 필수지방이 부족한 아이이다. 이상과 같은 아이들의 정신적, 육체적 결함은 식생활의 개선과 몇 가지의 영양소를 섭취함으로써 고쳐지거나 경감될 수 있다. 가끔 아이들이 화를 잘 내고, 우울증을 보이는 것은 저혈당인 아이이고 이제는 당뇨에 비길 만큼 중요하다. 저혈당증은 청량음료, 과자 등의 간식에 많은 달디단 설탕절임 음식을 무분별하게 많이 먹고 나면, 체내 자동조절장치가 가동되어 당분을 억제하는 인슐린이 과다 분비되어 순간적으로 나타나는 상태이다. 이런 저혈당증 아이들은 교내 총격사건(미국), 교실 내 칼부림(일본), 교사에게 대들기, 폭행 등의 이상 심리를 일으켜 소위 예비 비행 청소년이 된다는 것이다.

그동안 우리 식생활은 너무 빠른 속도로 변해 왔다. 서양의 경우 100여년에 걸친 변화가 우리나라에서는 약 30년이라는 짧은 기간에 일어났다고 보면 된다. 그 이면에는 아이들은 물론 어른들의 안이한 식사 습관과 음식에 대한 개념, 식품경시 사상 등 각종 식품에 대한 편견 또한 중요성을 이해하지 못한 결과로 생각할 수 있다. 외국의 것이나 서양식은 무조건 멋있고 우아하며 동양적이거나 우리의 것은 촌스럽게 생각하는 사회적 풍조도 피자, 햄버거, 스파게티, 콘칩, 후렌치후라이 등 인스턴트형 서양식품으로 한 끼를 때우는데 만족하는 요즘 아이들을 그렇게 몰고 간 것이다. 아이들은 밥을 싫어하고 국이나 채소 등을 싫어하면 된장이나 김치 등 우리 고유의 우수한 식품을 싫어하게 되어 버린 것이다. 그래서인지 그들의 어머니들의 장바구니에는 온통 인스턴트, 가공식품, 통조림식품, 냉동식품, 파우치 식품, 청량음료 등으로 채워지게 되었다. 거기에 외식까지 더하여 더 맛있고 더 간단하게 식사를 하려는 사람들로 이 사회는 움직이고 있다.

지금 아이들은 각종 질환에 시달리거나 정신적인 불안정에 스스로 내 몰리고 있다. 특히 아토피성 피부염을 앓거나 툭하면 감기에 걸리거나 알레르기성 비염과 천식을 앓고 있거나 소아 당뇨와 고콜레스테롤증, 각종 암을 앓는 아이들도 증가하고 있다. 이와 같이 급증하는 당뇨병, 고혈압, 동맥 경화, 골다공증, 각종 암 등이 모두 식품의 과다 섭취에서 비롯된다고 한다. 식생활의 변화는 당질, 단백질, 지방질과 같이 타는 영양소의 과잉과 비타민, 미네랄과 같이 태우는 영양소의 결핍을 초래하고, 혈액을 산성화시켜 모든 신체반응속도를 느리게 하며, 노폐물의 배설을 어렵게 하여 신체를 2차적으로 오염시킨다. 이는 아이들을 둘러싼 환경에 큰 소용돌이가 일고 있음을 알려주는 것이다. 이것은 당연히 잘못된 식생활이 그 원인이다. 세대와 나이를 불문하고 잘못된 식생활과 식사 습관으로 인해 사람들은 의학적으로 진단되지 않는 통증과 증상들로 질병 근처를 맴돌고 있다. 질병은 결코 하루 아침에 찾아오는 것이 아니다. 지난 세월 부단히 잘못 먹고, 마음의 욕심과 근심이 지나치고, 불규칙하고 무리하게 생활하면서 발생한 영양 불균형과 신체기능 저하에서 비롯된 것이다. 아이들의 건강을 지키는 데에는 여러가지 요소들이 있다. 마음이 평온한 사람은 적당하게 음식을 섭취하며 운동하므로 신체의 기능이 건전하다. 운동을 통해 에너지를 효율적으로 소비하고 스트레스 환경에 적응하면서 그것을 이겨내고 있다. 음식을 중요하게 생각하고 음식을 제대로 잘 먹는 등 음식에 많은 신경을 쓰기도 한다. 육류와 기름진 식사를 하게 되면 건강에 좋지 않다는 것도 알고 있으며 빨리 소화되는 설탕같은 단순 당질(糖質)도 과용하면 문제가 있다는 것을 알고 있다. 채소와 해조류를 섭취할 줄 알며 육류와 유제품, 인스턴트식품, 가공식품, 흰 쌀밥과 흰 밀가루, 설탕이 가득 들어 있는 청량 음료수 등은 인체의 기능에 손상을 줄 뿐 아니라 모든 질병의 시작이라는 것도 알고 있다.

지금 아이들은 육식문화에 빠져 있다. 채소와 해조류를 별로 먹지 않고 곡류 또한 도정하고 정제한 흰쌀과 흰밀가루만을 먹는다. 그래서 모든 영양의 대사에 필요한 비타민과 미네랄이 잘 보급되지 않고 있다.

질병은 하루 아침에 찾아 오는 것이 아니다. 오랜 세월 잘못된 식생활, 사람의 몸에 맞는 제대로 된 먹거리를 먹지 않았을 때 신체의 정화 능력을 벗어나게 되면 질병으로 그 모습을 드러낼 뿐이다. 그리스 의학자 히포크라테스는 음식으로 고치지 못하는 병은 의사도 고치지 못한다고 했는데 음식이 만병통치약은 아니지만 모든 치료의 근본이다. 미국에서는 자폐아, 비행청소년 등과 관련, 그 원인의 85%를 식생활에 두고 있다. 이것은 음식이 성격에도 영향을 미친다는 뜻이다. 채식을 많이 하면 공격성이 줄어들고 인스턴트식품과 패스트푸드를 줄이면 정서가 더 안정된다. 미식이나 편식은 일종의 변질된 미각이다.

아이들을 아무렇게나 키울수는 없다. 아이들 몸에 좋은 음식은 무엇이고, 피해야 할 것은 무엇인가라는데 관심을 가져야 한다. 물론 우리 것이 다 옳고 서양의 것은 다 나쁘다는 것은 아니다. 식생활이 다른 미국아이들의 식단을 그대로 한국아이들에게 적용한다든가 하는 것은 분명 문제가 될 수 있다.

우리는 전통적으로 질병의 원인을 잘못된 음식에서 찾곤 하였다. 질병이 생기면 가릴 음식부터 물어 왔다. 무엇을 먹으며 어떻게 먹느냐를 생각해 왔다. 물론 생각하면 문제 해결은 좀더 쉬워진다. 우리는 음식에 대한 생각을 많이 하지 않는다. 버릇이나 습관처럼 음식을 가볍게 생각하고 먹는 것이 습관화되었다. 그래서 건강한 식습관이 중요하다고 한다. 아침을 꼭 챙기고, 육류, 어패류, 곡류, 채소, 과일 등을 가리지 않고 골고루 먹고 식사시간을 가급적 20분 이상씩 천천히 먹고, 소금과 지방질 섭취를 조금 줄이고, 우유를 한두 잔 마시면 좋다고 권하기도 한다. 그러나 무작정 원하는 만큼 먹일 수도 없고, 그렇다고 아이가 좋아하지 않는데 억지로 먹일 수도 없고 좋아하는 것을 안 먹이기도 애매하고.... 어린아이를 둔 엄마라면 아이들이 좋아하는 간식인 과자를 두고 한번쯤은 이런 딜레마에 빠진 적이 있을 것이다. 시중에서 판매되고 있는 아이들 가공식품은 더욱 그렇다. 그렇지만 실제 아이들에게 모든 것을 다 허용하기란 매우 어려운 일이다. 예를 들면 아이들이 좋아하는 과자와 인스턴트 간식에는 방부제, 화학조미료, 감미료, 착색료, 산화방지제 등의 식품첨가물이 포함되어 있다. 이러한 식품첨가물은 50~80%는 몸밖으로 배출되지만 나머지는 그대로 몸 안에 축적되어 서서히 면역력 저하, 발육장애 등의 문제를 일으킨다. 특히 음료수에 들어있는 아스팔탐은 뼈에 이상을 주고, 색깔을 내는 착색제는 간, 혈액, 콩팥에 좋지 않고, 빵이나 과자를 부풀리는 팽창제는 카드뮴, 납 등 중금속 함량이 높은 것으로 알려져 있다. 또한 일반 스낵류 과자에 많이 함유된 나트륨을 과잉섭취할 경우 고혈압, 심장마비 등의 원인이 된다. 만약 아동기에 지방과 소금의 함량이 높은 식품에 길들여지면 성인이 되어서도 식품 선택에 영향을 받게 되고 각종 성인병에 쉽게 노출될 수 있다

이제 아이들에게 아무렇게나 먹이든 아니면 집에 가두어 키우든 어른들이 결정할 단계이다. 아니면 아이들에게 관심을 가지고 조금씩 아이들과 대화를 통해 해결하든지 아이들의 일상에 관심을 가지고 어떤 것이 문제인가를 인식하려고 하는 어른들의 노력에 대해서 심각하게 생각해볼 차례이다. 요즈음 집밖에는 모든 것들이 이아들을 유혹하며 널려 있으며 아이들은 더욱더 그 곳에 접근하고 있다. 먹고싶은 것이 많아지고 갖고싶은 것이 많아지고 매일 먹어도 좋을 만큼 아이들 마음에 드는 것들이 많아졌다. 그런데 어른들은 어떻게 이들을 조화롭게 아이들에게 설명할 것인가. 차라리 가두어 키우는 것은 어떨지? 갈길이 멀어 보인다.

13-3. 밥상교육을 제대로 시켜라.

밥상교육은 밥상을 두고 어른과 아이, 부모와 자식간에 이루어진 유무형의 교육을 말한다. 교육의 방식과 유형은 매우 다양하지만 밥상(식탁)교육을 제대로 시키고 싶은 저자의 마음은 현재 아이들의 행동이나 어른들의 작태를 보고 더욱 절실해진다. 밥상이란 밥을 먹기 위해 둘러앉는 공간을 의미한다. 그 공간은 모든 식구들이 한데 모이는 자리이기도 하며 그 자리는 가족 전체의 제반 문제들이 거론되는 자리이기도 하다. 우리 주위에는 밥상의 개념이 없어졌다. 식구가 함께 모여 식사하는 시대는 아주 옛날의 일이 되어 버렸다. 식사시 무형의 대화가 오고가는 곳이기도 하며 가족의 최고의 협의 상설기구나 다름이 없는 공간적 의미를 가지고 있다. 밥상이라는 단순한 의미보다는 밥상자체가 가지고 있는 상징적 의미가 더 큰 뜻을 가지고 있으며 이 공간을 통해서만이 가족 전체의 건강함을 인식하게 되는 것이다. 이와 같은 밥상의 의미는 과거에는 매우 중요한 가족 구성원들간의 무언의 자리였으며 이 자리를 거부하거나 소홀히 한다는 것은 도저히 불가능한 것이었다. 그러나 환경이 변하고 가족 구성간의 상호 역활의 변화, 시간공간적 활동의 차이 등을 통해 같은 밥상의 공간을 공유할 수 없는 상황을 맞게 되므로서 밥상의 의미는 매우 퇴색하고 지금은 그 유형조차 기억할 수 없게 되었다.

밥상에서는 일상적인 일들이나 중요한 일들이 화제로 등장하였다. 크게는 집안이나 가족에 관한 제반 사정을 비롯하여 작게는 개인적인 일에 관한 것들을 화제로 삼아 서로 의견을 개진, 또는 협의하는 자연스런 공동 의논기구로서의 기능을 수행하였다. 결정할 수 있는 것들이거나 결정할 수 없는 것들이거나를 막론하고 항상 모든 식구들과 함께 의논되었다. 그래서 예전에는 이 시간만큼은 가장 엄숙하고 진지하고 가족애를 느끼게 하는 장소와 시간이 됨은 물론 그 밥상의 자리에서는 좋은 일도 나쁜 일도 서로 이야기 되었다. 어떻든 식사 자리를 같이 한다는 데 매우 중요한 의미를 담고 있었으며 가족간의 현재를 확인할 수 있는 과정이기도 하였다.

그러나 사람이 태어나 사람 구실을 하는 가장 우선적 자리가 바로 밥상이고 보면 밥상의 예절 또한 중요한 식탁 전체의 예절로 중요시하게 되었다. 밥상은 오늘의 식탁이다. 식사를 하는 자리이지만 식사를 통한 대화의 자리이며 사람의 도리와 예절을 공부하는 학습의 자리이기도 하고 누가 가르치고 가르침을 받는 각본이 없이도 자연스럽게 전수하고 가리쳐지는 자리이기도 하다. 그 자리에서 식사예절에 관한 것도 자연스럽게 거론되기도 한다. 식사예절을 보고 그 사람의 됨됨이를 가늠하기도 하며 그 자리를 통해 인간의 근원적인 도덕적 가치를 평가하기도 한다.

밥상교육은 우선 식탁예절과 밥상문화에 관한 것으로부터 시작한다. 이것을 식탁문화라 부른다. 식탁문화는 밥상교육의 중심이며 이를 통해 제도권에서 하지 못한 교육을 시키게 되는 것이다. 학교나 사회에서 받을 수 없는 교육은 물론 심성교육이나 인성교육에 이르기까지 제도권밖의 제반교육이 이곳에서 이루어진다. 그런 의미에서 밥상의 의미는 더욱 중요한 것이다.

그런데 요즘 아이들은 서구식 식생활에 익숙해져 밥상을 잘 모르고 살며 밥상의 의미조차 싫어하고 있다. 젓가락질도 제대로 못하는 아이들도 생기고 제멋대로 밥을 먹는 아이들이 부지기수이다. 밥상의 의미는 무엇일까? 밥상은 가족의 식사를 위한 공간이다. 밥상에는 식구(食口)들이 모인다. 식구는 '같이 밥 먹는 입'이라는 뜻이다. 가족이 같이 밥을 먹는 입들이 모인 곳이다. 가족은 노예를 포함해 한 집안에서 생활하는 모든 구성원을 의미하는 라틴어 '파밀리아(familia)'에서 왔는데 한 지붕 밑에 모여 사는 무리라는 의미이므로 '식구'라는 말이 더 가깝게 느껴지는 말이다. 식구는 한국인에게 '한솥밥을 먹는 식사 공동체'를 의미한다. 한집에 살아도 한 상(床)에서 밥을 먹지 않거나, 식사를 같이 할 기회가 없다면 엄밀히 말해 '핏줄'이긴 해도 '식구'랄 수는 없다. 최근 한국 가정의 위기가 심각해지고 있는 것은 가족 간에 식사를 같이 하지않는 풍조가 늘고 있기 때문이다. 무슨 일이 있어도 아침 식사는 가족이 함께 하는 것이 '밥상머리 교육'의 초점이다. 1970년대만 해도 대부분의 가정이 늦게 귀가하는 가장을 위해 아랫목이나 장롱의 이불 속에 밥을 묻어두곤 했다. 자식이 아무리 늦게 들어와도 어머니는 뜨끈한 국과 따뜻한 밥을 챙겨 주었다. 그런데 요즈음은 밤늦게 들어오면 "이 시간까지 밥도 못 먹고 돌아다닌다고 핀잔만 듣기 십상이다.

가족이나 가정의 해체는 결국 '식구의 소멸(消滅)'에서 비롯된 것이다. 가족끼리 모여 단란한 식사를 하는 것은 자기중심의 이기주의를 극복하고 더불어 살아가야 하는 지혜를 깨우친다. '밥상머리교육'은 아이들의 식생활 습관과 생활태도에 긍정적으로 작용하는데 웃어른을 공경하고 투정을 덜 부리고 편식하는 습관이 개선되고 사회생활을 하면서 지켜야 할 소양을 길러주고 바람직한 인성을 갖추도록 한다. 그런데 우리네 부모들은 밥상머리교육을 아무렇지도 않은 듯 경시하는 경향이 많다. 그리고 밥상에서의 행동에 대해서 관대한 편이다. '크면 어련히 다 알아서 할 텐데'라고 생각하는 부모들이 많다. 그러나 '세 살 버릇 여든 간다'는 말과 같이 '크면 알아서 하는 것'과 '애써 가르쳐 익혀 주어야 하는 것'이 있다. 그 출발이 우리들의 밥상이다. 요즈음 아이들은 밥상에서 잘 앉아 있지를 못한다. 식탁밑에서 발을 떨거나 어눌한 젓가락 놀림을 하거나 밥이나 반찬을 흘리거나 먹는 태도가 불결하거나 말을 하면서 조심하지 않거나 자기 중심적 식사를 하는 등 문제가 많은 행동을 하는 아이들이 많다. 음식을 씹으며 이야기하거나 양손으로 숟가락과 젓가락을 쥐는 일, 얼굴을 그릇에 대고 먹는 일, 턱이나 얼굴을 괴고 먹는 일, 비스듬히 앉아서 먹는 일, 자리를 옮겨 다니며 먹는 일, 남의 반찬을 빼앗아 먹는 일, 식사중인 식구의 식사를 방해하는 일, 젓가락을 든 채로 이야기하는 일 등은 사소한 것 같지만 장래 아이들에게는 큰 문제를 야기할 수 있는 근원이 되기도 한다. 그런데 어른들은 그것을 무관심하게 생각하고 있다. 물론 그 자체가 중요한 것은 아니다. 밥상이라는 상징적 가치가 있는 교육의 장이므로 밥상에 걸맞는 교육을 하여야 한다. 밥상에서의 예절은 곧 아이들의 예절이 된다는 것은 너무나 자명하다. 특히 아동기에는 식생활 습관의 기초가 형성되는 중요한 시기이므로 자발적으로 자신의 식습관을 가지도록 하여야 한다. 그리고 어른들도 모범적인 식사태도를 보여 주어야 한다.

밥상으로부터 모든 것이 비롯된다. 밥상은 곧 예절의 공간이며 음식의 혼을 전달하는 곳이다. 정성을 담은 곳이며 가족들의 사랑을 나누는 곳이다. 그런 의미에서 밥상교육은 진지하고 실용적이며 솔직해야 한다. 따라서 교육을 받거나 주거나 모든 과정에서 제대로 이루어져야 한다. 밥상교육이 제대로 된다면 식탁의 가치와 의미는 더욱 중요하게 생각될 것이다. 모든 부모들은 이제 밥상으로 되돌아가야 한다. 밥상이 없는 식탁이나 식사는 있을 수 없으며 밥상머리에서 이루어지지 않는 것은 어쩌면 불안한 결과를 초래할 지도 모른다. 제대로 된 밥상교육은 제대로 된 가족관계 또는 사회적 역할을 수행하는데 근간이 된다는 생각은 향후 더욱 중요하게 각인될 것이다.

13-4. 아이들을 학교 주위에서 놀게 하지 말라.

"아이들을 학교 주위에서 놀게 하지말라"라는 것은 이제 지당한 이야기인 것 같다. 저자가 경험한 아이들의 행동은 정말 아이들답다 라는 생각이 들었다. 한사람이 어떤 것을 사면 아무런 생각없이 사거나 사고 싶어 하고 그렇지 못하면 반대되는 행동을 보였다. 군것질하는 것이 습관화되었으며 특히 모양이나 색깔, 냄새가 좋은 유혹할 만한 각종 식품들이 진열되어 있다. 학교 앞은 정말 아이들이 좋아하는 가공식품은 전부 다 있는 느낌이다. 그런데 아이들은 매일 이곳을 맴돌며 자기가 좋아하는 가공식품을 사 먹고 있다. 중국 전국시대 사상가인 맹자의 어머니가 맹자의 교육을 위해 3번이나 집을 옮긴 고사를 보면 맹자가 어머니와 처음 살았던 곳은 공동묘지 근처였는데 놀만한 친구가 없던 맹자는 늘 보던 것을 따라 곡(哭)을 하는 등 장사 놀이를 하며 지냈다. 그 후 맹자의 어머니는 시장 근처로 이사를 하였는데 이번에는 맹자가 시장에서 물건을 사고파는 장사꾼들의 흉내를 내면서 노는 것이었다. 맹자의 어머니는 이곳도 아이와 함께 살 곳이 아니구나 하여 이번에는 글방 근처로 이사를 하였다. 그랬더니 맹자는 제사 때 쓰는 기구를 늘어놓고 절하는 등 예법에 관한 놀이를 하는 것을 보고 이곳이야말로 아들과 함께 살만한 곳이구나 하고 그곳에 머물러 살았다고 한다. 이 이야기는 자녀교육에 있어서 환경이 미치는 영향이 얼마나 큰 것인가를 말해주는 것인데 아이들의 학교 앞은 각종 불량식품들로 아이들을 병들게 하고 있다. 아이들을 건강하게 키우기 위해서는 빨리 학교 주변을 벗어나야 한다는 것이 자녀들에게 더 유익하지 않을까하는 생각이다. 불량식품은 불량한 아이들을 만들 수 있다는 결론은 아이들이 성인이 된 후에 밝혀질 것으로 생각된다. 그때는 이미 때가 늦은 것이다. 아이들은 순진하고 때묻지 않은 심신을 가지고 있다. 물감이 흰종이를 적시듯 아이들의 건강이 불량식품으로 물들게 되면 그 아이들은 겉만 찬란한 아이들로 변하게 된다. 그것이 아이들에게는 비극의 시작이 되는 셈이다.

아이들을 똑바로 키우기 위해서는 환경적 요인이 중요하다. 그 요인이라는 것은 많은 것들로 구성되어 있지만 식품환경도 그 중에서 간과할 수 없는 것 중의 하나이다. 아무런 생각없이 매일 습관적으로 먹어버리는 불량식품에는 무서운 식품첨가물들이 도사리고 있다는 사실을 명심하여야 한다. 식품첨가물은 아이들을 병들게 만든다. 아이들의 심신은 식품첨가물에 의해서 황폐화되어가고 있다. 그 황폐화는 결국 아이 자신은 물론 학교, 사회를 병들게 만들어 버린다. 학교로부터 먼 곳으로 빨리 이사하는 용단이 그래서 필요한 것이다.

14 참고문헌

건강식품 규격기준집 I, II, 일본건강식품협회, 1988.
건국우유, http://www.konkukmilk.co.kr/
고영 외 6, 식품기능화학, 지구문화사, 1995.
구성자, 내 몸을 살리는 블랙푸드, 소담출판사, 2004.
구성자, 몸에 좋은 건강밥상, 넥서스 BOOKS, 2005.
권은정, 맥도날드는 이제 그만, 연리지, 2005.
권중호, 전리방사선의 식품에의 이용, 식품과학, 22(2), 60-63, 1988.
기노시다 시게다로오, 기적의 마늘 바이블, p53-59, 청맥, 1994.
김동승, 현대음료개론, p89, 기전연구사, 1990.
김동원 食品衛生關係法規, p262-263. 형설출판사, 1996.
김수현, 밥상을 다시 차리다, 중앙생활사, 2001.
김양환, 독성학(원리와 시험방법), 녹원문화사, 1986.
김용구, 수입상품의 유통구조와 소비자 보호, 한국소비자보호원, 1992.
김일환, 한국의 식품첨가물 산업현황과 중소기업, 숭실대 중소기업 대학원 논문, 1987.
김종길, 마늘 건강요법, p31-35, 1994.
김종덕, 슬로푸드 슬로라이프, 한문화, 2003.
김청, 박근실, 식품포장의 기초와 응용, p173-176, 256, 258, (주)포장산업, 1999.
김해숙, 알로에 약효와 이용법, p22-23, 도서출판 효성, 1999.
나카가와유조, 식탁위에 숨겨진 항암식품 54가지, 동도원, 2006.
나카시마 야스히로(역 이병오), 식품안전의 경제학, 강원대학교 출판부, 2005.
남양유업, http://www.namyangi.com/
노영화, 유기가공식품의 표시제도에 관한 연구, 한국소비자보호원, 2004.
노완섭, 허석현, 건강보조식품과 기능성식품, p289-292, 280-288, 효일문화사, 1999.

노정구, 식품첨가물의 안정성평가, 식품과학, 22(2), 47-57, 1989
농수축산신문사. 한국식품연보 p246-247, 437, 438, 512 513, 515, 517, 534-539 농수축산신문사, 1993.
다키이 히로오미(역 김성기), 내 아이에게 무슨 일이 일어나고 있는가, 황금가지, 2005.
대외경제정책연구원, UR 총점검(증보판), 1993.
渡邊麟太郎, 천연첨가물의 표시, 罐詰·試補, 68(7), 578-601, 1989.
동서식품, 커피이야기, 동서식품, 1991.
동아세계대백과사전 5권 p565, 8584, 동아출판사, 1993.
동아원색세계 대백과사전, p24-26, p38, 39, 141, 142, 동아출판사, 1989.
藤井清次, 慶田雅洋, 해설식품첨가물, 光生館, 昭和 54년.
무공해생활 편집부, 파워푸드, 무공해 생활, 2004.
문범수, 식품첨가물의 현황과 전망, 식품과학, 18(4), 45-50, 1985.
민경찬, 식품위생관리학, 광문각, 2006.
박명운, 건강보조식품, p62-68, 182-193, 생활지혜사, 1995.
박명윤, 건강기능식품 바로 알고 바로 먹자, 석학당, 2006.
박용구, 한국식료품사, 정음사, 1974.
박원기, 한국 식품사전, p182, 235-236, 249, 신광출판사, 1991.
박정훈, 잘먹고 잘 사는 법, 김영사, 2002.
박정훈, 환경의 역습, 김영사, 2004.
박형기외 13인, 식육의 과학과 이용, 선진문화사, 1994.
박형우, 국민영양, 4월호 통권207호, p38, 대한영양학회, 1994.
법경출판사 편집부, 최신이화학대사전(증보판), 법경출판사, 1990.
竝木滿夫, 松下雪郎, 식품성분의 상호작용, 講談社, 1980.
보건복지부, 수입식품 등 검사지침, 보건복지부, 1996.
보건복지부, 식품 등의 표시기준, 보건복지부, 1996.
보건복지부, 식품공전 p60, 61, 334-335, 보건복지부, 1988.
보건복지부, 식품위생법, 보건복지부, 1997.
보건복지부, 식품첨가물공전, 보건복지부, 1995.
부산경남우유협동조합, http://www.pusanmilk.com/
副田勉, 건강식품론, p63, 89, 178, 光琳出版社, 1985.
비키에드그슨(역 이승숙), 푸드닥터(똑똑한 엄마의 영양가이드), 우듬지, 2005.
비타민(한국비타민 정보).

사토아키오, 탈출유해식품, 아카데미북, 2006.
산업기술정보원 조사연구보고(산업기술정보원).
서울우유, http://www.seoulmilk.co.kr/
세진사, 식품위생관계법규, p370, 371, 373, 세진사, 1992.
송재철, 박현정, 식품첨가물학, p92-96, 93, 95-96, 162-163, 192-193, 200-204, 329-330, 332, 438, 429, 내하출판사, 2000.
송재철 외 1명, 식품첨가물학, p110-116, 659, 716, 765, 세문사, 1992.
송재철 외 4명, 건강과 영양, 울산대 출판부, 1995.
송재철 외, 경강기능식품학, 보문각, 2006.
송재철, 박현정, 최신 식품가공학, p239-240, 491-492, 649-650, 유림문화사, 1997.
송재철, 박현정, 식품물성학, 울산대 출판부, 1995.
송재철, 박현정, 최신 식품첨가물학, 지성문화사, 1998.
송재철, 식품재료학, p400, 교문사, 1999.
송재철, 양한철, 식품첨가물학, 세문사, 1996.
송재철, 최신식품학, 교문사, 1998.
송재철, 조원대, 가공식품과 식용색소, 식품기술,제 10권 제 2호, p62-69, 1997.
송재철, 박현정, 최신식품가공, p286-287, 효일문화사, 1998.
스티브 메이어로위츠(역 한재복), 현명한 식습관이 생명을 살린다. 중앙생활사, 2005.
식품과학회, 식품에 대한 FD & C 허가색소의 사용에 대하여, 식품뉴우스, 2(1), 2, 1969.
식품과학회, 식품첨가물의 중요성, 안정성, 규제, 식품뉴우스, 7(4), 2, 1974.
식품의약품안전청(KFDA), http://www.kfda.go.kr/
신광출판사, 식품위생관계법규, p222-225, 신광출판사, 1991.
아베쓰카사(역 안병수), 인간이 만든 위대한 속임수, 국일출판사, 2006.
안경옥, 식품·영양 용어사전, 문영사, 1982.
안장수, 소위 건강식품의 현황과 전망, 식품과학, 22(2), 58-65, 1989.
岩元曉夫, 기능성식품과 그의 과학, 罐詰時報, 68(2), 104-116, 1989.
에릭 슐로서(역 김은령), 패스트푸드의 제국, 에코리브르, 2001.
오문헌 외, 건강식품, 석학당, 2006.
오성훈, 최희숙, 감미료 핸드북, p15, 17, 44, 146-147, 538, 효일출판사, 2002.
오승희, 최경호, 식품위생관련 법규, p380, 도서출판 효일, 2001.
오쿠보 히로코(역 이언숙), 애도의 패스트푸드, 청어람미디어, 2004.
외르크 블레흐(역 배진아), 없는 병도 만든다, 생각의 나무, 2004.

우세홍, 식품첨가물, p215-240, 개문사, 1999.
우유(한국유가공협회)
웅진닷컴, 우리 몸에 좋은 식품 이야기, 웅진닷컴, 2005.
월간 식생활(식생활개선 범국민운동본부).
월간식품산업(한국월간식품산업사)
유태종, 식품카르테, 박영사, 1977.
윤광로, 이영춘, 정동효, 현대인의 식품, p249-250, 중앙대학교 출판부, 1995.
윤동혁, 색 색을 먹자, 거름, 2004.
이갑상, 건강식품재료학, 대학서림, 2006.
이상영, 식품첨가물 및 향신료, 식품과학, 21(2), 60-63, 1988.
이서래, 식품의 안정성과 유독물질, 식품영양정보(이대), 1, 89, 1984.
이승혁, 밥상위의 항암식품, 건강다이제스트사, 2005.
이영춘, 식품공업의 품질관리, 학연사, 1983.
이원종, 거친음식, 랜덤하우스 중앙, 2004.
이재관, 식품위생과제와 규제, 식품공업, p92, 12-18, 1987.
이재관, 식품위생의 과제와 규제, 식품과학, 20(3), 31-38, 1987.
이정근, 이화학사전(제 2 판), 대광서림, 1985.
이종문, 알로에로 병을 고친 사람들, p21-22, 국일미디어, 1994.
이철호, 채수규, 이진근, 박봉상, 식품공업 품질관리론, 유림문화사, 1982.
일본 후생성 생활위생국 식품화학과, 화학적 합성품이외의 식품첨가물 리스트, pp.70-83, 1988.
일본 후생성 환경위생국 식품화학과, 식품중의 식품첨가물 분석법, 講談社, 1980.
일본 후생성 환경위생국편, 식품법규 필수, pp.493, 중앙법규출판일본, 1970.
일본건강식품협회, 건강식품 규격기준집 I, II, 1988.
일본농예화학회(역 박선희), 유전자재조합식품, 한림원, 2002.
日本食品科學共學會誌(日本)
일본식품산업센타 기술보고서
일본자손기금(역 이향기), 먹지마 위험해, 해바라기, 2004.
잉에 호프만 외(역 남문희), 음식의 반란, 북라인, 2003.
澱粉科學(日本)
정규능, 이영, 스낵식품과 향미제의 이용, 식품과학, 21(2), 60-63, 1985.
정규능, 조립식품의 Flavoring, 식품과학, 15(3), 34-38, 1982.

정동효, 살균제 DEPC의 허용을 바라면서, 식품뉴우스, 5(6), 5, 1972.
정동효, 식품의 독성, 현대과학신서 p121, 전파과학사, 1973.
정동효, 식품천연보존료, p91, 117, 123-124, 233, 대광서림, 1998.
정희곤외 3, 최신식품위생학, p251, 광문각, 1992.
제인구달(역 김은영), 희망의 밥상, 사이언스북, 2006.
調理科學(日本)
조재선, 조무제, 하봉석, 식품첨가물, 집현사, 1985.
조치근, 세계대백과사전, p118, 119, 학원출판사, 1993.
조학래, 비타민 C와 감기, 현대과학신서 75, 전파과학사, 1983.
존 로빈스(역 안의정), 음식혁명, 시공사, 2002.
존험프리스(역 홍한별), 위험한 식탁, 르네상스, 2004.
종합식품안전사전편찬위원회, 식품안전사전, p540 -542, 768-773, 한국사전연구사, 1998.
주류공업(대한주류공업협회)
주승균, 3박자건강법, 뜻이 있는 사람들, 2005.
지성규, 기능성식품, 263-280, 광일문화사, 1992.
지성규, 식품첨가물, p146-148, 도서출판 밝음, 1994.
지성규, 식품첨가물과 그 실제, 식품뉴우스, 10(1), 21-25, 1977.
지일선, 주류첨가물의 변천과정과 전망, 주류공업, 24(10-1), 45-59, 1990.
장진호, 진로그룹십년사, p137-139, 진로그룹홍보팀, 1994.
진홍승, 건강나라 식품여행, p229-232, 타임스페이스, 1993.
찰스 B. 헤이저 2세(역 장동현), 문명의 씨앗 음식의 역사, 가람기획, 2000.
川成嚴, 藤井淸次, 嚴尾裕之, 신판 식품첨가물, 恒星社厚生閣版(昭和 48년)
최언호, 방사선 조사에 의한 식품저장, 식품과학, 12(2), 29-34, 1979.
카를로 페트리니(역 김종덕 외), 슬로푸드, 나무심는사람, 2003.
티븐 G. 프렛(역 김은영), 난 슈퍼푸드를 먹는다, 시공사, 2004.
프레데릭 J 시문스(역 김병화), 이 고기는 먹지 마라, 돌베개, 2004.
한국농촌경제연구원, 중국산 수입농산물의 안전성 확보 방안, 한국농촌경제연구원 편집부, 2005.
한국식품개발연구원, 가공식품품목별 수입현황, 1997.
한국식품개발연구원, 식품기술, 제2권 4호, 한국식품개발연구원, 1989.
한국식품공업협회, 식품 및 첨가물 규격기준, 1980.
한국식품영양학회, 식품영양학사전, p44-45, 한국사전연구사, 1998

한국식품영양학회, 식품재료학사전 p44, 72, 265, 324 한국사전연구사, 1998.
한국식품위생안전성학회지(한국식품위생안전성학회)
한국식품위생학회지(한국식품위생학회)
한국영양식량학회지(한국영양식량학회)
한국영양학회지(한국영양학회)
한국음식문화연구원(미원), 논문집(2집), 주(미원), 1991.
한국인구보건연구원, 한국인 영양권장량(제 4차 개정), 고문사, 1985.
한국제분공업협회, 소맥과 제분공업, 한국제분공업협회, 1985.
한복려, 우리가 정말 알아야 할 우리 김치 백가지, p224-226, 461-463, 883-885, 현암사, 1999.
한진간, 농수해산신문, p356-365, 한국식품연보, 1991.
한태룡, 향료의 수급실태와 향료 국산화의 전망, 식품뉴우스, 10(1), 7-10, 1977.
할레 소피아샤츠 외(역 온중렬), 내 몸이 참 맑아지는 밥상, 한언, 2005.
허봉수, 밥상이 의사다, 책장, 2004.
허석현, 김미희, 현대인의 건강과 건강보조식품, p141-143, 홍익재, 1997.
홍윤호, 식품의 이화학적 특성과 품질평가, p239-241, 296-300, 413-416, 전남대학교 출판부, 1998.
化學工業(日本)
황상용 외 2, 식품첨가물, p17 18, 115, 118, 119, 126, 348-349, 개문사, 1993.
CJ 미디어 푸드채널, 오늘은 뭘 먹지, 영진톡, 2003.
SBS제작팀, 잘먹고 잘사는법 1, 2, 가치창조, 2006.
http://100.empas.com/entry.html/?i=8014&Ad=polo
http://bric.postech.ac.kr/bbs/daily/krnews/tin0034-2/057.html
http://fan.ulsan.ac.kr/순서3.htm
http://home.hanmir.com/~stronglove/aunt/cucumber/cucumber.html
http://my.dreamwiz.com/jks80/jung.htm
http://myhome.netsgo.com/insam/default.htm
http://namhae.duksung.ac.kr/~l031240/ice1.html
http://net-in.co.kr/soonbok/
http://never.com 등등
http://ns.khi야.or.kr/`foodinfo/databank/sub/s11020.htm
http://ns.knrda.go.kr/tech/cgi-bin/BL030202.htm

http://onnuri.co.kr/health_food/hf_9.html------
http://sparc.yein.co.kr/minbang/dic/zaso.html
http://www. kiniti.re.kr:8100/kor/industry/chem/elements/pet.htm
http://www.benara.co.kr/7.html
http://www.cosmopack.co.kr/packnews/webboard/webboard2.cgi?bb=allboard&c=read&n=938706589&h=r1&w=1&f_s=ft_a&f_r=25&i_f=1&keyword=재료
http://www.danmooji.com
http://www.esmn.co.kr/yoojin0/mn.html
http://www.fiainfo.com/
http://www.gbell.co.kr/viewproductfromgroup_18_k.html
http://www.genexol.com/product/fn-good4.html
http://www.geoinf.com/menu4/jingong.html
http://www.gsnu.ac.kr/~junil/water20.html 97-11-24 pm.4:32
http://www.hanyakje.co.kr/
http://www.ht.co.kr/newht/treasure/dic_icecream01.html
http://www.ht.co.kr/treasure/biscuit.html
http://www.hyusong.co.kr/biz/products/chemical/petbottle/index. html
http://www.ilga.co.kr
http://www.jeonghwa.com/
http://www.khidi.or.kr(한국식품위생연구원: 법령이 제시되어있음)
http://www.khidi.or.kr/~foodinfo/databank/sub/s19010.htm]
http://www.kimchimuseum.com/korea_food/jukgal_01.htm(젓갈의 역사)
Http://www.kiniti.re.kr:8100
http://www.knrda.go.kr/tech/cgi-bin/BD100001.htm
http://www.kpanet.or.kr/www1/docs/kpanet/docs/boncho/qorcnf.htm
http://www.lotteconf.co.kr/conf/biscuit2.asp
http://www.lottesamkang.com/
http://www.maesil.co.kr/s_h_maesil.html_
http://www.milkpowder.co.kr/myu3.html
http://www.naver.com/
http://www.nfrda.re.kr/cgi-bin/w3-msql/susan/susanmanu/su_frame.html?a=7
http://www.ottogi.co.kr/

http://www.sklife.co.kr/health/cook/20010605144747M01A06B01.html

http://www.togye-g.ms.kr/bogun/he07.htm

http://www.vcpkorea.com/ooh/R18.htm

http://www.yakcho.co.kr/main/yakcho.htm

http://www.zeropack.co.kr/kor/vacuum/vc_adv.html

http://www1.pulmuone.co.kr

http://www2.wips.co.kr/entum/library/design_a.htm

http://Yahoo,co.kr

http://www.gatorade.com

www.fiainfo.com

www.hfood.or.kr

www.foodnet.re.kr

www.lotte.com

http://foodinfo.pe.kr/databank/sub/s17020.htm

http://www.labi.com/Labi2001/data/food/data.asp

http://www.orionworld.co.kr/sub/comm2.html

http://www.plastic.co.kr/subde3.htm

www.yukong.co.kr/yukong/kor/taedok/suzi4.html

15 부록

15-1. 아이들에게 유해 가능한 물질들

유해물질 종류 – 어린이가 사용/접촉 가능한 제품

- 브롬화 난연재 : 자제품, 의류
- 프탈레이트 : 장난감, 페인트, 의료장비, 화장품, 벽지, 바닥, 가구, 샤워커튼, 의류, 우비, 신발
- 중금속(납, 카드뮴) : 필통, 연필 등 학용품, 완구 등 페인트 사용제품
- 유기주석 화합물 : PVC, PVC 식품포장 재료
- 알킬페놀 : 세제, 계면활성제, 머리 염색제, 화장품, 접착제
- 과불소화 유기물 : 주방용품, 얼룩방지용 카펫, 가구, 의류
- 인조 향수 : 세탁 세제, 공기청정기, 핸드크림, 비누, 향수
- 비스페놀 A: 컴팩트 디스크, 재사용 가능한 음료 용기, 휴대전화, 하우징, 안전 안경, 의료기구
- 살충제 : 가정용 살충제, 제초제
- 트리클로산 : 항균세제, 항균비누, 화장품 탈취제, 치약, 구강청정제, 매트리스패드, 신발, 스포츠웨어, 아토피치료제

15-2. 식품의약청에서 발표한 아이들 영양홍보물

오늘 식사는 무엇으로 할까?

●●어떤 식품이든 골고루 드세요!

열량이 높은 식품이라고 무조건 먹지 말아야 하는 것은 아닙니다. 하루 열량권장량을 참고해서 어떤 식품이든 골고루 드세요.

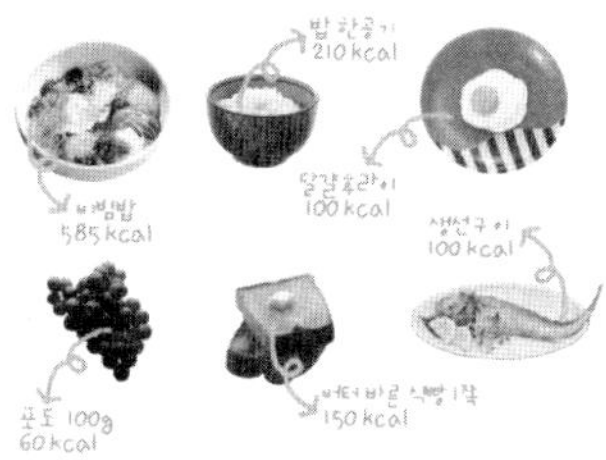

잠깐! 나이와 성별에 따라 하루 열량권장량이 다릅니다.

7~9세	남:1800kcal	여:1800kcal
10~12세	남:2200kcal	여:2000kcal
13~15세	남:2500kcal	여:2100kcal
16~19세	남:2700kcal	여:2100kcal

05

당이 높은 달콤한 식품은 주의해야 해요!

달콤한 식품에는 '당'(탄수화물의 한 종류)이라는 영양성분이 있습니다. 우리 몸에 꼭 필요한 비타민이나 무기질은 적구요. 열량이 높기 때문에 많이 먹으면 살만 찌고 다른 영양소는 부족해질 수도 있으니까 주의하세요.

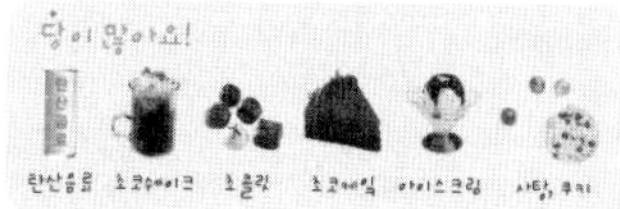

●●당이 많은 식품을 먹은 후에는 바로 양치질을 해야 해요!

입안의 충치 균이 치아에 남아있는 '당'을 분해하면서 산(Acid)을 만들고, 산은 치아를 녹여서 충치가 생길 수 있거든요.

잠깐! '무가당 주스'라도 해도 꼭 당 함량을 확인해야해요!

'무가당 주스'라도 하여도 당 함량을 꼭 확인해야 합니다. 왜냐하면 무가당이란 제조·가공 중에 당을 첨가하지 않았다는 뜻이지 '당'이 없다는 뜻은 아닙니다. 당뇨나 칼로리에 신경을 쓴다면 영양성분표시에서 당 함량을 확인하세요.

06

짠 음식에는 나트륨이 많이 들어있답니다!

나트륨은 우리 몸의 체액과 혈액량을 일정하게 조절해 주는 중요한 영양성분으로 우리 몸에 부족될 염려는 없고, 많이 먹으면 몸에 좋지 않습니다. 나트륨은 소금에 가장 많고, 라면, 우동, 즉석국 등 가공식품이나 조미료에도 많습니다.

소금 1 스푼(5g)은 나트륨 약 2,000mg

*나트륨 양×2.54=소금(염분)

●●우리가 많이 먹는 가공식품의 나트륨 함량은 얼마일까요?

- 2000mg 라면 1인분량 또는 1봉지
- 1500mg 우동, 즉석국 1인분량 또는 1봉지
- 1150mg 김치 100g
- 1000mg 찌개류 150g
- 560mg 젓갈류 15g
- 520mg 과자류 100g 또는 1봉지
- 200mg 치즈 1장
- 200mg 소시지 1개 30g

우와! 짠 음식에 나트륨이 이렇게 많이 들어있네! 싱겁게 먹어야겠어!

※ 나트륨 1일 영양소 기준치 : 3,500mg

07

Quiz! Quiz! 어느 것을 먹을까요?

① 살찌는 것을 싫어하는 영희는 열량에 관심이 많습니다. 어느 음식을 먹을까요?

햄버거세트

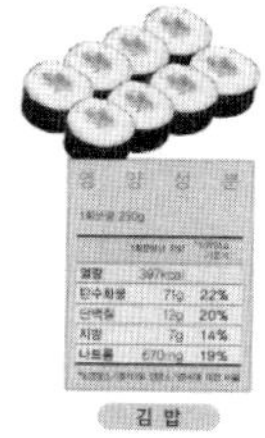

김밥

내 몸에 맞는 식품 확인하고 먹으세요!

08

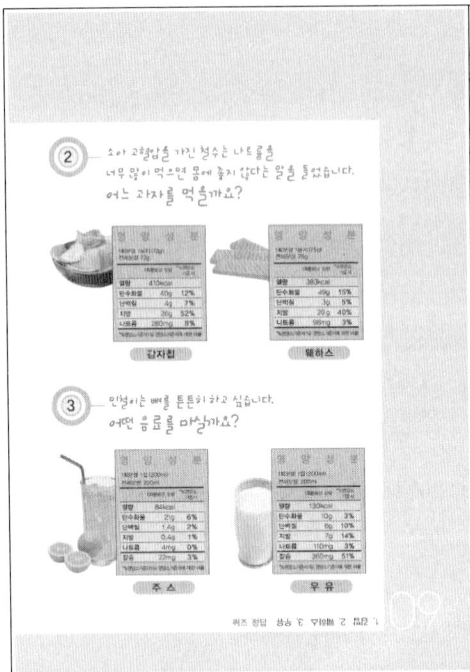
② 소아 고혈압을 가진 철수는 나트륨을
너무 많이 먹으면 몸에 좋지 않다는 말을 들었습니다.
어느 과자를 먹을까요?
감자칩
웨하스
③ 인철이는 뼈를 튼튼히 하고 싶습니다.
어떤 음료를 마실까요?
주스
우유
09

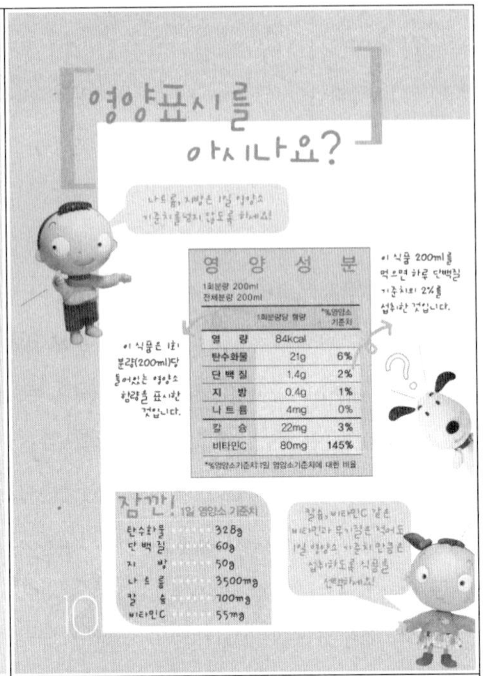
영양표시를 아시나요?
나트륨, 지방은 1일 영양소 기준치를 넘지 않도록 하세요!
영양성분
1회분량 200ml
전체분량 200ml
1회분량당 함량
*%영양소 기준치
열량 84kcal
탄수화물 21g 6%
단백질 1.4g 2%
지방 0.4g 1%
나트륨 4mg 0%
칼슘 22mg 3%
비타민C 80mg 145%
*%영양소기준치:1일 영양소기준치에 대한 비율
이 식품은 1회 분량(200ml)당 들어있는 영양소 함량을 표시한 것입니다.
이 식품 200ml를 먹으면 하루 단백질 기준치의 2%를 섭취한 것입니다.
잠깐! 1일 영양소 기준치
탄수화물 328g
단백질 60g
지방 50g
나트륨 3500mg
칼슘 700mg
비타민C 55mg
칼슘, 비타민C 같은 비타민과 무기질은 적어도 1일 영양소 기준치만큼은 섭취하도록 식품을 선택하세요!
10

식품 신호등을 꼭 살펴보세요!
초록군_맘껏 먹어요!
노랑군_적당히 먹어요!
빨강군_많이 먹지는 마세요!

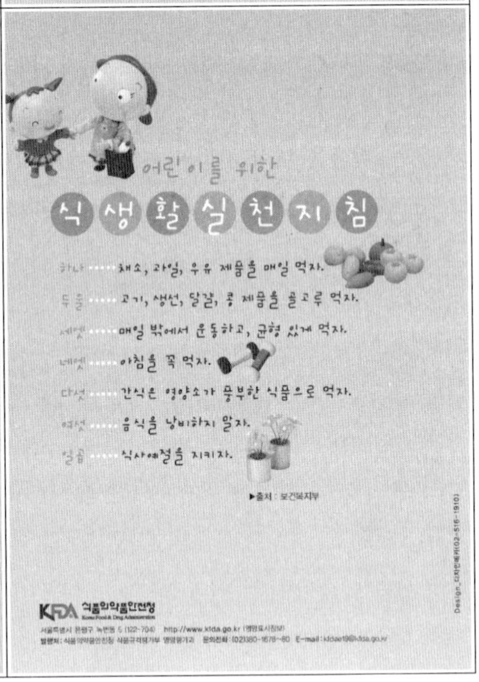
어린이를 위한
식생활실천지침
하나 …… 채소, 과일, 우유 제품을 매일 먹자.
두울 …… 고기, 생선, 달걀, 콩 제품을 골고루 먹자.
세엣 …… 매일 밖에서 운동하고, 균형 있게 먹자.
네엣 …… 아침을 꼭 먹자.
다섯 …… 간식은 영양소가 풍부한 식품으로 먹자.
여섯 …… 음식을 낭비하지 말자.
일곱 …… 식사예절을 지키자.
▶출처 : 보건복지부
KFDA 식품의약품안전청